クルマの最新メカニズム

野崎博路 監修 鈴木喜生 編著
（工学院大学名誉教授）

成美堂出版

10 Latest Trends in Automotive

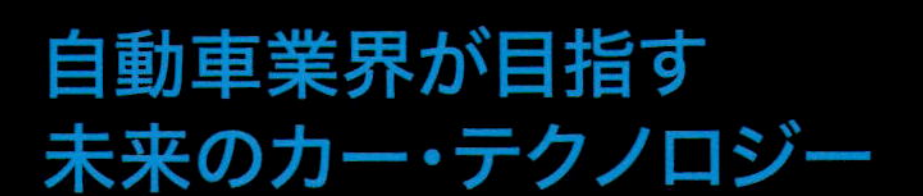

自動車業界が目指す
未来のカー・テクノロジー

自動車の最新トレンド 10のポイント

急速な進化を遂げる近年の自動車は、
どのようなシステムを持ち、どんな機能を私たちに提供するのか？
いまもっとも注目されるカー・テクノロジー10ポイントを紹介します。

- Point 01 自動運転
- Point 02 生成AI
- Point 03 統合ECU
- Point 04 全固体電池
- Point 05 コネクテッド・カー
- Point 06 高精度3Dマップ 測位衛星
- Point 07 マイルド・ハイブリッド
- Point 08 ダウンサイジング ライトサイジング
- Point 09 燃焼効率
- Point 10 水素エネルギー

Point 01

自動運転

Autonomous Driving

各メーカーの開発と法整備が急速に進展中 レベル3以上の自動運転が本格的にはじまる

参照ページ P.60, P.84, P.95

自動運転とは米国の自動車技術者協会（SAE）が定める**レベル3**以上のシステムを指し、高速道路での走行など、一定条件下で自動運転が可能な機能を意味します。

世界ではじめて自家用乗用車にレベル3の機能を搭載した市販車は、2021年に発売されたホンダの新型LEGEND（レジェンド）であり、その後、メルセデス・ベンツやBMWもレベル3のモデルを販売開始。テスラも同レベルの機能を搭載したモデルをすでに市販しており、その普及が着々と進んでいます。

一方、アメリカのカリフォルニア州、テキサス州、アリゾナ州などではレベル5に該当する**無人タクシー**がすでに運用されていて、日本においてもレベル4の機能を持つ一部システム（ミニバス）に対し、特定自動運行許可が交付されています。

©Mercedes-Benz

©Mercedes-Benz

上図はメルセデス・ベンツの自動運転システム「ARドライブ」のイメージ。下図では、自動運転中のモデルが外部システムと接続することにより、渋滞や事故などが大幅に低減されることを表している。

©TOYOTA

2021年の東京オリンピック・パラリンピックでも運用されたトヨタの自動運転車両「e-Palette」（イー・パレット）。

©TESLA

テスラが2024年に発表した「サイバーキャブ」は、ハンドルもペダルもない2人乗りの無人EV。テスラは同モデルの自社運用を目指す。

©TESLA

サイバーキャブと同時に発表されたテスラの「ロボバン」。完全自動運転の無人EVであり、14の座席を持つ。

これからの自動車には生成AIの搭載が不可欠になる。生成AIは効率的な走行を実現するとともに、生成AIとの会話によってあらゆる操作ができるようになる。

AI（人工知能）技術は自動車にも浸透しつつあります。とくに**ディープラーニング**（深層学習）をもとに新たなコンテンツを生み出す**生成AI**は、様々なシステムに活用されようとしています。

自動運転では様々な走行ケースが発生します。その経験をAIが学習し、外部システムを通じて他の車両と共有すれば、自動運転の精度は急速に高まります。

また、自動運転が一般化すれば、搭乗者には自由な時間が生まれます。そのためこれからの自動車には映像コンテンツやゲームなどのアミューズメントツールが増えると同時に、生成AIとの会話自体が重要になります。搭乗者は走行モードやルートを生成AIに相談するだけでなく、あらゆる施設の場所や営業時間などの情報を会話によって取得できるようになります。

Point 02 生成AI

Generative AI

運転から解放されるドライバーに生成AIが充実した次世代車内空間を提供

参照ページ P60, P.84, P.92, P.94

一部の自動車メーカーは生成AIやコネクテッド・カーの普及に備え、クラウド設備の充実を進めている。

©BOSCH

ボッシュの統合プラットフォーム。この製品では主に先進運転支援システム（ADAS）に関するシステムを統合。

Point 03

統合ECU

Integrated Electronic Control Unit

多彩なシステムを総合的に制御し さらなる高機能化を実現するコア技術

参照ページ P.116

自動車には各システムを精密かつデリケートに作動させるための**ECU**（エレクトロニック・コントロール・ユニット）が数多く搭載されており、上位モデルになるとその数は100を超えます。ただし、ECUの数が増えればコストが増し、配線も複雑になるため、近年では各システムからの情報を**統合ECU**に集め、その動作を総合的に制御する傾向にあります。統合ECUは車両システムだけでなく、外部システムからの情報も集約します。

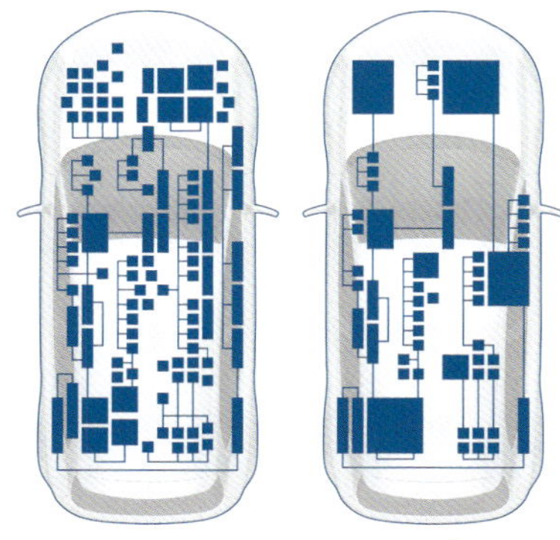

©BOSCH

左図が従来システムによるECUの系統図。右は統合ECUを複数搭載し、システムを簡素化した場合の系統図。

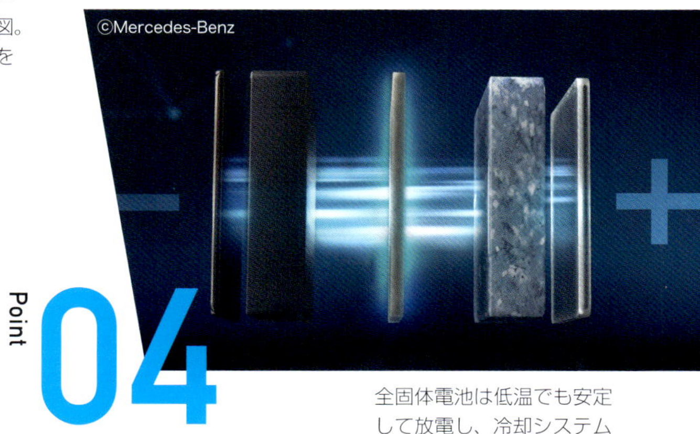

©Mercedes-Benz

全固体電池は低温でも安定して放電し、冷却システムが不要で、発火の危険性もない。各社がその開発を急いでいる。

Point 04

全固体電池

Solid-State Battery

エネルギー密度はリチウムイオンの約2倍 日本がリードする次世代バッテリー

参照ページ P.106, P.108

電気自動車（EV）のエネルギー効率を圧倒的に高めるツールとして注目を集めるのが**全固体電池**です。リチウムイオン・バッテリーが液体の電解質を使用するのに対し、全固体電池では固体の電解質を使用。そのエネルギー密度はリチウムイオン電池の2倍に達し、EVにおける長い航続距離と高出力を実現します。全固体電池は急速充電においても有利であり、電池自体が高温にならずセルが劣化しないため、10分程度で充電できるようになります。

Point 05

©Shutterstock

コネクテッド・カー

Connected Car

インターネットで外部インフラと相互通信
走行の精度を上げ、あらゆる情報を取得

外部クラウドと接続するコネクテッド・カーが一般化することにより、自動車の安全性は高まり、よりスムーズな走行が可能になる。

参照ページ P.90, P.92

コネクテッド・カーとは、インターネットを介してクラウドなどの外部システムと接続する車両を意味します。コネクテッド・カーと外部システムの相互通信は**テレマティクス**と呼ばれています。

カーナビによる目的地までの経路案内、リアルタイムの渋滞情報、ルート上の気象情報、最新地図への自動アップデートなどはすでに活用されていますが、一部では緊急時にヘルプボタンを押せば緊急車両が手配されたり、エアバッグが作動した際には自動で専門オペレーターに接続するサービスもはじまっています。

今後は自動運転の精度を上げる**高精度3次元地図**などもテレマティクスによって取得され、他の車両や歩行者、速度制限、規制、工事などの外部環境の詳細情報が、よりきめ細やかに取得できるようになります。

©Mercedes-Benz

テレマティクスの普及によってドライバーが取得できる情報は格段に増えている。この画像は最寄りの充電施設を検索するためのパネル画面。

©Mercedes-Benz

ルート選択などはドライバーに合わせてAIがカスタマイズして提案。こうしたデータも外部クラウドに蓄積される。

©Mercedes-Benz

車両システムとアップルウォッチを連動させたサービスも開始されている。航続距離やバッテリーレベルなどが通知される。

©AISAN TECHNOLOGY

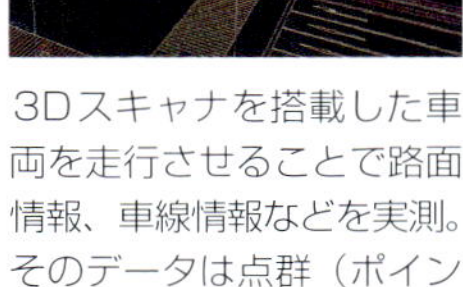

3Dスキャナを搭載した車両を走行させることで路面情報、車線情報などを実測。そのデータは点群（ポイントクラウド）で表される。

©AISAN TECHNOLOGY
実測された点群データに交通規制などの準静的情報、渋滞などの準動的情報、周辺車両などのリアルタイム情報を重ねてダイナミックマップが構成される。

自動運転の精度を上げるツールとして高精度な3Dマップの開発が進められています。**高精度３次元地図**、**ダイナミックマップ**などと呼ばれるこの地図には、道幅や標識の位置などの基礎情報のほか、道の勾配などの立体情報、車線や停止線などの二次元情報が高精度でデータ化されています。

また、カーナビには米国の**GPS衛星**が活用されていますが、**準天頂衛星「みちびき」**の機数も増加しており、日本国土における測位システムの精度も向上しています。

自動運転で走行する際、車両はGPS衛星や「みちびき」からの電波を受け取り、自車の位置を正確に把握し、インターネットを介して送られてくる3Dマップ上にその車両位置をプロットします。車両がそのマップをトレースすることによって、安全かつスムーズな自動運転が実現します。

Point 06

高精度3Dマップ 測位衛星

High Definition 3D Map & Satellite Positioning System

車載カメラやセンサーによる自動運転にさらに安全性と確実性をもたらす

©みちびきウェブサイト/内閣府
2025年2月には「みちびき6号機」の打ち上げに成功。7機体制になればより高精度な測位が可能に。

参照ページ P88, P.90

高出力のモーターを搭載するストロングハイブリッドに対し、出力が控えめなモーターを搭載するHEV（ハイブリッド車）を**マイルド・ハイブリッド**と言います。近年では欧州車や、コンパクトカーに多く採用されるシステムです。マイルド・ハイブリッドでは駆動用モーターや電装系を48Vに統一し、発電用のオルタネーターを駆動用モーターとして兼用。機構がシンプルなため車両価格が安く、燃費性能に優れます。

一般的なHEVは高電圧な駆動用バッテリーと12Vの鉛蓄電池を併装。一方マイルドHEVでは電装系システムを48Vに統一し、オルタネーターを駆動用モーターとして兼用する。

©BMW

Point 07 マイルド・ハイブリッド

Mild Hybrid

オルタネーターを補助モーターとして活用 低コストなエンジン支援システム

参照ページ P.103, P.239

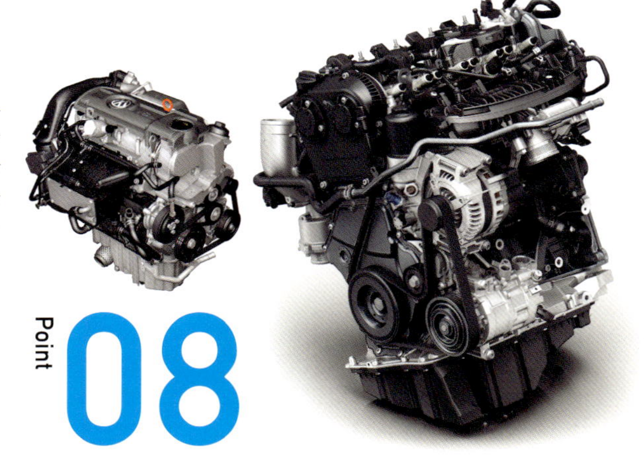

ダウンサイジングはフォルクスワーゲン「ゴルフ」が搭載したTSIエンジン（写真左）に始まる。ライトサイジングはアウディが2015年にその名称を使用。写真右は同社の2リッター4気筒TFSIターボエンジン。

左／©Volkswagen　右／©AUDI AG

かつて過給機（ターボ）は、より大きなパワーを得るために採用されていました。しかし近年では小排気量エンジンを搭載することで省燃費をはかると同時に、過給機によって主に低速域でのトルクを補うダウンサイジングが一般化しています。

また、このコンセプトをさらに発展させたライトサイジング（Right Sizing）では、排気量を過度に抑えず、車両サイズに対して小ぶりながら適正サイズのエンジンを載せることで、高速域での過給効果も獲得します。

Point 08 ダウンサイジング ライトサイジング

Down Sizing & Right Sizing

ひとクラス小さなエンジンで省燃費を実現 ターボを搭載して適正なパワーを確保する

参照ページ P.209

左はガソリン、右はディーゼルエンジンの燃焼室。マツダではピストンのストロークを変化させる可変圧縮比システムを採用。

©MAZDA

Point 09 燃焼効率
Combustion Efficiency

エンジンのさらなる高効率化を目指して各メーカーが絶えず取り組む技術革新

参照ページ P.156, P.160, P.184, P.192

エンジンの**燃焼効率**や**熱効率**を上げれば一定の燃料からより大きなパワーを得ることができ、燃費も向上します。そのため各メーカーでは少しでもエンジン性能を上げるため、その開発に継続的に取り組んでいます。

燃焼効率を上げるには、燃焼室内の**圧縮比**を変更する、燃料噴射システムに**直噴**を用いる、**可変バルブシステム**を採用するなど、様々な手段がありますが、近年では圧縮比より膨張比を高める**アトキンソン・サイクル**などが再注目されています。

©TOYOTA

トヨタが発売するMIRAIのシャシー。同モデルでは高圧水素タンクを3本搭載。燃料電池以外のシステムは一般的なEV（電気自動車）とほぼ同じ。

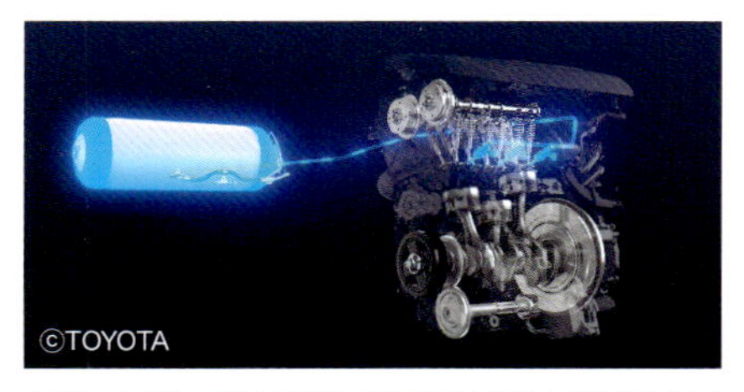

©TOYOTA

水素エンジンでは水素と空気の混合気を燃焼室内で燃焼する。液体水素を使用した水素エンジン車をトヨタが開発中。レースなどでテスト運用されている。

ガソリンや軽油などの化石燃料や電気に代わるエネルギーとして**水素**が注目されています。自動車の動力源として水素を活用するには、水素と酸素を化学反応させることで発電する**燃料電池**を搭載する方法と、エンジンの燃焼室内で水素を燃焼させる**水素エンジン**を使用する方法があり、どちらの場合も気体の水素をタンクに充填するケースと、水素を極低温まで下げた液体水素を使用するケースが考えられます。また、合成燃料（e-fuel）の原材料としても水素は使用されます。燃料電池自動車は、トヨタ、ヒョンデなどがすでに市販モデルを発売。日産、ホンダ、BMWなども開発に取り組んでいます。

Point 10 水素エネルギー
Hydrogen Energy

新たなパワーソースとして開発が進む燃料電池自動車と水素エンジン

参照ページ P.32, P.34, P.36

はじめに

Introduction

自動車の技術は目覚ましい発展をし、今日の私たちの暮らしに必要不可欠となっています。初めて、ハンドルを握って運転し、思いのままに操る快感は、忘れられないという人も少なくないのではないでしょうか。また、自動車いじりをすることにより、自動車をより身近に感じて、人々に無くてはならないものになっていることもあると思います。

ハンドルを操作した時のステアリングフィールは、ダイレクト感だったり、滑らかさだったり、自動車毎に異なっています。また、現在でも、マニュアルトランスミッション（MT）のシフト操作の醍醐味が好きで、ＭＴの車を乗り続けている方もいます。ユーザーニーズの多様性にあうように、自動車は作られ、発展してきています。

一方、自動車を動かす動力源は、エンジンから電気にかわりつつあり、自動運転技術も進んできつつありますが、自動車というシステムが機能するための多くのメカニズムは、今後も利用され続け、新技術と融合し、改良され、発展していくでしょう。

本書では、100年以上の歴史の中で培われてきた、現在の、まさに最新の自動車のしくみと、そのメカニズムを中心に紹介しています。

そして、私たちの生活に欠かすことができない、最先端の自動車のしくみを、非常にわかりやすい図解や最新の写真で解説しています。自動車業界に携わる人や、専門分野で学んだ人たちだけでなく、広く一般に、自動車をもっと良く知りたいという人たちに、十分興味深く、容易に理解を深めることができるでしょう。

また、近年、注目されている、自動運転、電気自動車などの最先端技術についても、一般の人たちにわかりやすく解説しています。

自動運転の技術の進化により、私たちの生活の利便性が画期的に向上し、交通事故が大幅に低減される社会へと進みつつあります。一方で運転の楽しさという本来の良さが、融合できることも望まれており、電気自動車も充電設備のインフラやバッテリーの航続距離などに対しても、さらに進化しつつあります。自動車は、ユーザーの多様な価値観に応え、発展していくことが望まれるでしょう。

本書は、自動車に興味を持つ学生や、自動車関連業界に入り、自動車のしくみやメカニズムをより理解したい人たちにぜひ座右の書として、活用頂けますと幸いです。

工学院大学名誉教授 **野崎博路**

Contents
目次

※各章の詳細な目次は、各章の冒頭に掲載しています。

この本の使い方

How to use this book

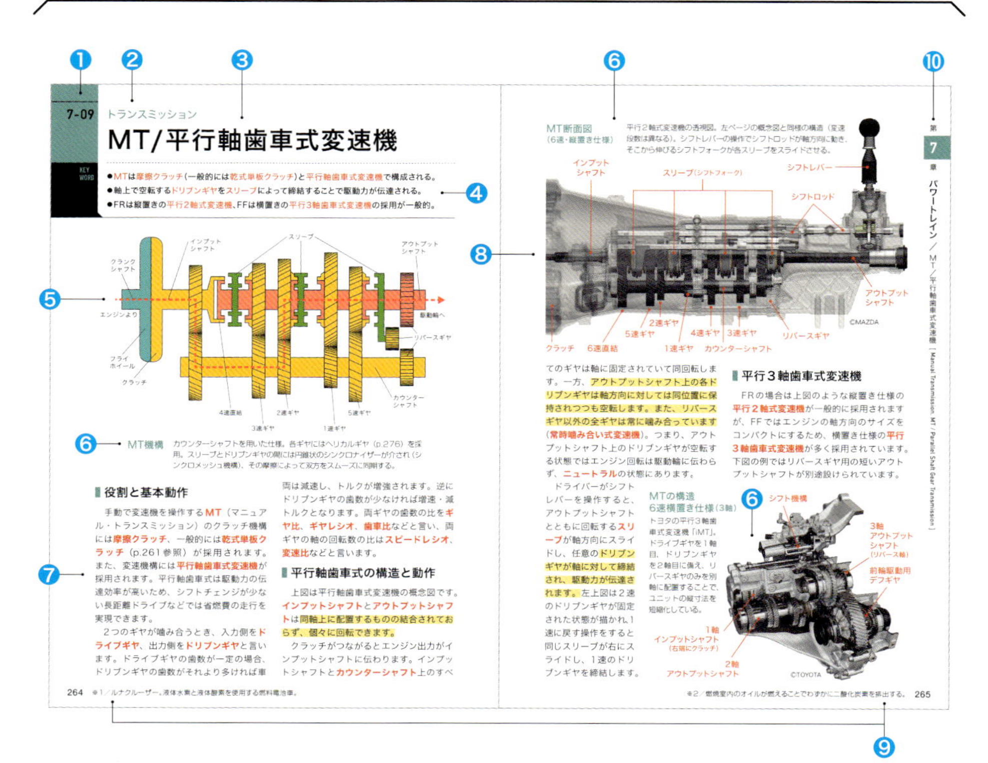

7-09 トランスミッション

MT/平行軸歯車式変速機

KEY WORD

●MTは摩擦クラッチ(一般的には乾式単板クラッチ)と平行軸歯車式変速機で構成される。
●軸上で空転するドリブンギヤをスリーブによって締結することで駆動力が伝達される。
●FRは縦置きの平行2軸式変速機、FFは横置きの平行3軸歯車式変速機の採用が一般的。

MT機構　カウンターシャフトを用いた仕様。各ギヤにはヘリカルギヤ(p.276)を採用。スリーブとドリブンギヤの間には円錐状のシンクロナイザーが介され(シンクロメッシュ機構)、その摩擦によって双方をスムーズに同期する。

役割と基本動作

手動で変速機を操作するMT(マニュアル・トランスミッション)のクラッチ機構には摩擦クラッチ、一般的には乾式単板クラッチ(p.261参照)が採用されます。また、変速機構には平行軸歯車式変速機が採用されます。平行軸歯車式は駆動力の伝達効率が高いため、シフトチェンジが少ない長距離ドライブなどでは省燃費の走行を実現できます。

2つのギヤが噛み合うとき、入力側をドライブギヤ、出力側をドリブンギヤと言います。ドライブギヤの歯数が一定の場合、ドリブンギヤの歯数がそれより多ければ車両は減速し、トルクが増強されます。逆にドリブンギヤの歯数が少なければ増速・減トルクとなります。両ギヤの歯数の比をギヤ比、ギヤレシオ、歯車比などと言い、両ギヤの軸の回転数の比はスピードレシオ、変速比などと言います。

平行軸歯車式の構造と動作

上図は平行軸歯車式変速機の概念図です。インプットシャフトとアウトプットシャフトは同軸上に配置するものの結合されておらず、個々に回転できます。

クラッチがつながるとエンジン出力がインプットシャフトに伝わります。インプットシャフトとカウンターシャフト上のすべてのギヤは軸に固定されていて同回転します。一方、アウトプットシャフト上の各ドリブンギヤは軸方向に対しては同位置に保持されつつも空転します。また、リバースギヤ以外の全ギヤは常に噛み合っています(常時噛み合い式変速機)。つまり、アウトプットシャフト上のドリブンギヤが空転する状態ではエンジン回転は駆動輪に伝わらず、ニュートラルの状態にあります。

ドライバーがシフトレバーを操作すると、アウトプットシャフトとともに回転するスリーブが軸方向にスライドし、任意のドリブンギヤが軸に対して締結され、駆動力が伝達されます。左上図は2速のドリブンギヤが固定された状態が描かれ、1速に戻す操作をすると同じスリーブが右にスライドし、1速のドリブンギヤを締結します。

MT断面図(6速・縦置き仕様)　平行2軸式変速機の透視図。左ページの概念図と同様の構造(変速段数は異なる)。シフトレバーの操作でシフトロッドが軸方向に動き、そこから伸びるシフトフォークが各スリーブをスライドさせる。

平行3軸歯車式変速機

FRの場合は上図のような縦置き仕様の平行2軸式変速機が一般的に採用されますが、FFではエンジンの軸方向のサイズをコンパクトにするため、横置き仕様の平行3軸歯車式変速機が多く採用されています。下図の例ではリバースギヤ用の短いアウトプットシャフトが別途設けられています。

MTの構造 6速横置き仕様(3軸)　トヨタの平行3軸歯車式変速機「iMT」。ドライブギヤを1軸目、ドリブンギヤを2軸目に備え、リバースギヤのみを別軸に配置することで、ユニットの縦寸法を短縮化している。

264 ※1/ルナクルーザー。液体水素と液体酸素を使用する燃料電池車。

※2/燃焼室内のオイルが燃えることでわずかに二酸化炭素を排出する。 265

第7章 パワートレイン/MT/平行軸歯車式変速機 [Manual Transmission MT / Parallel Shaft Gear Transmission]

❶本書では、各章における各話題を見開きで紹介しています。ページの左上にあるこの番号は、頭の数字が「章」、次の番号が見開きページごとの「各テーマ」の掲載順序を示しています。

❷タイトルを補足するキャッチ、または各テーマに共通する項目を示しています。

❸この見開きにおけるテーマのタイトルを示しています。

❹この見開きにおけるテーマの要点を「KEY WORD」として要約しています。

❺本書ではオリジナルの図を豊富に用いて各テーマを視覚的に解説しています。図中には極力部位名称を記載していますが、メーカーなどによって名称に違いがある場合は、もっとも一般的な名称、または参照したメーカーの元図にもとづき記載しています。

❻図や写真に対するキャプションでは、本文中で触れていないより具体的な解説を加えています。

❼本文中に出てくる重要用語は赤字で示すとともに、その話題の要点となるセンテンスには色オビを付けています。

❽本書では、各メーカーなどから提供された写真や図を豊富に使用しています。これらは、そのテーマや機構を正確かつ分かりやすく解説するため、新旧様々な図版を用いています。

❾本文中の語彙をより詳細に補足説明しています。

❿章タイトル、各ページのタイトル及びその欧文名を明記しています。

 ※本書に記載されている情報は原則的に2025年2月時点のものです。

第1章

パワーソース

Power Source

第1章 パワーソース
Power Source

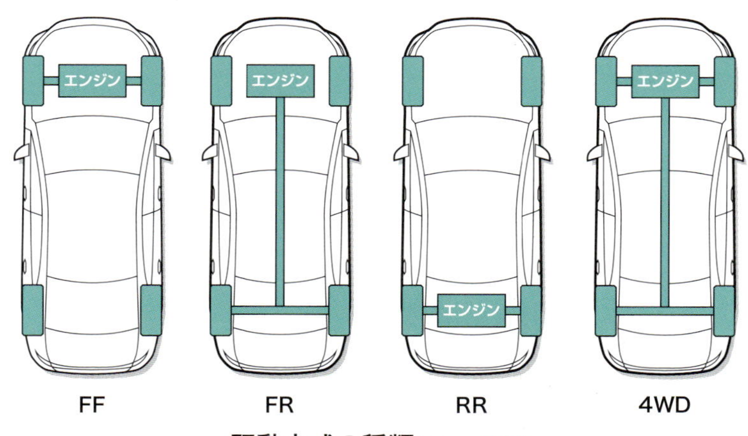

駆動方式の種類 ››› p.020

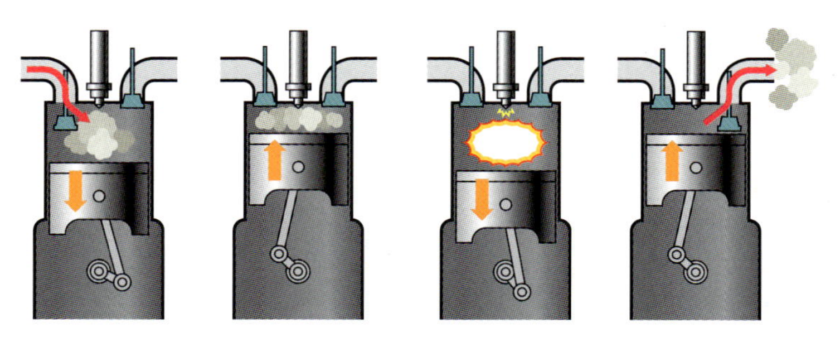

ガソリン・エンジン ››› p.022 ディーゼル・エンジン ››› p.024

自動車の動力源であるパワーソースにはエンジンとモーターがあり、
その仕様や組み合わせによって様々なタイプが存在します。
この章ではそれぞれのパワーソースの特徴を解説します。

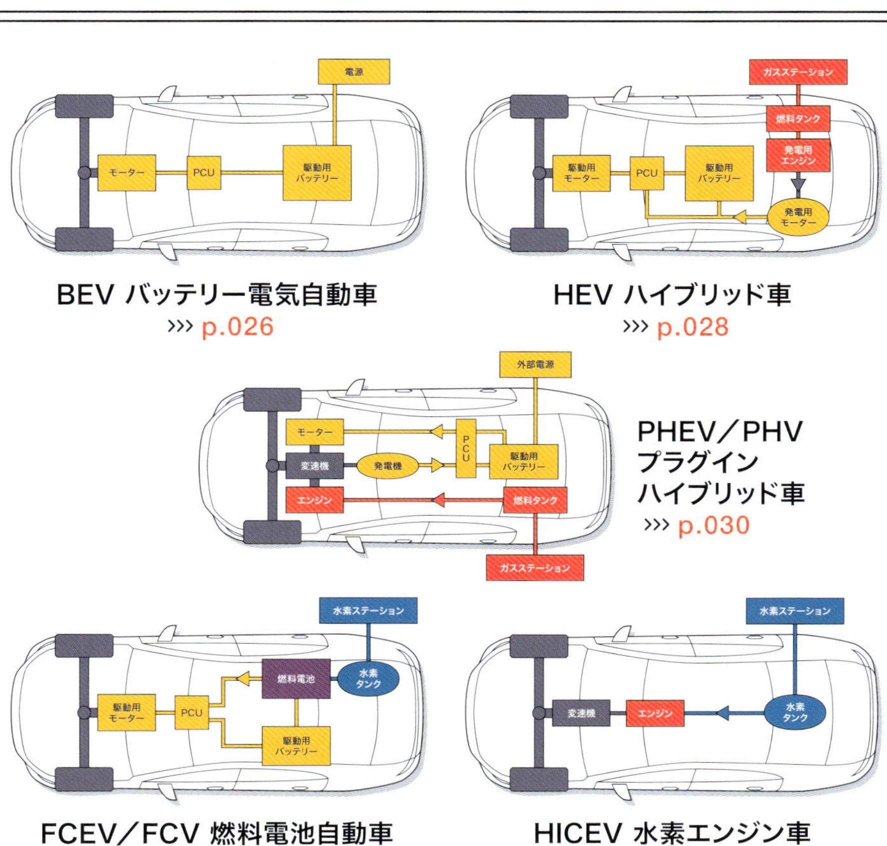

BEV バッテリー電気自動車 ››› p.026

HEV ハイブリッド車 ››› p.028

PHEV／PHV プラグイン ハイブリッド車 ››› p.030

FCEV／FCV 燃料電池自動車 ››› p.032

HICEV 水素エンジン車 ››› p.034

エンジン車の盛隆と電気自動車の再来

動力の変遷

KEY WORD

- 1700年代には蒸気機関による自動車、1886年にはガソリン車がはじめて登場。
- 1900年代になると、日本国内でもガソリン車やディーゼル車の発売が開始。
- 2000年代前後からはハイブリッド車をはじめ、様々なEVが登場している。

1769年頃 蒸気自動車

フランスで発明

©Roby

1886年 世界初のガソリン車

ベンツ
「ベンツ・パテント・モトールヴァーゲン」
ドイツで特許取得

©Daimler Chrysler AG

1900年 電気自動車

「ローナーポルシェ」
パリ万博で発表

1907年 🇯🇵

国内初のガソリン車

「タクリー号」10台製造

©TOYOTA

1908年

量産型ガソリン車

フォード「モデルT」
販売開始

©dave_7

1918年 🇯🇵

日本初の量産型ガソリン車

三菱「A型」
試作車が完成。
22台を販売

©Mitsubishi Motors

1936年

ダイムラー・ベンツがディーゼル・エンジンを開発。
メルセデス・ベンツ260Dに搭載して販売

黎明期の動力源

自動車が発明された18世紀以降、その動力源には様々なものが活用されてきました。もっとも初期の自動車に用いられたのは**蒸気機関**です。石炭や化石燃料を燃やすことでボイラー内の水を沸騰させ、その蒸気によってピストンを駆動させました。蒸気機関で走行する自動車は、蒸気機関車や蒸気船よりも早く開発されたのです。

内燃機関（エンジン）によって走行する最初の自動車は、ドイツのカール・ベンツが1886年に製造した**ベンツ・パテント・モトールヴァーゲン**とされています。このモデルはエンジンで後輪を駆動し、前輪で操舵するタイプの三輪車であり、カール・ベンツは同年、この特許を取得しました。

ガソリン車の発明以前の1830年代から、一次電池（再充電できない電池）を搭載した世界初の**電気自動車**の実証車がスコットランドで開発されました。また1886年には世界ではじめて電気自動車がイギリスで発売されています。そして1899年には、ローナー社に所属していたフェルディナント・ポルシェが、ハブ・ユニット（ホイールが取り付けられる部位）にモーターを内装したインホイール型の四輪駆動車**ローナーポルシェ**を開発しています。この車両は1900年のパリ万博に出展され話題となりました。

電気自動車はエンジン車よりも早く発売されましたが、1908年にフォードの**モデルT**の発売が始まると、エンジン車（p.18参照）のシェアがいっきに拡がります。

日本の自動車開発

日本では1907年、国内初のガソリン車となる**タクリー号**が製造されました。また1918年には、日本初の量産型ガソリン車である三菱**A型**の試作車が完成し、その後12台が販売されています。終戦直後の1947年には日本初の電気自動車**たま**が販売されるもののそのシェアは伸びず、続く1958年にはトヨタが国内初の**ディーゼル車**(p.18)となる**クラウン(CS20)**を発表。以後、約40年間はエンジン車の時代が続きます。

電気自動車の再来

1997年、当時の常識を覆すモデルが発売されます。トヨタの**プリウス**(p.126)は、1500ccエンジンを搭載し、同時にそのパワーをモーターで補うという世界初の量産型の**ハイブリッド車**(HEV、p.28)です。大幅な燃費の向上を実現したプリウスの登場によって、世界の自動車メーカーはHEVの開発に取り組みはじめます。

続いて2009年にはトヨタが**プリウスPHV**(p.30)を発表。回生ブレーキ(p.112)のみでバッテリーを充電するHEVと違い、PHVは外部電力からも充電することができます。

また2010年には日産が、モーターとバッテリーだけで走行する**電気自動車**(BEV、p.26)、**リーフ**を国内ではじめて一般向けに販売しました。プリウスの初期モデルがニッケル水素電池を搭載していたのに対し、リーフはより高効率なリチウムイオン電池を搭載していました。

そして2014年、トヨタは**MIRAI**の販売を開始。**燃料電池**を搭載するこのモデルは水素を燃料とし、水素によって発電してモーターを駆動します(FCEV、p.32)。また、水素に注目するトヨタは、エンジン内で水素を燃焼させる**水素エンジン車**の開発にも取り組んでいます。

1947年 🇯🇵
日本初のEV電気自動車
東京電気自動車「たま」販売開始

©NISSAN

1958年 🇯🇵
国内初のディーゼル車
トヨタ「クラウン」(CS20)発表

1997年 🇯🇵
世界初の量産型ハイブリッド車
トヨタ「プリウス」(NHW10・11型)販売開始

©TOYOTA

2010年 🇯🇵
国内初の一般向け量産電気自動車
日産「リーフ」(ZE 0(オー)型)販売開始

©NISSAN

2012年 🇯🇵
国内初の量産型プラグイン・ハイブリッド車
トヨタ「プリウスPHV」販売開始

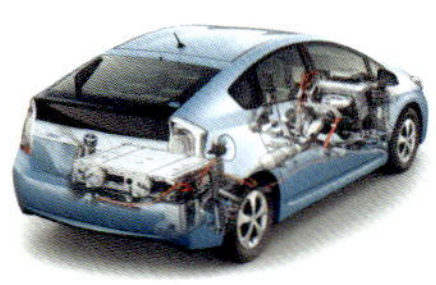
©TOYOTA

2014年 🇯🇵
世界初の量産型燃料電池自動車
トヨタ「MIRAI」販売開始

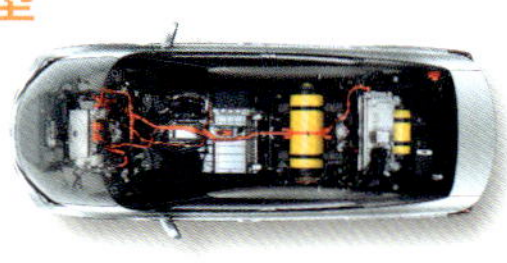
©TOYOTA

2023年 🇯🇵
水素エンジン車
ル・マン24時間レース参戦認可
トヨタ「GR H2 Racing Concept」

©TOYOTA

1-02 略語だらけでわかりづらい動力源のおさらい

動力別の車両タイプ

KEY WORD

- 内燃機関であるエンジンの燃料にはガソリン、軽油、合成燃料、水素などがある。
- エンジンはその燃料の違いによって構造や特性が変化する。
- 電気自動車(EV)は主にBEV、HEV、PHEV、FCEVの4種に大別される。

内燃機関自動車の種類

自動車を動かすパワーソース（動力源）には様々なものがあり、その組み合わせによっても仕様が分かれます。

これまでにもっとも普及したパワーソースは**内燃機関**、つまり**エンジン**です。内燃機関を搭載した自動車は、使用する燃料の違いによっても構造や仕様が変わり、ガソリンを燃料とする**ガソリン・エンジン車**（p.22参照）、軽油を燃焼させる**ディーゼル・エンジン車**（p.24）などが一般的です。ただし、近年では環境に配慮した結果、二酸化炭素と水素から生成する**合成燃料**（e-fuel、p.36）にも注目が集まっています。合成燃料は、既存のガソリン車やディーゼル車に改造を施すことなく使用できるのが特長です。

エンジン内で水素を直接的に燃焼させる**水素エンジン車**（p.34）の開発も進められています。水素エンジン車には、気体の水素を圧縮してタンクに充填するタイプのものと、水素をマイナス253度以下に冷却した液体水素を使用するタイプがあります。トヨタでは、液体水素を燃料とする実証車両でレースに参戦するなどして、その実用化を検証しています。

■内燃機関自動車(ICEV)の名称と燃料
(Internal Combustion Engine Vehicle)

種別	燃料
ガソリン・エンジン車 Gasoline Engine Vehicle	ガソリン
ディーゼル・エンジン車 Diesel Engine Vehicle	ディーゼル
水素エンジン車(HICEV) Hydrogen Internal Combustion Engine Vehicle	水素

内燃機関を搭載した自動車は、一般的にはエンジン車とも呼ばれる。使用する燃料によって構造も違う。

電気自動車の分類

電気自動車は様々に定義することができますが、当書においてはモーターと、そこに電力を供給するバッテリーを搭載するモデルを**電気自動車**（EV）として扱います。

エンジンを搭載せず、モーターとバッテリーだけを動力源とするモデルは**バッテリー電気自動車**（BEV）などと呼ばれます。また、モーターとバッテリーとともに、エンジンを併載するのが**ハイブリッド車**（HEV）です。

ハイブリッド車の場合、バッテリーへの充電は回生ブレーキ（p.112）のみで行われるのが一般的ですが、**プラグイン・ハイブリッド車**（PHEV）には充電ポートがあり、外部から電力を充電することが可能です。多くの場合はPHEVという略称が使用されますが、トヨタなど一部のメーカーではPHVと表記される場合もあります。

ハイブリッド車ではモーターパワーをエンジンの補助動力として使用しますが、プラグイン・ハイブリッド車ではより積極的にモーター駆動を活用することが想定されているため、ハイブリッド車よりも容量の大きなバッテリーが搭載されています。

電気自動車のひとつの形態として**燃料電**

■電気自動車（EV）の名称と仕様

	搭載動力装置		動力源	外部からの充電
	モーター	エンジン		
BEV バッテリー電気自動車 Battery Electric Vehicle	●	×	電気	可
HEV ハイブリッド車 Hybrid Electric Vehicle	●	●	エンジン 電気	不可
PHEV／PHV プラグイン・ハイブリッド車 Plug-in Hybrid Electric Vehicle	●	●	エンジン 電気	可
FCEV／FCV 燃料電池自動車 Fuel Cell Electric Vehicle	●	×	水素 電気	不可

モーターとバッテリーを搭載する電気自動車は主にこの４種に大別できる。

池自動車（FCEV）があり、この仕様では燃料に水素を用います。トヨタから発売されているMIRAIの場合は、気体の水素をタンク内に高圧で充填します。燃料である水素と車外から取り入れた空気を燃料電池で化学反応させると、電気が発生するとともに水が生成されますが、その電気をモーター駆動に利用します。

HEVの３種の仕様

ハイブリッド車はその構造の違いからシリーズ式、パラレル式に大別されますが、その２種の構造を兼ね備えたスプリット式もあります。シリーズは「直列」を意味し、パラレルは「並列」、スプリットは「分割」を意味します。

シリーズ式ハイブリッド車の場合、エンジンは発電用にのみ利用し、走行には駆動用モーターだけを使います。これに対して**パラレル式**では、通常の走行ではエンジンを使用し、発進時や低速からの加速時など、トルクを必要とする限定的なシーンでモーターを併用します。また、**スプリット式**では、走行シーンによってエンジンとモーターをより積極的に使い分けます。トルクが必要な発進や、低速時にはモーターのみで走行し、高速走行時にはエンジンも始動。エンジンとモーターの切り替えは遊星ギヤ（p.257）を内蔵した動力分割機構などで行います。スプリット式のモデルによっては、駆動用モーターと発電用モーターが別に搭載されているものもあります。

■HEVとPHEVの仕様の違い

種別		モーター	エンジン		外部充電	発電・蓄電手段
		駆動用	駆動用	発電用		
HEV ハイブリッド車 Hybrid Electric Vehicle	シリーズ式	●	×	●	不可	・回生ブレーキ&モーター ・エンジン&発電機
	パラレル式	●	●			
	スプリット式	●	●			
PHEV／PHV プラグイン・ハイブリッド車 Plug-in Hybrid Electric Vehicle		●	●		可	・回生ブレーキ&モーター ・エンジン&発電機 ・外部からの充電

HEVは外部電源から充電できないが、PHEVは充電ポートからの充電が可能。

1-03 エンジンをどこに配置し、どのタイヤを駆動させるか？

駆動方式の種類

KEY WORD

- 駆動方式とは、エンジン搭載位置と駆動輪の関係を意味する。
- エンジン車の駆動方式は、主にFF、FR、RR、MR、4WDに大別される。
- 駆動方式の違いによって走行時の特性や居住性に違いが表れる。

FF
エフ・エフ

車体前方にエンジンを搭載し、前輪を駆動する方式。コンパクトカーだけでなくSUVにも多く採用される。直進性に優れるが、高速走行時にアンダーステア（曲がりにくい状態）になる傾向がある。

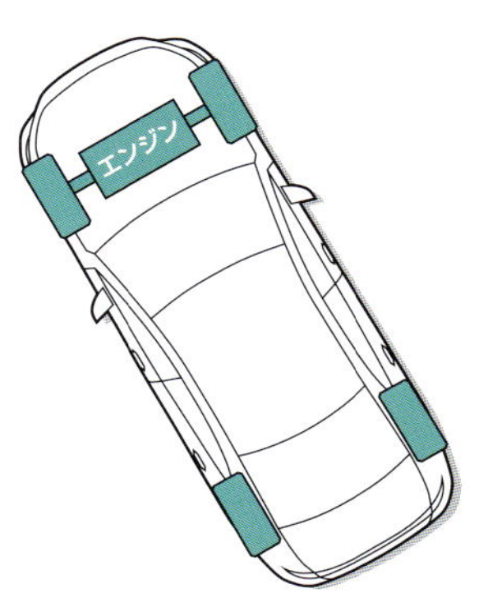

FR
エフ・アール

前方にエンジンを搭載し、プロペラシャフトを介して後輪を駆動。高出力エンジンに最適だが、操舵時に前輪より先に後輪のグリップが低下するためオーバーステア（内側に巻き込む現象）になりがち。

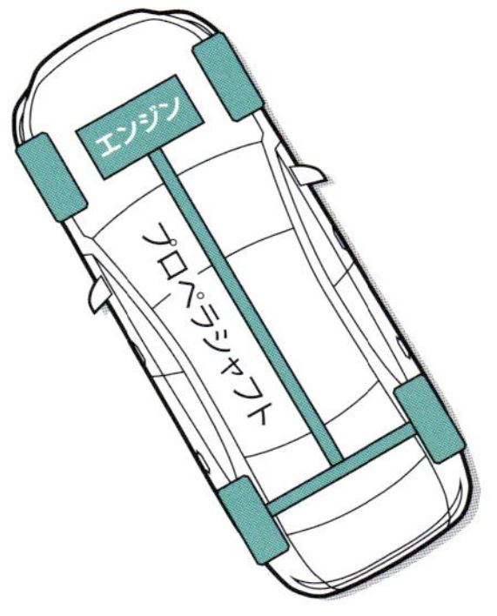

RR
アール・アール

エンジンを車体後部に搭載し、後輪を駆動する方式。国内メーカーの近年の普通自動車では採用例はない。高出力エンジンに対応し、旋回性能に優れているが、オーバーステアとなる傾向が強い。

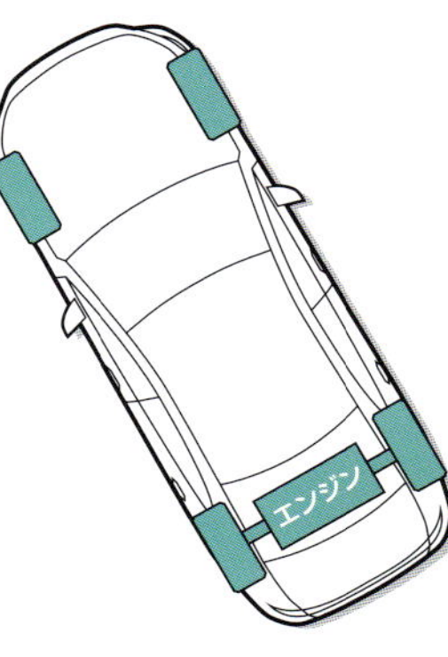

駆動方式による違い

駆動方式とは、エンジンなどの動力源を搭載する位置と、そのパワーを地面に伝える駆動輪の関係を意味します。ここではエンジン車を例にその基本を紹介します。

エンジンを車体前部に配置し、前輪を駆動させるのが**FF（フロントエンジン・フロントドライブ）**であり、近年の市販車でもっとも採用されている駆動方式です。エンジン動力を後輪に伝えるプロペラシャフトが必要ないためキャビン（居住空間）が広く設計でき、動力伝達のロスが少ないため燃費が良い傾向にあります。パーツ点数が少ないので製造コストを低減でき、車重を軽くできるというメリットもあります。

FF車は直進性が良い一方で、瞬発的に加速する際に車体前方が浮きやすいためトラクション（駆動力）が得られず、加速が鈍く感じられることもあります。

■各駆動方式の諸元

駆動方式	エンジン搭載位置			駆動タイヤ	
	F 前方	中央前 後輪の 車軸間	R 後方	F 前輪	R 後輪
FF	●			●	
FR	●				●
RR			●		●
MR		●			●
4WD	FまたはR			●	●

駆動輪とエンジン搭載位置の相関表。4WDのエンジン搭載位置はモデルによって様々。

エンジンを車体前部に搭載し、後輪を駆動するのが**FR（フロントエンジン・リアドライブ）**です。FR車ではプロペラシャフトが車体中央に配置されています。操舵と駆動を前後輪で分担するため構造がシンプルで、瞬発的な加速にも優れるためスポーツカーに多く採用されています。また、車重の前後バランスが良く、安定した乗り心地を再現しやすいため、高級セダンなどに採用されることも多い方式です。

RR（リアエンジン・リアドライブ）は、エンジンを車体後部へ配置し、後輪を駆動させる方式です。代表例はポルシェですが、一部のコンパクトカーにも採用されています。FF車と同様、車内空間を広く設計することが可能で、FR車のように旋回性が高く、瞬間的な加速にも優れています。

マツダ「AZ-1（エーゼットワン）」

かつてマツダから販売されていたAZ-1はMRの代表モデル。軽自動車でありながらスポーティな走行を見せた。2シート仕様でドアの開閉はガルウィング方式。ただしキャビンのすぐ背後にエンジンが配置されるMR特有のレイアウトによって室内は狭い。

MRと4WD

MRとは**ミッドシップエンジン・リヤドライブ**の略であり、エンジンは前輪のドライブシャフトより後方、または後輪のドライブシャフトより前方に配置されます。エンジンを前輪より後方に搭載するタイプはフロント・ミッドシップ、後輪より前方に搭載するものはリア・ミッドシップと呼ばれますが、フロント・ミッドシップはFF車やFR車として扱われることが多く、一般的にMRはリア・ミッドシップを意味します。エンジンはキャビンと後輪の間に配置され、後輪を駆動させて走行します。

4WD（4ホイール・ドライブ）は4×4（フォー・バイ・フォー）とも呼ばれ、四輪駆動を意味します。常時4WDで走行するフルタイム方式、通常は2WDで走行し、ドライバーの操作で4WDに切り替えられるパートタイム方式、タイヤが空転したときに自動で4WDに転じるスタンバイ式、双方の機能を兼ね備えたフルタイム式とパートタイム式の複合タイプなどがあります。4WDはしっかり路面をグリップするため安定性、走破性に優れています。

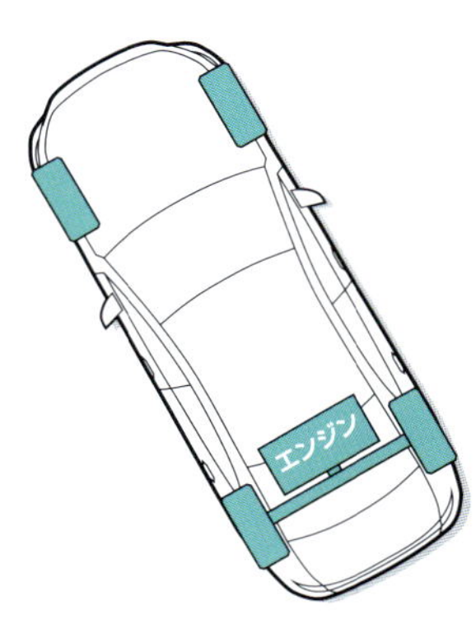

MR
エム・アール

エンジンを前輪と後輪の間に配置する駆動方式。前後輪のグリップが平均的になるため旋回性と加速性に優れている。近年の国内モデルではホンダのNSXや、同社の軽自動車などに採用されている。

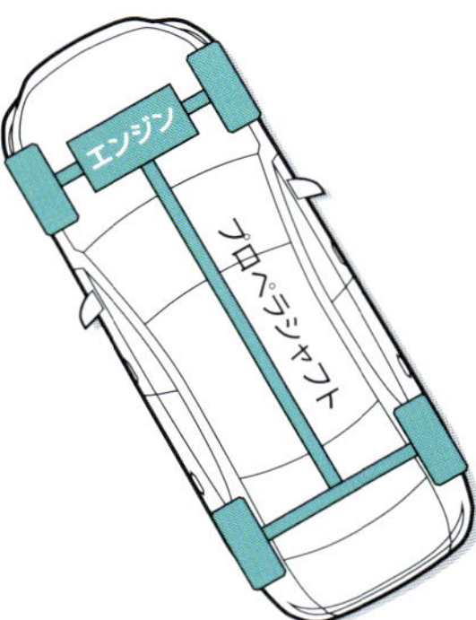

4WD
4ダブリュ・ディー

すべての車輪にエンジン動力を伝える機構を持つ。AWD（オール・ホイール・ドライブ）などとも呼ばれる。走行が安定している一方、構造が複雑で車重が増し、燃費が悪くなる傾向がある。

1-04 4ストローク1サイクルが主流

ガソリン・エンジン

KEY WORD
- ガソリン・エンジンとは、ガソリンと空気による混合気で燃焼させる内燃機関。
- 自動車の場合は4ストローク・エンジンが主流。
- シリンダー（気筒）の容積を合算した数値が、そのエンジンの総排気量となる。

4ストローク・エンジンとは？

燃料を燃やして動力を得るエンジンは**内燃機関**とも呼ばれます。その燃料にガソリンを使用するのが**ガソリン・エンジン**です。

エンジン内部では、①気化した燃料と空気による混合気の**吸入**、②混合気の**圧縮**、③混合気の**燃焼（膨張）**、④燃焼ガスの**排気**、という4つの行程が行われます（下図参照）。そして、①吸入から④排気までの一行程を**サイクル**と言います。①から④の各行程では、**シリンダー**内の**ピストン**が上から下へ、または下から上へと移動しますが、その片道の移動を**ストローク**と言います。

こうした機構のエンジンでは、1サイクルの行程を完了するために、4回のストロークが必要なことから、**4ストローク・1サイクル・エンジン**と呼ばれ、一般的にはこれを略し、**4ストローク・エンジン**、または**4サイクル・エンジン**と言います。

近年の自動車には4ストローク・エンジンが搭載されています。古い型式の自動車やオートバイなどでは2ストローク・エンジンを搭載するモデルもありますが、2ストローク・エンジンの場合、吸気と圧縮を1ストロークで、燃焼と排気を1ストロークで行うため、燃焼室内の圧力が4ストよりも上がらない傾向にあります。そのため4ストのほうが、2ストよりも燃焼効率が良く、燃費も向上するとされています。

ガソリン・エンジンの行程

ガソリン・エンジンにおける1サイクルの燃焼行程を見ていきます。

下図の①において、シリンダー内のピストンが下がると同時に、吸気弁が開くと、気化したガソリンと空気による混合気が燃焼室内に吸いこまれます。

4ストローク・ガソリン・エンジンの行程

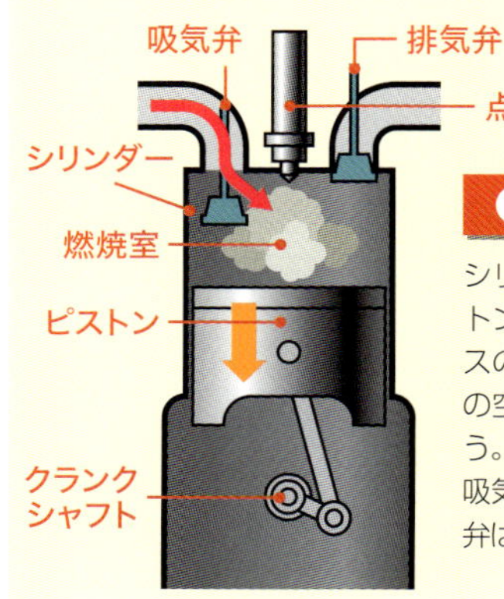

❶吸気行程

シリンダーとはピストンが上下するケースのこと。その内部の空間を燃焼室と言う。吸気の行程では、吸気弁は開くが排気弁は閉じたまま。

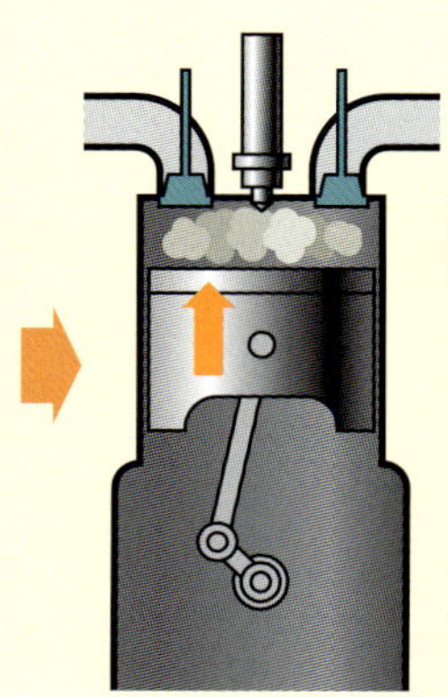

❷圧縮行程

吸気弁が閉じた燃焼室内は密閉状態になる。ピストンが上昇することで燃焼室内部の圧力が高められ、混合気の燃焼効率が高められる。

ピストンがもっとも低い位置（下死点、p.149参照）を過ぎて上昇に転じると吸気弁が閉じ、燃焼室内の混合気が圧縮されます(②)。ピストンがもっとも高い位置(上死点）に到達し、燃焼室内の圧力が十分に高まると、点火プラグに通電され、混合気に着火されます。すると混合気が爆発(③)し、その圧力でピストンが下がります。

ピストンが下死点を過ぎて上昇に転じると（④)、排気弁が開き、燃焼したガスが燃焼室から押し出されます。

エンジンの諸元

エンジンにおいて注目される**諸元（スペック）**には、ストローク、ボア、排気量、圧縮比などがあります。

ストロークとは、ピストンが上下に移動する際の最大距離のことであり、**ボア**とはシリンダー（気筒）内の内径です。ストロークとボアが分かれば、ピストンがもっとも下がったときの、シリンダー内の最大容積である**排気量**が算出できます。

エンジンによって搭載するシリンダーの数が違い、シリンダーが4つあれば4気筒エンジンとなります。そして、その4つのシリンダーの容積を合算した数値が、そのエンジンの**総排気量**となります。

ⒸTOYOTA

トヨタ「ヤリス」のガソリン・エンジン

トヨタのヤリスが搭載するガソリン・エンジン。シリンダーが3つある3気筒仕様で、その総排気量は1.5リットル。一般的なエンジンの気筒数は偶数だが、近年ではこうした3気筒エンジンも増えている。

エンジンの燃焼効率を計る尺度としては**圧縮比**が重要視されます。圧縮比とはピストンが下死点まで下がり、シリンダー内がもっとも広くなったときの容積と、ピストンが上死点まで上がり、シリンダー内がもっとも狭くなったときの容積の比率です。圧縮比が高いほど熱効率が良く、同じ量の混合気からより大きなエネルギーを得ることができます。そのため一般的には圧縮比の数値が高いほど、高出力、高トルクなエンジンだと言えます。

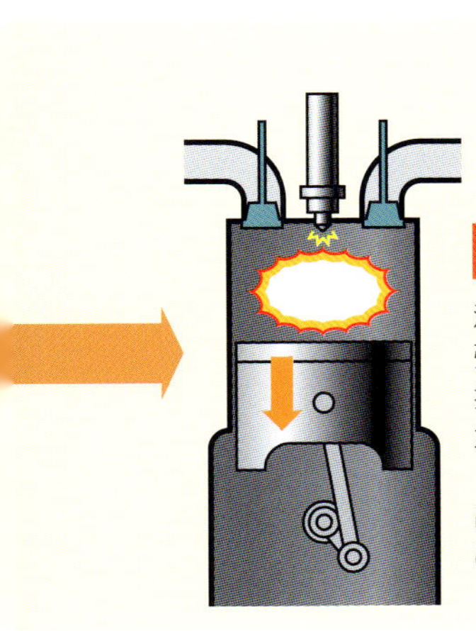

③膨張行程

混合気が爆発すると強い力でピストンが押し下げられ、その力がクランクシャフトに伝達されて高い出力（パワー）が生み出される。

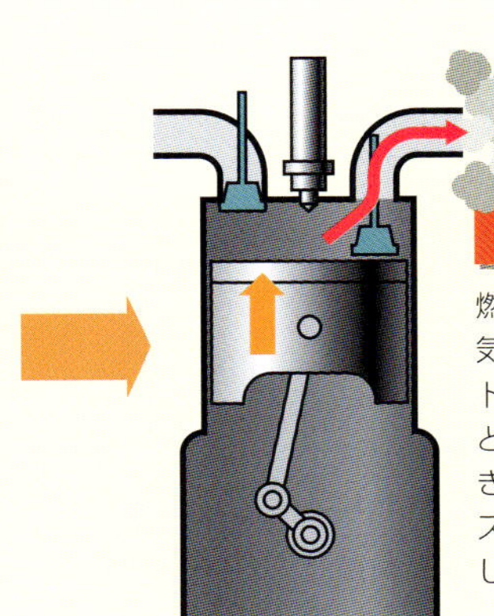

④排気行程

燃焼した混合気は排気ガスとなる。ピストンが再び上昇すると同時に排気弁が開き、そこから排気ガスが燃焼室の外へ押し出される。

1-05 根強い人気を誇る高トルク・エンジン

ディーゼル・エンジン

KEY WORD

- ディーゼル・エンジンは、軽油と空気の混合気で燃焼させる内燃機関。
- 燃料をシリンダー内に噴射し、それを圧縮することで自然着火させる。
- ガソリン・エンジンよりも二酸化炭素の排出量が少ないというメリットがある。

ディーゼル・エンジン構造

軽油を燃料とするのが**ディーゼル・エンジン**です。軽油はガソリンと性質が大きく異なり、ガソリンの沸点が一般的に35～180度であるのに対し、軽油の沸点は240～350度と非常に高いのが特徴です。

ディーゼル・エンジンとガソリン・エンジンの仕組みは、1サイクルを4行程で行うという点においては同じです。ただし、ディーゼル・エンジンには点火プラグが必要ありません。あらゆる気体は、圧力が高まると温度が上がります。ディーゼル・エンジンの場合は、シリンダー内の圧縮比が非常に高くなるよう設計され、軽油の着火温度が低いため、点火プラグで着火しなくても燃料を燃焼させることが可能です。

ガソリン・エンジンでは吸気の行程において、気化させた燃料と空気の混合気を燃焼室に取り込みましたが、ディーゼル・エンジンの吸気では空気だけを取り込みます。その空気をピストンによって圧縮すると、ピストンが上死点（p.149参照）あたりに到達するころには600度前後まで温度が上がります。そこへ**燃焼噴射ノズル**から霧状の軽油を噴出します。すると、軽油燃料は自然発火し、爆発・膨張します。

ディーゼル・エンジンの行程

ディーゼル・エンジンにおける1サイクルの燃焼行程を見ていきます。

下図の①において、シリンダー内のピストンが下がると吸気弁が開き、空気のみが燃焼室内に吸いこまれます。

ピストンがもっとも低い位置（下死点）を過ぎて上昇に転じると吸気弁が閉じ（②）、燃焼室内の空気が圧縮され、600度程度まで温度が上がります。

4サイクル・ディーゼル・エンジンの行程

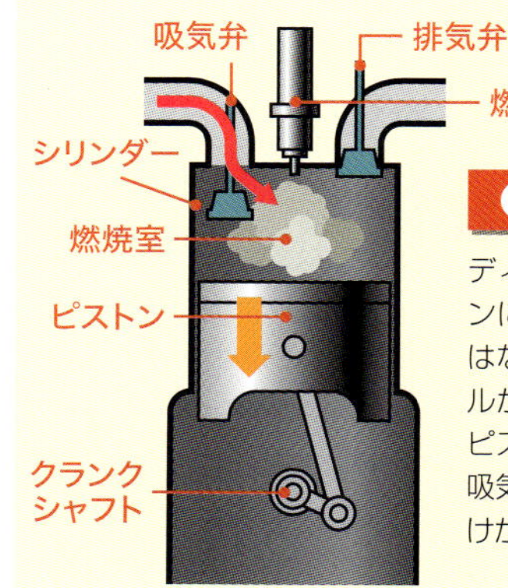

❶吸気行程

ディーゼル・エンジンには点火プラグではなく燃料噴射ノズルが搭載されている。ピストンが下がると吸気弁からは空気だけが取り込まれる。

❷圧縮行程

吸気弁が閉じた燃焼室内は密閉状態になる。ピストンが上昇すると、ガソリン・エンジンの場合よりも燃焼室内部が高く加圧される。

ピストンが上死点に近づくと、燃焼噴射ノズルから霧状の軽油燃料が噴出されます。すると燃料が自然発火し、爆発・膨張が起こります（③）。その圧力でピストンが押し下げられます。

ピストンが下死点を過ぎて上昇に転じると（④）、排気弁が開き、燃焼したガスが燃焼室から押し出されます。

ピストンが上死点に達し、ガスが排出されると、ピストンは下に下がりはじめ、吸気の工程（①）へと戻ります。こうした1サイクルの行程の間にクランクシャフトは2回転します。

ディーゼル・エンジンの特徴

軽油はガソリンよりも安価なため、ガソリン車と比較して経済的だと言えます。

シリンダー内の圧力が非常に高くなるためエンジン構造を頑丈にする必要があり、その結果、ディーゼル・エンジンを小型化・軽量化することは難易度が高く、また、ガソリン車と比べてエンジンから発生する振動や騒音が大きくなる傾向にあります。

混合気の比率が適当でないと大気汚染物質が排出される可能性があり、かつてはトラックなどのディーゼル車が厳しく規制される傾向にありましたが、近年の市販モデルは**後処理装置**（排気システム、p.228・230）などの技術の向上によってそれら課題に対処しています。

ディーゼル・エンジンのトルクはガソリン車に勝り、ガソリン車よりも二酸化炭素の排出量が少なく、高級乗用車にも多く採用されています。EV化が推進される昨今においても、とくに欧州におけるディーゼル車の人気は高く、国内ではマツダ社などがクリーンなディーゼルモデルの開発・販売を推し進めています。

©MAZDA

マツダ「CX-5」のディーゼル・エンジン

マツダCX-5に搭載されているディーゼル・エンジンSKYACTIV-D 2.2。通常よりも高い温度で燃焼するため有害物質の排出を抑えることが可能。同社ではこうしたクリーン・ディーゼルを推進している。

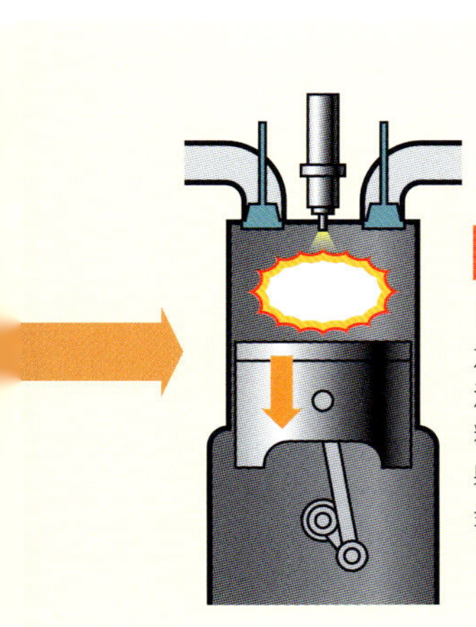

③膨張行程

ピストンが上昇して加圧された燃焼室の温度が高まると、燃料噴射ノズルから噴射された燃料が自然発火して爆発。ピストンが押し下がる。

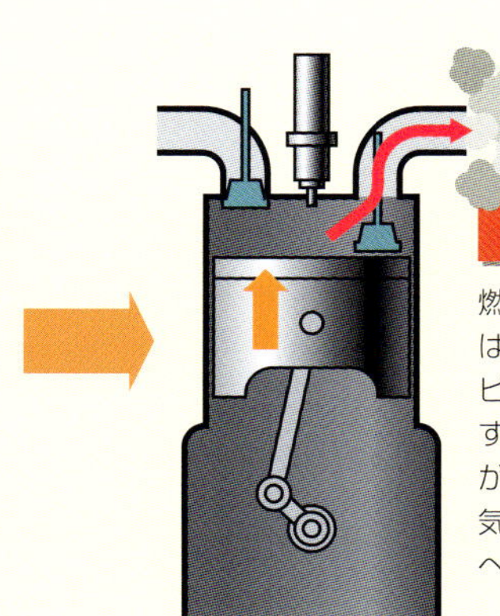

④排気行程

燃焼した燃料と空気は排気ガスとなる。ピストンが再び上昇すると同時に排気弁が開き、そこから排気ガスが燃焼室の外へ押し出される。

1-06 部品点数が少なくてシンプルな構造

BEV バッテリー電気自動車

KEY WORD

- 外部電源から充電した電気でモーターを駆動して走行する。
- PCU（パワー・コントロール・ユニット）はインバーター、昇圧コンバーターなどを含む。
- 搭載バッテリーは、容積あたりの蓄電量が高いリチウムイオン・バッテリーが主流。

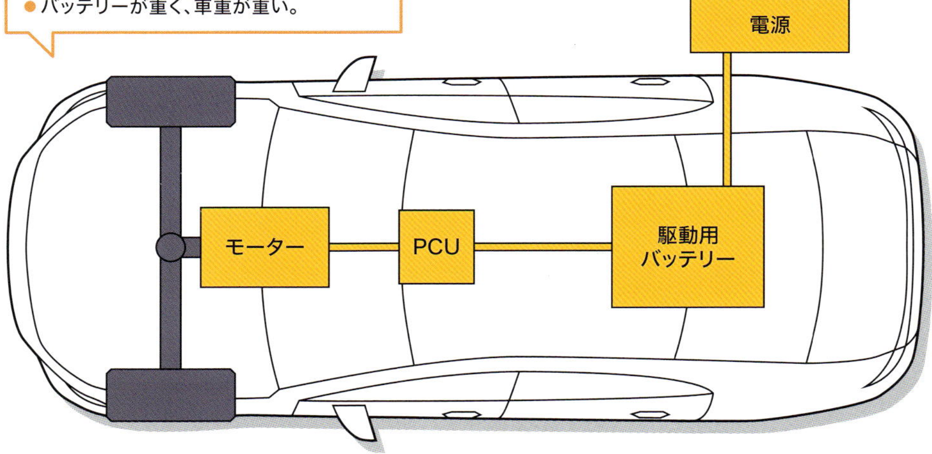

構造がシンプルなBEV

BEVとは（Battery Electric Vehicle）を意味し、動力源としてバッテリーとモーターを搭載し、かつエンジンを搭載していない電気自動車を意味します。

一方でEVは、動力源としてバッテリーとモーターを搭載するすべての仕様を意味し、HEVやPHEV（p.28・30参照）など、エンジンを併載するものも含まれます。つまりBEVはEVの一仕様と言えます。

BEVには燃料が必要ありませんが、バッテリーを充電するための外部電源（充電機器、p.118）が必要になります。

BEVのパワーソース（動力源）は**バッテリー、PCU（パワー・コントロール・ユニット）、モーター**だけです。また、パワートレイン（動力を伝達する装置の総称）としては、ホイールを保持するドライブシャフト、ディファレンシャル・ギヤ、減速機を搭載。減速機は高回転域にあるモーターの回転数を落とすために使用します。

ただし、電気自動車が搭載する駆動用モーターは、停止状態からの発進時にも最大トルクを出すのでクラッチ機構が必要ありません。また、低速から高速までの幅広い回転域において十分なトルクとパワーを発揮するため、基本的には変速機も必要ありません。このように、クラッチ機構や変速機などのパワートレインを必要としない

BEVは部品点数が少なく、構造が非常にシンプルになります。ただしバッテリーの重量が大きいため、BEVはエンジン車よりも車重が重くなる傾向にあります。

近年では様々な仕様のモデルが続々と登場しているため例外もあります。例えばポルシェのBEVであるタイカンは、前後にモーターを2つ搭載していますが、後部モーターには自動変速式2段ギヤボックス（変速機）を搭載しています。また、個々のホイールにそれぞれモーターを内蔵するインホイールモーターも実用化されつつあり、その場合はドライブシャフトやデファレンシャル・ギヤも必要ありません。

パワーソースの概要

BEVのバッテリーは外部電源から充電します。バッテリーには再充電ができない一次電池、再充電できる**二次電池**などがありますが、EVの駆動用バッテリーには二次電池が使用されます。かつてはニッケル水素バッテリーが多く使用されていましたが、近年では容積あたりの蓄電量がより高い**リチウムイオン・バッテリー**が主流です。

モーターには交流電源を使用するタイプと、直流電源タイプのものがありますが、モーター回転数を厳密に管理する必要があるEVでは**交流モーター**が搭載されます。

モーターは交流ですが、バッテリーには安定性が高い直流タイプが搭載されます。そのためバッテリーからの直流電源は、PCUに内蔵される**インバーター**（p.115）によって交流へと変換されます。インバーターは、バッテリーからの電流の周波数を厳密に管理する役割も担います。

また、PCUは**昇圧コンバーター**も内蔵し、バッテリーからの電流をモーターに適した電圧まで上げる役割を担っています。

テスラのモデルS

ⓒTesla

イーロン・マスク氏が主宰を務めるテスラ社はBEVに特化した新興の自動車メーカー。乗用車やピックアップトラックなどを製造販売する。

ⓒTesla

モデルSの一体構造

モデルSのフレーム製造はギガプレスと呼ばれる大型の一体成型プレスマシンなどが使用され、部品点数を減らすとともに高い衝撃保護性能を確保している。

モデルS パワートレイン

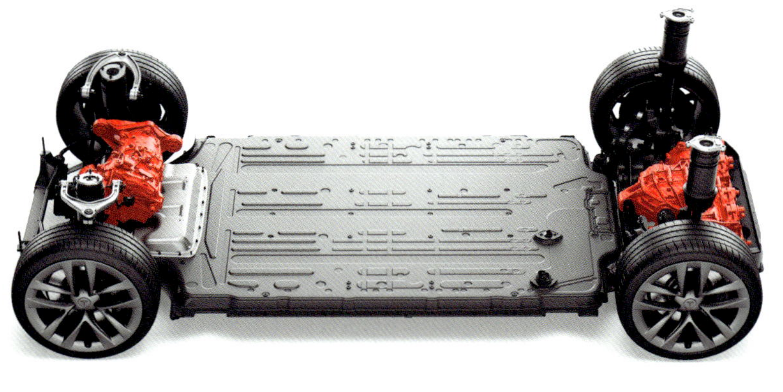

モデルSはプラットフォーム全体にリチウムイオン・バッテリーを搭載。カタログ上の航続距離は600km。前後に2つのモーターを搭載した4WD仕様。

ⓒTesla

1-07 日本が生んだ革新的パワーソース

HEV ハイブリッド車

KEY WORD

- エンジンとモーターを搭載。モーターを駆動用として使用するかは仕様によって違う。
- 回生ブレーキによる発電でバッテリーを充電。外部電源からは充電できない。
- シリーズ式とパラレル式、そのふたつの特徴を兼ね備えたスプリット式がある。

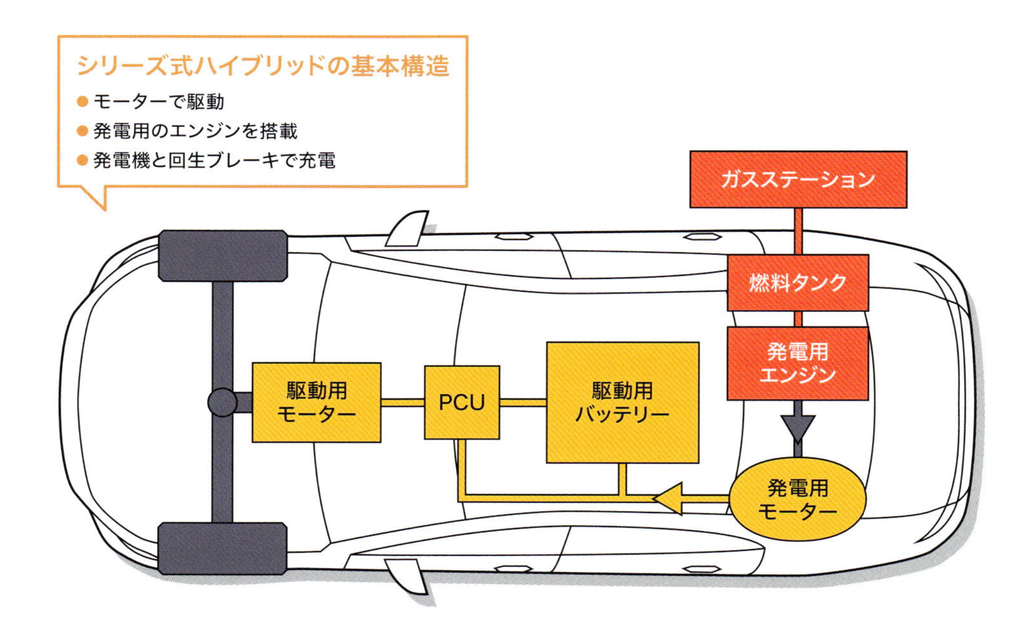

HEVとは？

BEV（p.26参照）がモーターとバッテリーだけで走行するのに対して、**ハイブリッド車**はエンジンも併載しています。ハイブリッドとは2種のパワーソースを掛け合わせることを意味し、**HEV**（Hybrid Electric Vehicle）と表記されます。

HEVのパワーユニットは**シリーズ式**と**パラレル式**に大別でき、その2つの機能を兼ね備えた**スプリット式**（シリーズ・パラレル方式、p.126）もあります。それぞれの仕様ではエンジンとモーターの活用方法が違います。ここでは基本となるシリーズ式とパラレル式を解説します。

シリーズ式の基本構造

シリーズ式のHEVはモーターのみで走行し、エンジンは充電のためだけに使用されます。シリーズとは「直列」を意味します。

HEVのバッテリーは外部電源から充電できません。そのためガスステーションで燃料を補給して発電用エンジンを駆動。その動力で発電用モーターを回し、その交流電源を**PCU**（p.114）で直流に変換してバッテリーを充電します。バッテリーの直流電源はPCUで交流に変換され駆動用モーターに送られます。また、バッテリーは発電用モーターだけでなく、回生ブレーキ（p.112）によっても充電されます。

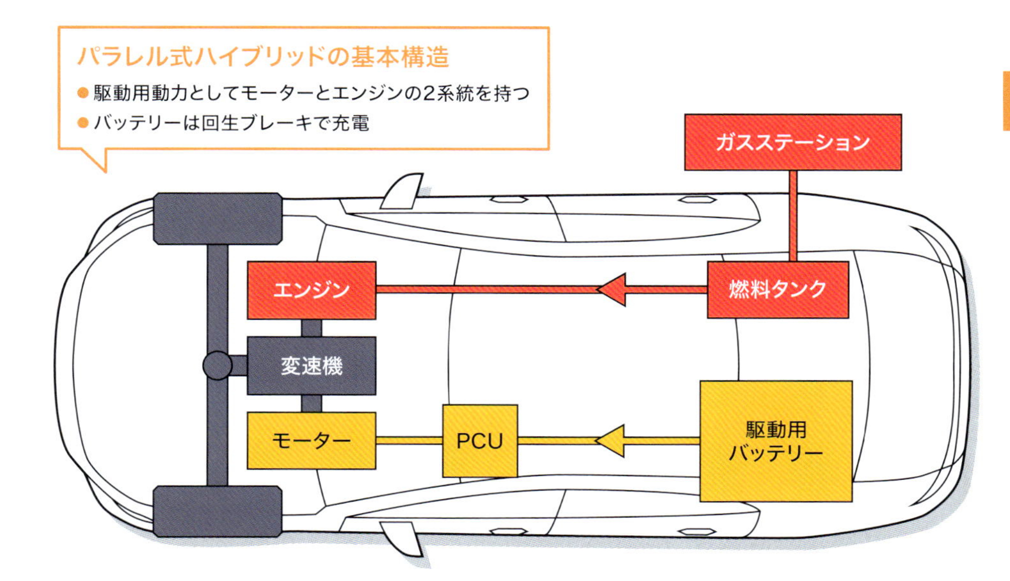

パラレル式の基本構造

シリーズ式のパワーユニットが直列的であるのに対し、パラレル式のユニットは並列的です。つまりパラレル式の車両では、モーターとエンジンの、どちらでも走行することが可能です。

ただし、パラレル式の車両では主にエンジンによる走行が想定されており、モーター駆動はエンジンのアシストとして使用されます。エンジンは一定速度での巡航や高速走行で高い効率を発揮しますが、瞬発的なトルクを必要とする発進時や加速時にはパワー効率や燃費が落ちる傾向にあります。そうしたシーンにおいて瞬発的なトルクを得意とするモーターが駆動してアシストします。モデルによってはモーターでの走行時や、回生ブレーキ（p.112）が働くときにエンジンを機械的に切り離し、より燃費を向上させるものもあります。

シリーズ式と同様、パラレル式HEVにも充電ポートはなく、バッテリーは回生ブレーキによって充電。バッテリーは容量が小さなものが搭載される傾向にあります。

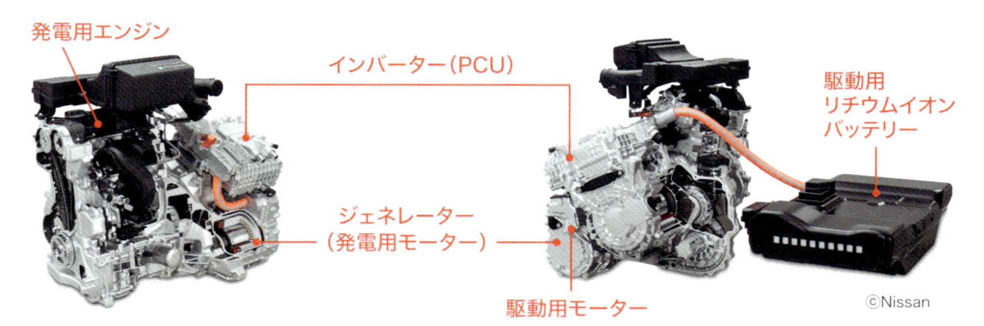

日産「セレナ e-POWER」のパワートレイン（シリーズ式）

日産のセレナ e-POWERはシリーズ式を採用したHEV。そのパワーユニットはガソリン・エンジン、走行用モーター、発電用モーター、PCUが一体化されている。

1-08 外部から充電できるハイブリッド車

PHEV／PHV プラグイン・ハイブリッド車

KEY WORD

- エンジンとモーターの双方の動力で走行することが可能。
- 回生ブレーキによる充電だけでなく、外部電源からもバッテリーを充電できる。
- バッテリー容量が比較的大きいため、HEVよりもEV走行の距離が長くて燃費が良い。

PHEVの特徴

ハイブリッド車（HEV）が外部電源から充電できないのに対し、**プラグイン・ハイブリッド車（PHEV）**は充電ポートを持ち、外部電源から充電できる仕様になっています。PHEVは“Plug-in Hybrid Electric Vehicle”の略称であり、一部メーカーでは**PHV**と表記する場合もあります。

モーターとエンジンを併載するという基本構造はHEVと同じですが、PHEVは、HEVよりも容量の大きいバッテリーを搭載し、モーターを駆動用としても使用します。つまり、HEVのモーター駆動がエンジンのサポート的な役割に留まるのに対して、PHEVはより積極的に**EV走行**を活用することを想定し、設計されています。

シーンに合わせたモード選択

一般的なHEVではモーター駆動とエンジン駆動が自動で頻繁に入れ替わりますが、PHEVの場合はモードを切り替えることにより、シーンに合わせた走行を選択できます。モーター駆動だけによる**EVモード**、エンジンだけによる**エンジン・モード**、HEVと同様な**ハイブリッド・モード**のほか、駆動用バッテリーの残量や走行状態を考慮しながら、自動的にEV走行とハイブリッド走行が切り替わる**エコ・モード**などを搭載するモデルもあります。

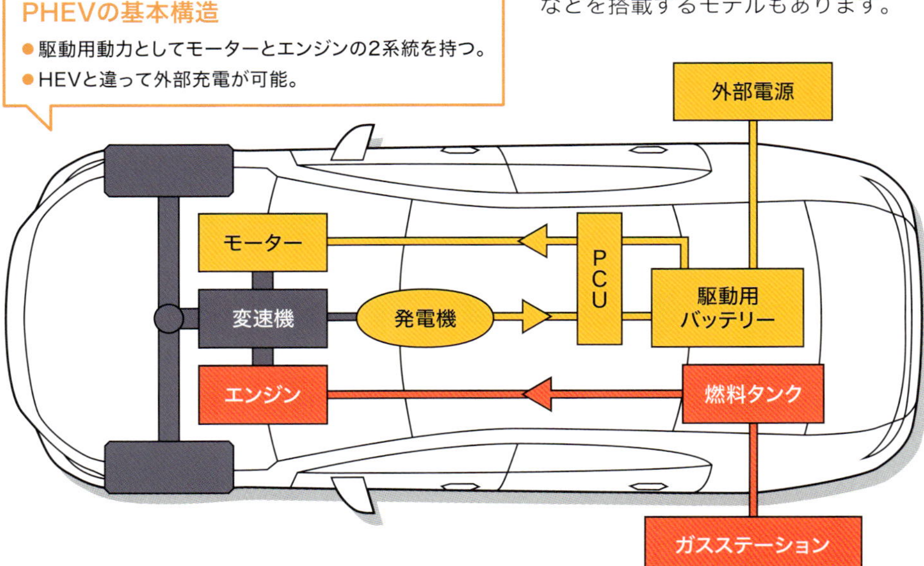

短距離の通勤や買い物ではEVモードを選択し、長距離や高速走行ではエンジン走行を選択するなど、最適な燃費効率を、ドライバーの意思で選択できることが、PHEVの最大のメリットと言えます。

PHEVのその他のメリット

HEVと比較したときのその他メリットとしては、バッテリー容量が大きいためHEVよりもEV走行できる距離が長い、EV走行ではエンジンが停止しているため静粛性が高い、トータル的な燃費がHEVよりも良いなどが挙げられます。エンジンの駆動時間がHEVよりも短いので二酸化炭素の排出を低減することにも貢献します。

また、バッテリーの電力を外部に給電するための給電ポートを搭載するモデルが一般的で、アウトドアや災害時には車両を電力供給源として活用することも可能です。

バッテリー容量はBEVよりも小さいため走行距離はBEVに劣りますが、バッテリーがなくなってもエンジン走行できることはPHEVのメリットと言え、必ずしも出先で充電に時間を割く必要がありません。

PHEVの課題としては、エンジンとモーターを併載すると同時に大容量バッテリーを搭載することから、他の仕様モデルと比べて車両価格が高いことが挙げられます。

©TOYOTA

トヨタ「プリウスPHV」

国内ではじめて市販されたPHVモデルはトヨタのプリウスPHVであり、2012年1月に発売が開始された。写真は高出力なパワーソースを搭載した同シリーズの2023年型Zグレード・モデル。

©TOYOTA

PHVの最大の特長は外部電源から充電できる点。専用コネクターを使用すれば外部への給電も可能となる。

©TOYOTA

プリウス（2023年型）はオプションとしてソーラー充電システムも用意。駆動用バッテリーへ供給できる。

©TOYOTA

駆動用トヨタ「プリウス」のパワートレイン

プリウス（PHEV・2023年型）はフロントに排気量2リットルのエンジンとモーターを搭載。充電ポートを搭載しつつガソリン給油も可能。

1-09 クリーンな水素燃料で走るEV

FCEV/FCV 燃料電池自動車

KEY WORD

- 水素と酸素を化学反応させて発電。その電力でモーターを駆動する。
- 水しか排出しないクリーンエネルギー車。
- トヨタやヒョンデが市販車を販売。その他メーカーも開発を進めている。

水素と酸素で発電

燃料電池自動車は、**FCEV**（Fuel Cell Electric Vehicle）、または**FCV**と呼ばれる電気自動車の一種です。BEVが外部電源によって充電するのに対し、FCEVでは**水素**（H_2）と**酸素**（O_2）を**燃料電池（FCスタック）**で化学反応させることで電気を発生させ、その電力でモーターを駆動します。

FCEVはまず、燃料となる水素を**水素ステーション**で充填します。気体の水素は非常に高い圧力で充填されるため、**高圧水素タンク**には頑丈な構造が求められます。

水素が燃料電池に貯蔵され、同時に車外から取り込まれた酸素がコンプレッサーによって燃料電池に送られると、水素と酸素が燃料電池の内部で化学反応を起こします。

その結果、電気と水蒸気（水）が発生し、電気は**PCU**（p.114参照）を介して駆動用モーターに送られます。燃料電池は発電時に熱を出すため、それを冷却するための**ラジエター**も搭載しています。水はそのまま車外に排出されます。

燃料電池で発電された余剰な電力はPCUを介して駆動用バッテリーに充電されます。また、駆動用モーターによる回生ブレーキ（p.112）でも発電され、それもPCUを経て駆動用バッテリーに蓄えられます。駆動用バッテリーに蓄えられた電力は加速時などに使用され、燃料電池をアシストします。排出するのは水だけであり、化石燃料をいっさい必要としないという意味において、FCEVはBEVと並んでクリーンな動力源だと言えます。

FCEVの基本構造

- 燃料として水素（液体または気体）を使用。
- 水素を燃料電池で電気分解して発電。
- 発電された電気でモーターを駆動。

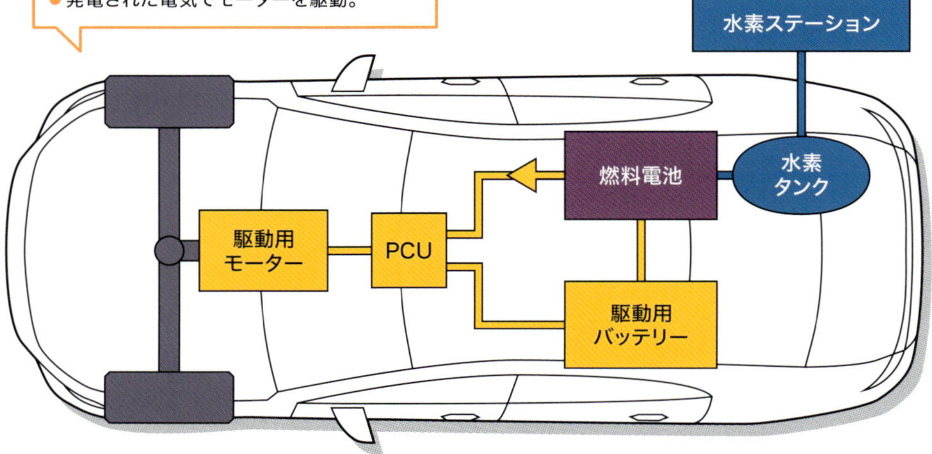

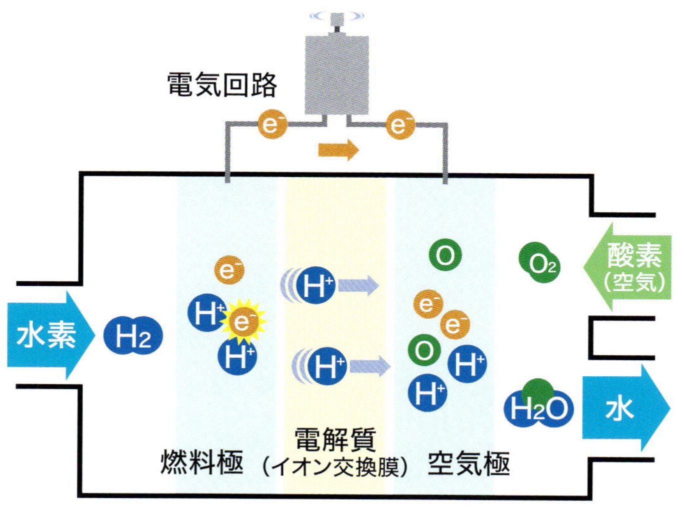

燃料電池の仕組み
水素原子（H）から電離した電子（e⁻）は電気回路を通ってモーターを駆動。水素イオン（H⁺）は空気極へ移動し、電子、酸素原子（O）と再結合して水が発生する。

水素
電子
酸素

水素と酸素の科学反応

燃料電池は、**燃料極**（負極）と**空気極**（正極）に2分されていて、その間が**電解質**（イオン交換膜）で仕切られています。

水素と酸素による化学反応の仕組みを見ていくと、まず燃料極（負極）側に送り込まれた水素（H_2）が、**水素イオン**（H^+）と**電子**（e^-）に分離します。すると電子は電気回路をたどって空気極（正極）へ移動しますが、その間にモーターを駆動させます。つまり、この電子の移動そのものが、化学反応によって発生した電流です。

燃料極にある水素イオン（H^+）は、電解質のなかを通って空気極へと移動します。そして電気回路を経て移動してきた電子（e^-）や、空気極側に送り込まれた**酸素**（O_2）と結合して、水となります。

脱炭素が叫ばれるなか、将来的なパワーソースとしてFCEVに注目が集まっています。2024年までにはトヨタがMIRAIやクラウン、ヒョンデがNEXO（ネッソ）などの市販モデルを発売しており、日産、ホンダ、BMWなども開発に取り組んでいます。現状の課題としては水素ステーションの整備、車両価格の低減などが挙げられます。

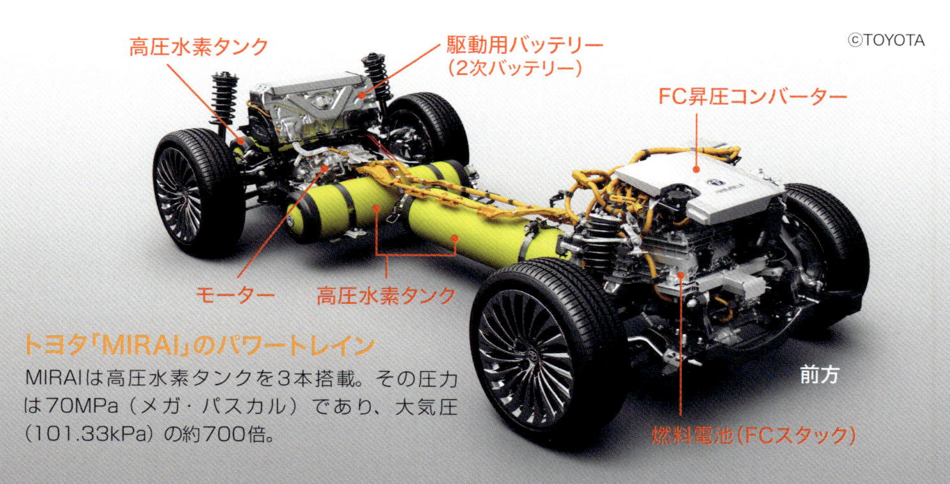

トヨタ「MIRAI」のパワートレイン
MIRAIは高圧水素タンクを3本搭載。その圧力は70MPa（メガ・パスカル）であり、大気圧（101.33kPa）の約700倍。

1-10 エンジン内で水素を直接燃焼

HICEV 水素エンジン車

KEY WORD

- 燃料に水素を使用する内燃機関自動車(レシプロエンジン車)の一種。
- エンジン内で水素と酸素の混合気を燃焼させる。
- 従来のガソリン車の技術が応用できるため、既存産業の存続や技術継承に貢献する。

化石燃料から水素へ

燃料電池車（FCEV）が水素と酸素の化学反応によって発電する電気自動車なのに対し、**水素エンジン車（HICEV）**は燃料である水素を酸素と混合し、その混合気を内燃機関の燃焼室内で直接的に燃焼させることによって動力を得るエンジン車です。

パワートレインにおける構造は従来のガソリン・エンジン車などとほぼ同じであり、変速機（トランスミッション）を搭載しています。主な違いは化石燃料用のタンクではなく、**高圧水素タンク**を搭載している点にあります。

水素エンジン車の開発は主にトヨタが取り組んでおり、実証車両でレースに参戦するなどしています。水素エンジン車が市販される場合には燃料電池車と同様に、高圧水素タンクに気体の水素を充填することになると思われますが、レースに参戦するトヨタの実証車両には**液体水素**が使用されています。液体酸素はロケットの燃料としても使用されています。

気体の水素は極低温まで冷却すると液体水素となって容積が800分の1になり、容積あたりのエネルギー密度が圧倒的に高まります。ただし液体水素はマイナス253度以下に保つ必要があり、その温度が保てなければ充填時やタンク内で気化し、急激に膨張するため、取り扱いが難しい燃料だと言えます。トヨタは月面探査ローバー（※1）を開発中ですが、その車両ではカートリッジ式の液体水素タンクが採用されているため、同様な方式が水素エンジン車にも採用されることが考えられます。

水素エンジン車の基本構造

- ガソリン車に近い構造。
- 高圧水素タンクを搭載。
- 変速機(トランスミッション)を搭載。

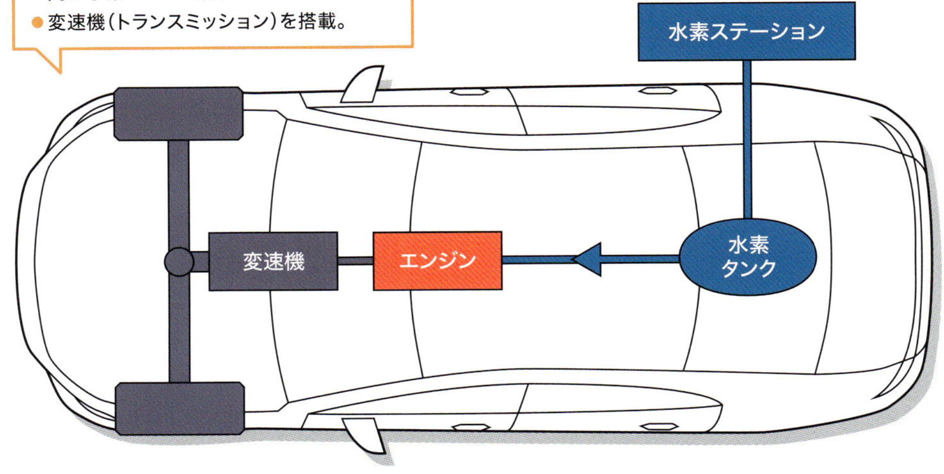

※1／ルナクルーザー。液体水素と液体酸素を使用する燃料電池車。

©TOYOTA

水素エンジンと水素燃料タンク
水素エンジンと高圧水素タンクのイメージ図。燃料に水素を使用する以外は、構造的にはガソリン・エンジン車と大きく変わらず、これまでのエンジン技術を流用できる。

なぜ水素エンジン車なのか？

水素はガソリンと比べて燃焼時のカロリー（発熱量）が低いため、パワーにおいて水素エンジン車はガソリン車などに劣ります。また、気体の水素はエネルギー密度が低いため、航続距離を延ばすには大容量の水素タンクを搭載する必要があります。しかし、水素エンジン車は極めてクリーンなため、脱炭素の目標年以降にも選択しうるパワーソースになり得ます。

水素エンジン車はBEVと同様、炭化水素（HC）、一酸化炭素（CO）、二酸化炭素（CO_2）を排出しません（p.42参照、※2）。シリンダー内で水素と酸素が燃焼すると窒素酸化物（NOx）が発生しますが、それを取り除く方法は既存のエンジン車の技術によって十分に達成されています。

パーツ点数が少なく、内燃機関を必要としない電動自動車が主役になる時代となれば、これまでにエンジン車を支えてきた多くの企業や技術、労働者は不要になるはずです。しかし、水素エンジン車が選択できる時代が到来し、内燃機関が必要とされ続ければ、そこに関わる産業や技術を維持することができます。とくに国内メーカーが水素エンジン車の開発を推し進めるには、そうした意味も含まれています。

水素エンジンカローラ
トヨタの水素エンジンカローラ。燃料に液体水素を使用。高出力を維持するには液体水素ポンプが課題だという。2023年には24時間耐久レースにも参戦、完走している。

©TOYOTA

※2／燃焼室内のオイルが燃えることでわずかに二酸化炭素を排出する。

1-11 ガソリンやディーゼルに代わる未来エネルギー

代替燃料

KEY WORD

- 環境にやさしい合成燃料（e-fuel）が注目されている。
- e-fuelは二酸化炭素と水素などから製造される。
- その他にLPG、天然ガス、メタノール、エタノール、DMEなどの代替燃料が存在する。

合成燃料「e-fuel」とは？

脱炭素とは、二酸化炭素の排出量をゼロにすることを意味します。これに対して**カーボン・ニュートラル**では、排出された二酸化炭素などの温室効果ガスを様々な方法で相殺し、実質ゼロにすることを目指します。このカーボン・ニュートラルを達成するうえで注目を集めているのが合成燃料**「e-fuel」**（イー・フューエル）です。e-fuelは石油と同じ炭化水素化合物であり、ガソリンや軽油の代替燃料になります。

e-fuelの原材料は主に**水素**（H_2）と**二酸化炭素**（CO_2）です（※1）。風力発電や太陽光発電などの再生可能エネルギーで水を電気分解すれば水素（**クリーン水素**）が得られます。二酸化炭素は工場や発電所などから、または大気中にあるものを回収します。こうして得た水素と二酸化炭素を合成すればe-fuelが製造できます。つまりe-fuelは、大気中の二酸化炭素を増やさないカーボン・ニュートラルな燃料です。

メリットとデメリット

合成燃料（e-fuel）のメリットは、ガソリン車、ディーゼル車、HEV、PHEVなど、化石燃料を使用する車両を改造することなく使用できる点にあります。そのため給油も従来どおり短時間で完了します。

e-fuelはバッテリーの電力や気体の水素よりも体積あたりのエネルギー密度が高いため、とくに車両を大型化する必要がありません。また、原油由来の燃料に比べて硫黄や重金属の含有量が少なく、環境負荷を抑えることができます。

化石燃料は産油国から輸入する必要がありますが、水素と二酸化炭素などを原料とするe-fuelは、インフラを整えればあらゆる国で製造でき、原料の枯渇や、産出量に関するリスクもありません。

一方、e-fuelのデメリットとしては製造コストの高さが挙げられます。しかし、世界がカーボン・ニュートラルに向かう状況においてe-fuelの生産量が上がれば、ある程度のコスト低減が見込まれます。

e-fuelの生産工程

e-fuelは再生可能エネルギーから生み出されるクリーン水素と、産業排気ガスなどから回収された二酸化炭素を原材料とし、それらを合成することによって製造される。

再生可能エネルギーで水を電気分解して水素を生成

H_2

産業排気ガスなどから二酸化炭素を回収

CO_2

合成ガス

合成ガス製造

水素と二酸化炭素を合成してガスを製造。

※1／液体のe-fuelの原材料には水素のほかにメタノールなども使用される。

■その他の代替燃料

名称	主成分／化学式	種別	適応			
			ガソリンエンジン	ディーゼルエンジン	HEVハイブリッド	FCV燃料電池車
LPG（液化石油ガス）	プロパン C_3H_8 ブタン C_4H_{10}	化石燃料	○	×	○	×
天然ガス	メタン CH_4	化石燃料	○	×	○	×
メタノール	メタノール CH_3OH	バイオ燃料	○	×	○	×
エタノール	エタノール C_2H_6O	バイオ燃料	○	○	○	○
DME	ジメチル・エーテル C_2H_6O	化石燃料 バイオ燃料	○	○	○	×

各代替燃料の主成分と適応する動力源を示す。メタノールは燃料電池の水素燃料の代替にもなる。
出典／一般財団法人環境優良車普及機構HP（「自動車技術」21世紀の自動車用燃料の動向）

その他の代替燃料

LPG（Liquefied Petroleum Gas）とは液化石油ガスのことで、日本ではタクシーの燃料として普及しています。プロパンとブタンを主成分とし、加圧すれば比較的高温な状態でも液化するため取り扱いも容易です。LPG車のCO_2排出量はガソリン車より８～９%ほど低く、排気後処理に三元触媒（p.226参照）を使用できるため排出ガスはクリーンです。

メタン（CH_4）を主成分とする**天然ガス**は化石燃料の一種ですが、炭素の含有率が低く、ガソリンと比べて燃焼時のCO_2発生量を20%ほど低減できます。天然ガス自動車の燃料には圧縮天然ガス（CNG）や液化天然ガス（LNG）が使用されます。粒子状物質（PM）、窒素酸化物（NOx）、二酸化炭素（CO_2）の排出が少ないのが特長です。

メタノール（CH_3OH）も以前から代替燃料として用いられています。硫黄分を含まないため燃焼しても硫黄酸化物が発生しません。ただし、腐食性が高く、燃料系部品には特殊な材料が必要となります。

エタノール（C_2H_6O）は穀物や果物からも得られ、毒性もありません。ノッキング（※2）を起こしにくい程度を示す尺度としてオクタン価がありますが、それが高いことも特徴のひとつです。CO_2を低減できることから、サトウキビなどから作った**バイオエタノール**が一時期注目されましたが、製造コストが高いため普及するには至っていません。**DME**（Dimethyl Ether）はジメチル・エーテル（C_2H_6O）のことで、LPGに似た特性を持ち、ディーゼルの代替燃料になります。

これらの代替燃料でCO_2を低減することは、カーボン・ニュートラルの思想に則しますが、一方で、バイオエタノールなどはその生産時に多くのCO_2が排出されることから、カーボン・ニュートラルには適さないという議論もあります。

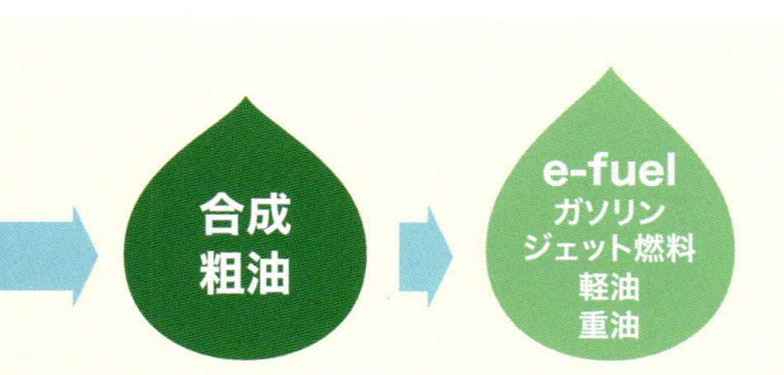

FT合成
FT合成という工程により合成粗油を製造する。

合成ガス製造
合成粗油を精製して多種のe-fuelを製品化。

※2／エンジン内部の異常燃焼によって発生する異音や振動。

COLUMN 1

燃費を表す2つのモード「JC08モード」と「WLTCモード」

燃費とは、1ℓでどれだけの距離を走行できるかを示す指標であり、その数値が大きいほど、そのモデルが省燃費であることを意味します。燃費を測定するにはシャシダイナモメータと呼ばれる室内設備が使用され、実走行時と同等の負荷をエンジンに与えることで行われます。

かつて日本ではその測定基準として、国土交通省が定めた「JC08モード」が採用されていました。この計測方法では、段階的に速度を変化させながら一定時間走らせて計測。各速度における変速段数が定められ、各モデルの空気抵抗なども考慮されます。

しかし、この計測は各モデルの燃費を同一条件で比較することを目的とするため、測定結果である「カタログ燃費」と実際に走行した際の「実燃費」に乖離が表れます。

そのため2018年10月からは国際基準である「WLTCモード」を採用。この測定では市街地モード、郊外モード、高速道路モードなど、走行条件の違う3つのシーンを想定して計測するため、より実燃費に近い数値を把握できます。昨今のカタログでは多くの場合、JC08モードとWLTCモードの両基準による数値が併記されています。

シャシダイナモメーター

前輪と後輪をローラーに載せた状態で走行して計測。燃費だけでなく、CO、HC、NOx、CO_2（p.042）の排出量も測定する。

©AdamNavrotny

『JC08モード』

燃費（燃料消費率、p.150）を計測するために使用される日本独自の方式。試験室内に設置されたシャシダイナモメータの上に車両の駆動輪を載せて走行。その際に排出される二酸化炭素の量を計測することで、そのモデルの燃費を測定する。

JC08モード
21.4km/L

『WLTCモード』

国際的な燃料消費率の計測方式。市街地モード、郊外モード、高速道路モードを想定し、各条件下で車両をシャシダイナモメータ上で走行させ、それぞれの燃費を平均的な使用時間配分で算出する。

- 市街地モード：信号や渋滞等の影響を受ける比較的低速な走行を想定。
- 郊外モード：信号や渋滞等の影響をあまり受けない走行を想定。
- 高速道路モード：高速道路等での走行を想定。

WLTCモード
20.4km/L
市街地モード：15.2km/L
郊外モード：21.4km/L
高速道路モード：23.2km/L

第2章

規制と対策

Regulations & Measures

第2章 規制と対策
Regulations & Measures

VISUAL INDEX

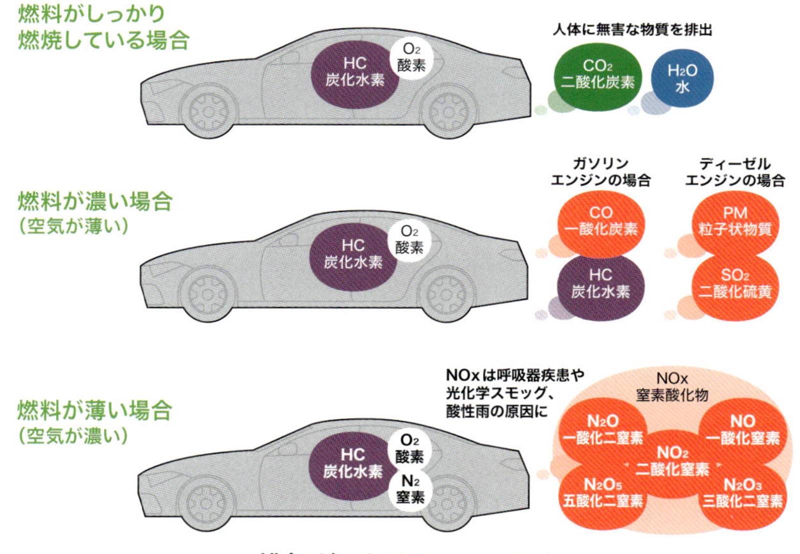

排気ガスとは？ ››› p.042

United States of America

年	法令名	内容
1963年	大気浄化法 Clean Air Act of 1963	酸性雨対策やオゾン層の保護を目的として、米国内で導入された大気汚染防止のための法律。
1970年	マスキー法 Muskie Act	1975年以降に製造する自動車の排気ガス中のCO(一酸化炭素)、HC(炭化水素)の排出量を1970-1971年型の10分の1以下にする。
		1976年以降に製造する自動車の排気ガス中の窒素酸化物(NOx)の排出量を1970-1971年型の10分の1以下にする。
1975年	CAFE規制 Corporate Average Fuel Economy	企業ごとに販売モデルの個々の燃費を算出し、その加重平均によってそのメーカーにおける平均燃費を算出する基準。「企業別平均燃費基準」。
1990年	ZEV規制 Zero Emission Vehicle Requirement	カリフォルニア州が導入する規制。EV車やFCV車など、排出ガスを出さないZEV車(無公害車)を一定比率以上販売することを義務付ける制度。

Japan

年	法令名	内容
1979年	エネルギーの使用の合理化等に関する法律	「省エネ法」とも呼ばれる。日本版CAFE規制。
1998年	平成10年 アイドリング規制	乗用車における排気ガス中のCO（一酸化炭素）を1%以下、HC（炭化水素）を300ppm以下とする規制。また、駐車時におけるアイドリング行為を禁止する。導入・施行は各自治体の判断に委ねられた。
2000年	低排出ガス車認定制度	有害物質の排出がどの程度削減されているか示すための制度。
2003年	ディーゼル車規制条例	ディーゼル自動車などの運行や乗入れに関する規制。この年の規制ではじめて粒子状物質への併用対策が求められた。東京、神奈川、千葉、埼玉にて施行。
2020年	乗用車の2030年度燃費基準	日本版CAFE規制。

各国の排ガス規制・燃費規制 ››› p.044

エンジンを搭載する自動車からは、人体に有害な大気汚染物質のほかに、
人体に無害ながらも地球温暖化につながる温室効果ガスなどが排出されます。
その排出ガスの詳細と各国の排ガス規制、各組織の取り組みなどを解説します。

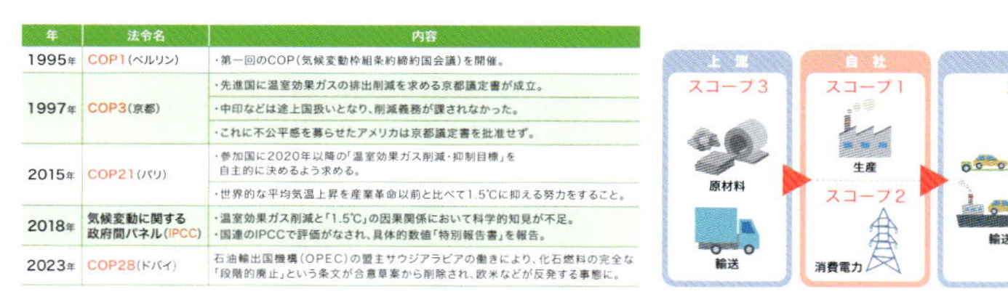

年	法令名	内容
1995年	COP1(ベルリン)	・第一回のCOP(気候変動枠組条約締約国会議)を開催。
1997年	COP3(京都)	・先進国に温室効果ガスの排出削減を求める京都議定書が成立。
		・中印などは途上国扱いとなり、削減義務が課されなかった。
		・これに不公平感を募らせたアメリカは京都議定書を批准せず。
2015年	COP21(パリ)	・参加国に2020年以降の「温室効果ガス削減・抑制目標」を自主的に決めるよう求める。
		・世界的な平均気温上昇を産業革命以前と比べて1.5℃に抑える努力をすること。
2018年	気候変動に関する政府間パネル(IPCC)	・温室効果ガス削減と「1.5℃」の因果関係において科学的知見が不足。 ・国連のIPCCで評価がなされ、具体的数値「特別報告書」を報告。
2023年	COP28(ドバイ)	石油輸出国機構(OPEC)の盟主サウジアラビアの働きにより、化石燃料の完全な「段階的廃止」という条文が合意草案から削除され、欧米などが反発する事態に。

GHG 温室効果ガス ››› p.046

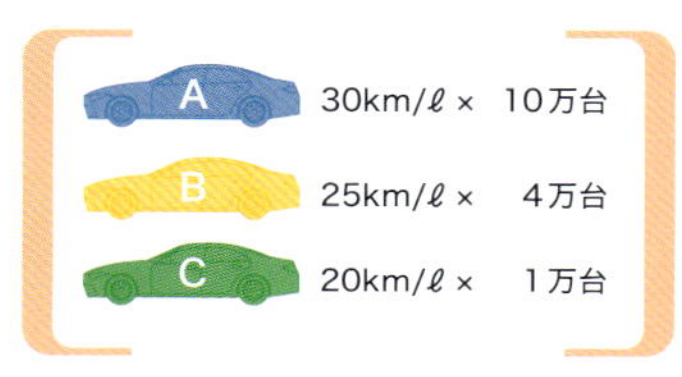

CAFE規制とZEV規制 ››› p.048

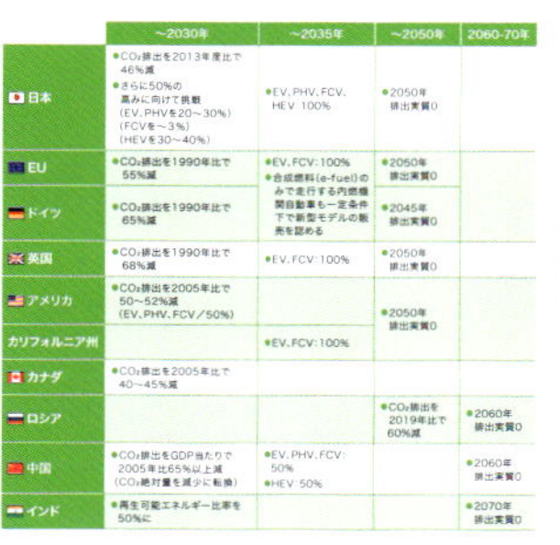

	~2030年	~2035年	~2050年	2060-70年
日本	●CO_2排出を2013年度比で46%減 ●さらに50%の高みに向けて挑戦 (EV、PHVを20~30%) (FCVを~3%) (HEVを30~40%)	●EV、PHV、FCV、HEV 100%	●2050年排出実質0	
EU	●CO_2排出を1990年比で55%減	●EV、FCV:100% ●合成燃料(e-fuel)のみで走行する内燃機関自動車も一定条件下で新型モデルの販売を認める	●2050年排出実質0	
ドイツ	●CO_2排出を1990年比で65%減		●2045年排出実質0	
英国	●CO_2排出を1990年比で68%減	●EV、FCV:100%	●2050年排出実質0	
アメリカ	●CO_2排出を2005年比で50~52%減 (EV、PHV、FCV／50%)		●2050年排出実質0	
カリフォルニア州		●EV、FCV:100%		
カナダ	●CO_2排出を2005年比で40~45%減			
ロシア			●CO_2排出を2019年比で60%減	●2060年排出実質0
中国	●CO_2排出をGDP当たりで2005年比65%以上減 (CO_2絶対量を減少に転換)	●EV、PHV、FCV:50% ●HEV:50%		●2060年排出実質0
インド	●再生可能エネルギー比率を50%に			●2070年排出実質0

各国の目標値 ››› p.050

エリア	メーカー	~2030年	~2050年
EU	メルセデス	●2020年代後半までにEV、PEVのを50%に。 ●2030年までにライフサイクルCO_2の排出量を半減。	
	BMW	●2億トン超のCO_2排出を回避。 ●スコープ1+2のCO_2排出量を1台当たり80%削減。 ●スコープ3のCO_2排出量を1台当たり20%削減。 ●世界販売モデルの50%をEVに。	
	ポルシェ	●2025年までに販売台数の50%を電動パワートレイン搭載車に。 ●2030年までにEVを80%に。 ●2030年までにサプライチェーン全体をカーボン・ニュートラル化。	
	フォルクスワーゲン	●欧州生産車のCO_2排出量を2018年比40%削減。	●2050年までに完全なカーボン・ニュートラル化。
	アウディ	●2025年までにCO_2排出量を30%削減。 ●2026年以降は全新型モデルをEV車に。	●2033年までに内燃機関車の生産を終了。
	ボルボ	●CO_2排出量を2018年比75%削減。 ●2025年までにCO_2排出量を2018年比40%削減。	●2040年までに完全なカーボン・ニュートラル化。
北米	フォード	●2024年までに欧州販売モデルをEVへ切り替え。 ●2026年までに全新型モデルをEV、PHVに切り替え。 ●2030年にEVのみに完全転換。	●2035年までにスコープ1/2のCO_2排出量を2017年比76%削減。 ●2035年までにスコープ3のCO_2排出量を2019年比50%削減。 ●2050年までにCO_2排出量ゼロ。
	ゼネラルモーターズ		●2035年までに世界の新型モデルの排ガスをゼロに。 ●2040年までに完全なカーボンニュートラル化。
韓国	現代自動車	●2025年までに全世界で100万台のEVを販売。	●2045年までに完全なカーボン・ニュートラル化。

海外メーカーの目標 ››› p.052

メーカー	目標年	内容
トヨタ	2025年	新型車のCO_2平均排出量を2010年比で30%以上削減。 電動車累計販売数を3,000万台以上にする。 工場のCO_2排出量を2013年比で30%削減。
	2030年	世界市場でBEV車を30車種展開。年間350万台販売。
	2050年	「トヨタ環境チャレンジ2050」 走行時のCO_2排出量を2010年比で90%削減。
日産	2026年度	EVとe-POWER搭載車を20車種導入。 EV車の販売比率を世界の各市場で向上させる。 (ex. 日本55%、欧州75%、中国40%、米国は2030年までに40%)
	2030年代	欧州をはじめとした主要市場の全新型モデルをEV化。
	2050年	ライフサイクル全体をカーボン・ニュートラル化。
ホンダ	2024年	軽自動車の全モデルをEV化。
	2040年	世界の新型販売モデルをEVとFCVのみに。 (ハイブリッド自動車を含まない「脱エンジン」の宣言)
	随時	風力発電所と太陽光発電所からの充電用電力の確保。
マツダ	2025年	13車種のEV化モデルを導入予定。 (BEV／3車種、HV／5車種、PHV／5車種)
	2030年	全生産モデルにEV技術を搭載。EV比率を25%に。
	2050年	サプライチェーン全体をカーボン・ニュートラル化。
三菱自動車	2035年度	「環境ターゲット2030」 EV車販売比率を100%とする。 事業活動におけるCO_2排出量を2018年度比50%削減。
	2050年	「環境ビジョン2050」 CO_2排出をゼロに。
スバル	2030年	全世界販売台数の50%をBEVにする。
	2030年代前半	生産・販売するすべて車種に電動技術を搭載。
	2050年	新車平均(走行時)のCO_2排出量を2010年比で90%以上削減。

国内メーカーの目標 ››› p.054

2-01 自動車から排出される大気汚染物質と温室効果ガス

排気ガスとは？

KEY WORD

- 排出ガスには大気汚染物質と温室効果ガスが含まれる。
- 排気ガスは、ガソリンや軽油などが車の内燃機関で燃焼することで発生する。
- 大気汚染物質は人体に有害であり、温室効果を抑えるには温室効果ガスの排出を抑える。

排出ガスとは？

排出ガス（エミッション・ガス）とは、自動車や航空機、工場、火力発電所などから排出されるガスの総称で、主に以下の3種類があります。

排気ガスは、ガソリンや軽油などが車の内燃機関で燃焼することで発生するもの。**ブローバイ・ガス**は、未燃焼の混合気が外に漏れたもの。そして**蒸気ガス**は、燃料が蒸発して発生するものです。つまり自動車の排気ガスは排出ガスの一種です。

いま排出ガスが世界で問題になっているのは、これらのガスのなかに**大気汚染物質**や**温室効果ガス**が含まれているためです。

大気汚染物質には、人体に有害な一酸化炭素（CO）、炭化水素（HC）、窒素化合物（NOx）などが含まれており、ガス状のものと粒子状物質（PM）があります。

また、温室効果ガスには二酸化炭素（CO_2）やメタン（CH_4）など、人体に直接的に影響を与えないものも含まれますが、地球の温暖化につながるためその排出が問題視されています。

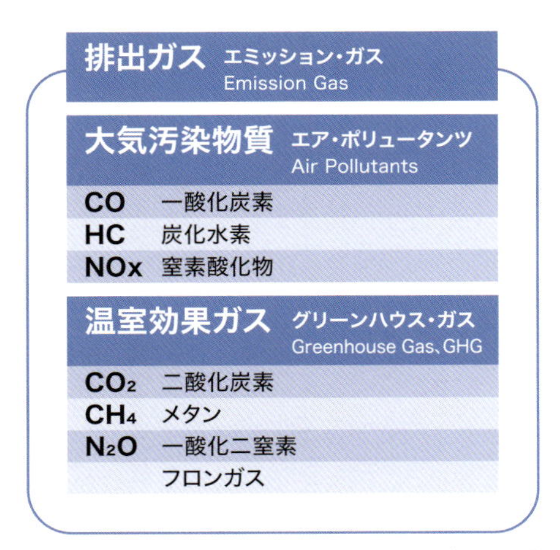

排出ガスは「エミッション・ガス」とも呼ばれる。排出ガスは大気汚染物質や温室効果ガスに大別できる。

排出ガスが出る仕組み

エンジン車の燃料として使用されるガソリンや軽油は、総称して**炭化水素燃料**と呼ばれます。**炭化水素**（HC）とは、炭素と水素からなる化合物（ハイドロカーボン）であり、ガソリンや軽油は炭化水素を主成分とした混合物です。

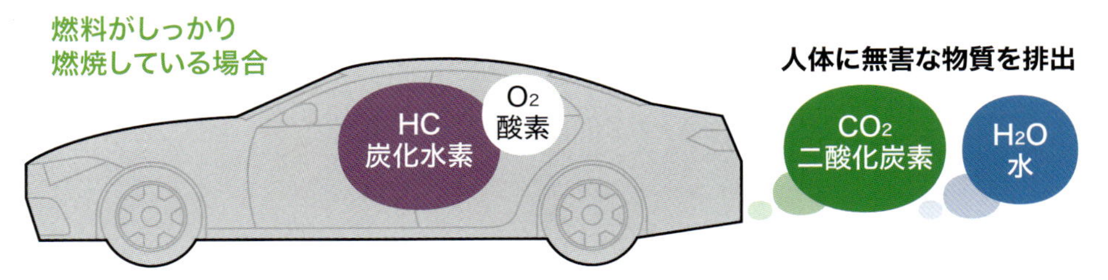

炭化水素である燃料と酸素による混合気がエンジン内で燃焼するとき、理論空燃比と呼ばれる最適な比率で完全燃焼すれば二酸化炭素と水しか排出されない。ガソリンの理論空燃比は燃料1対空気14.7とされている。

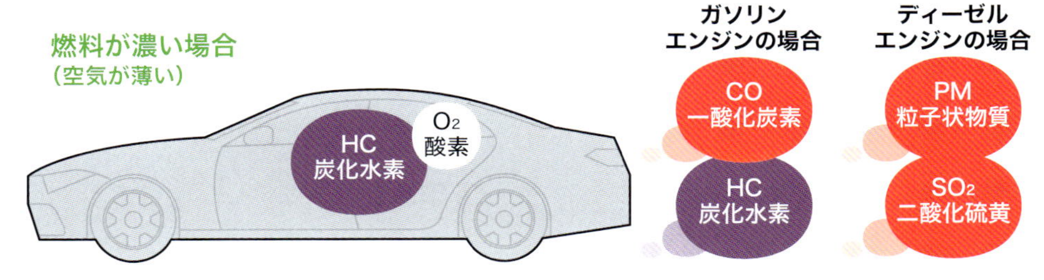

混合気の燃料が濃い、つまりリッチ燃焼の場合には、酸素が薄くて燃料が完全に燃えないため、様々な大気汚染物質が排出される。排出される物質はガソリン、軽油などの燃料によって違う。

エンジン内で燃料である炭化水素と**酸素**（O_2）が燃焼するとき、その混合気が完全燃焼すれば二酸化炭素（CO_2）と水（H_2O）しか排出されません。しかし、燃料と酸素が最適な比率（理論空燃比）でない場合には、様々な排出ガスが発生します。

もし混合気の燃料が濃い状態**（リッチ燃焼）**では、ガソリン・エンジンの場合には**一酸化炭素**（CO）や**炭化水素**（HC）が多く排出されます。またディーゼル・エンジンでは、**粒子状物質**（PM）や**二酸化硫黄**（SO_2）が多く排出されます。

逆に、混合気の燃料が薄い状態**（リーン燃焼）**では、大気中から取り込まれる酸素と窒素（N_2）の比率が高まります。その酸素と水素が高温・高圧で燃焼すると結合し、その結果として**窒素酸化物**（NOx）が多く生成されます。窒素酸化物は**ノックス**とも呼ばれ、様々な種類がありますが、人体に取り込まれると粘膜が刺激され、気管支炎や肺水腫などの原因になります。

現在の課題はGHG

排出ガスにおける大気汚染物質は、エンジンや触媒装置、または混合比を制御するECM（エンジン・コントロール・モジュール、p.240参照）などの技術が進歩した結果、各国の基準値を大きく下回るレベルに改善されています。ただし、たとえエンジンが混合気を完全に燃焼し、大気汚染物質をゼロにしても、内燃機関からは二酸化炭素が排出されます。そのためCO_2の排出量をゼロにする**脱炭素**が標榜される現在、炭化水素燃料を使用すること自体が疑問視されています。つまり昨今の課題は、大気汚染物質の次の段階として、温室効果ガス（GHG）の低減にあります。

ただし前章でも紹介したように、二酸化炭素の排出量をゼロにするという脱炭素の取り組みと並行して、二酸化炭素量を増やさないようにする**カーボン・ニュートラル**の施策も進められています。

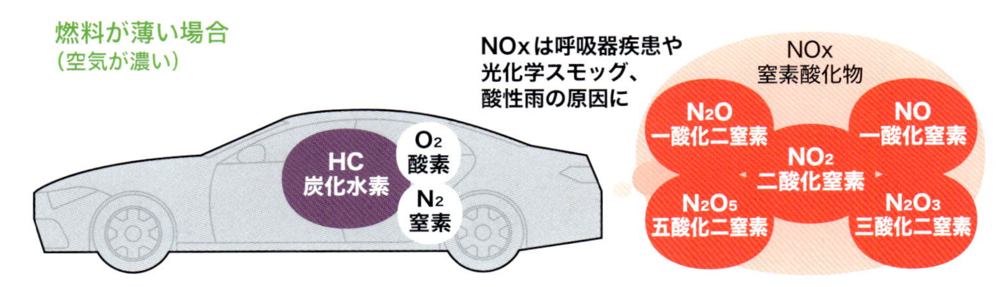

混合気の燃料が薄い、つまりリーン燃焼の場合には、混合気における酸素と窒素の比率が高まり、それらが燃焼時に結合する結果、大気汚染物質である窒素酸化物が多く生成される。

2-02 スモッグ低減から排出ガス0へ

各国の排ガス規制・燃費規制

KEY WORD
- 1970年にアメリカでマスキー法が施行。
- CAFEはメーカーの各モデルの燃費を平均的に規制。
- ZEVはカリフォルニア州独自の排ガス規制。

米国にはじまる規制

スモッグの発生が大きな社会的問題となっていたアメリカでは、1963年に同国初の環境法である**大気浄化法**が制定されました。これは自動車の排出ガスだけでなく、産業施設全般に向けられた法律でした。

その法律を1970年に改正したものが**マスキー法**です。同法ではとくに自動車の排気ガスに対する要件が厳密に規定され、一酸化炭素（CO）、炭化水素（HC）、窒素酸化物（NOx）の排出量を車両の製造年をもとに制限。その基準値を達成しない自動車の販売は認められなくなりました。

続く1975年には**CAFE規制**（p.48参照）が制定されます。これは車の燃費を規制することでCO_2排出量を抑えるものです。CAFE（Corporate Average Fuel Economy）とは「企業別平均燃費」を意味し、メーカーごとに全モデルの平均燃費を算出し、その燃費が基準値を下回らないように義務付けています。現在では同様な規制が日本やEUでも導入されています。

そして1990年にはカリフォルニア州が独自に**ZEV規制**（p.48）を施行します。ZEV（Zero Emission Vehicle）とは、排出ガスを出さないEVや燃料電池車などを意味し、同州では車を販売するメーカーに対し、一定比率以上のZEVの販売が義務付けられています。

アメリカの規制

United States of America

年	法令名	内容
1963年	大気浄化法 Clean Air Act of 1963	酸性雨対策やオゾン層の保護を目的として、米国内で導入された大気汚染防止のための法律。
1970年	マスキー法 Muskie Act	1975年以降に製造する自動車の排気ガス中のCO(一酸化炭素)、HC(炭化水素)の排出量を1970-1971年型の10分の1以下にする。
		1976年以降に製造する自動車の排気ガス中の窒素酸化物(NOx)の排出量を1970-1971年型の10分の1以下にする。
1975年	CAFE規制 Corporate Average Fuel Economy	企業ごとに販売モデルの個々の燃費を算出し、その加重平均によってそのメーカーにおける平均燃費を算出する基準。「企業別平均燃費基準」。
1990年	ZEV規制 Zero Emission Vehicle Requirement	カリフォルニア州が導入する規制。EV車やFCV車など、排出ガスを出さないZEV車(無公害車)を一定比率以上販売することを義務付ける制度。

アメリカにおける主な排ガス規制と燃費規制。これらの法令は他国にも影響を与え、同方式が導入されている。

■日本の規制

Japan

年	法令名	内容
1979年	エネルギーの使用の合理化等に関する法律	「省エネ法」とも呼ばれる。日本版CAFE規制。
1998年	平成10年 アイドリング規制	乗用車における排気ガス中のCO（一酸化炭素）を1%以下、HC（炭化水素）を300ppm以下とする規制。また、駐車時におけるアイドリング行為を禁止する。導入・施行は各自治体の判断に委ねられた。
2000年	低排出ガス車認定制度	有害物質の排出がどの程度削減されているか示すための制度。
2003年	ディーゼル車規制条例	ディーゼル自動車などの運行や乗入れに関する規制。この年の規制ではじめて粒子状物質への併用対策が求められた。東京、神奈川、千葉、埼玉にて施行。
2020年	乗用車の2030年度燃費基準	日本版CAFE規制。

1979年以降、日本では様々な排出規制・燃費規制が施行され、環境保全に大きな効果をもたらしてきた。

日本と欧州の規制

米国でCAFE規制が導入された４年後、日本でも**エネルギーの使用の合理化等に関する法律**、通称**省エネ法**を通商産業省（当時）が導入。メーカーは燃費や触媒の構造を見直すなどの対応に迫られました。

1998年（平成10年）に施行された**アイドリング規制**では、乗用車の一酸化炭素や炭化水素の排出量が規制され、2000年に国土交通省により施行された**低排出ガス車認定制度**では、有害物質排出量の低い車両が認定され、自動車税が軽減されました。

これに対して**ディーゼル車規制条例**は東京などの地方自治体が制定した条令であり、その施行下にあるエリアでは、基準を満たさないディーゼル車の運行が禁止されました。そして2020年の**乗用車の2030年度燃費基準**は、1979年の省エネ法を改定したもので、化石燃料を使用するあらゆる自動車の燃費が規定されています。

欧州で施行されている排出ガス規制**ユーロ**は1992年からはじまり、一酸化炭素（CO）、炭化水素（HC）、窒素酸化物（NOx）、粒子状物質（PM）の排出量を基準化。その基準値はメーカーの開発状況に合わせ、年々厳しくなる傾向にあります。

■欧州の排気ガス規制「ユーロ」
（PMのみディーゼル車対象、他はガソリン車）

	実施年	CO	HC	NOx	PM
ユーロ1	1992年	2.72	0.97		0.14
ユーロ2	1996年	2.20	0.50		0.08
ユーロ3	2000年	2.30	0.20	0.15	0.05
ユーロ4	2005年	1.00	0.10	0.08	0.03
ユーロ5	2009年	1.00	0.10	0.06	0.01
ユーロ6	2014年	1.00	0.10	0.06	0.05
ユーロ7	2025年以降	未定			

※単位：g/km
2024年4月時点

基準値は年々厳しくなるが、目標年までに未達成の項目は緩和される場合も。PMは四捨五入して表記。

2-03 GHGへの取り組みと評価方法

GHG 温室効果ガス

KEY WORD

- 地球温暖化を防ぐためにCOPが毎年開催されている。
- スコープ3で事業体のGHG排出量を評価する。
- LCAで製品やサービスのGHG排出量を評価する。

温室効果に対する世界の取り組み

年	法令名	内容
1995年	COP1（ベルリン）	・第一回のCOP（気候変動枠組条約締約国会議）を開催。
1997年	COP3（京都）	・先進国に温室効果ガスの排出削減を求める京都議定書が成立。
		・中印などは途上国扱いとなり、削減義務が課されなかった。
		・これに不公平感を募らせたアメリカは京都議定書を批准せず。
2015年	COP21（パリ）	・参加国に2020年以降の「温室効果ガス削減・抑制目標」を自主的に決めるよう求める。
		・世界的な平均気温上昇を産業革命以前と比べて1.5℃に抑える努力をすること。
2018年	気候変動に関する政府間パネル（IPCC）	・温室効果ガス削減と「1.5℃」の因果関係において科学的知見が不足。 ・国連のIPCCで評価がなされ、具体的数値「特別報告書」を報告。
2023年	COP28（ドバイ）	石油輸出国機構（OPEC）の盟主サウジアラビアの働きにより、化石燃料の完全な「段階的廃止」という条文が合意草案から削除され、欧米などが反発する事態に。

COPとは「環境と開発に関する国際連合会議」（UNCED）における締約国会議。毎年開催されている。

締約国会議「COP」

地球温暖化に対する取り組みは世界レベルで行われ、**「気候変動に関する国際条約」**にもとづく締約国会議**「COP」**（※1）では、温室効果ガス（GHG）の濃度を安定させ、その悪影響を防ぐことを議題としています。その実現のため、各国に対して具体的な削減目標の提示を求めています。

1997年に採択された**京都議定書**では先進各国による国際的合意は得られませんでしたが、2015年のCOP21で採択された**パリ議定書**でそれが実現。すべての参加国にGHG排出削減の努力が求められました。

しかし2023年のCOP28では、**化石燃料の完全な段階的廃止**がアラブ首長国連邦などの意向によって従来案から削除され、2025年にはトランプが大統領に再就任直後、パリ協定からの離脱を表明しています。

スコープ3とは？

GHGの排出量を抑え、その効果を評価するには、事業者が排出するGHGを計る尺度が必要であり、その算定手段のひとつにスコープ3があります。この方法では事業者が製品を生み出す工程を3つに分類し、各工程から排出されるGHGを算定します。

スコープ1は、製品の製造などによって事業体が直接的に排出するGHGを対象とします。**スコープ2**は、他社から供給された電気・熱・蒸気を使うことで事業体が間接的に排出するGHG、**スコープ3**は、スコープ1と2以外のすべての間接的なGHGが対象となります。つまり、サプライチェーン（生産活動の一連の流れ）の上流には原材料や輸送があり、下流には製品の輸送、消費、廃棄などがありますが、それらすべてがスコープ3に含まれます。

※1／"Conference of The Parties"の略称

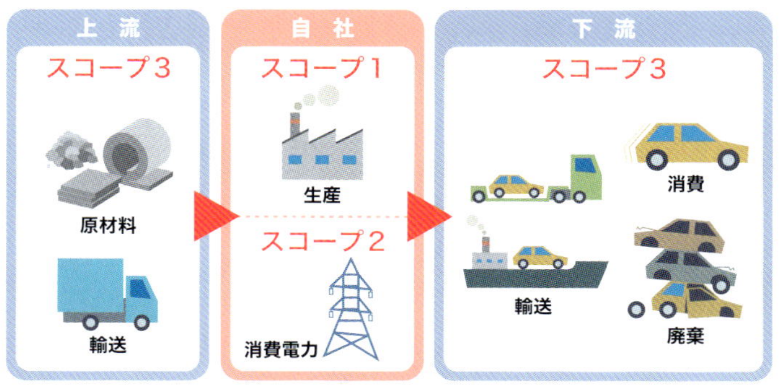

企業を評価するスコープ3

スコープ3はメーカーだけでなく、あらゆる事業体の経済活動を評価する。自社の上流にあるスコープ3には原材料や輸送など、下流のスコープ3では自社商品を輸送・消費・廃棄する際のGHG排出量を評価する。

LCAとは？

スコープ3のほかに、GHG排出量を評価する方法として**ライフサイクル・アセスメント（LCA）**があります。GHG排出量を自社だけでなくサプライチェーン全体で評価するのはスコープ3と同じですが、スコープ3が組織に対して評価する一方で、LCAは製品やサービスを評価します。

LCAは多くの自動車メーカーで採用されており、CAFE規制（p.48参照）など燃費規制の基準にもなっています。

自動車メーカーにおいては各モデルのライフサイクルが「Well to Tank」と「Tank to Wheel」に大別されます。「Well to Tank」はエネルギー生成からそれを自動車に取り入れるまで、「Tank to Wheel」は燃費効率を意味します。こうしてLCA全体を考慮しつつ、GHGの低減を目指すのがLCAの考え方です。

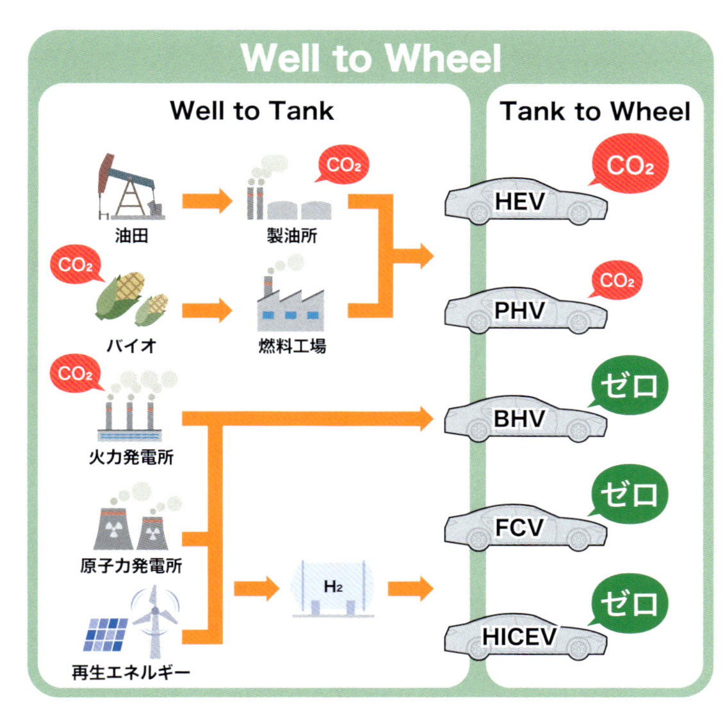

LCA ライフサイクル・アセスメントとは？

"Well"には「井戸」という意味があり、つまり化石燃料や電力など、自動車のエネルギーの生成過程を指す。通常は「Well to Tank」と「Tank to Wheel」で構成されるが、それを統合した「Well to Wheel」を日本が考案。世界に広がりつつある。

2-04 世界の自動車業界が目指す基準値とは？

CAFE規制とZEV規制

KEY WORD

- CAFEとは、企業ごとの各モデルの平均燃費に対する規制。
- ZEV規制は、米国カリフォルニア州が導入する大気汚染対策。
- ZEV規制は、米国内の他州にも広がる可能性が高い。

全車種の平均燃費を評価

CAFE規制とは、アメリカで考案された自動車の燃費規制の一種です。**燃費性能**がよければ長距離走れるため、二酸化炭素の排出量も減ります。そこに着目したのがこの規制です。また、CAFE規制の特徴は、モデルごとの燃費ではなく、そのメーカーが販売する全車種の平均燃費を評価し、規制するところにあります。

ある自動車メーカーがA・B・Cの3車種を販売しているとします（下図）。モデルAの燃費は30km/ℓであり、10万台売れたとすれば、その指数は300万となります。同じくモデルBの指数は100万。モデルCの指数は20万であり、これらを合算すると420万となります。この数値をモデルA・B・Cの総販売台数15万台で割ると、全モデルの平均燃費は28km/ℓになります。

日本のCAFE規制（※1）では、2030年度までに最低平均燃費基準25.4km/ℓ以上にすることを目標にしており、例題のメーカーの場合は28km/ℓなのでクリアしたことになります。日本の場合はあくまで目標数値ですが、アメリカでは基準値を達成しないと罰則金が発生します。

こうした算出方法は**加重平均方式**と呼ばれます。CAFEとは“Corporate Average Fuel Economy”の略称であり、**「企業別平均燃費基準」**と訳されます。

もし例題のメーカーが基準値をクリアできそうにない場合、燃費のよいモデルAの販売台数を増やし、モデルB・Cの割合を減らせば平均燃費を上げることができます。CAFE規制においては、BEVの燃費はゼロとして計算されます。しかし、CAFE規制ではWell to Wheel（p.47参照）の考えのもと、エネルギー生成の過程におけるCO_2排出量も換算されるため、EVやPHEV（プラグイン・ハイブリッド車）にも一定の数値が換算されます。

CAFE規制の考え方

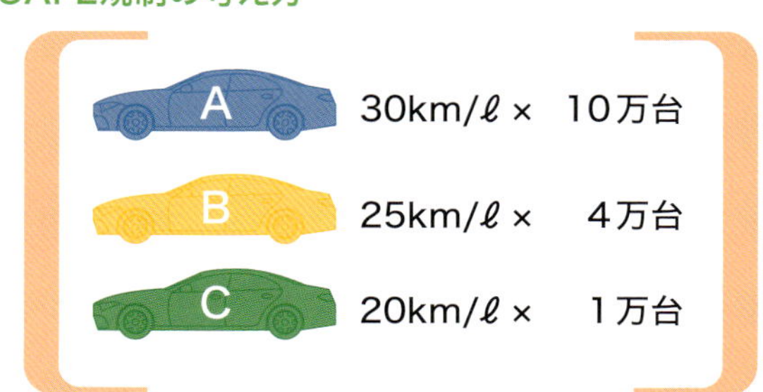

÷総計15万台＝28km/ℓ

加重平均で
基準値をクリア！

2030年度
燃費基準推定値
25.4km/ℓ

BEV（バッテリー電気自動車）やハイブリッド車などの販売台数を多くすれば平均燃費を向上できる。それによって基準値とのマージンを稼ぐことができれば、低燃費なスポーツモデルを一定量販売することも可能。

※1／2020年3月、経済産業省と国土交通省により公布された「乗用車の2030年度燃費基準」。

■ZEV(Zero Emission Vehicle)に該当する仕様

年	仕様	合否
EV 電気自動車 Electric Vehicle	BEV バッテリー電気自動車 Battery Electric Vehicle	○
	HEV ハイブリッド車 Hybrid Electric Vehicle	×
	PHEV/PHV プラグイン・ハイブリッド車 Plug-in Hybrid Electric Vehicle	△
	FCV 燃料電池車 Fuel Cell Vehicle	○
ICEV 内燃機関自動車 Internal Combustion Engine Vehicle	ガソリン車 Gas Vehicle	×
	ディーゼル車 Diesel Vehicle	×
	NGV 天然ガス車 Natural Gas Vehicle	×
	LPG Car 液化石油ガス車 Liquefied Petroleum Gas Car	×
	HICEV 水素エンジン車 Hydrogen Internal Combustion Engine Vehicle	未定

ZEVと認められる仕様。カリフォルニア州が将来的にZEV比率100%を目指す場合にはPHEVも対象外。

排出ゼロを目指す

ZEVとは“Zero Emission Vehicle”の略称で、排出ガス（p.42）をまったく出さない自動車を意味します。BEV（バッテリー電気自動車）やFCV（燃料電池車）はZEVですが、エンジンを併載するHEV（ハイブリッド車）はZEVではありません。

ZEV規制は米国カリフォルニア州（※2）が1990年に施行した制度であり、自動車メーカーが同州内で自動車を販売する際、ZEVを一定比率以上販売することを義務づける制度です。

カリフォルニア州はこの制度によって、2035年までにZEV比率を75～100%にすることを目指しています。その基準は毎年更新され、基準値を達成できないメーカーは罰金を支払う、または基準を達成した他のメーカーから超過分のクレジットを購入することになります。

■ZEV対象メーカー

大量生産メーカー	米国	フォード、ゼネラル・モーターズ
	日本	日産、トヨタ、ホンダ、三菱自動車
	欧州	BMW、フォルクスワーゲン、メルセデス、フィアット・クライスラー（ステランティス）
	韓国	現代自動車、起亜自動車
小規模メーカー	米国	テスラ
	日本	マツダ、三菱自動車、スバル
	欧州	ボルボ

大量生産メーカーと小規模メーカーでは、ZEV比率の基準値や、罰金の算定方法などに違いがある。

出典／カリフォルニア州大気資源局（CARB）HP
※2021年時点のクレジット情報より

■ZEV規制が定めるEV比率

年	要求	最低
2018年	4.5%	2%
2019年	7.0%	4%
2020年	9.5%	6%
2021年	12.0%	8%
2022年	14.5%	10%
2023年	17.0%	12%
2024年	19.5%	14%
2025年	22.0%	16%
2030年	68.0%	45%
2035年	100%	70%

カリフォルニア州のZEV規制では、州が要求する比率とクリアすべき最低ラインの比率が提示される。現状の目標は2035年にZEV100%。

※基準修正後のみ

※2／カリフォルニア州大気資源局（CARB）により施行された。

2-05 EV一択からエンジン車容認の政策へ

各国の目標値

KEY WORD

- 日本政府は**2035年までのEV化100%**を決定。
- EUは2035年にガソリン車の新型モデルの販売を**全面的に禁止する方針**を変更し、**e-fuel**を容認。

脱炭素化の時代へ

いま世界各国は地球の温暖化を抑えるため、カーボン・ニュートラル（脱炭素）に取り組んでいます。ここではその経過と、各国の対応を見ていきます。

2015年にフランスのパリで開催された**COP21**（第21回・国連気候変動枠組条約締約国会議）において**「パリ協定」**（p.46参照）が採択されました。

この協定では「今世紀後半のカーボン・ニュートラルを実現」するための具体目標が示されました。つまり「産業革命以降の気温上昇を2度以下に保ち、かつ1.5度以内におさめるための努力をする」ことを各国が約束したのです。

パリ協定は2016年に発効され、各国が2020年以降に実施するよう予定されました。しかし2017年、世界最大のGHG（温室効果ガス）排出国であるアメリカの**トランプ大統領**（当時）が、パリ協定からの脱退を表明します。

また、各国の専門家が集まる学術機関**IPCC**（気候変動に関する政府間パネル）が2018年に発行した報告書では、以下のように示されています。

「地球全体の気温上昇を1.5度以下に抑えるという目標を達成するには、二酸化炭素などの排出量を2030年までに約45%削減（2010年比）し、2050年前後には実質ゼロにする必要がある」

この報告書を受けたことによって各国は、2050年を最終年に設定した目標数値を掲げる必要に迫られます。

各国の対応

2020年7月、大統領選を戦っていた**バイデン氏**は、「2050年までのカーボン・ニュートラルの実現」を公約に掲げます。そして翌2021年、選挙に勝利して大統領に就任したバイデン氏は、米国がパリ協定へ復帰することを宣言。また2020年10月には、総理大臣に就任した**菅首相**が、同じくカーボン・ニュートラルを2050年までに実現することを宣言しました。

同年11月、**COP26**では議長国のイギリスが、「脱炭素の議論は各国政府だけではなく、気候変動に深く関わる自動車業界なども含めて議論すべきだ」と主張。そして「全世界の新車販売を、EVなどCO_2を排出しないゼロ・エミッション車（ZEV）だけにすることを目指す」という**ZEV声明**が発表されます。そのリミットは主要市場で2035年まで、世界全体では2040年までとされました。

この共同声明に賛同したのはスウェーデン、オランダ、カナダなどの先進国28ヵ国と、そこからの支援を期待するインド、メキシコなどの途上国11ヵ国、そしてカリフォルニア州などの自治体です。

これに対して自動車大国である日本、アメリカ、ドイツ、フランス、イタリア、中国は、政府としては署名しませんでした。

ただし、同会議の2ヵ月後の2021年1月、菅首相は施政方針演説において、国内乗用車の新車販売台数に関して、「2035年までにEVを100%にするための措置を講じる」と、国内に向けて表明しています。

■脱炭素に対する各国の取り組みと目標値

出典／経済産業省など

	～2030年	～2035年	～2050年	2060-70年
日本	●CO_2排出を2013年度比で46%減 ●さらに50%の高みに向けて挑戦 （EV、PHVを20～30%） （FCVを～3%） （HEVを30～40%）	●EV、PHV、FCV、HEV：100%	●2050年排出実質0	
EU	●CO_2排出を1990年比で55%減	●EV、FCV：100% ●合成燃料（e-fuel）のみで走行する内燃機関自動車も一定条件下で新型モデルの販売を認める	●2050年排出実質0	
ドイツ	●CO_2排出を1990年比で65%減		●2045年排出実質0	
英国	●CO_2排出を1990年比で68%減	●EV、FCV：100%	●2050年排出実質0	
アメリカ	●CO_2排出を2005年比で50～52%減 （EV、PHV、FCV／50%）		●2050年排出実質0	
カリフォルニア州		●EV、FCV：100%		
カナダ	●CO_2排出を2005年比で40～45%減			
ロシア			●CO_2排出を2019年比で60%減	●2060年排出実質0
中国	●CO_2排出をGDP当たりで2005年比65%以上減 （CO_2絶対量を減少に転換）	●EV、PHV、FCV：50% ●HEV：50%		●2060年排出実質0
インド	●再生可能エネルギー比率を50%に			●2070年排出実質0

2022年の各国目標値。ただし2025年1月時点で欧州は、2035年以降もエンジン車の販売を容認している。

加速するZEV

2022年、エジプトで開催された**COP27**では、英国によってZEV化を加速する施策が発表され、スペイン、イタリアなどが新たにZEV声明へ署名します。

しかし2023年3月、EUの最高意思決定機関である**欧州理事会**はCO_2排出基準改正法案を採択したものの、**合成燃料**（p.36）の使用を前提に、エンジン車の販売を2035年以降も認める方針を決定。

さらに2023年12月、アラブ首長国連邦（UAE）で開催された**COP28**では、ガソリンなどの「化石燃料の段階的廃止」という文言を合意文章へ記載することを欧米が求めたのに対し、議長国であるUAEの意向でそれが見送られ、東欧の産油国と、脱炭素を推し進める欧米が対立しました。同会議ではCO_2削減量を世界全体で2030年までに43%減、2035年までに60%減（ともに2019年比）とし、2050年までに実質ゼロにするべきだとしています。

こうした情勢の中、2025年1月には大統領就任直後のトランプ氏がパリ協定からの離脱を再び宣言するなど、**EVシフト**への世界的な動きは徐々に後退しつつあります。

2-06 欧州の政策転換で内燃機関が延命

海外メーカーの目標

KEY WORD

- 各メーカーとも急速なゼロ・エミッション化を促進。
- 車両のEV化だけでなく、LCAライフサイクル・アセスメントにおけるCO_2排出ゼロも促進。

ドイツのEVシフト

パリ協定（2015年）とZEV声明（2020年、p.49・50参照）によって、世界の自動車メーカーは**EVシフト**を急速に進めることになりました。つまり、エンジン車の生産販売を段階的に減らしていき、将来的にはすべての車両をBEV（バッテリー電気自動車）やFCV（燃料電池車）など、CO_2を排出しない**ゼロ・エミッション車**（ZEV）にする政策です。その期限は2035年に設定されています。

欧州、とくにドイツの各自動車メーカーはEVシフトに積極的に取り組んできましたが、その遠因のひとつは日本車にあると言えます。

1997年にトヨタ社がプリウスを発売して以来、燃費性能に優れた日本のHEV（ハイブリッド車）が世界マーケットを席巻。ドイツもHEVの開発に着手しますが、そのシステムは複雑であり、製造コストも高かったため、やがてドイツメーカーは低コストのディーゼル・エンジンに着目します。つまり、ガソリンよりも燃費のよい**クリーン・ディーゼル**によって、日本のHEVに対抗しようしたのです。

その結果、欧州ではディーゼル・エンジン車が普及しますが、しかし2015年、フォルクスワーゲン社の排ガス不正問題が発覚します。排出ガスの試験のときだけ有害物質の排出を低く抑え、一般走行ではその機能を解除することで、より燃費を高める不正ソフトウェアを搭載していたのです。

この事件は不正を行ったメーカーだけでなく、欧州のディーゼル車全体に影響を与え、欧州市場でディーゼル車が激減する要因になりました。こうした背景を一因として、自動車大国ドイツはディーゼル車からEVに大きく舵を切ったと言えます。

注目される合成燃料

パリ協定以降のドイツでは、メルセデス・ベンツ、BMW、ポルシェ、フォルクスワーゲン、アウディなどの主要メーカーが、明確なEVシフトを打ち出します。しかし2023年に入ったころからEVの普及率が予想より伸びていないことが指摘されはじめます。

世界マーケットの需要と、自国メーカーの供給計画の間のズレから、自国産業が衰退することを危惧したドイツ政府はEU（欧州連合）と折衝。その結果、EUの最高意思決定機関である**欧州理事会**は2023年3月、「エンジン車の新車販売を2035年から禁止する」としていた方針を転換し、e-fuel（合成燃料、p.36）の使用を前提に、エンジン車の販売継続を認めるという決定を発表しました。

e-fuelは二酸化炭素（CO_2）と水素から作られ、CO_2排出量は実質ゼロと見なされています。EUのこの決定によって、2035年以降には消え去ろうとしていた内燃機関の技術とそれを支える産業が、2035年以降にも延命することになると思われます。

メルセデス・ベンツはもっともEVシフトに積極的なメーカーであり、「2030年までに新車販売台数をすべてEV（電気自動車）にする」という計画を2021年に発表しました。しかし2024年2月にその方針を撤回。「2030年以降もEVだけでなく、エンジン搭載車も展開する」と発表し、EVシフトは顧客と市場の状況を見ながら進めると説明しました。

また、同社はかつて「2025年までに同社の新車販売の50%をEVまたはPHEVにする」としていましたが、その計画も修正しており、その実現は2020年代後半を見込んでいます。

予想よりも低いEV普及率

2021年のCOP26では、米国のゼネラルモーターズやフォード、中国のBYDなど11社が共同声明に署名しました。州によって法律が違う米国において、もっともEVシフトを推進しているのはカリフォルニア州です。ただし、2024年に入ると米国においてもEVの在庫過多が報道されるようになり、以後その推移が注目される状況にあります。

海外メーカーの対応

※乗用車に限る　※2024年3月時点

エリア	メーカー	～2030年	～2050年
EU	メルセデス	●2020年代後半までにEV、PEVを50%に。 ●2030年までにライフサイクルCO_2の排出量を半減。	
EU	BMW	●2億トン超のCO_2排出を回避。 ●スコープ1+2のCO_2排出量を1台当たり80%削減。 ●スコープ3のCO_2排出量を1台当たり20%削減。 ●世界販売モデルの50%をEVに。	
EU	ポルシェ	●2025年までに販売台数の50%を電動パワートレイン搭載車に。 ●2030年までにEVを80%に。 ●2030年までにサプライチェーン全体をカーボン・ニュートラル化。	
EU	フォルクスワーゲン	●欧州生産車のCO_2排出量を2018年比40%削減。	●2050年までに完全なカーボン・ニュートラル化。
EU	アウディ	●2025年までにCO_2排出量を30%削減。 ●2026年以降は全新型モデルをEV車に。	●2033年までに内燃機関車の生産を終了。
EU	ボルボ	●CO_2排出量を2018年比75%削減。 ●2025年までにCO_2排出量を2018年比40%削減。	●2040年までに完全なカーボン・ニュートラル化。
北米	フォード	●2024年までに欧州販売モデルをEVへ切り替え。 ●2026年までに全新型モデルをEV、PHVに切り替え。 ●2030年にEVのみに完全転換。	●2035年までにスコープ1/2のCO_2排出量を2017年比76%削減。 ●2035年までにスコープ3のCO_2排出量を2019年比50%削減。 ●2050年までにCO_2排出量ゼロ。
北米	ゼネラルモーターズ		●2035年までに世界の新型モデルの排ガスをゼロに。 ●2040年までに完全なカーボン・ニュートラル化。
韓国	現代自動車	●2025年までに全世界で100万台のEVを販売。	●2045年までに完全なカーボン・ニュートラル化。

内燃機関を搭載する車両を販売する世界の主要メーカーにおける今後の目標値。

2-07 マルチパスウェイと業界の再編

国内メーカーの目標

KEY WORD

- 海外の規制に則って国内メーカーもEVシフトを促進中。
- ホンダは完全な「脱エンジン化」を宣言。
- トヨタなどは燃料電池など他の可能性も模索中。

トヨタの動向

2020年、菅首相（当時）は2050年までにカーボンニュートラルを実現することを宣言しました(p.50参照)。また、2021年１月の施政方針演説では、国内乗用車の新車販売台数に関して、「2035年までにEVを100%にするための措置を講じる」と、国内に向けて表明しています。ただし、その目標を達成する方法は、国内各自動車メーカーにおいて違いが見られます。

トヨタの場合、BEV（バッテリー電気自動車）の開発を進めるとともに、従来のバッテリーよりもエネルギー密度の高い全固体電池（p.108）の開発を進めています。しかし同社では、カーボン・ニュートラルを実現する手段はBEVだけでないと考え、HEV（ハイブリッド車）、PHEV（プラグイン・ハイブリッド車）、FCV（燃料電池車）、水素エンジン車など、様々なパワートレインを開発しています。この開発手法は**マルチパスウェイ・アプローチ**（Multi-Pathway Approach）と言います。

世界中の自動車がすべてBEVになれば、自動車から排出されるCO_2はゼロとなり、排気ガスもなくなります。しかし、EVなどが搭載するバッテリーを製造する工程では大量のCO_2が排出され、それはエンジン車より多いのではないかとも言われています。また、EVを充電するために火力発電が使われていれば、EVが増加することでCO_2の排出量も増えることになります。**ライフサイクル・アセスメント**（LCA、p.47）の考えにもとづけば、カーボン・ニュートラルを実現する手段はBEVの一択ではなく、他のパワートレインも存在するはず、と考える取り組みがマルチパスウェイ・アプローチです。

徹底したEVシフトを目指していた欧州において、合成燃料に限定したエンジン車の販売が合意されたように（p.52）、今後、カーボン・ニュートラルを目指す世界の動向に不透明な部分があるいま、トヨタは全方位的な開発を進めています。

業界の再編

トヨタのこうした動きに対し、EVシフトを徹底しようとしているのが日産、ホンダ、三菱自動車などです。

日産は2030年代に、世界における主要なマーケットにおける新車の販売をすべてEVへシフトするとしています。**ホンダ**は2040年を目途として、世界の新型販売モデルをEVとFCV（燃料電池車）のみにする、つまりHEVを含まない「脱エンジン」を宣言しています。また**三菱自動車**では、2035年度までに新車におけるEVの販売比率を100%にするとしています。

日産は三菱自動車の株式を34%保有（2024年4月時点）しており、両社は軽EVの生産やその他EV技術において協働関係にあります。また、2024年3月には日産とホンダが覚書を交わし、バッテリーなどの相互補完を進めるとしています。

そして2024年12月には、ホンダ、日産、三菱自動車の経営統合が検討されたものの決裂。国内の自動車業界における再編は、引き続き今後の課題となっています。

各社のマルチパスウェイ

カーボン・ニュートラルを実現する手段として、トヨタはいち早く**FCV**（燃料電池車）を開発、販売してきましたが、ホンダもそれに続きます。

2024年に発売されたホンダのFCVには米ゼネラルモーターズと共同開発した燃料電池システムが搭載され、さらに外部電源から充電できるプラグイン方式が採用されます。つまりこのモデルは、水素ステーションなどインフラの不足を補いつつ、BEVと同様、完全なゼロ・エミッションを実現することになります。

また、**マツダ**は2030年までにすべての新車をEV化するとしている宣言していていますが、同社独自のロータリー・エンジンを発電機として搭載するPHEVなどの開発を進めています。

ホンダのFCVやマツダのPHEVなど、国内メーカー各社は様々なマルチパスウェイに取り組んでいます。

国内メーカーの対応

※2023年時点での目標値

メーカー	目標年	内容
トヨタ	2025年	新型車のCO_2平均排出量を2010年比で30%以上削減。 電動車累計販売数を3,000万台以上にする。 工場のCO_2排出量を2013年比で30%削減。
	2030年	世界市場でBEV車を30車種展開。年間350万台販売。
	2050年	「トヨタ環境チャレンジ2050」 走行時のCO_2排出量を2010年比で90%削減。
日産	2026年度	EVとe-POWER搭載車を20車種導入。 EV車の販売比率を世界の各市場で向上させる。 （ex. 日本55%、欧州75%、中国40%、米国は2030年までに40%）
	2030年代	欧州をはじめとした主要市場の全新型モデルをEV化。
	2050年	ライフサイクル全体をカーボン・ニュートラル化。
ホンダ	2030年	軽自動車の全モデルをEV化。
	2040年	世界の新型販売モデルをEVとFCVのみに。 （ハイブリッド自動車を含まない「脱エンジン」の宣言）
	随時	風力発電所と太陽光発電所からの充電用電力の確保。
マツダ	2025年	13車種のEV化モデルを導入予定。 （BEV／3車種、HV／5車種、PHV／5車種）
	2030年	全生産モデルにEV技術を搭載。EV比率を25%に。
	2050年	サプライチェーン全体をカーボン・ニュートラル化。
三菱自動車	2035年度	「環境ターゲット2030」 EV車販売比率を100%とする。 事業活動におけるCO_2排出量を2018年度比50%削減。
	2050年	「環境ビジョン2050」 CO_2排出をゼロに。
スバル	2030年	全世界販売台数の50%をBEVにする。
	2030年代前半	生産・販売するすべて車種に電動技術を搭載。
	2050年	新車平均（走行時）のCO_2排出量を2010年比で90%以上削減。

BEVに特化するのではなく、ライフサイクル・アセスメントを重視するのが日本メーカーの特徴とも言える。

COLUMN 2

米国のマスキーをクリアしたホンダのCVCCとは？

アメリカで1970年に施行されたマスキー法（p.44参照）では、1975年以降に販売する自動車の排出ガスに厳しい規制が掛けられました。それはCO（一酸化炭素）、HC（炭化水素）、窒素酸化物（NOx）の排出量を、それまでの10分の1以下に低減するというもの。しかし、実現不可能とさえ思われたこの基準値を、世界でいち早くクリアしたのがホンダのCVCCエンジンです。

CVCCエンジンとは、複合渦流調速燃焼方式を意味し、その最大の特徴として副燃焼室を持ちます。

このエンジンでは、まず通常の燃焼室には薄い混合気を挿入し、さらに副燃焼室へ濃い混合気を挿入して点火します。この行程によって混合気は理想的な状態で燃焼。その結果、排気ガスはほとんど出ません。

他社が開発したエンジンにも基準値をクリアするものはありました。しかし、ホンダのCVCCエンジンには他社のように後処理装置（p.226）が必要なく、なによりも高い燃費性能を実現していました。二輪業界から四輪業界へ進出したばかりのホンダは、この偉業によってその名が世界に知られることになりました。

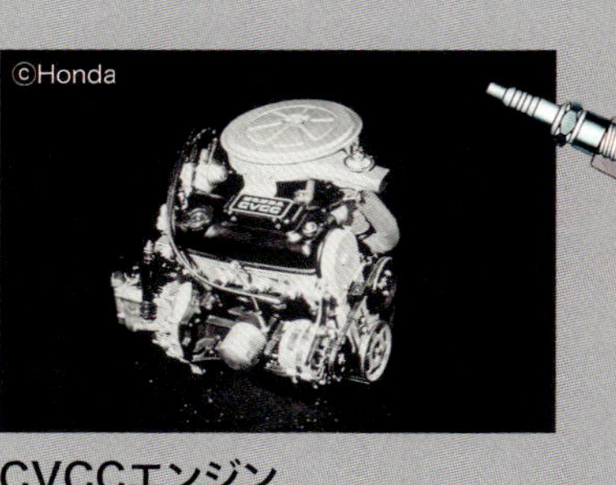

CVCCエンジン

クリーンかつ高燃費なCVCCエンジン。CVCC とは "Compound Vortex Controlled Combustion" の略号で、「複合・渦流・調速・燃焼」の意。

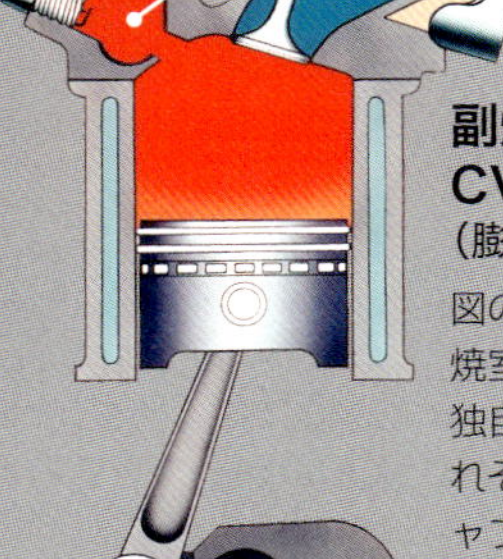

副燃焼室を持つCVCCエンジン（膨張時）

図の左上にある小部屋が副燃焼室。副燃焼室と主燃焼室は独自の吸気バルブを持ち、それぞれの混合比が違うためキャブレターも2系統持つ。排気バルブは1つ。

©Honda

CVCCを搭載した初代シビック（1972年）

CVCC エンジンが搭載されたシビックは1972年7月に日本国内での発売が開始。その後、1975年モデルから米国へ輸出された。

第3章

ADAS先進運転支援 & AD自動運転

ADAS & AD

第3章 ADAS（先進運転支援）& AD（自動運転）

ADAS & AD

ADAS & AD

ADAS

ADAS

誤発進抑制機能 ››› p.066

AEBS ››› p.068

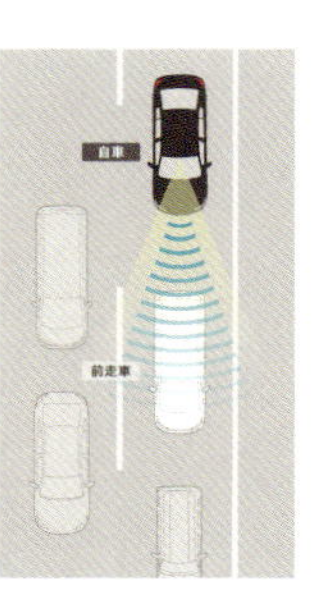

ACC ››› p.070

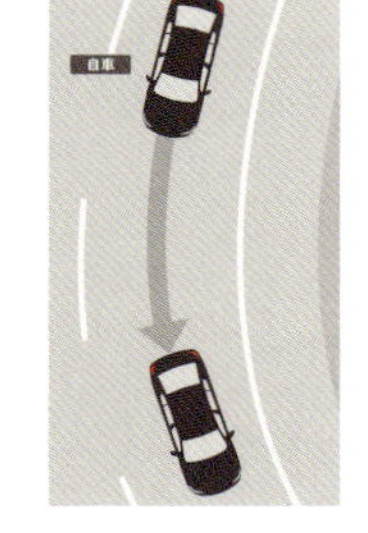

LKAS ››› p.072

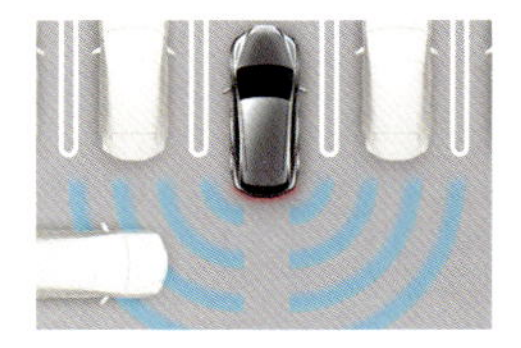

BSM ››› p.076

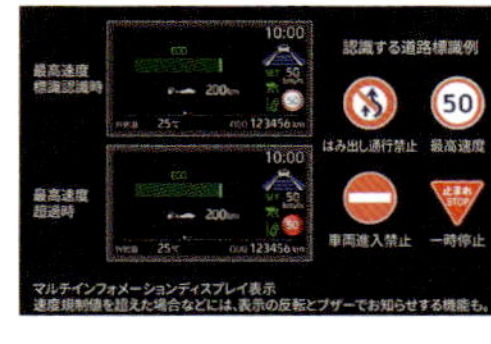

TSR ››› p.078

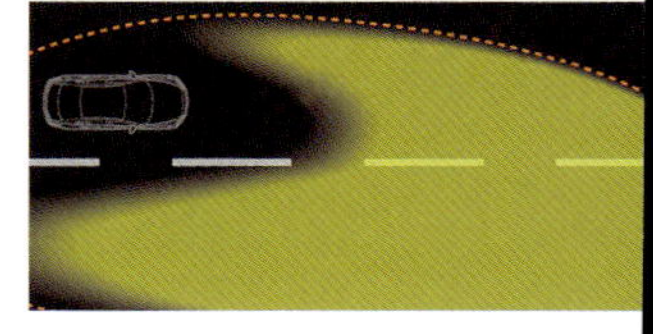

AHB ››› p.080

ドライバーの運転を支援するのが先進運転支援システム(ADAS)であり、
ドライバーに代わって車両が自律的に運転を担うのが自動運転(AD)です。
ADASとADの多彩な機能と、外部支援システムの現状を紹介します。

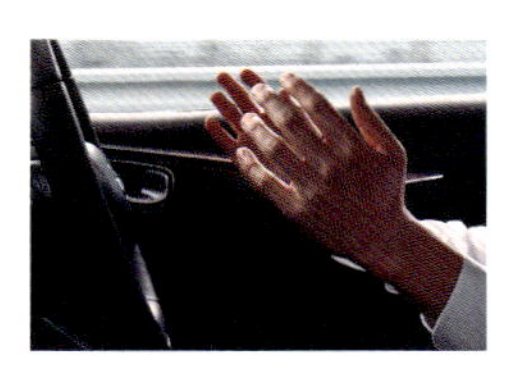

高度運転支援
››› p.074

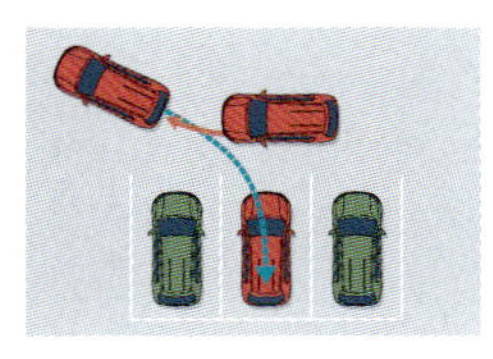

APA ››› p.082

AD

自動運転の概要
››› p.084

LiDAR
››› p.086

GPSと準天頂衛星
「みちびき」››› p.088

高精度3次元地図
››› p.090

コネクテッド・カー
››› p.092

AI
››› p.094

ADAS先進運転支援 & AD自動運転

先進運転支援システムと自動運転

KEY WORD

- 人間の運転をサポートするのが先進運転支援システム(ADAS)。
- 自動車が自律的に運転操作をするのが自動運転(AD)。
- 自動運転はレベル1からレベル5まで5段階に区分される。

誰が運転を監視するのか？

人間が運転の主体である場合において、その運転操作を様々なシーンでサポートしてくれる機能を**先進運転支援システム**、略して**ADAS**（Advanced Driver Assistant System）と言います。

また近年では**AD**（Autonomous Driving）と呼ばれる**自動運転**の技術も一部で実用化されており、急速に進化しつつあります。自動運転の場合にはドライバーは運転をする必要がなく、あらゆる操作を車両自体が自律的に行い、運転を代行します。

ただし、自動運転の技術は2025年時点では開発・実証段階にあると言え、各国においてはその法整備が進められています。

アメリカの自動車技術者協会（SAE）は、自動運転のレベルを５段階で定義（※１）しており、レベルが上がるほどそのシステムは高度化していきます。日本のJSAE(自動車技術会）や国土交通省なども基本的にこれに準じています。

アクセルワークやブレーキによる減速、操舵などの運転支援がまったく行われない本来的な自動車をレベル0とすれば、レベル1とレベル2の車両では、自動車の運転をドライバーが監視し、その運転を種々の先進運転支援システム（ADAS）がサポ

自動運転のレベル

※国土交通省資料より

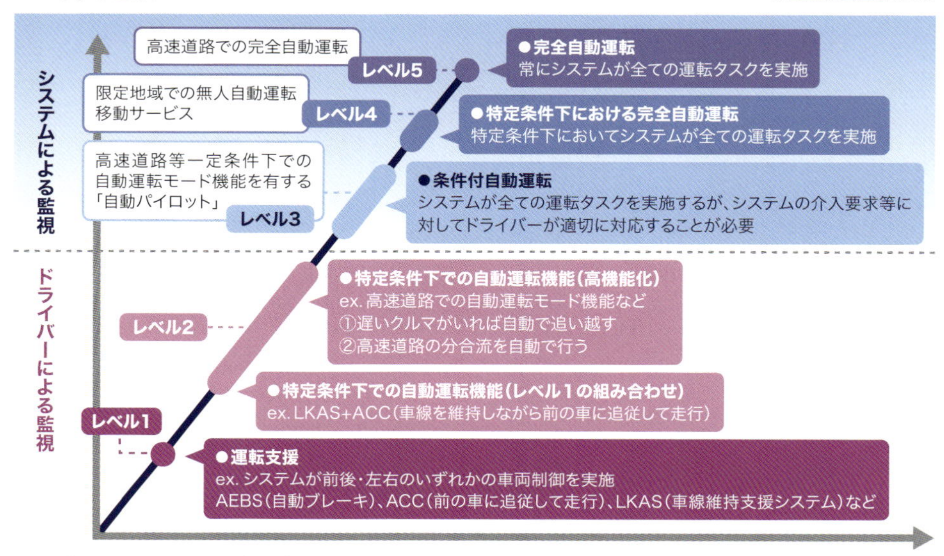

レベル１・２ではドライバー（人間）が運転を監視し、それを先進運転支援システム（ADAS）がサポート。
レベル３以上の自動運転（AD）では、ほぼすべての運転操作を自動車が自律的に行い、システムが監視する。

※１／2016年にSAEが公表した定義であり、以後、定期的に改定されている。

■各社のADAS先進運転支援システムの名称

メーカー名	システム名称
トヨタ	トヨタ・セーフティー・センス Toyota Safety Sense
	レクサス・チームメイト・アドバンスト・ドライブ Lexus Teammate Advanced Drive
日産	プロパイロット Pro Pilot
	プロパイロット2.0 Pro Pilot 2.0
ホンダ	ホンダ・センシング Honda SENSING
三菱自動車	マイパイロット MI-PILOT
スバル	アイサイトX Eye Sight X
マツダ	アイ・アクティブセンス i-ACTIVSENSE

同社内においてもシステムのグレードによって様々なADASシステムが存在する。

ートします。機能の例としては、**レベル1**では自動ブレーキ（AEBSやPBなど）、追従機能付クルーズ・コントロール（ACC)、車線維持支援システム（LKAS）などが挙げられます。

また**レベル2**では、高速道路における前走車の追い越しや分合流などを自動で行う機能が加わります。レベル1とレベル2で使用される先進運転支援システムは、すでに現行のモデルに多く搭載されています。

これに対し、**レベル3**以上になると自動運転（AD）の領域となり、人間ではなくシステムが運転を監視します。現状の自動運転の定義においては、走行できる道や速度が限定されています。

レベル3では特定条件下（自動車専用道路における渋滞時の低速走行など）において、ドライバーは走行中にスマホを操作することも可能ですが、その条件から逸脱するとシステムから運転の引き継ぎが要請され、ドライバーはすぐに運転に戻る必要があります。**レベル4**でも類似の特定条件が規定されますが、システムからの引き継ぎ要請にドライバーが応えない場合にも、システムが適切に対処します。さらに**レベル5**ではドライバーが運転操作にいっさい関わることなく、すべてのシーンにおいてシステムが運転を実行します。

ADASとADの現状

先進運転支援システム（ADAS）はすでに広く普及しており、高級車だけでなくコンパクトカーや軽自動車まで、ほとんどの市販車に搭載されています。

先進運転支援システムの機能には様々な種類があり、その内容は各メーカーによって多少異なります。また、同一メーカーにおいてもモデルのグレードが上がるほど、搭載される機能が多くなる傾向にあり、なかにはレベル2以下でありながら、一定条件下であれば**ハンズオフ**（手放し運転）が可能なシステムも存在しています。

各メーカーは先進運転支援システムにおける安全機能をパッケージ化して独自の名称を付け、CMなどでそのシステム名をアピールしています。これらのシステムを搭載した車両を国も推奨しており、車両購入時に補助金が給付されたり、自動車保険も安くなる傾向にあります。

一方、レベル3以上のシステムを搭載した市販車は、2024年時点においてはホンダのレジェンドやメルセデスのSクラスなど、ごくわずかなモデルに限られています。また、一部の先進国ではタクシーや路線バスなどによる自動運転サービスの実証運用が進められています。

3-02 ADAS 先進運転支援システム

先進運転支援システムの機能例

KEY WORD

- ADASの機能名称は、各メーカーなどによって違う。
- ADASの機能は主に、自動ブレーキ、走行支援、車線の維持・変更、ドライバーへの告知・警告、自動ライト、駐車支援などに大別できる。

ADASの機能名称

先進運転支援システム（ADAS）の機能には多くの種類があります。それら機能の名称は各メーカー間で統一されておらず、同一メーカーにおいてもモデルのグレードによって変わる場合があります。

また、メーカー・カタログなどではその機能が日本語、カタカタの外来語、英文字の略語など様々な形で表記されているため、新車購入の検討時などに複数モデルのADAS機能の比較しようとする際、その内容が把握しづらい傾向にあります。

参考までに右表では、代表的なADAS機能の名称をまとめてみました。この表にあるようにADASの機能は主に、自動ブレーキ、走行支援、車線の維持や変更、ドライバーへの告知または警告、自動ライト、車が自律的に駐車操作をする高度支援などに大別することができます。

ブレーキを支援する機能

ADAS機能において、もっとも古くから存在する自動安全システムのひとつが**ABS**（アンチロック・ブレーキ・システム）です。これは急ブレーキを掛けたときにタイヤがロックして車両が横滑りなどしないよう、それぞれのタイヤのブレーキの効きを適度に弱め、地面との抵抗を増やすことによって、ハンドル操作を可能とするシステムです。市販車へのABS 搭載は1980年代に急速に拡がりました。当時その機能の名称はメーカーによって違っていて、様々に呼称されていましたが、1990年代には全メーカーがABS に統一。2014 年以降の新型車へのABS 搭載が法令によって義務化されています。

こうしたブレーキ系の安全システムはADASにおいてもっともベーシックかつ重要な機能であり、近年の新型モデルにはさらに進化した機能がほとんどのモデルに搭載されています。その一種である**誤発進抑制機能**は、近年多発しているアクセルとブレーキの踏み間違いによる誤発進などを防ぐための機能で、軽自動車にも搭載されています。

また**衝突被害軽減ブレーキ**は、前方にある障害物をセンサーなどで感知し、自動的にブレーキが掛かる機能であり、昨今ではグレードの高い上位モデルだけでなく、安価なファミリーカーにも搭載されています。

■先進運転支援システム（ADAS）の機能例

代表的なADAS機能の一覧。その機能名称は各メーカーが独自に命名しているため、同じ機能であってもそのバリエーションは数多く存在する。実際の車両の操作パネルやメーカー・カタログでは英語の略号で記載されることも多い。英文の原語を理解することをお勧めしたい。

種別
自動ブレーキ
走行支援
車線維持 車線変更
告知 警告
自動ライト
駐車支援

高度運転支援システム

かつて米国の上位モデルから普及したオートクルーズ機能は、走行中にボタンを押すとその速度が維持され、ドライバーはアクセルから足を離すことができ、ブレーキを踏むとそれが解除されるという機能でした。それはあくまで自車の速度を維持するだけのものであり、周囲の車の監視はドライバーに委ねられていました。

しかし、センサー精度が向上した近年では、前を走行する車両との車間距離もシステムが監視してくれる**追従機能付クルーズ・コントロール**へと発展しています。こうした走行支援型の機能は、自動的に車線を維持する**LKAS**（車線維持支援システム）などと併用することにより、レベル2でありながら、ハンドルから手が離せる**ハンズオフ**も実現しています。

また、さらに高度化した最新のシステムでは、車線変更を行って前走車を追い越すという一連の工程を、ハンズオフのままシステムに委ねることが可能です。こうした機能は先進運転支援システム（ADAS）のなかでもとくに**高度運転支援システム**などと呼ばれています。

※1（略号表記に関して）

名称	略号記載例	参照
アンチロック・ブレーキシステム	ABS（Anti-lock Brake System）	p.304
誤発進抑制機能	UMS (Ultrasonic Misacceleration Mitigation System)	p.066
衝突被害軽減ブレーキ プリクラッシュ・ブレーキ	AEBS（Advanced Emergency Braking System） PB（Pre-crash Brake） CMBS（Collision Mitigation Brake System）	p.068
パーキング・サポート・ブレーキ 後退時車両検知警報	PKSB（Parking Support Brake） RCTA（Rear Cross Traffic Alert）	p.077
追従機能付クルーズ・コントロール	ACC（Adaptive Cruise Control）	p.070
先行車発進アラーム	—	—
ハンズオフ(手放し運転)	(Hands Off)	p.074
車線維持支援システム	LKAS（Lane Keeping Assist System）	p.072
車線逸脱警報システム	LDWS（Lane Departure Warning System）	p.073
車線変更・追い越し支援	—	p.074
ブラインド・スポットモニター 後側方車両検知警報	BSM（Blind Spot Monitor）	p.076
交通標識認識 ロードサイン・アシスト	TSR（Traffic Sign Recognition System） RSA（Road Sign Assist）	p.079
ドライバー・モニタリング	DM（Driver Monitoring）	p.078
オートマチック・ハイビーム ハイビーム・コントロール・システム	AHB（Automatic High Beam） HBC（High Beam Control System）	p.080
高度駐車支援システム	APA（Advanced Parking Assist）	p.082

※1／略号が同じでも、その語彙内容がメーカーによって違う場合がある。

センシング・システム

KEY WORD

- センシング・システムとは、車両の周辺情報を集めるための機能。
- ADASにおいては主にミリ波レーダー、超音波センサー、カメラを使用。
- ミリ波レーダーや超音波センサーは距離を検出、カメラは画像を解析する。

電波と音波で距離を測定

先進運転支援システム（ADAS）がドライバーの運転操作を支援するためには、車両の周囲360度の情報を、正確かつ瞬時に収集する必要があります。それを実現するのが**センシング・システム**です。同システムにはタイプの違うセンサーやカメラが複数使用され、その役割を補完し合います。

ミリ波レーダーは、遠距離にある対象物を探知する場合には**77GHz帯**の電波を使用するのが一般的。電波が対象物に反射して返ってくる時間を測定することで距離や方位、対象物との相対速度を検出します。

ミリ波とはスマホや電子レンジで使用されるセンチ波と同様、電波のなかでもっとも周波数が高いマイクロ波の一種です。ミリ波レーダーは夜間や悪天候下でも対象物の検出が可能で、指向を狭くすれば100～200m程度まで物体を検知できます。

また、10m程度の近距離検知用として、もう少し波長の長い**24/26GHz帯の準ミリ波**を使用するシステムもあります。

対象物までの距離を測定するツールとしては**超音波センサー**も使用されます。これはメーカーによっては**超音波ソナー**とも呼ばれています。

超音波は電波（電磁波）よりも伝播速度が遅く、また検出できる距離も10m程度のため、パーキング時の障害物や車両の側方など、主に近距離にある物体を検出するために使用されます。超音波センサーのメリットのひとつとしては、そのデバイスの安さが挙げられます。

各種センサーの観測エリア

このモデルの場合、進路方向を長距離用ミリ波レーダー、後方を中距離用ミリ波レーダーで観測している。さらに単眼カメラが車両の前後を補完して、広角の短距離カメラでサイドをチェック。そして短距離用の超音波センサーが、主にパーキング時のサポート用として車両前後をカバーしている。

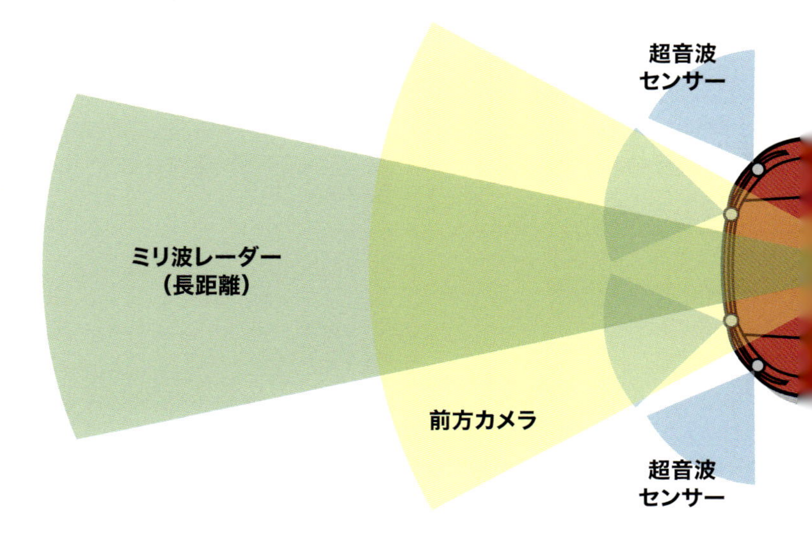

※1／UMSとは、“Ultrasonic Mis-acceleration Mitigation System”の略称。

カメラによる画像解析

ミリ波レーダーや超音波センサーは、主に対象物までの距離を測定するためのツールですが、歩行者や自転車などの検出はあまり得意とはしません。それを補うのがカメラです。センシング用カメラには単眼カメラ、ステレオカメラ、複眼カメラなどがあり、単眼カメラ以外は被写体との距離測定も可能です。

ドライバーが車を走行させるには、他の車両以外にも、歩行者、自転車、信号、標識、他の車両のブレーキランプ、障害物など、数多くの周辺情報を読み取る必要があります。カメラはそれら情報を映像として取り込み、その画像を解析・識別することによって、本来ドライバーがすべき判断を代行し、サポートします。

路面上のラインなど、立体的でない情報はレーダーや超音波では検出できませんが、カメラはそれも読み取り、走行や安全にフィードバックすることが可能です。

各種センサーの搭載位置

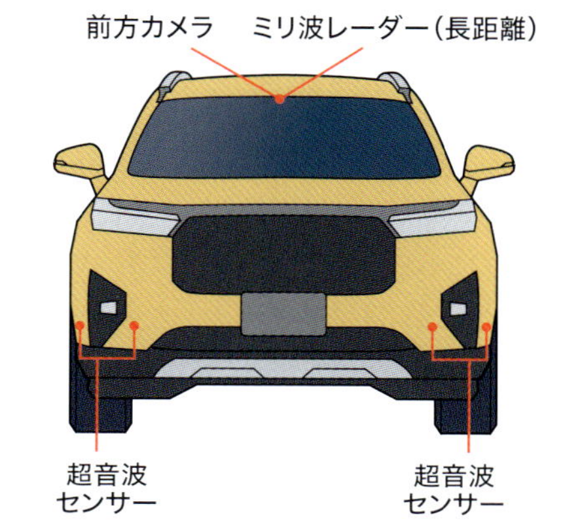

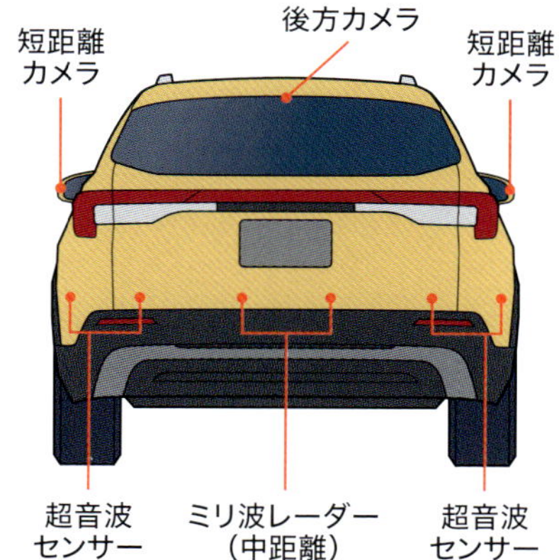

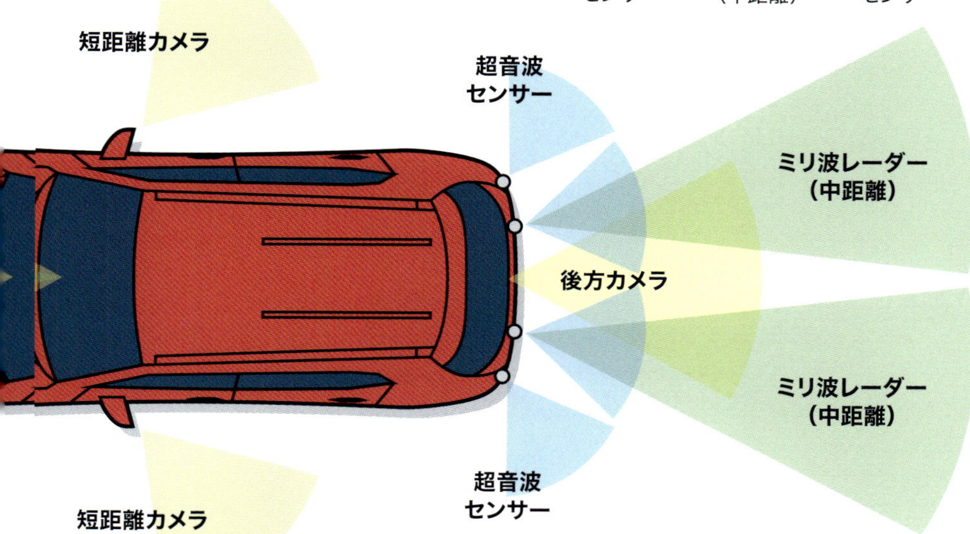

3-04 ADAS 先進運転支援システム

誤発進抑制機能

KEY WORD

- ブレーキとアクセルの**踏み間違い**などによる事故を防止。
- 誤発進が発生した際に**出力を抑制**、**自動ブレーキ**が掛かる。
- **ソナー**や**ミリ波レーダー**によって、前後方の**障害物を検知**。

アクセルを踏んでも停止する

駐車場から車両を発進させる、または駐車する際に、ブレーキとアクセルの踏み間違いによって起こる事故が多発しています。こうしたアクセルの誤操作による事故を自動的に防ぐための機能が**誤発進抑制機能**です。この機能を搭載したモデルでは、センサーやレーダーなどによるセンシング・システム（p.64参照）によって、車両の前方の障害物を検知します。

車両が停止状態から時速10～15km以下（メーカーやモデルによって異なる）の状態にあり、前方に障害物があるにも関わらず、必要以上にアクセルペダルが踏み込まれると、警告音、またはディスプレイ表示によって注意が促されると同時に、エンジンやモーターの出力が数秒間にわたって自動的に抑制され、また、システムによってはアイドリング状態になります。

それでもアクセルが踏み込まれ続けた場合に、自動的にブレーキが掛かるシステムも存在します。こうした一連の工程によって障害物への衝突を回避します。

障害物の検知には**ミリ波レーダー**、**超音波センサー**（p.64）などが使用されます。ホンダの「誤発進抑制機能」の場合はミリ波レーダーが使用されていますが、トヨタの「踏み間違い時サポートブレーキ」や、日産の「踏み間違い衝突防止アシスト」、スバルの小型車に搭載される「つくつく防止」などでは、近距離の障害物を監視するためのソナー（超音波センサー）が使用されています。

ソナーが使用される場合、同システムはUMSと呼ばれます。UMSとは“ウルトラソニック・ミスアクセラレーション・ミティゲイション・システム”（※1）の略称であり、ウルトラソニックは「超音波」、ミティゲイションは「緩和」を意味します。

前向き駐車の場合 前方に障害物があるにもかかわらず、アクセルペダルが過度に踏み込まれると、警告音が鳴ると同時に、数秒間にわたって動力の出力が抑制され、アイドリング状態などに。それでもドライバーが回避行動を取らなければ自動ブレーキが掛かる。

※1／UMSは“Ultrasonic Misacceleration Mitigation System”の略称。

誤ってバックしない機能

ブレーキとアクセルの踏み間違いとともに、セレクトレバー（シフトレバー）の選択を間違えることによって起こる事故も多発しています。つまり、駐車している車両を発進させる際、レバーを「D」（ドライブ・前進）に入れたつもりが、誤って「R」（リア・後退）に入れてしまい、そのままアクセルを踏み込んだ結果、後方の障害物に衝突してしまうといったケースです。

こうした事故は高齢者ドライバーに限ったものでなく、乗り慣れない車両を操作する際にも発生しています。これは昨今のモデルの多様化にともない、モデル固有のセレクトレバーの仕様が増えていることが原因のひとつだと考えられています。

誤って後退することを回避するこのシステムは、誤発進抑制機能と区別して**後方誤発進抑制機能**とも呼ばれますが、近年では両機能が一体化したものが多く見られます。

後方にある障害物までの距離を警告音で知らせるシステムも一般化されていますが、これも後方誤発進抑制機能の一種だと言えます。ただしこの場合は、前進する際とは違うタイプの警告音が発せられ、違うタイミングで出力制御や自動ブレーキが働くよう設定されています。

システムの課題

誤発進抑制機能を活用するにあたっていくつかの留意点があります。そのひとつは、システムが正常に作動しないケースがあるという点です。

前述したとおり、誤発進抑制機能のセンシング・システムでは超音波センサー（ソナー）やミリ波レーダーが使用されますが、これらは障害物から反射される音波や電波によって障害物の有無を検知します。そのため障害物が細いポールや柵だった場合、十分に検知できない場合があります。駐車スペースの後方にある壁が車両に対して斜めな場合にも、音波や電波の的確な反射が得られないケースが考えられます。

また、音波を使用するソナーの場合は、激しい雨や雪が降るシーンではその精度が落ちることが考えられ、ソナー自体に泥や雪などが付着したときも同様です。

誤発進抑制機能を後付けする場合にも注意が必要です。2020年代以前の型式のモデルには誤発進抑制機能を搭載していないものが多くありますが、同システムは後付けすることも可能です。ただし、その適応車種は限られています。また、後付けできても自動ブレーキとは連動できない場合が多くあるようです。

後ろ向き駐車の場合　バックで駐車をする際、障害物まで一定距離になると警告音が鳴り、動力出力が抑制され、最後は自動ブレーキが作動。駐車場から発進するとき、もしセレクトレバーの選択を間違えたとしても同システムが事故を回避してくれる。

AEBS 衝突被害軽減ブレーキ

KEY WORD

- 前方の障害物の挙動を監視して**衝突を予防**、またはその**被害を軽減**する機能。
- 危険度のレベルに合わせ、**警告音**や**表示**や**自動ブレーキ**などが段階的に作動。
- ドライバーが回避行動を取らない場合には**自動ブレーキ**により**停車**する場合もある。

進化した自動ブレーキ

先進運転支援システム（ADAS）においてもっとも重要視されている機能のひとつが**衝突被害軽減ブレーキ、AEBS**（Advanced Emergency Braking System）です。これは前走車や歩行者などと衝突しそうな場合に、システムの判断によって自動的にブレーキが作動するシステムです。国内では国産の新型乗用車への搭載が2021年から義務化され、国土交通省においてもこの名称を採用しています。

この機能は一般的に**自動ブレーキ**とも呼ばれていますが、各メーカーによってその名称は異なり、トヨタ、スバル、マツダでは**プリクラッシュ・ブレーキ**、ホンダでは**衝突軽減ブレーキ**、日産では**インテリジェント・エマージェンシー・ブレーキ**などと呼ばれ、その機能内容にも若干の違いが見られます。

Ⓐ【警報】衝突の可能性がある場合

Ⓑ【警報+ブレーキ】衝突の可能性がある場合

Ⓒ【警報+強いブレーキ】衝突の可能性が極めて高い場合

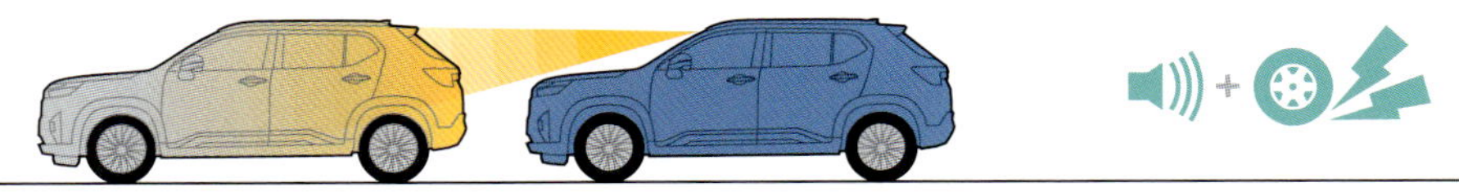

Ⓓ【警報+強いブレーキ】歩行者との衝突の可能性が極めて高い場合

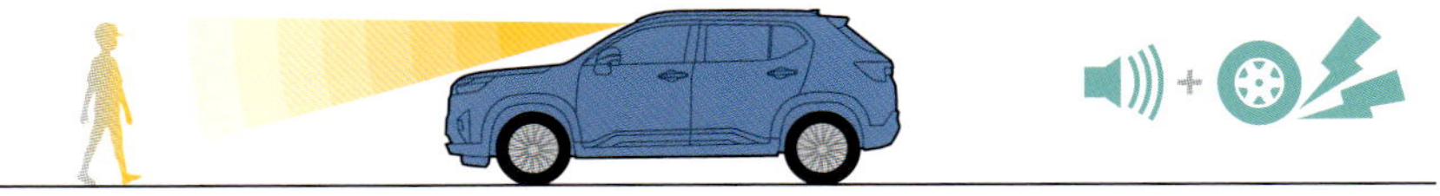

危険度に合わせて段階的に作動

前走車との車間距離が縮まりつつある①では警告音や表示などが発せられ、衝突の可能性が高い②では自動ブレーキも作動。さらに危険度が高い③では、より強いブレーキが作動する。AEBSでは車両だけでなく歩行者との衝突も回避する（④）。

©Honda Stories

脇見運転などによって信号待ちしている前走車に追突する事故は多い。AEBSがあればドライバーがアクセルを踏み続けていても自動ブレーキが作動する。

©Honda

自動ブレーキが作動するシステム（CMBS）を世界ではじめて搭載したのは、2003年に発売されたホンダのインスパイア（写真は2007年型）。

衝突を回避するシステム

衝突被害軽減ブレーキ（AEBS）では**ミリ波レーダー**や**カメラ**などを使用し、衝突しそうな障害物が前方にないか、安全な走行が継続できるかを監視します。

もし前走車との車間距離が縮まり続け、その車両と衝突する可能性があるとAEBSが判断した場合には、警告音や表示によってドライバーに注意を喚起します。

警告を発したにもかかわらずドライバーが速度を落とすなどの回避行動をしない場合には、AEBSの判断によって減速のための自動ブレーキが作動します。

それでも十分な回避操作が行われず、前走車または障害物との衝突が不可避だとシステムが判断した場合には、強い自動ブレーキが作動され、その結果、自動停車する場合もありえます。

こうした対車両の監視には、ミリ波レーダーが使用されるのが一般的です。遠距離を監視できるミリ波レーダーであれば、高速走行時にも衝突を回避するための制動時間に余裕が生まれます。またミリ波レーダーであれば、直前の前走車だけでなく、さらにその前方を走行する車両群の状況も検知できるため、玉突き事故などを回避できる可能性が上がります。

当初このAEBSは主に自動車専用道路での使用を想定して開発されましたが、機器の精度が向上した昨今では歩行者も検知可能とされています。ただし、ミリ波レーダーはヒトの検知を得意としないため、その検知には**単眼カメラ**や**ステレオカメラ**（スバル）、一部メーカーでは**レーザーセンサー**（マツダ）が併用されています。

AEBSという総合システム

前述したプリクラッシュ・ブレーキなどは、衝突回避を目的としたAEBSシステムを構成する一部機能とも言え、その他の機能も個々の役割を果たしています。

例えばスバルの**プリクラッシュ・ステアリング・アシスト**は、衝突回避の制動時に自動ブレーキだけでなく、ステアリング操作もシステムが支援します。

また日産の**プリクラッシュ・シートベルト**は、自動ブレーキが作動すると同時にシートベルトをモーターによって自動的に巻き上げる機能であり、これによって搭乗者をより確実に保護しようとします。

こうしたAEBSにおけるトータルシステムを、トヨタやマツダでは**プリクラッシュ・セーフティ・システム**、ホンダでは**CMBS**（Collision Mitigation Brake System）、三菱自動車では**FCM**（Forward Collision Mitigation System）などと呼称しています。

3-06 ADAS 先進運転支援システム

ACC 追従機能付クルーズ・コントロール

KEY WORD

- ●ドライバーが任意で設定した速度で前走車を追従するシステム。
- ●前走車が減速すれば、設定した車間距離を維持しながら自車も減速する。
- ●前走車が加速すれば、設定速度まで自車も加速する。

発展型クルーズ・コントロール

従来型のクルーズ・コントロールは自車の速度を一定に保つための機能であり、オンにするとアクセルから足を離してもその速度が維持されます。登坂では自動で出力が上がり、下り坂ではエンジンブレーキによって設定速度を維持しようとします。

しかし、従来型は、エンジンを制御するためだけのシステムであり、前走車を検知できません。そのため前走車との車間距離が縮まれば、ドライバーがブレーキ操作な

通常走行の場合

©Honda

前走車が車線から外れた場合

©Honda

どをして減速する必要があり、その時点で設定はオフになります。

こうした従来型システムに、センシング・システムと自動ブレーキ機能が加わったのが**追従機能付クルーズ・コントロール**です。**アダプティブ・クルーズ・コントロール**（**ACC**、※1）とも呼ばれます。

ACCは設定速度内でシステムが自動的に加減速を支援します。つまり前走車が減速すれば自車も減速して車間距離を一定に保とうとし、前走車が加速すれば自車も設定速度まで加速します。また、渋滞時向けの追従機能を搭載するものであれば、前走車が止まれば自車も停止します。さらに、前走車が動きだしたらアクセルを踏むことで追従が再開できるものもあります。

AEBSやBMSと連動

モデルによっては前走車を追従中であっても、ステアリング（ハンドル）にあるスイッチを操作することで設定速度を途中変更できるものがあります。また、前走車との車間距離を段階的に選択できるシステムもあります。

前走車の有無、前走車との車間距離、速度差などは、**ミリ波レーダー**と**カメラ**（p.64参照）によって検出します。つまり、ドライバーはACCを独立した機能として活用しますが、そのシステムは衝突被害軽減ブレーキ（AEBS、p.68）や、ブラインド・スポットモニター（BSM、p.76）などと連携して動作しています。

割り込みがあった場合

ⓒHonda

渋滞追従機能付ACCの場合

ⓒHonda

※1／ACCとは“Adaptive Cruse Control”の略称。

3-07 ADAS 先進運転支援システム

LKAS 車線維持支援システム

KEY WORD

- 高速道路を走行する際に車線を維持するようステアリング操作を支援。
- カメラによって走行車線の実線と破線を検知。
- 車線を逸脱しそうになると運転者に危険を警告しつつステアリングを支援。

車線の維持をサポート

LKASとは"Lane Keeping Assist System"の略称であり、**車線維持支援システム**を意味します。これは高速道路を走行するとき、自車が車線の中央付近を維持して走行するようステアリング(ハンドル)操作を支援してくれる機能です。このシステムを活用すれば、長距離移動をする際にもドライバーの負荷を軽減してくれます。

この機能では車載されたカメラで車線の実線と破線を検知します。自車が車線の中央付近を走行している場合、ステアリング制御は弱くに支援され、実線や破線に近づくほどステアリング制御は強くなります。

メーカーによってその機能には若干の違いがありますが、ホンダ車の場合には約65km/h以上で走行している際に、まずはメインスイッチを押し、続いて「LKAS」のスイッチを押すと同機能が作動します。

ただし、ウィンカー(方向指示器)を作動させている場合には作動しません。また、ドライバーがステアリングから手を放した状態のとき、もしくはドライバーが意図的に車線を越えるようなステアリング操作をしているとシステムが判断した場合には作動しません。

国土交通省の技術指針では、このシステムは時速65km以上で作動することが示されています。

通常走行の場合(車線維持支援機能)

時速65km以上でシステムが作動。車線の中央を走行するようシステムが自律的にステアリング操作を支援。

©Honda

©Honda

車線逸脱を回避する

LKASをオンにして走行中、もし自車が車線を逸脱しそうになると、それを防止するための支援が行われます。この機能を**車線逸脱警告システム**（Lane Departure Warning System, **LDWS**）と言います。

フロント・カメラが車線の実線や破線を検知しつつ走行しているとき、自車が車線を逸脱する恐れがあるとシステムが判断した場合には、ドライバーが握っているステアリング自体が振動して危険を知らせます。近年の進化した上位車種になると、警告が発せられると同時にステアリングがシステムによって自律的に操作され、自車を車線の中央付近へ戻すよう操作支援が行われるものもあります。

また、ドライバーへの注意喚起はステアリングの振動だけでなく、メーター内の表示ディスプレイなどに警告サインが表示されるとともに、モデルによっては警告音が発せられます。

車線をトレースしながら通常走行している場合と同様に、ドライバーがウィンカー（方向指示器）を作動させている場合にはLDWSは作動しません。また、ドライバーがステアリングから手を放している状態のとき、もしくはドライバーが積極的にステアリング操作をしている場合も、この機能は作動することがありません。

LKASやLDWSは通常、自動的に前走車を追従する**アダプティブ・クルーズ・コントロール**（ACC、p.70参照）と連動して作動します。また、LDWSによってシステムがステアリングを自律的に操作するためには**電動パワーステアリング**（EPS、p.292）の搭載が必須になります。

車線逸脱のおそれがある場合（車線逸脱警告機能）

LKASをオンにして走行中、もし自車が車線から逸脱しそうになるとステアリングが振動、または警告灯や警告音が発せられる。それと同時にシステムが自律的にステアリングを操作して車線逸脱を防止する。

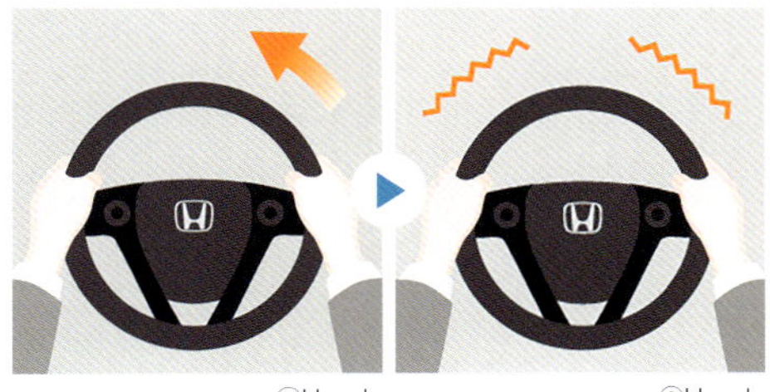

3-08 ADAS 先進運転支援システム

高度運転支援システム

KEY WORD

- 先進運転支援システム（ADAS）を統合し、より高いレベルで運転を支援。
- あくまで運転の主体はドライバーだが、ハンズフリーでの走行も可能。
- 自動運転（AD）と同様、LiDAR、高精度GPS、高次元3D地図などが必要。

ハンズオフできるレベル2

これまでに紹介した衝突被害軽減ブレーキ（AEBS）、追従機能付クルーズ・コントロール（ACC）、車線維持支援システム（LKAS）などの先進運転支援システムの機能を、さらに高い次元で統合したのが**高度支援システム**です。このシステムを活用すれば高速道路における目的地をカーナビに入力するだけで、そこまでの運転をシステムが代行してくれます。

高度支援システムによる運転の主体はあくまでヒトのため、自動運転（AD）ではなく、レベル２の先進運転支援システム（ADAS）に含まれます（p.62参照）。ただし、同システムを搭載したモデルであれば**ハンズオフ**（手放し運転）走行も可能です。

高度支援システムによるドライブは、日本国内では自動車専用道路に限られています。また、ハンズオフで走行していたとしても、ドライバーには車両の周囲を常に監視する義務があり、すぐに運転操作に戻れるよう待機する必要があります。

自動ハンドル操作

レベル２以下の先進運転支援システム（ADAS）であっても、高度支援システムを搭載したモデルではハンドルから手を放すハンズオフ機能が活用できる。

高度支援システムを搭載したモデルはすでに各社から市販されています。同システムをトヨタでは「アドバンスト・ドライブ」、日産は「プロパイロット2.0」、ホンダは「ホンダ・センシング・エリート」、スバルは「アイサイトX」などと呼称しています。また、海外メーカーにおいてもメルセデスには「ドライブ・パイロット」、フォードには「ブルー・クルーズ」などの同システムが搭載されています。

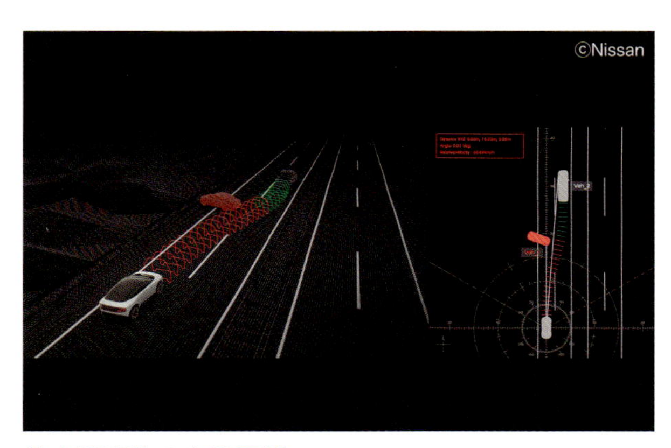

前方障害物の自動回避

日産の「グラウンド・トゥルース・パーセプション技術」は、衝突被害軽減ブレーキの発展版。状況を３次元的に把握し、ブレーキだけではなくステアリング操作も支援して障害物との衝突を回避する。

ⒸNissan

前方障害物の警告表示 日産のプロパイロット 2.0（インテリジェント高速道路ルート走行）で前方に障害物が検知された際のパネル表示。LiDAR（ライダー）を含むセンシング・システムが状況を把握し、ドライバーに危険を警告。システムが自律的に衝突回避を支援する。

ハンズオフできるレベル2

高度支援システムは、先進運転支援システム（ADAS）の個々の機能を統合することによって、より高い次元での運転支援を行うシステムだと言えます。例えばAEBS 衝突被害軽減ブレーキ（p.68）は、前方の障害物を検知し、システムが自律的にブレーキを掛けることで衝突を回避しますが、制動距離（ブレーキを掛けてから停止するまでの距離）が短くて衝突が回避できない場合には、システムがステアリング操作を支援することで衝突を回避します。この際には、AEBSだけでなく、ブラインド・スポットモニター（BSM、p.76）によって自車の左右後方に走行車両がいないかを瞬時に確認しています。

ADAS機能を高い次元で活用するには、ミリ波レーダー、超音波センサー、カメラなどのほか、**LiDAR**（ライダー、p.86）と呼ばれる赤外線レーダーの搭載を必要とする場合があります。これはレベル3以上の自動運転には欠かせないセンシング機器でもあります。

ⒸNissan

自動車線変更
衝突を回避する際にシステムが自律的に車線変更を行う場合は、自車の左右後方に後続車がいないかをブラインド・スポットモニターで確認。

また、LiDARを含むセンシング機器は、自車からの一人称的な視点による情報を収集しますが、高度支援システムによる運転支援では**GPS**や**高精度3次元地図**など、自車を俯瞰する客観的な情報が不可欠になります。これらの情報が加味されることにより、自車からは観測できない道路状況の把握、未来的な予想が可能となり、より安全で的確なシステム判断が可能となります。こうした機能を持つ高度支援システムは、従来型のレベル2のADASシステムと差別化するため、**レベル2＋**、**レベル2.5**などと表記されることもあります。

BSM ブラインド・スポットモニター

KEY WORD

- 自動車専用道を走行中、後側方から近づく他車をミリ波レーダーなどで検知。
- 接近する後続車に危険を知らせるため、ハザードランプを点滅させる場合もある。
- BSMは走行時だけでなく、出庫時の危険もドライバーに知らせ、事故回避を支援する。

後方の他車を監視

隣の車線を走行する車が近くまで迫っている場合、ドアミラーの死角に入って視認できないことがあります。こうした危険を防止するのが**ブラインド・スポットモニター**（Blind Spot Monitor, BSM）です。

この機能では準ミリ波レーダーやミリ波レーダーが使用されます。近距離にある他車に対しては波長が短い**24/26GHz帯の準ミリ波レーダー**を使用。また、距離はあるものの高速で接近する他車に対しては、さらに波長が短く直進性の高い**77GHz帯のミリ波レーダー**が監視します。

トヨタのBSMの場合には、高速道路を走行中、隣の車線に限らず後方車両が接近した際には、表示や警告音によってドライバーに注意を喚起します。また、後方車両に追突される可能性が高いとシステムが判断した場合には、ハザードランプを高速点滅させて後方車両に注意を促します。

さらに、後方車両が過度に接近する「あおり運転」などに遭遇した場合には警察への通報、または同社が提供する**Tコネクトサービス「ヘルプネット」**（p.92参照）への接続を音声通知などでシステムが提案。同時に、ドライブレコーダーが搭載されている場合には自動的に録画が開始されます。

©TOYOTA

BSM ブラインド・スポットモニター

ドアミラーの死角になりやすい後側方の車両を検知。ドライバーがその車線に移ろうとウインカーを出す、または車線変更を開始すると、システムが警告を発する。

©TOYOTA

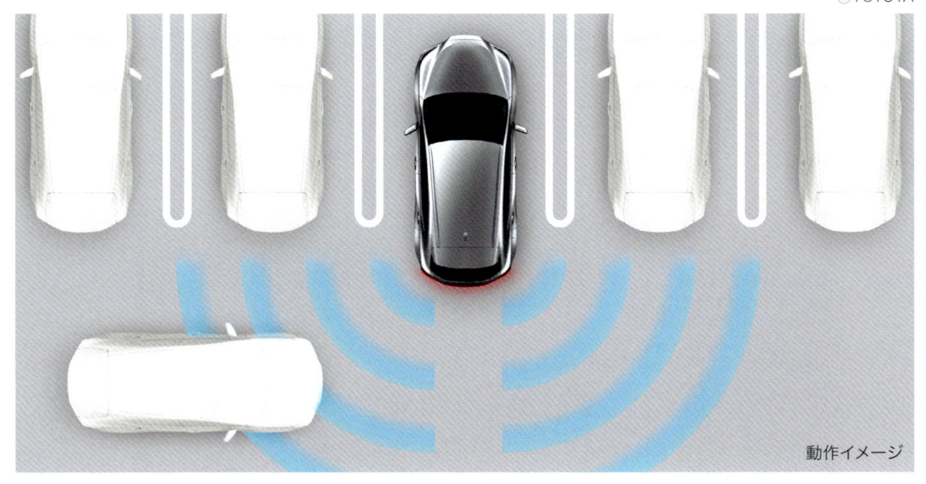

PKSB パーキング・サポート・ブレーキ
出庫時に死角となる後側方などから他車が接近した場合、システムがその危険を知らせる。また、ドライバーが回避行動を取らない場合には自動ブレーキを掛けて支援する。

出庫時の接近物を検知

車両後方に搭載された準ミリ波レーダーは、BMSのほかにも様々な安全サポートに活用されています。

トヨタにおける**パーキング・サポート・ブレーキ**（Parking Support Brake, **PKSB**）では、自車がバックで出庫する際、後側方から接近する他車を検知してドライバーに警告します。ドライバーがブレーキを踏むなどの回避行動を取らない場合にはAEBS（衝突被害軽減ブレーキ）と連携し、自律的にブレーキ操作が行われます。モデルによってはバックによる出庫に限らず、前進での出庫時にも同様な機能が働きます。その際は車両前方に搭載された準ミリ波レーダーが他車を検知します。

同様に、出庫する際に死角になりやすい後側方、または前側方から歩行者や自転車が近づいた場合には、準ミリ波レーダーではなく、**カメラ**がその存在を検知してドライバーに知らせます。その際、ドライバーが回避行動を取らない場合にはシステムがブレーキ操作を行い、衝突を回避します。

その他ケースにも対応

路上に設けられたパーキング・メーターによる駐車エリア（時間制限駐車区間）に車を駐車した際、ドアを開いた際に後方から来た他車や自転車と接触事故を起こす可能性がありますが、トヨタ車の場合には、こうしたケースにおいてもBSM用の準ミリ波レーダーが周囲を監視しています。

自車が駐車エリアに停止すると、BSMにも使用される**センサー**が後方から近づく他車や自転車を検知します。そして、それらが自車のすぐ脇を通過しつつあるにもかかわらず、ドアを開ける、または搭乗者が降車し、他の走行車両と接触する可能性があるとシステムが判断した場合には、ドアミラーに付属するインジケーターが点灯して注意を促します（安心降車アシスト）。

このようにBSMは高速走行時だけでなく、停車時、駐車時にも周囲の監視を続けています。その際、モデルによっては準ミリ波レーダーだけでなく、カメラやセンサー（ソナー）を併用し、自車の安全を確保しようとしています。

3-10 ADAS 先進運転支援システム

その他のドライバー支援システム

KEY WORD

- DMシステムはカメラでドライバーを見守り安全を支援する。
- ドライバーが居眠りや脇見運転をするとカメラが検知し、警告を発する。
- TSRは道路標識や道路上の標識を認識し、ドライバーに注意を促す。

ドライバーを見守るシステム

国内で発生している交通事故の多くは安全運転義務違反であり、わき見運転や安全の未確認など、ドライバーの不注意によるものがその大部分を占めています。こうしたヒューマン・エラーを防止するのが**ドライバー・モニタリング（DM）**と呼ばれる運転支援システムです。

例えばスバル車の場合には、ドライバーを見守る**カメラ**が1台、ドライバーを照らすための赤外線LED1台が、前部座席の中央にある表示パネル上部に収まっています。もし走行中にドライバーが一定時間以上にわたって目を閉じたり、顔の向きを前方から大きく外すと、ドライバーが居眠り運転をしている、または脇見運転をしているとシステムが判断し、警報音や警告表示で注意を喚起します。

スバル車のDMシステムには、市販車としては世界ではじめて**個人認識機能**も付加されており、**システムがドライバーの顔を認識します。**その結果ドライバーが認識されると、あらかじめ設定したシート・ポジションに自動で調整され、ドアミラー角度や、前回降車したときのエアコン温度や吹き出し口の角度も再現されます。ドライブ・モード・セレクトも登録者の設定が呼び出され、ディスプレイには登録者の運転による平均燃費が表示されます。

ドライバー・モニタリング（DM）

スバル車に搭載されている最新式のDMの場合、ドライバーが車に乗り込むと、室内に設置された専用カメラがドライバーの顔を認識。安全運転を支援するだけでなく、シート位置やドアミラーの鏡面位置、エアコンの吹き出し口の角度などが自動で再現される。

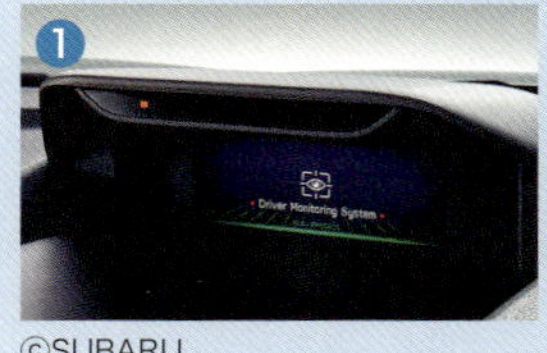

©SUBARU

シートに座るとDMが起動。ドライバーの顔をスキャンし、運転者が登録されているか確認。

©SUBARU

すでに登録されているドライバーであることが確認されると、それがパネルに表示される。

©SUBARU

登録者に合わせてシート位置、ドアミラーの角度、エアコン送風温度や吹き出し角度を再現。

©SUBARU

登録者のデータを蓄積することによって、より精度の高い安全支援が可能になる。

システムが居眠り運転と認識して警告を発しても、ドライバーが何の反応も示さない場合も考えられます。運転者が何らかの原因で意識を失ったケースです。

この場合、近年市販されているもっとも先進的なシステム**EDSS**（Emergency Driving Stop System）では、**ハザードを点滅させて後続車に注意を促しながら、車両を安全に停止できる場所を探し、路肩に停止させようとします。**これは高度運転支援システム（p.74参照）を搭載したモデルに限られた機能であり、同システムを搭載したモデルはまだ多くありません。ただし国土交通省はすでに、この機能を法令化する準備に着手しています。

ⒸTOYOTA

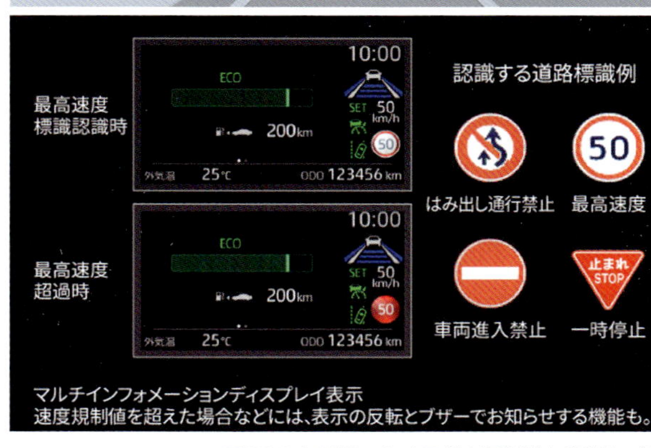

TSR（交通標識認識）

TSRの表示例。カメラが交通標識を認識し（上画面）、その情報をディスプレイに表示。最高速度を超過していれば表示と音で警告される。

システムが交通標識を読む

先進運転支援システム（ADAS）を搭載したモデルのなかには、道路沿いに掲げられる交通標識を認識し、読み込むものも登場しています。この**交通標識認識システム**は**TSR**（Traffic Sign Recognition System）とも呼ばれます。走行中にシステムが標識を認識し、その読み取った標識をフロントパネルのディスプレイへ表示。その標識が意味する規定に則した運転をするようドライバーに注意を促します。

もし読み取られた標識の規定から逸脱した運転をした場合には、警告音やパネル表示などでドライバーに注意を喚起します。

TSRは、国内各メーカーが市販する最上位モデルにはすでに搭載されている機能です。その仕様には若干の違いがありますが、どのシステムにおいても「最高速度標識」「車両進入禁止標識」「一時停止標識」「はみ出し通行禁止標識」などは、とくに重要視されています。このシステムがあれば交通標識の見落としが是正され、近年多発している一方通行道路の逆走なども予防できるはずです。

TSRでは、車両のフロントに搭載された**カメラ**によって交通標識を読み取ります。カメラは看板状の道路標識だけでなく、道路上に描かれたオレンジ色の実線（追い越しのためのはみ出し通行禁止）や、白色の実線（はみ出し禁止）、白色の破線（はみ出し・追い越し可能）などからも情報を読み取ります。

将来的にシステムがさらに進化すれば、交通を規定する「規制標識」「指示標識」「警戒標識」だけでなく、目的地や道路名をアナウンスする「案内標識」さえ読み込めるようになるかもしれません。

AHB オートマチック・ハイビーム

KEY WORD

- オートマチック・ハイビーム(AHB)は、ローとハイを自動的に切り替える機能。
- アダプティブ・ハイビーム・システム(AHS)は、前走車や対向車の領域だけを遮光。
- AFSやSRHではライトの照射角度を変え、車両の進行方向を正しく照射する。

対向車に配慮したハイビームサポート
オートマチック・ハイビームをオンにすると一定速度以上でハイビームになる。その走行中、対向車や前走車が現れると、自動的にロー・ビームに切り替わる。
©MAZDA

ハイとローを自動で切り替え

暗くなると車のヘッドライトが自動的に点灯する**オートライト**機能の搭載は、すでに国土交通省によって義務付けられています（※1）。そして近年では、さらに進化したヘッドライト機能が一般化しています。

夜間など暗い道を走行する場合はヘッドライトを**ハイビーム**（走行用前照灯）にして、遠くまで明るく見渡すことが推奨されています。一方、前走車や対向車がある場合は**ロービーム**（すれ違い用前照灯）にして、他車の視界を妨げないことが道路交通法で規定されています。この操作を自動で行う機能が**オートマチック・ハイビーム**（Automatic High Beam, **AHB**）です。

AHBをオンにすると**カメラ**が周囲を監視し、他車を検知したらハイからローに自動的に切り替わります。そして前走車がいなくなる、または対向車とすれ違うと、再びハイビームに戻ります。

この機能の名称はメーカーによって様々あり、ホンダはオート・ハイビーム、またはアダプティブ・ドライビング・ビーム（ADB）、日産はハイビーム・アシスト、マツダはハイビーム・コントロール・システム（HBC）などと呼称。トヨタではその機能や車両グレードの違いによってオートマチック・ハイビーム、オート・ハイビーム、ハイビーム・アシストを使い分けています。

なかにはホンダのアダプティブ・ドライビング・ビームのように、ハイビームを上側と下側に分離し、より細かく照射範囲を限定するシステムもあります。

※1／2020年4月以降に販売された新型車に対する法令。

アダプティブ・ハイビーム・システム（AHS）

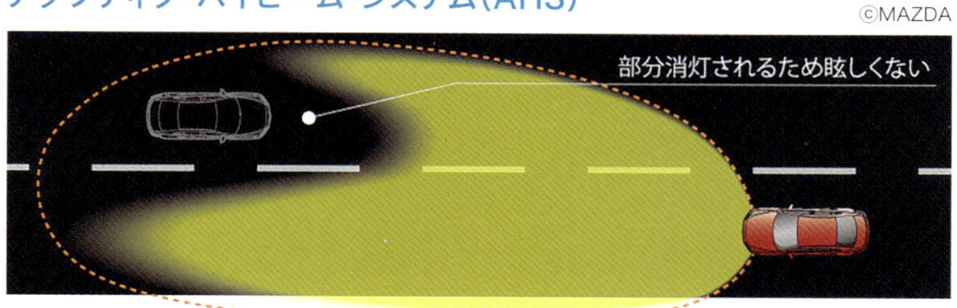

ハイビームで走行中に対向車が現れると、対向車に対してのみローに切り替わり、すれ違うとハイに戻る。

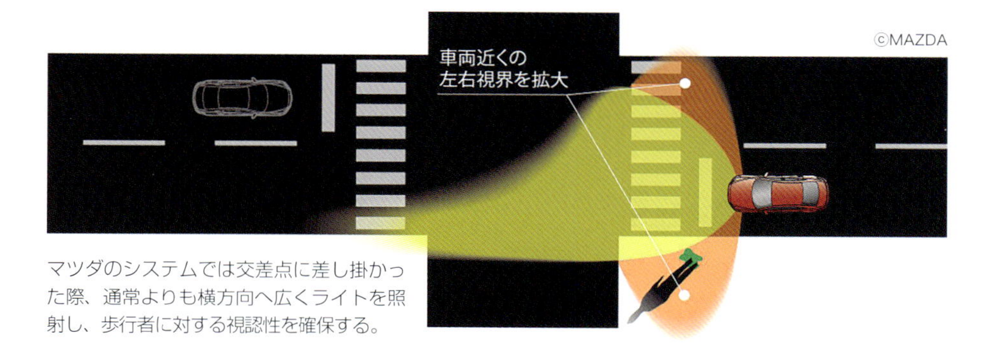

マツダのシステムでは交差点に差し掛かった際、通常よりも横方向へ広くライトを照射し、歩行者に対する視認性を確保する。

必要な領域だけローにする

AHBをさらに進化させたのが**アダプティブ・ハイビーム・システム**（Adaptive High Beam System, **AHS**）です。

この機能では、ハイビームで走行中に前走車や対向車などをカメラが検知すると、その領域だけをピンポイントで自動的に遮光し、基本的にはハイビームを保持したまま走行するため、夜間でも周辺の視界が確保されます。なかには低速時はロー、一定速度以上でハイになり、他者が現れると限定領域を遮光するシステムもあります。

この機能をホンダではアダプティブ・ドライビング・ビーム、マツダや日産ではアダプティブLEDヘッドライト、スバルではアダプティブ・ドライビング・ビーム（ADB）と呼称しています。

曲がる先を明るく照らす

カーブを曲がるとき、車が進もうとする方向とヘッドランプが照射する方向にはズレが生じます。マツダの**アダプティブ・フロントライティング・システム（AFS）**は、これを自動的に補正します。このシステムではコーナリング時の前輪タイヤの舵角と車速に応じてヘッドランプの照射角度を変更します。そのため一般的に**ステアリング連動ヘッドランプ（SRH）**とも呼ばれます。

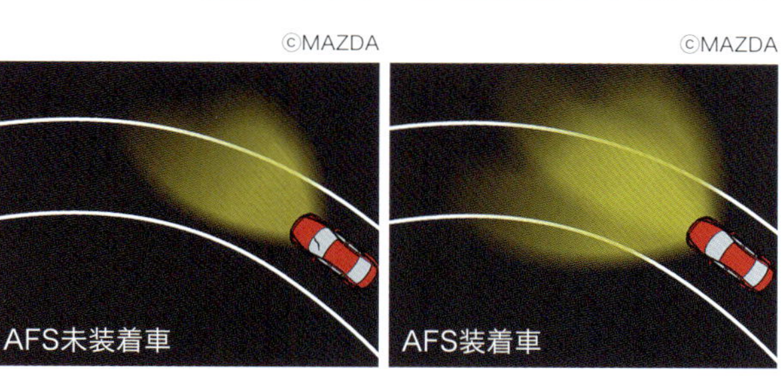

AFS照射イメージ図

通常の車両（左図）がカーブを曲がる際には車両の進行方向とライトの照射方向がズレるが、AFSではそのズレを補正して視界を確保する。

3-12 ADAS 先進運転支援システム

APA 高度駐車支援システム

KEY WORD

- 操作の一部、またはすべてをシステムが代行し、車両を駐車または出庫する機能。
- ステアリング操作だけをシステムが支援するものが多い。
- 駐車や出庫の操作をすべて代行するシステムには、遠隔操作できるものもある。

ステアリング操作を支援

運転初心者に限らず、車を駐車することが苦手なドライバーは多いようです。これは日本の駐車場における1台当たりのスペースが欧米と比べて極端に狭いことも関係しているようです。

駐車を支援する機能は以前からありますが、過去のシステムではナビ画面にサポート表示が出る、または警報音が鳴るだけのものが主流でした。しかし、近年の**高度駐車支援システム**（Advanced Parking Assist, **APA**）では、駐車時のステアリング（ハンドル）操作、またはシステムによってはブレーキやアクセルなどを含むすべての操作をシステムが支援してくれます。

ステアリング操作を支援するシステムの場合、**カメラ**が駐車枠の白線を検知し、システムがステアリングを操作して、音声とモニターでガイドも行います。多くの場合は**ステレオカメラ**が使用されています。

ドライバーは停めたい駐車枠の前に車両を停止させ、システムの設定を行います。自車の置かれた状況を俯瞰した図がモニターに表示されたら駐車枠を指定。ブレーキを踏んだ状態で開始ボタンを押し、ブレーキペダルを少しずつ解放するとシステムがステアリングを操作して、自動的に車両が駐車枠に移動しはじめます。

ドライバーは足元の操作と安全確認に集中できるため、駐車時の負担が大幅に低減します。駐車スタイルとしては、並列前向き駐車、並列バック駐車、縦列駐車を選択できるものが一般的です。

ステアリング操作を支援するこうした駐車システムは、ホンダとスバルではスマート・パーキング・アシスト、日産ではイ

並列駐車の場合

並列前向き駐車、並列バック駐車、斜めの枠への駐車など、駐車モードを様々に選択できるシステムが一般的になりつつある。

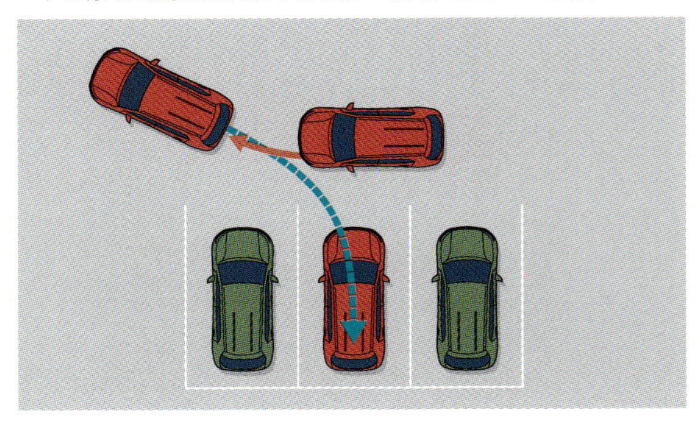

縦列駐車の場合

システムによっては駐車だけでなく出庫も支援。とくに後方から他車が来るケースが多い縦列駐車の場合は安全確保にも役立つ。

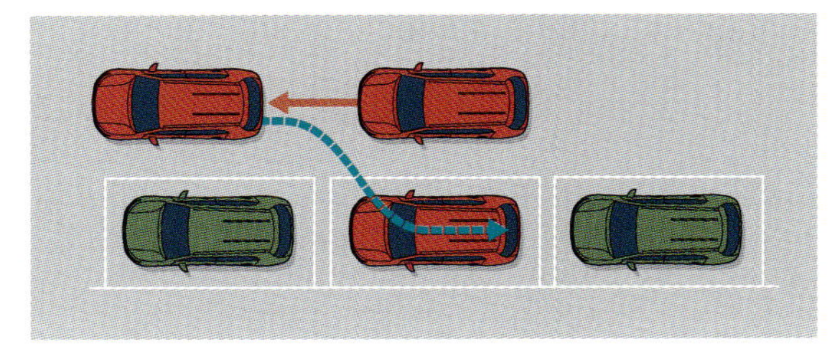

ンテリジェント・パーキング・アシスト、三菱ではマイパイロット・パーキングなどと呼称しています。

また、グレードの高い上位車種のシステムでは、ステアリング操作だけではなく、ブレーキやアクセルの操作を含むすべての駐車工程が支援されます。

ホンダのパーキング・パイロットの場合は、並列駐車、縦列駐車、斜め駐車など、6パターンの駐車、またはそこからの出庫に対応します。駐車スペースに白線がある場合はカメラがそれを検知しますが、駐車枠がない場合も超音波センサー（ソナー）によって他車を検知し、フルオートによる駐車・出庫を実現しています。

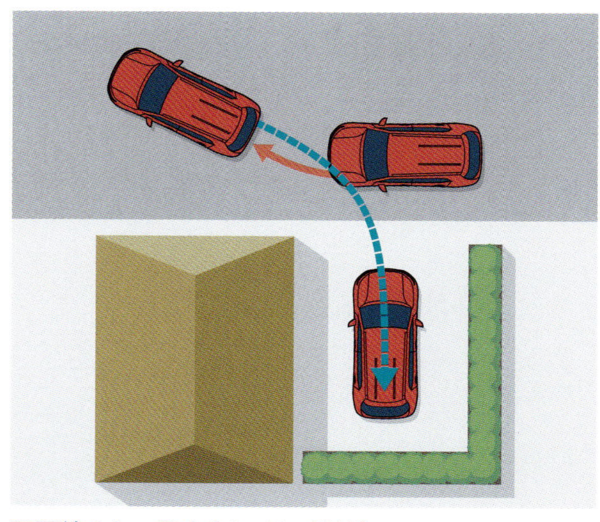

区画線のない駐車（メモリー機能）

駐車枠がまったくないスペースへの自動駐車も可能。この場合はメモリー機能を使い、その場所を事前に登録することが必要になる。

日産のプロ・パイロット・パーキングの場合も、スイッチ操作だけでステアリング、アクセル、ブレーキなどの駐車工程をすべてシステムが制御します。駐車が完了すると自動的に電動パーキング・ブレーキが作動し、シフトレバーが「P」に入ります。

また、メモリー機能を使用すれば、登録場所付近に車両を停車させるだけで、あとはフルオートで駐車。駐車枠の白線がない場所も登録可能です。

遠隔制御で駐車・出庫する

さらに高度なAPA（高度駐車支援システム）になると、ドライバーは車から降り、スマホから**遠隔制御**することによって駐車または出庫できます。

トヨタのアドバンスト・パークはフルオートで駐車できるシステムですが、HEV（ハイブリッド車）にはリモート機能が付いています。このシステムを使用する際には、まずはスマホに**専用アプリ**をインストールし、**Bluetooth**につなぎ、自車をアプリに登録します。

駐車したいスペースの近くに車を停車させたら、車内でシステムを起動し、ディスプレイに映し出された画面上で駐車位置を指定します。電子キーとスマホを持って降車したら、アプリ上のボタンを押して駐車を開始。アプリ上のダイヤルを指で回し続けると車両はゆっくりと移動をはじめ、指を止めれば車両も止まります。

トヨタのこのシステムにおいても事前に駐車位置を登録すれば、区画線のない駐車場や隣接車両がない状況でもシステムがすべての駐車操作をアシストしてくれます。

また、フルオートではありませんが、**日産のプロパイロット・リモート・パーキング**もユニークです。この機能では、ドライバーは車を車外から専用キーで遠隔操作し、移動させることが可能です。これはドアの開閉が困難なスペースにクルマを駐車する場合などに便利です。このシステムを稼働させる際には、車両の前後に搭載された12個のソナーが障害物を検出します。

3-13 AD 自動運転

自動運転の概要

KEY WORD

- 2020年4月、国内の道路交通法が改正され、レベル3の運用が認可された。
- 2021年3月、世界初のレベル3モデルであるホンダのレジェンドが発売開始。
- 2020年10月、アリゾナ州フェニックスで完全自動運転の無人タクシーが営業を開始。

レベル3の自動運転が実現

自動運転（AD）とは、車に搭載されたシステム（装置）が主体となって運転すること意味します。運転の自動化のレベルは5段階に分けられていますが（p.60参照）、レベル3から5が自動運転に該当します。

レベル3ではシステムが運転操作を実行し、その継続が困難な場合はヒトが代行します。レベル4ではシステムによる運転継続が困難な場合にヒトが呼び出され、ヒトが代行できない場合はシステムが車両を停止するなどして対象。そしてレベル5では、どんな条件下でもヒトは介入せず、システムが運転を行います。

2020年に**道路交通法**が改正されたことでレベル3の自動運転が実現しました。改正のポイントは3つあり、第1にシステムによる走行も「運転」と定義されたこと。第2に自動運転を使う運転者の義務が規定されたこと。つまりシステムから要求があった場合、運転者は直ちに運転を代行する義務があります。そして第3はシステムの作動を記録することです。これは法令違反があった場合、ヒトとシステムのどちらに原因があるかを判断するためです。

この改正を受け、2021年に世界初のレベル3モデル、ホンダの**レジェンド**が発売されました。また2020年にはアリゾナ州フェニックスで自動運転の無人タクシー（ウェイモ、※1）が営業を開始しています。

©Honda

自動運転レベル3の世界第一号

ホンダのレジェンドは2021年3月に販売が開始されたが、100台限定のリース販売だった。販売価格は1100万円。

©Honda

自動運転レベル3の制限速度

国内ではレベル3での走行は高速道路などで時速50km以下と規定。しかしドイツではアウトバーンでの時速130kmが許可されている。

©Honda

ハンズオフ機能

レジェンドでは渋滞運転機能（レベル3）が作動しているときなどにハンズフリー機能が使用できる。

※1／ウェイモは米アルファベット社（グーグル）傘下の自動運転車開発企業。

■自動運転の機能例

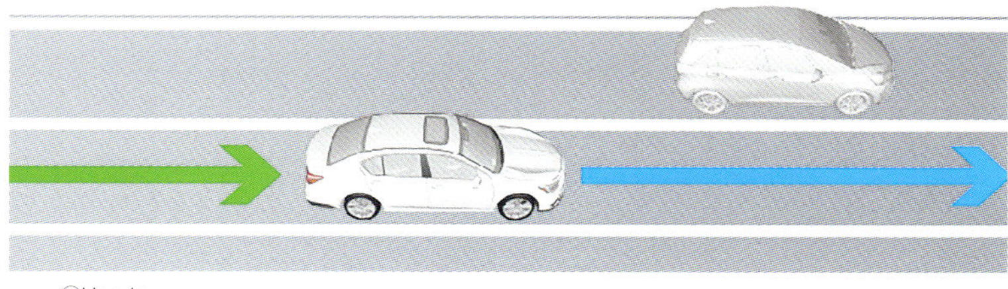

ⓒHonda

本線走行

ACC（p.70）とLKAS（p.72）が作動中、一定の条件を満たすとハンズオフ機能付車線内運転支援機能が作動。

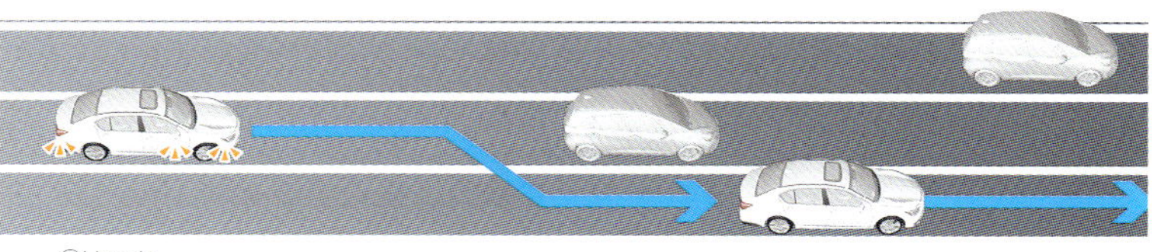

ⓒHonda

車線変更

ハンズオフ機能付車線内運転支援機能が作動中のときウインカーを出すと、システムが車線を変更し、追い越しも行う。

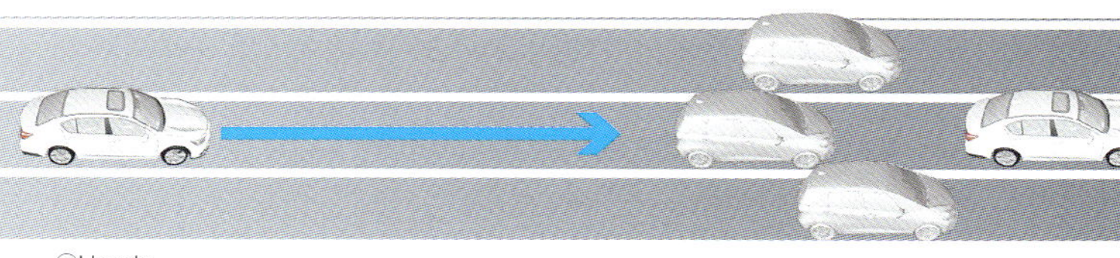

ⓒHonda

渋滞時

渋滞時に渋滞運転機能（レベル3）が作動すると、システムがすべての操作を行い、追従・停止・再発進を実行する。

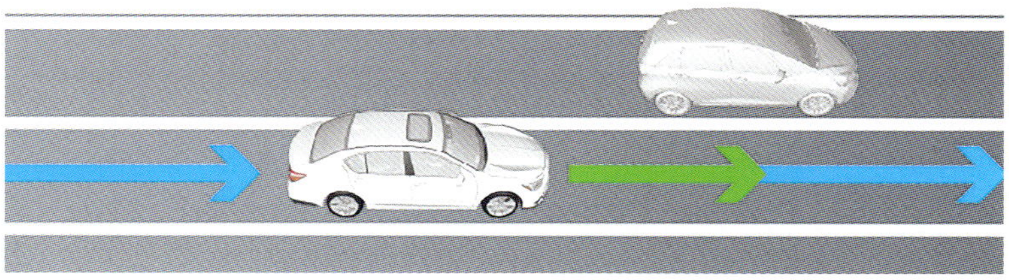

ⓒHonda

渋滞解消時

渋滞が解消して作動条件から外れると、システムはドライバーに運転操作を要求し、渋滞運転機能（レベル3）を終了。

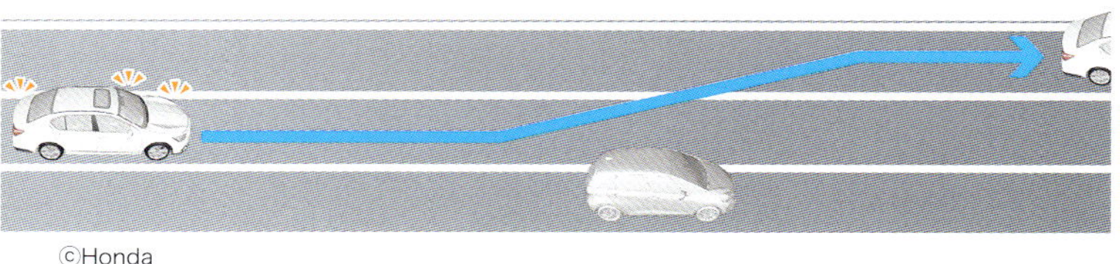

ⓒHonda

本線退出支援

ナビで目的地を設定しておけば、システムが目的地に向かうジャンクションや出口に近い車線への変更を支援する。

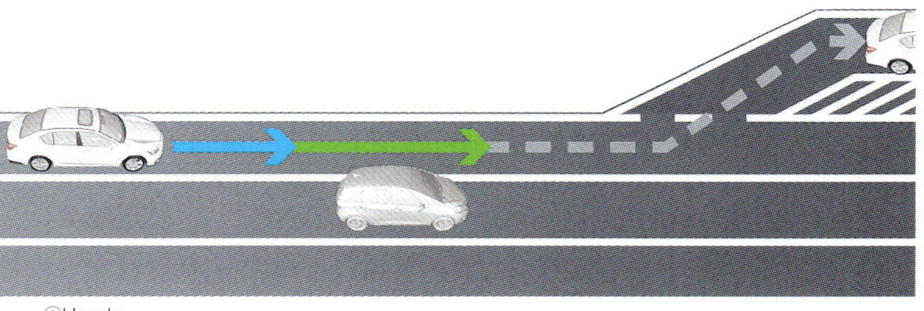

ⓒHonda

本線退出

ナビで目的地を設定している場合、システムは分岐・出口付近でドライバーに運転操作を要求しハンズオフ機能を終了。

3-14 AD 自動運転

LiDAR ライダー

KEY WORD

- LiDARは3Dレーザースキャナーとも呼ばれ、自車の周辺環境の3次元データを取得。
- LiDARは近赤外線を1秒間に数百万回、パルス状に連続して照射する。
- LiDARはミリ波レーダーや超音波センサーよりも、はるかに精度の高い情報を得る。

周囲をまるごと3Dスキャン

LiDAR(ライダー)は自動運転には欠かせないセンシング・システム(p.64参照)のひとつです。LiDARは**3Dレーザースキャナー**とも呼ばれ、自車の周辺環境を瞬時に検出し、3次元データを取得します。

LiDARとは"Laser Imaging Detection and Ranging"、または"Light Detection and Ranging"の略称であり、直訳すれば「レーザーによる画像検出と距離測定」、「光による検出と距離測定」となります。

©Honda

ホンダ「レジェンド」のLiDAR

世界ではじめてレベル3での自動運転システムを搭載したホンダのレジェンドは、ソリッド・ステート式のLiDARを搭載。

ミリ波レーダーの場合、波長の振幅幅が1～10mmのマイクロ波(電波の一種)を使用しますが、LiDARでは光の一種である**近赤外線**を使用します。その波長はミリ波レーダーよりもはるかに短くて**903～905nm**(ナノメートル)。ミリ波レーダーの約1万分の1です。電波や光などは電磁波の仲間ですが、電磁波はその振幅幅が短いほうが同時間内に多くの情報を伝送できます。つまりLiDARは、超音波センサーやミリ波レーダーよりはるかに多くの情報を得ることができます。

LiDARは近赤外線を**パルス**状に放ちます。つまり近赤外線を1秒間に数百万回、連続的に照射します。そのレーザーを周囲に散乱・照射することで対象物までの距離や方位、さらにはその物体の立体的形状や性質までも検知し、予想しています。

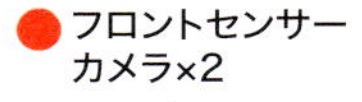

- フロントセンサーカメラ×2
- ライダーセンサー×5
- レーダーセンサー×5

LiDARなどの搭載位置

市販車には回転部分を持たないソリッド・ステート式のLiDARが搭載される。そのレーザー光照射の角度は限定されるため、車両の前後に複数のLiDARが搭載される。

©Honda

200～300mをカバー

ヒトが運転の主体となるレベル２以下の先進運転支援システム（ADAS）では、主にミリ波レーダーやカメラが使用されていますが、それらのセンシング・システムでは対象物までの距離や方位しか検出しかできず、物体形状や相互の位置関係を検知することは困難です。

しかしLiDARでは前走車やヒト、建物や障害物などの距離や形状だけでなく、飛び出した歩行者、道路にはみ出す草木、一時的な工事など、刻々と変化する周辺環境や位置関係を、すべて３次元で把握します。そのためLiDARはレベル３以上の自動運転には不可欠なシステムと言えます。

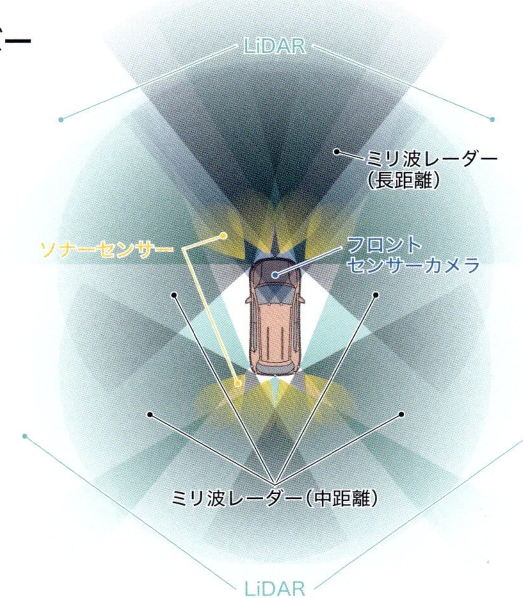

LiDARなどの観測範囲

LiDAR、ミリ波レーダー、ソナー（超音波センサー）、フロント・カメラなど、各センシング機器が監視するエリアの模式図。LiDARはもっと遠くまで、かつ高精度に周辺環境を検出する。

準ミリ波レーダーの検知範囲は約10m、ミリ波は約100～200mなのに対し、最新のLiDARでは200～300mの範囲にある対象物を検知できるとされています。

ただし、電波を使用するミリ波レーダーと比べて、光の一種である**赤外線レーザー**を使用するLiDARは霧、雪、雨などを伴う悪天候に弱いという弱点もあります。

自動運転の実証車や、サンフランシスコで2023年８月から運用がはじまったレベル４の無人タクシーのルーフ上には、円筒形のLiDARが搭載されています。このタイプでは緊急車両のサイレンのように、内部にあるレーザー装置を機械的に回転させながら検出します。しかし、可動部があるとモーターが必要となり、小型化・軽量化が難しく、コストも高くなります。実際、実証段階にある同タイプのLiDARは、１基数百万円すると言われています。

そのため市販車には**ソリッド・ステート**（Solid State）式というタイプが搭載されています。半導体やレンズなどの光学部品で構成されるこのタイプのLiDARは、回転機構を持たないのでレーザー光照射の角度は限定されますが、小型化できるため車両への搭載位置の自由度が高く、複数搭載することで360度をカバーします。

ちなみに先進運転支援システム（ADAS）を搭載した一部のモデルには、**レーザーレーダー**を搭載するものがあります。このシステムはLiDARと同じく**赤外線レーザー**を照射し、物体に反射した光を受光することで情報を得ます。しかし、一般的なレーザーレーダーは、マイクロ波によるミリ波レーダーと同様、対象物との距離しか検出できず、精密な画像情報を得られるLiDARよりも、はるかにシンプルなシステムだと言えます。

3-15 AD 自動運転

GPSと準天頂衛星「みちびき」

KEY WORD

- 自動運転（AD）にはGPS衛星などによる測位システムが必要。
- 日本では自動運転に必要となる高精度な測位をGPS衛星だけでは賄えない。
- 日本のほぼ真上に留まる準天頂衛星「みちびき」が測位の精度を格段に高めている。

GPSだけでは精度が低い

カーナビやスマホでは**GPS**を活用して位置を割り出しています。自動運転（AD）においてもこのGPS技術が欠かせません。

GPSとはアメリカが運用している**測位衛星**であり、**米国防総省**によって1978年に初号機が打ち上げられ、1996年にはその電波が世界に無償で開放されました。現在は**アメリカ宇宙軍**によって運用されています。

GSP衛星が発する電波には、地球周回軌道上の衛星位置と、電波が発信された時刻の情報が含まれ、受信器がその電波を受信した時刻とのズレを計算することで現在地を測定します。起点となる衛星から受信機の距離は、電波が受信器に届くのに掛かった時間に、電波の速度（光と同じ秒速約30万km）を掛けることで算出できます。

GPS衛星は**32機**が地球周回軌道上にあり（※1）、うち8機から電波を受信できれば高精度な位置測位が行えます。しかし日本で捕捉できるのは４～６機程度に限られています。これは日本に山間部が多く、また建物の密集度が高く、仰角の浅い（地平線に近い）軌道を飛ぶGPS衛星からの電波を受けにくいからです。そのため誤差が10mを超える場合も。これでは自動運転に必要な精度が得られません。

準天頂衛星「みちびき」

2025年2月に静止軌道に向けて打ち上げられた「みちびき６号機」は質量4.9トン（燃料含む）、ロケット収納時の全高は最大約6m、太陽電池パドルの全幅19m。将来的には７機体制になる。

「みちびき」の登場

この状況を是正するために2010年、日本の**準天頂衛星システム「みちびき」**の初号機が打ち上げられました。2018年からは４機体制となり、少なくとも１機は常に日本のほぼ真上に配置されています。GPS衛星の情報を「みちびき」が補完することにより国内の測位精度はセンチメートルのレベルまで向上しています。「みちびき」の機数が今後増えれば、測位の精度はさらに上がります。

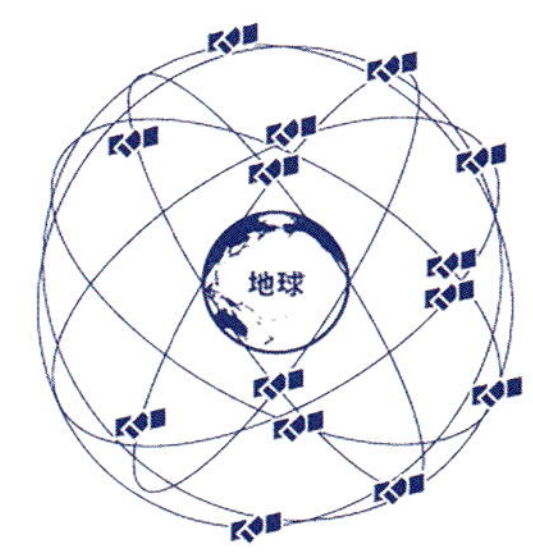

GPS衛星の軌道

GPS軌道の概念図。各衛星は高度２万kmの軌道上にあり、60度ずつズラした６種の軌道にそれぞれ４機配置するのが基本。機数が増えれば測位精度がより向上する。

ⓒ内閣府

※1／2024年時点の運用機のみ。

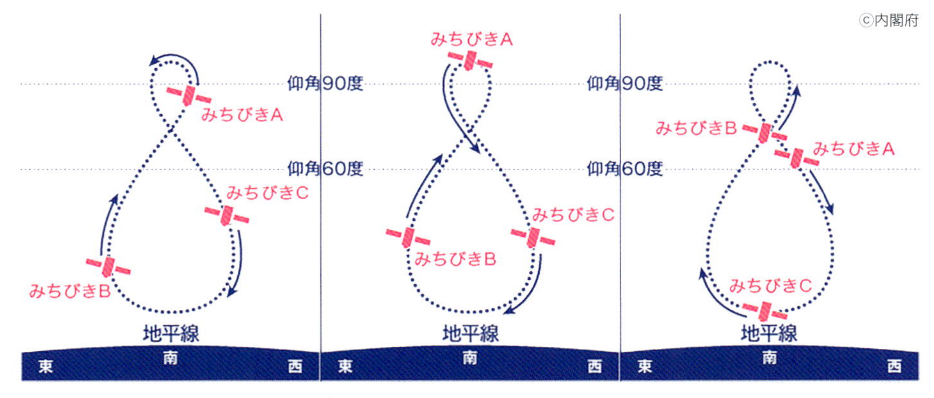

関東の地表から見た「みちびき」の動き

３機の「みちびき」は地球を周回する準天頂軌道上にある。その３機を地表から観測すると、日本の上空で８の字を描きながら、常に１機が天頂に留まり、８時間ごとに交代するように見える。

５機ある「みちびき」のうちの２機は**静止軌道上**にあります。静止軌道とは、赤道上の高度３万6000kmの地球周回軌道のことで、ここに配置された衛星は地球の自転と同期し、地表からは常に同じ上空に留まって見えます。

ただし、例えば東京は赤道から緯度35.7度の北方に位置するため、東京からは「みちびき」が航行する軌道はかなり南の空（仰角48.6度）に見えます。これでは電波が建物などに干渉し、十分な精度の測位ができません。同じ静止軌道上にBS衛星がありますが、BSアンテナの仰角の浅さを思えばそれが実感できるはずです。

しかし他の３機は**準天頂軌道**という特殊な軌道上にあります。それは高度３万2000kmから４万kmの楕円軌道で、赤道に対して傾斜角が付き、そこに配置された３機の「みちびき」は８の字を描きながら日本のほぼ真上に留まります。

それを東京の地表から観測すると、南の地平線から各衛星が**８時間間隔**で現れ、天頂付近でゆっくりとループを描いたあと、南の地平線近くまで沈みます。こうして「みちびき」の１機が常に日本の天頂にあることにより、自動運転にも十分対応できる測位精度が生み出されています。

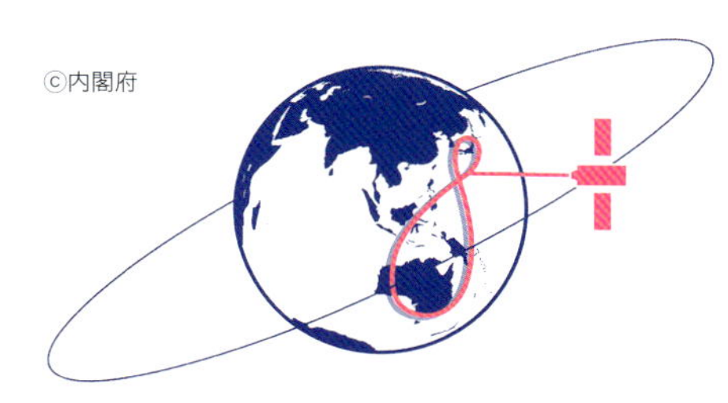

関東上空に見る「みちびき」の動き

「みちびき」の準天頂軌道は赤道に対して傾斜し、かつ楕円を描いている。「みちびき」が東に周回すると同時に地球も東に自転するため、「みちびき」は８の字を描きながら常に日本上空に留まって見える。

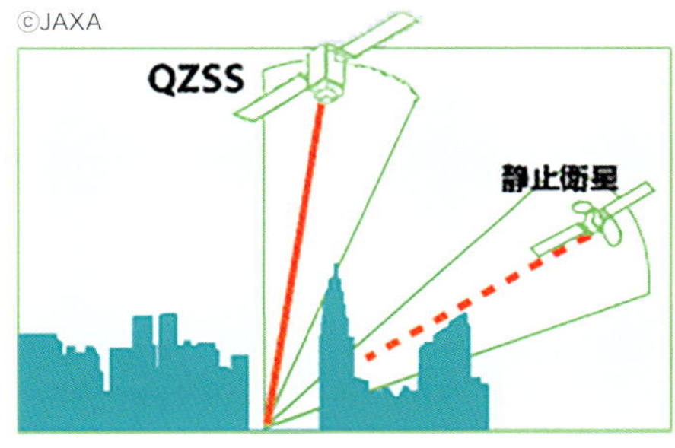

「みちびき」と静止衛星の傾斜角

赤道上を航行する静止衛星は、日本からは仰角が浅い（地平線に近い）南方上空に眺めることになる。しかし準天頂軌道上にある「みちびき」は日本の上空のほぼ真上（準天頂）に見えるため、衛星からの電波が干渉されず、常に高精度な測位が可能になる。

3-16 AD自動運転

高精度3次元地図

KEY WORD

- 高精度3次元地図には立体情報のほか、車線リンクなどの仮想データが組み込まれる。
- 高精度3次元地図に期間限定的または動的な情報を重ねてダイナミックマップを生成。
- 自動運転はダイナミックマップ、位置情報、車載センサーデータを統合することで実現する。

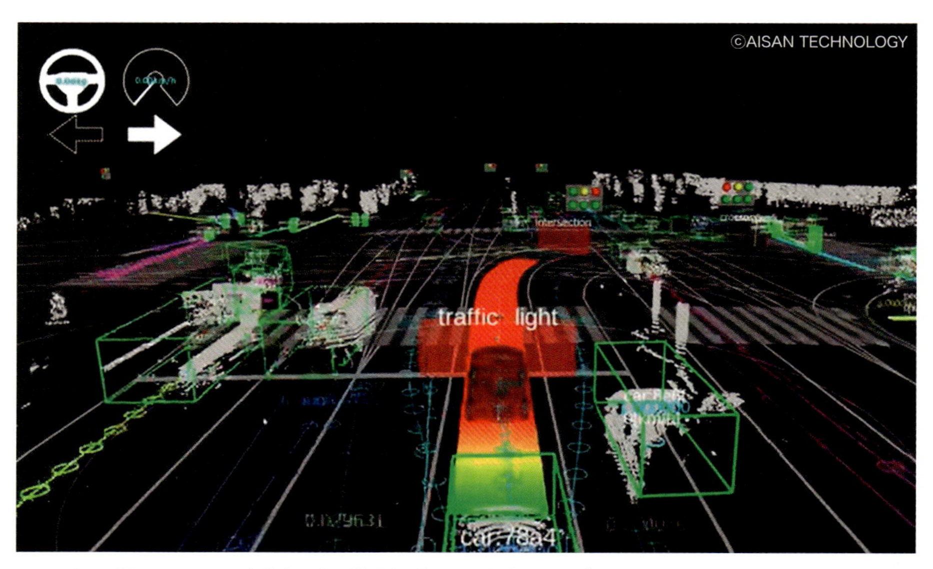

3次元地図の圧倒的な情報量 高精度3次元地図をベースに生成されたダイナミックマップ。リアルタイムで生成されるこのマップ上には車載センサーからのデータも反映される。

多彩な情報を3D地図に積層

現在カーナビゲーションに使用されている2次元的な地図は、ルートを示すための機能を備えています。しかし、自動運転に対してその情報は、必ずしも十分とは言えません。そのため近年では**高精度3次元地図**（※1）の開発が進められています。

高精度3次元地図には、道幅、建物、標識の位置などの基礎情報のほか、道の勾配や高架、地下道、立体交差などの立体情報が含まれ、さらには車線や停止線、横断歩道、路上駐車場（コインパーキング）などの二次元情報が、誤差数センチの精度でデータ化されています。

また、この地図には車両が走行すべき車線の中央線（**車線リンク**）など、仮想の位置データも組み込まれています。

高精度3次元地図が持つこれらの静的情報をベースに、自動運転に有用な情報を重層的に重ねた地図を**ダイナミックマップ**（右ページ参照）と言います。そのレイヤー（階層）のひとつである準静的情報には、交通規制や道路工事などの恒久的または中長期的な情報のほか、広域の気象予報情報などが含まれます。また、準動的情報には事故や渋滞、一時的な交通規制、狭域気象情報などが含まれます。さらに動的情報として、他の車両、歩行者、信号などのリアルタイム情報が地図上に反映されます。

※1／HDマップとも呼ばれる。HDとは""High Definition"の略称。"Definition"は「定義」の意。

©AISAN TECHNOLOGY

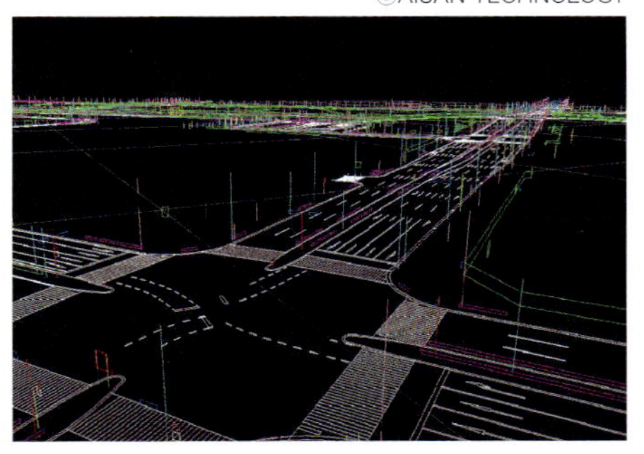

Ⓐ 専用機器で道路環境をデータ化

アイサンテクノロジー社が「エーダスマップ」と呼ぶ3次元地図。専用機器で取得されたこの実測データは点群（ポイントクラウド）で構成されている。

©AISAN TECHNOLOGY

Ⓑ 点群データに道路環境情報を加える

点群で構成されるエーダスマップをベースに、自動運転で必要となる道路情報や建物、ガードレールなどの周辺環境を3次元マップとして図化していく。

©AISAN TECHNOLOGY

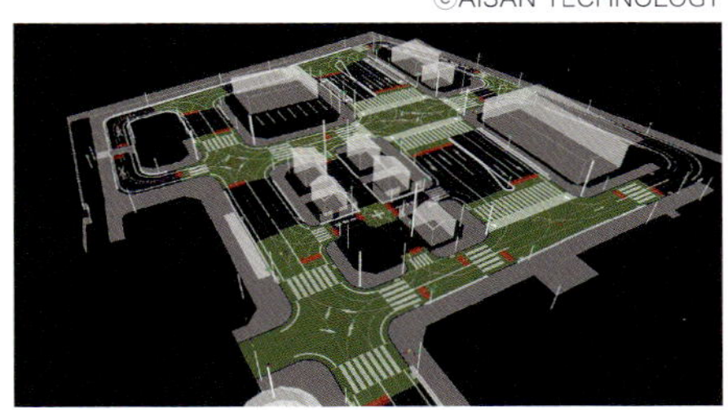

Ⓒ 点群データと環境データをリンク

点群で構成されるエーダスマップと周辺環境の3次元マップをリンクし、静的情報による高精度3次元地図を作成。このデータはベクター化（数値化）される。

先進技術を凝縮したシステム

自動運転で走行する際、その車両は**GPS衛星**や準天頂衛星「**みちびき**」（p.88参照）からの電波を受け取り、自車の位置を正確に把握します。同時に**インターネット**（p.92）を介して即時的に送られてくるダイナミックマップ上に、その位置情報をプロットします。両データは**AI**（p.94）を活用した**ECU**（p.116）で解析され、マップ上の車線ラインを車両がトレースすることによって、安全な自動運転が実現します。

衛星データやマップデータからは取得しきれない周辺環境は、**センシング・システム**（p.64）や**LiDAR**（ライダー、p.86）などの車載機器によって把握。このデータを重ねることで自動運転の精度はさらに高まり、もしインターネットを介して送られてくる衛星データやマップ情報が途絶えた場合にも、一定の安全性が確保されます。

ダイナミックマップは、官民出資の投資ファンドである産業革新投資機構を筆頭株主とするダイナミックマッププラットフォーム株式会社（DMP）によって整備が進められています。同社には各自動車メーカー、三菱電機、ゼンリン（地図製作販売）、パスコ（航空測量）、アイサンテクノロジー（測量ソフトウェア開発）、ジオテクノロジーズ（カーナビ・ソフトウェア開発）などが出資しています。

ダイナミックマップ

❶静的情報
路面情報、車線情報、
建物の高精度3次元地図情報

❷準静的情報
交通規制の予定や道路工事予定、
広域気象予報情報など

❸準動的情報
事故情報や渋滞情報、交通規制情報、
狭域気象情報など

❹動的情報
周辺車両、歩行者、信号情報などの
リアルタイム情報

コネクテッド・カー

KEY WORD

- コネクテッド・カーとは、クラウドなどの外部システムと相互通信する車両。
- テレマティクスとは、コネクテッド・カーが外部システムと相互通信すること。
- VICSやETCなどのITS（高度道路交通システム）もテレマティクスの一種。

インターネットにつながる車

インターネットに接続する車両を**コネクテッド・カー**と言います。また、コネクテッド・カーがクラウドなどの外部システムと相互通信することを**テレマティクス**と言います。テレマティクスとは通信（Telecommunication）と情報（Informatics）を組み合わせた造語で、情報を受けるだけでなく、自車情報も外部システムに提供する相互通信システムです。

テレマティクスの代表例は**カーナビ**です。目的地までの経路案内、リアルタイムの渋滞情報、ルート上の気象情報、最新地図への自動アップデートなどは、既存のテレマティクス・サービスだと言えます。また、近年では**テレマティクス保険**というサービスも登場しています。これはドライバーの日々の運転データを取得・評価し、そのスコアを保険料に反映するサービスです。

トヨタでは**T-Connect**（Tコネクト）という独自のテレマティクス・サービスを2014年から展開しており、緊急時にヘルプボタンを押せば緊急車両が手配されます。また、エアバッグが作動した場合には自動で専門のオペレーターに接続。オペレーターの呼びかけに応答しないと緊急車両が要請されます（ヘルプネットサービス、有料契約）。この際、自車がある場所が分からなくても位置情報が専門のオペレーターに送信されます。

また、ナビのボタンを押すと**オペレータ**

©Shutterstock

相互通信を行うコネクテッド車
コネクテッド・カーはテレマティクス・サービスを、カーナビなどを介して活用。クラウドと相互通信することによって、交通インフラ全体の安全性、利便性を高める。自動運転を円滑に実行するためにも必須の技術と言える。

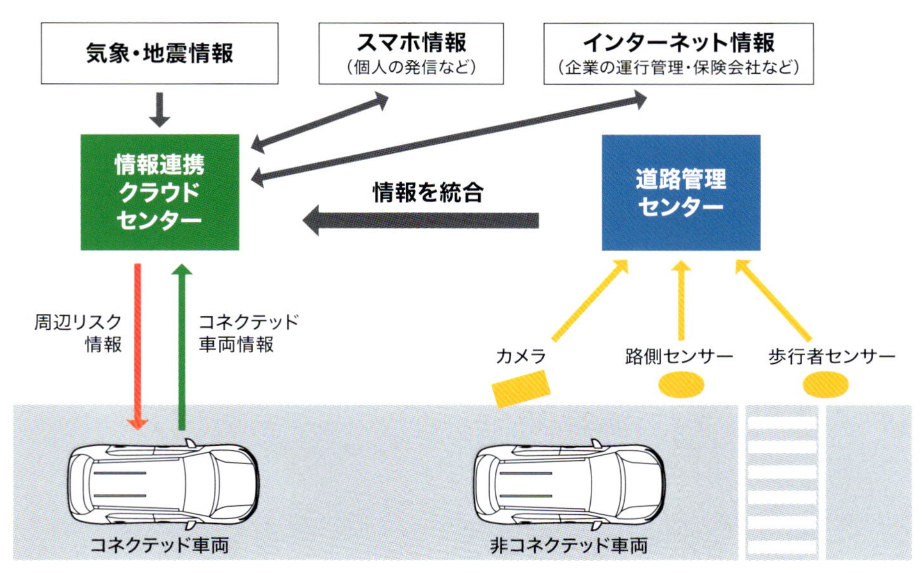

テレマティクスの概念図　非コネクテッド車を含むあらゆる情報を車両管理センターが集積。その他の情報とともにクラウドセンターに送られ、コネクテッド車と相互通信を行う。

ーにつながり、行きたい場所やルート上の天候など、知りたい情報を口頭で伝えるとドライバーに代わって検索し、その情報がナビに送られるサービスも実用化されています（オペレーターサービス、有料契約）。

自動運転のための情報

2024年5月からはホンダやNEXCO中日本、ソフトバンクが連携し、新東名高速道路の建設中の区間における**「高速道路の自動運転時代に向けた路車協調実証実験」**も行われています。

この実験では、高速道路に**路側センサー**を設置し、非コネクテッド車を含む走行車両の情報（位置・速度など）を**道路管理センター**に送ると同時に、走行中のコネクテッド車両の情報をリアルタイムで収集して**情報連携クラウドセンター**へ送信します。これらの情報をクラウドセンターが統合し、衝突リスクを解析・判定。急な車線変更や周辺車両の状況など、予測されるリスク情報をコネクテッド車に通知し、リスクに対する回避行動を促します。

高度道路交通システム

テレマティクス・サービスの一環として、私たちはすでに**高度道路交通システム**（Intelligent Transport Systems、**ITS**）も活用しています。これはITを利用して、交通の輸送効率や快適性を向上させるためのシステム群を指す名称であり、人と道路と自動車の間で情報の受発信を行うシステムを意味します。

その代表例としては**VICS**（※1）、**道路交通情報通信システム**が挙げられます。これは道路交通情報通信システムセンター、通称**VICSセンター**が収集・処理・編集した道路交通情報をカーナビなどに送るシステムであり、ナビの有用性を格段に高めることに貢献しています。自動車専用道路では定期区間でビーコンとFM放送で交通情報が提供されていますが、それも同センターによるサービスです。

また、有料道路の料金所で停止せずに料金が支払える**ETC**（Electronic Toll Collection System）もITSの一種です。

※1／VICSとは、"Vehicle Information and Communication System"の略語。

AI 人工知能

KEY WORD

- 生成AIはドライバーへのガイダンス機能や操作ツールとして自動運転に不可欠な技術。
- あらゆる走行状況を学習するAIは、走行時の安全性にも大きく貢献する。
- 企業活動における様々なシーンでのAI活用がはじまっている。

AIと対話する

AI（人工知能）は、ディープラーニング（深層学習）という機械学習技術によって飛躍的に進化し、使用目的によってはすでに人間の能力を超えています。なかでも学習データをもとに新たなコンテンツを生み出す**生成AI**は、ドライバーへのガイダンス機能や操作ツールとしても活用でき、自動運転に不可欠な技術とされています。

車両にAIが搭載されていれば、目的地までのマップ表示やエアコンの操作などを言葉で指示できるため、ドライバーは運転に集中することができます。また、自動運転が一般化すれば、搭乗者は運転から解放されるため、映像やゲームなどのエンターテインメントのほか、生成AIとの会話が求められます。そのため毎年1月にラスベガスで開催される世界最大のテクノロジー見本市「CES」（※1）では、生成AIを活用した自動車関連技術の展示が近年増加しており、なかでも次世代型の車内空間の演出技術は、今後もっとも成長する分野として注目されています。

運転支援
Driving Assistance

自動運転

実用化が迫る自動運転においてAI技術は欠かせない。車の走行中にはあらゆる事態が起こり得るが、それに対処するにはディープラーニングによる情報の蓄積が必須。そのデータはインターネット（p.092）で各車両が共有される。

©Mercedes-Benz

安全運転支援

先進運転支援システムや自動運転では、センシング・システム（p.64）が得た情報をAIが解析するとともに総合的に判断。ドライバーに危険を知らせるだけでなく、ステアリングや駆動システムの操作ドライバーに代わってAIが行う。

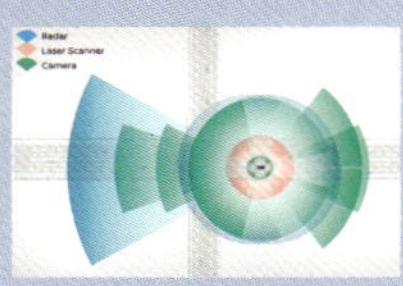

©NISSAN

ルート判断

最新のナビゲーション・システムでは、個々のドライバーのルート選択の傾向をAIが学習して蓄積。それを反映した結果が提示される。また、その結果を現在の道路状況に照らし合わせ、最善のルートを選択することも可能になる。

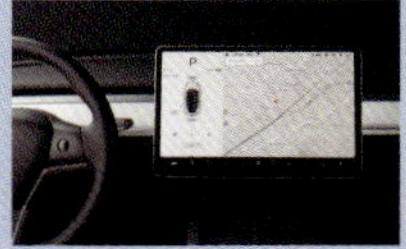

©TESLA

音声アシスタント

AIによる音声アシスタント機能ではドライバーとAIが対話しつつ、ナビの設定以外にも様々な運転支援を行う。交通や気象情報のほか、交通状況を考慮した予想到着時間、さらにはもっとも省燃費な走行モードの相談も可能になる。

©Mercedes-Benz

※1／"Consumer Electronics Show"の略称。「家電展示会」の意。全米家電協会が主催。

AIは対話機能だけでなく、安全性にも貢献します。カメラやセンサーは外部状況を検知しますが、それを解析して運転を支援する、または自動運転を行う際の判断はAIが担います。そこにはヒューマンエラーが介在しないため、将来的には事故率は低下すると予想されています。また、運転ができない高齢者や障がい者が単独で車移動できるようにもなるはずです。

自動車産業におけるAI活用

AIは運転支援だけでなく、企業における商用活用にも投入されつつあります。

カメラが捉えたナンバープレートをAIが解析すれば、あらゆる車両管理が厳密にでき、商業施設においてはサービスの向上と短縮化、公共施設においては防犯などに役立ちます。また、米国ではタクシーの自動運転の運用が開始されていますが、乗車客の需要予測までを車両自体が行えば、最適な時間と場所をAIが判断し、収益率を上げることも可能です。

また、ディーラーにおける試乗においても担当者が同乗する必要がなくなり、生産ラインにおける部品検査にAIを投入すれば、精度の向上と時間短縮に貢献します。

こうしたAIの商用活用は、実際に一部企業でその運用がはじまっています。

©Mercedes-Benz

AIが車両の主体となる時代の到来
運転支援や音声ガイダンスにAIが活用される時代から、AIが車両の主体となる時代へ変わりつつある。

商用活用
Commercial Use

ナンバープレート認識

商業施設であれば顧客情報を事前に登録することでサービス向上につなげることが可能になる。企業の場合は入出庫記録を自動化したり、無断駐車車両の検出にも活用できる。公的な活用法としては交通量調査などが想定される。

©Dietmar Rabich

需要予測

タクシーにAIを搭載すれば、もっとも乗客が見込める時間と場所を予測することも可能。その場合は過去の運行記録や気象情報、交通情報、イベント情報などのデータを取り込む。この技術は有人と無人のタクシー双方に活用できる。

©TESLA

試乗案内

試乗車にAIが搭載されていれば、試乗ルートを顧客にアナウンスするだけでなく、試乗走行中にその車両の内容を詳細に説明することができる。また、AIから顧客への質問はデータベース化され、そのまま商談に活かすこともできる。

©TESLA

部品検査

もっとも早期に実用化されたAIの活用法として、自動車の製造工程における品質検査が挙げられる。正常な部品と異常な部品のサンプルデータを数多く学習させることで、ヒトが行なうよりも正確でスピーディーな検査が可能になる。

©Mercedes-Benz

COLUMN 3

イーロンのニューラリンクは自動運転にも活用される!?

テスラのCEOであるイーロン・マスク氏は、ニューラリンク（Neuralink）という会社も2016年に創設しています。このスタートアップでは、大脳皮質に多数の電極を埋め込み、脳と外部コンピュータの間で電気信号をやりとりするブレーン・マシン・インターフェース（BMI）と呼ばれる技術を開発。2021年には、脳に電極デバイスが埋め込まれたサルが思考だけでテレビゲームをする映像が公開され、2024年3月には、事故で身体が麻痺した29歳男性へのデバイス移植にも成功。彼は思考するだけでオンライン・チェスができるようになりました。また2024年11月にマスク氏は、BMI技術を利用したロボットアームの検証試験を開始したと公表しています。

この技術は本来、うつ病やてんかんなどを治療し、身体が麻痺したヒトのアウトプット手段として開発されましたが、マスク氏は「自動運転車の分野で相乗的な効果も生まれるかもしれない」と語っています。

SiriやAlexaなどを介して声で車（運転操作ではなくナビ設定など）に指示を送る技術は実現していますが、想うだけで車の運転操作ができる未来が近づいています。

ⒸNeuralink

ニューラリンク本体

電極を脳神経に移植し、リンクと呼ばれるデバイスを頭蓋骨に埋め込み、近距離無線を使って外部コンピュータとブルートゥースによって接続する。リンクは直径23mm、厚さ8mm。

ⒸNeuralink

脳波だけでTVゲームをするサル

脳波だけでテレビゲームを操作するサル。現段階ではデバイスは読み取り専用だが、将来的には脳に電気信号を送り込むことも可能に。

ⒸNeuralink

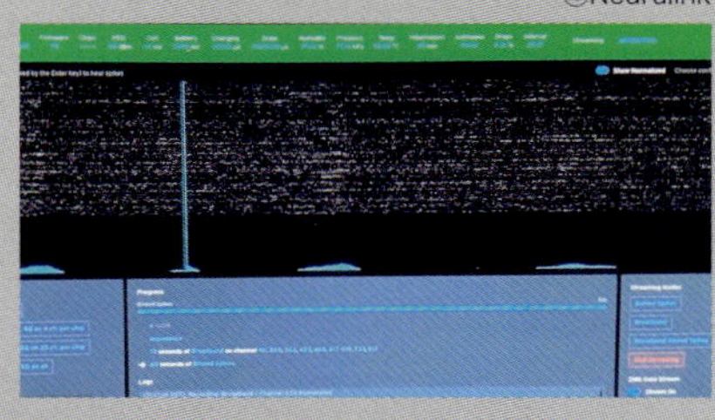

検出されたサルの脳波

リンクによって検出された脳内の神経信号。これをコンピュータで解析し、サルやヒトの思考をデータ化する。移植する電極は最大1万個。

第4章

電気自動車の構造

Electric Vehicle Structure

第4章 電気自動車の構造
Electric Vehicle Structure

PCU ››› p.114
ECU ››› p.116

EVの駆動システム ››› p.102
モーターの構造 ››› p.104
EVの特性 ››› p.110

EV(電気自動車)とはBEV(バッテリー電気自動車)、HEV(ハイブリッド車)、PHEV(プラグイン・ハイブリッド車)など、モーターを搭載する車両の総称です。この章ではモーターやバッテリーの基本とともに、その構造を具体的に解説します。

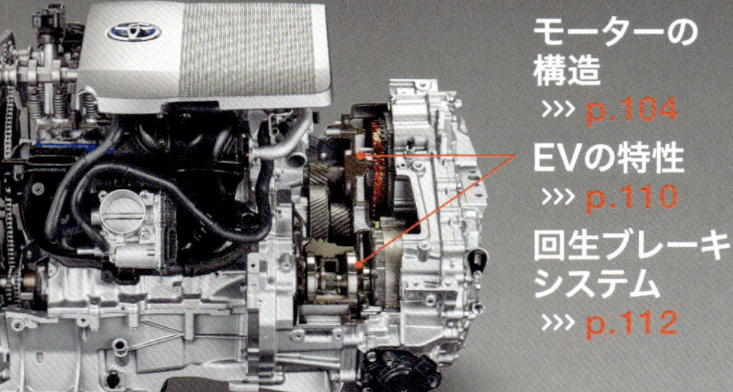

EV

HEV

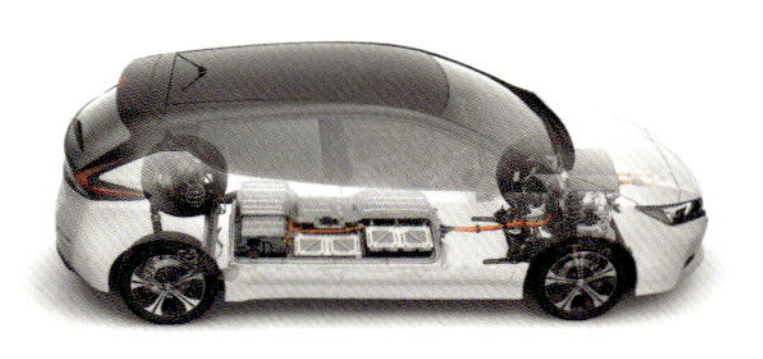

日産/リーフ e+ ››› p.120

ホンダ/e:Nシリーズ ››› p.122

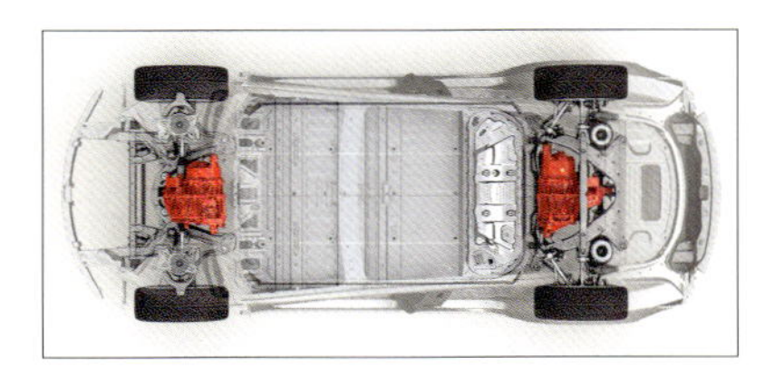

テスラ/Model 3 ››› p.124

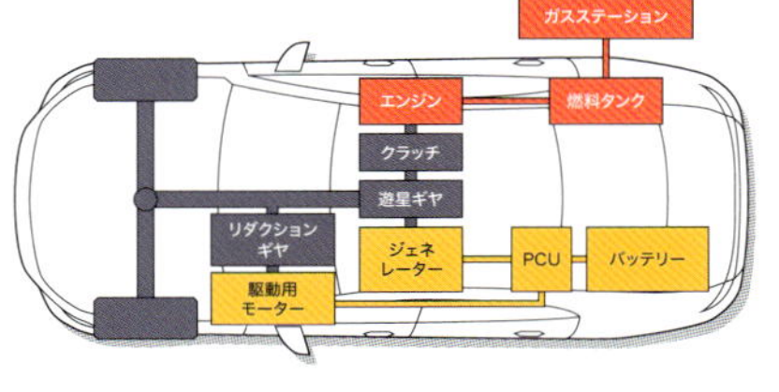

スプリット式ハイブリッド ››› p.126

トヨタ/プリウス ››› p.128

プラグイン・ハイブリッド車とは？
››› p.130

三菱/アウトランダー ››› p.132

マツダ/CX-60 PHEV ››› p.134

トヨタ/RAV4 PHV ››› p.136

充電施設 ››› p.138

EVの課題 ››› p.140

column 04 ››› p.142

column 05 ››› p.144

4-01 バリエーション豊かなEVの駆動系レイアウト

EVの駆動システム

KEY WORD
- 駆動方式には前輪駆動(FWD)、後輪駆動(RWD)、四輪駆動(4WD)の3種がある。
- EV(電気自動車)は動力装置の搭載レイアウトのバリエーションが多い。
- 一般的には前輪駆動方式を採用するモデルが多く、上位モデルでは後輪駆動や四輪駆動を採用。

どの車輪に駆動力が伝わるか

エンジンやモーターの**動力**が車輪に伝えられることによって自動車は走行します。動力が伝えられる車輪を**駆動輪**と言いますが、前輪に伝えられる駆動方式は**前輪駆動**(**FWD**)、後輪に伝えられる場合は**後輪駆動**(**RWD**)、前輪と後輪のどちらにも伝えられる仕様は**四輪駆動**(**4WD**)、または**AWD**、**4×4**とも呼ばれます。

20ページでは、エンジン車における駆動方式が主に5つあることを紹介しました。つまり、エンジンが車両の前方に搭載され、かつ駆動輪が前輪の場合は**FF**(Front Engine Front Drive)、その駆動輪が後輪になると**FR**(Front Engine Rear Drive)、また、エンジンが車両中央に搭載されて駆動輪が後輪の場合は**MR**(Midship Engine Rear Drive)、四輪駆動車の場合はエンジン搭載位置に関わらず、**4WD**と呼ばれます。

こうしたエンジン車の駆動システムに対して、バッテリー電気自動車(BEV)やハイブリッド車(HEV)、プラグイン・ハイブリッド車(PHEV / PHV)、燃料電池車(FCV)などの場合には、動力装置を搭載するレイアウトの自由度が増すため、そのバリエーションがより多彩になります。

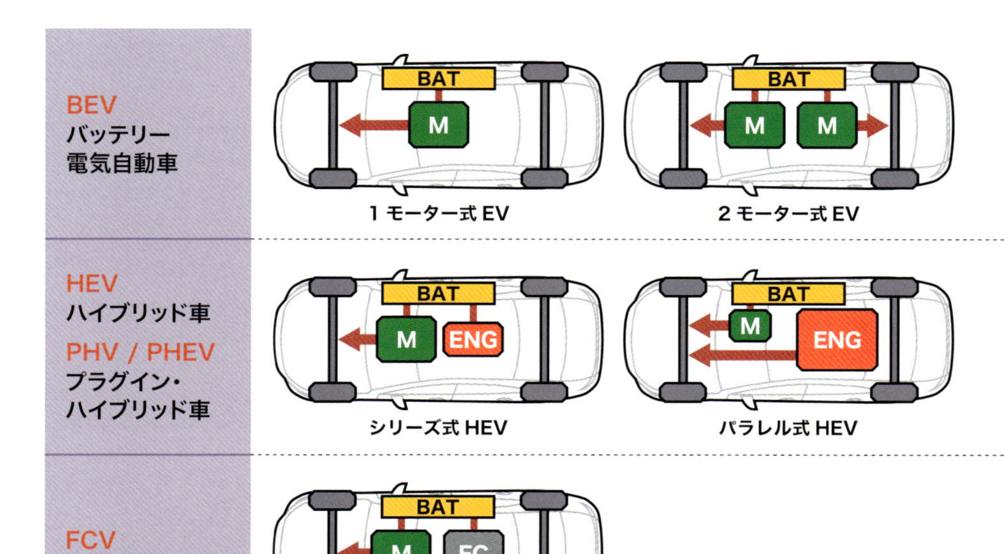

EVの駆動システム

動力源としてバッテリーとモーターだけを搭載する**BEV**（バッテリー電気自動車）には、**1モーター式**と**2モーター式**などの仕様があります。1モーター式は1基のモーターが前後どちらかの車輪を駆動し、2モーター式は各モーターが前後それぞれの車輪を駆動します。2モーター式は上位モデルや四輪駆動車に多く見られます。

また、前後4つのホイール内にそれぞれモーターを内蔵した**インホイール式**のEV（電気自動車）も開発されています。この仕様はモーターとホイールが一体化しているためパワーロスが少なく、各ホイールの駆動を独立制御できるなどのメリットがありますが、路面からの衝撃が直接モーターに伝わるので剛性が必要で、モーターに雨などが侵入しやすいなどのデメリットがあり、採用する市販車モデルはほぼありません。

エンジンとモーターを併載する**HEV**（ハイブリッド車）や**PHEV**（プラグイン・ハイブリッド車）には、**シリーズ式**と**パラレル式**（p.28参照）があり、それらの特性を兼ね備えた**シリーズ・パラレル式**（p.126）という仕様も存在します。

シリーズ式HEVではモーターは駆動用、エンジンは発電専用として使用されます。一方、パラレル式HEVでは駆動用には主にエンジンを使用し、モーターは補助的な駆動用動力として使用されます。

シリーズ・パラレル式HEVの構造はメーカーによって違いますが、その最大の特徴は駆動用動力としてエンジンとモーターの両方を使用すること、クラッチや遊星ギヤでその動力分配を制御できることです。

どのEVでも回生ブレーキ（p.112）による充電が行われますが、シリーズ・パラレル式HEVには駆動用モーターのほかに**発電用モーター**が搭載されています。

一般的なHEVには100～400Vのバッテリーが使用されますが、一部の小型車では48Vバッテリーが使用され、こうしたモデルは**マイルドHEV**と呼ばれます。

FCV（燃料電池車）は水素を燃料として発電を行い、それをバッテリーへ蓄電しながらモーターへ送ります。BEVと同様、その構造はEVのなかでもっともシンプルになり得ます。

近年のEV、とくにHEVでは、モーターやエンジンのユニットが一体化され、その動力で前輪を駆動する仕様のモデルが多いようです。しかしレクサスなど一部の上位モデルには後輪駆動を採用するモデルもあります。

基本的なEVの駆動システム

EVには様々な仕様があり、主要機器の搭載レイアウトのバリエーションも多彩。一般的にはパワー・ユニットがコンパクトに一体化され、前輪駆動方式を採用するモデルが多い。

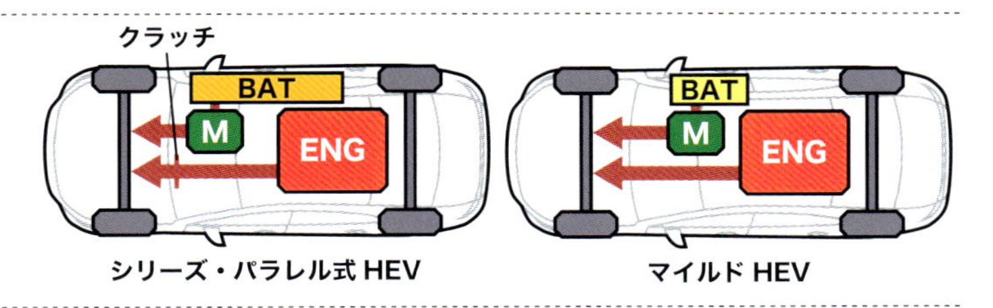

4-02 もっとも高精度なIPMモーターを搭載

モーターの構造

KEY WORD

- EV（電気自動車）には主にACモーターの一種、永久磁石を持つ同期モーターを使用。
- EVには同期モーターの一種、ローターに永久磁石が埋め込まれたIPMモーターを使用。
- 高性能なIPMモーターは高効率で省エネに貢献し、熱を発生しにくい。

モーターの分類

モーターには構造や通電の方法の違いによって様々な種類があります。直流の電流を流すものを**DCモーター**、交流の電流を使用するものを**ACモーター**と言い、電気自動車にはACモーター（交流モーター）が使用されます。

ACモーターには**同期モーター**や**非同期モーター**などの種類がありますが、電気自動車には同期モーターを搭載することが主流となっています。同期モーターは**PMモーター**とも呼ばれますが、PM（Permanent Magnet）とは永久磁石を持つモーターであることを意味します。

さらに同期モーターは、回転部分であるローターの表面に永久磁石を貼り付けた**SPMモーター**と、ローターに永久磁石を埋め込んだ**IPMモーター**に大別され、EVには主にIPMモーターが搭載されます。

IPMモーターは磁石が埋め込まれるため、SPMモーターよりも構造的に安全性が高く、高速回転が可能です。また、**リラクタンスモーター**には永久磁石は使用されませんが、SPM・IPMモーターと同原理で動く同期モーターの一種とされています。

交流モーターの種類

EVに搭載される交流モーターは、同期モーター、非同期モーター、ユニバーサルモーターに大別され、昨今のモデルには主にIPMモーターが使用される。

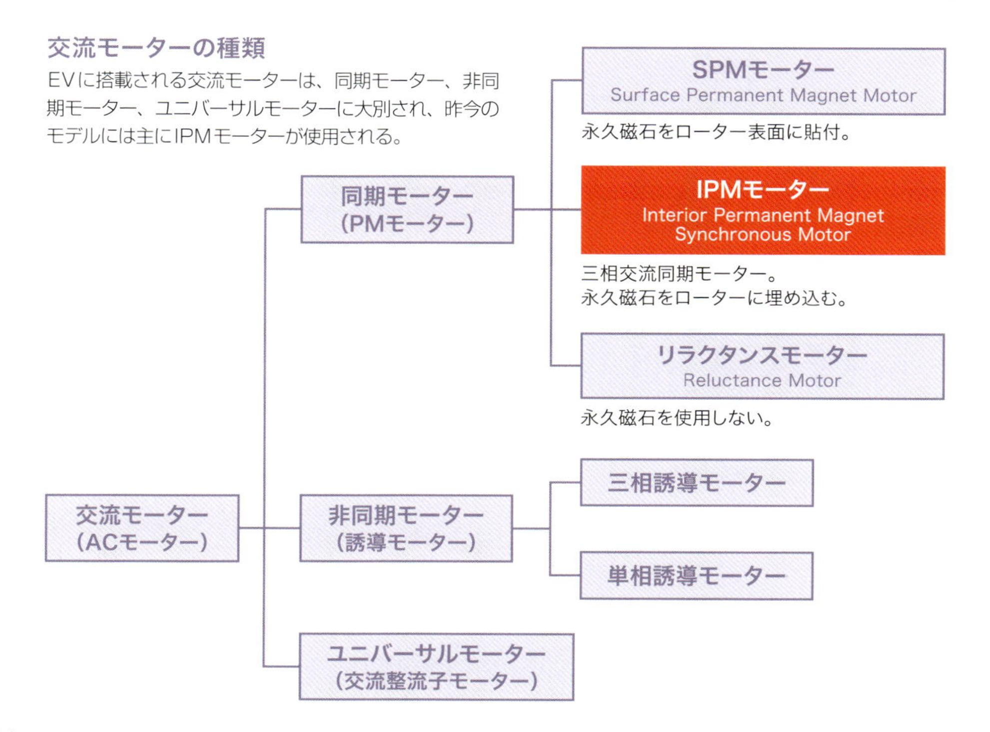

IPMモーター(三相交流同期モーター)の作動原理

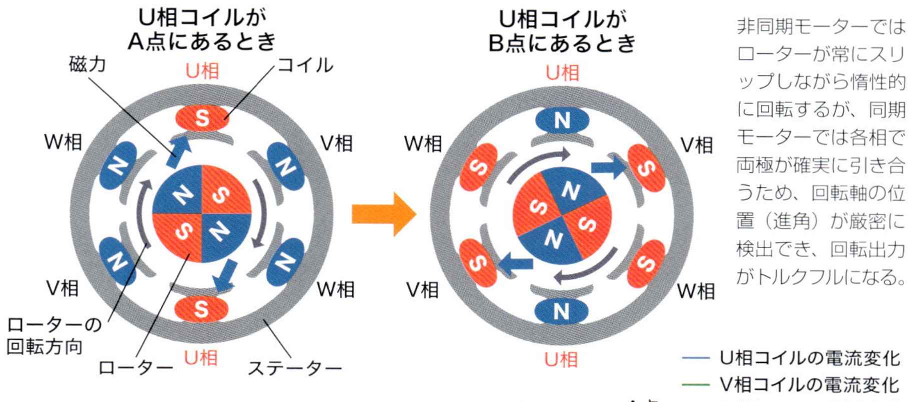

非同期モーターではローターが常にスリップしながら惰性的に回転するが、同期モーターでは各相で両極が確実に引き合うため、回転軸の位置(進角)が厳密に検出でき、回転出力がトルクフルになる。

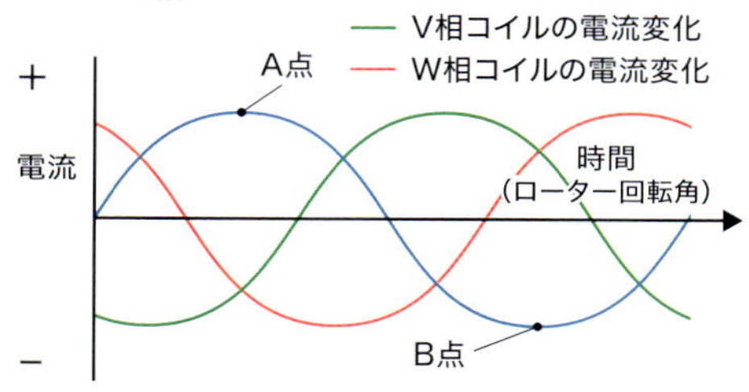

各相の電流の状態

U相にS極があるときローターのN極がそこに引かれて回転。その際U相の電流値は青いグラフ上のA点に。

IPMモーターの原理

どのモーターにもその中心部には**ローター**という回転部があります。IPMモーターの場合はそのローターに**永久磁石**が埋め込まれていて、そのローターに巻き付けられた**コイル**に交流電流を流すと、永久磁石に**磁界**(磁力)が発生します。

一方、モーターの外側部分の**ステーター**には、コイルが巻かれた電磁石が並んでいます。ここにもやはり磁界(**回転磁界**)が発生しますが、その**極性**(S極・N極)は連続的に変化します。その結果、ステーターの回転磁界にローターの磁界が反発するとともに、そのタイミングが**同期**することによってローターが回転します。

これに対して非同期モーターには永久磁石が使用されていないため、ローターとステーターが同期せず、ローターはスリップしながら回転磁界より遅れて回転します。

こうした特性の違いから、同期モーターは非同期モーターよりも高効率でエネルギーロスが少なく、熱も発生しにくい高性能なモーターだと言えます。

永久磁石には様々な種類がありますが、電気自動車のモーターには**ネオジム磁石**が一般的に使用されています。この磁石はモータ出力を上げる際に重要となる**磁束密度**に優れるという特性を持っています。

3つの相の電流

上図はIPMモーターにおける**三相交流同期モーター**の構造を表しています。三相交流同期モーターとはステーターの電磁石にコイルを巻いたものが3セットあり、**U相、V相、W相**と呼ばれる各相が120度の角度で配置された同期モーターのことです。

各相ではコイルから発生する極性と、その磁界が刻々と変化します。上図のローターは時計方向に回転し、最初にU相にあるS極はV相、W相へと移っていきます。

図「A点にあるとき」の電流の状態が青いグラフ上に表されており、この瞬間のU相はプラス極にあります。それがB点へ移るとU相がマイナス極に移ったことが分かります。こうして各相の極が入れ替わることによってローターが回転します。

4-03 主流はリチウムイオン・バッテリー

バッテリーの構造

KEY WORD

- EVには二次電池であるニッケル水素電池やリチウムイオン・バッテリーを使用。
- リチウムイオン・バッテリーやニッケル水素電池はエネルギー密度が高い。
- 複数のセルを組み合わせ、バッテリー・モジュール、さらにバッテリーパックを構成。

二次電池の種類

バッテリーには乾電池のように1回の放電で使い切る**一次電池**と、繰り返し充放電が行える**二次電池**などがあり、EVの駆動用バッテリーには**ニッケル水素電池**や**リチウムイオン・バッテリー**などの二次電池が使用されています。

ニッケル水素電池よりリチウムイオン・バッテリーのほうが容積または重量あたりの蓄電能力が高く、つまり**エネルギー密度**が高いため、近年のEVではリチウムイオン・バッテリーの使用が主流になっています。また**鉛蓄電池**は古くから使用されている二次電池であり、エネルギー密度が低いものの低コストなため、電装系バッテリーとして使用されています。

Ni-MHとLi

ニッケル水素電池は正極側にニッケル(Ni)、負極側に水素（MH）吸蔵合金が使用されるため、「**Ni-MH電池**」とも表記されます。1**セル**（電池の最低構成単位）の電圧値は**1.2V**。急速な充電・放電に強い一方、電力を使い切らずに充電を繰り返すと電池の使用可能時間が短くなる**メモリー効果**が発生したり、継続使用すると電圧が下がるなどのデメリットがあります。

リチウムイオン・バッテリーは、リチウムの元素記号が「Li」であることから「**Li-ion電池**」などと表記されます。1セルの電圧は**3.7V**であり、2.7V以下で過放電、4.2V以上で過充電の領域になります。

そのメリットとして、ニッケル水素電池

リチウムイオン・バッテリーの基本構造

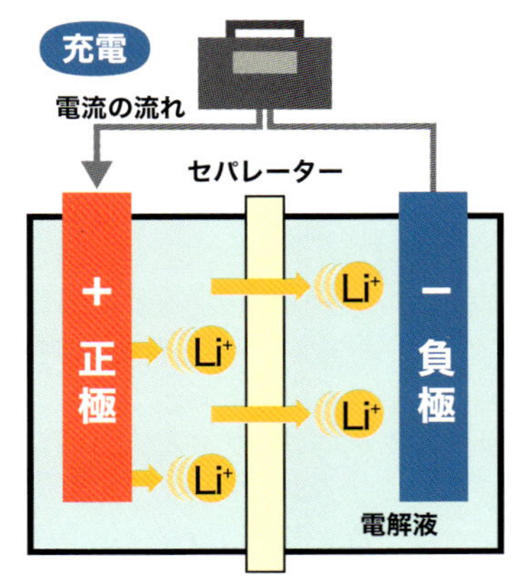

バッテリーを充電するときはリチウムイオンが正極から負極へ移動し、その間に電位差が生まれることからセルに電力が蓄電される。

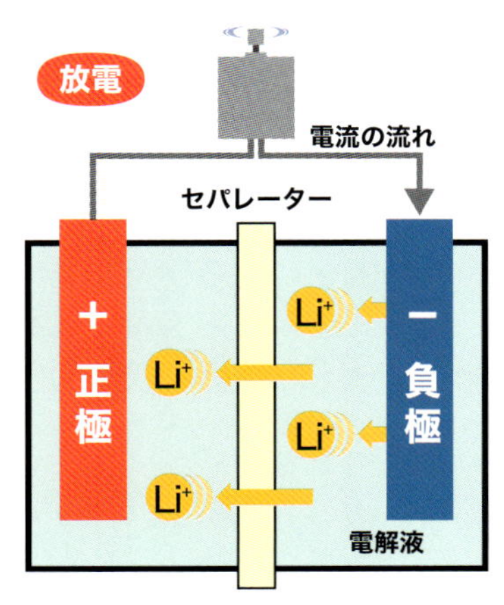

放電するときはリチウムイオンが負極から正極へ移動。その結果、正極から電流が外部へと流れ、蓄電された電力が減少する。

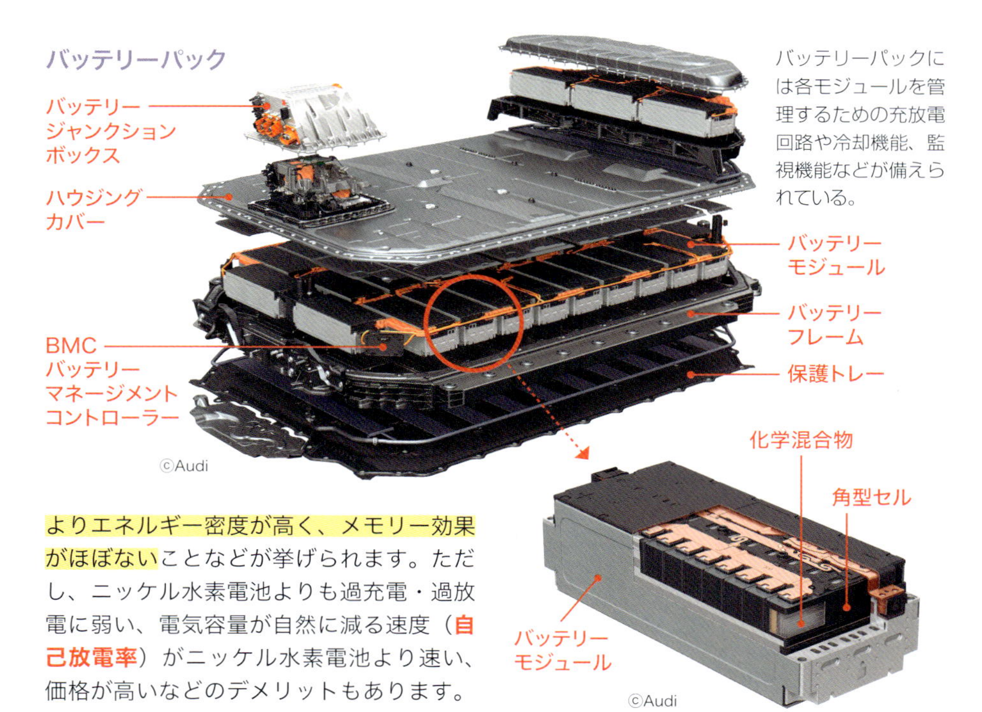

バッテリーパックには各モジュールを管理するための充放電回路や冷却機能、監視機能などが備えられている。

バッテリー・モジュール
これはアウディに採用されているバッテリー・モジュール。角型セルのなかにリチウムの化学化合物を内包したセルが収納されている特殊なタイプ。

よりエネルギー密度が高く、メモリー効果がほぼないことなどが挙げられます。ただし、ニッケル水素電池よりも過充電・過放電に弱い、電気容量が自然に減る速度（**自己放電率**）がニッケル水素電池より速い、価格が高いなどのデメリットもあります。

充電と放電の基本

リチウムイオン・バッテリーのセルは**電解液**で満たされ、なかに**正極**と**負極**の電極があり、その間は**セパレーター**で仕切られています。充電する際には正極側（＋極）の**リチウムイオン**がセパレーターを経て負極側（－極）へ移動し、その結果、負極にリチウムイオンが蓄積し、正極と負極の間に**電位差**が生まれることで蓄電されます。

放電するときは負極側（－極）の**リチウムイオン**が正極側（＋極）に移動。その結果、正極にリチウムイオンが蓄えられるとともに、外部経路を経て正極から負極に電流が流れることでモーターが回ります。

EVの搭載バッテリー

バッテリーの最小構成単位は**セル**（単電池）と呼ばれ、**円筒型セル**、**角型セル**、外装材にラミネートフィルムを使用した**ラミネートセル**などの種類があります。

このセルを複数組み合わせたものが**バッテリー・モジュール**（組電池）です。モジュールでは容量や電圧が目的とする値になるよう複数のセルが直列または並列に接続され、1つの大きな電池としてまとめ上げます。モジュールのケースには耐熱性のある素材が使用されています。

さらにそのモジュールを複数接続したものが**バッテリーパック**です。パックには過充電や過放電、過熱を防ぐ保護回路、電圧や温度を監視するBMC（バッテリー・マネジメント・コントローラー）、充放電回路、冷却機構などの機能が加えられ、これらの機器がパック全体を管理します。

EVではバッテリーパック自体が車のフレームを形成する構造物の一部とされるため、そのフレームにはアルミなどが使用されるなど耐衝撃性も考慮されています。

4-04 エネルギー密度は従来型二次電池の約2倍

全固体電池

KEY WORD

- 従来の二次電池では液体電解質を使用していたが、全固体電池では固体電解質を使用。
- 従来のリチウムイオン・バッテリーの約2倍のエネルギー密度を持つ。
- 発火せず、耐熱性、耐低温性に優れ、数分から10分程度で急速充電を完了できる。

トヨタと出光興産が開発中の全固体電池

トヨタと出光興産が2023年10月に公表した全固体電池のプロトモデル。両社は全固体電池と硫化物固体電解質の特許件数で世界トップクラスを誇る。

全固体電池の特長

- エネルギー密度が従来型蓄電池の約2倍。
- 容量を維持したまま小型化・軽量化が可能。
- かつてなく長い航続距離と高出力を発揮。
- 高速充電の所要時間は数分から10分程度。
- 温度変化・耐熱性にすぐれ、長寿命。

全固体電池の仕組み

全固体電池では固体の電解質を使用。電極（集電体）に使用される素材（活物質）はリチウムイオン電池とほぼ同様。リチウムイオンを活用して放充電する。

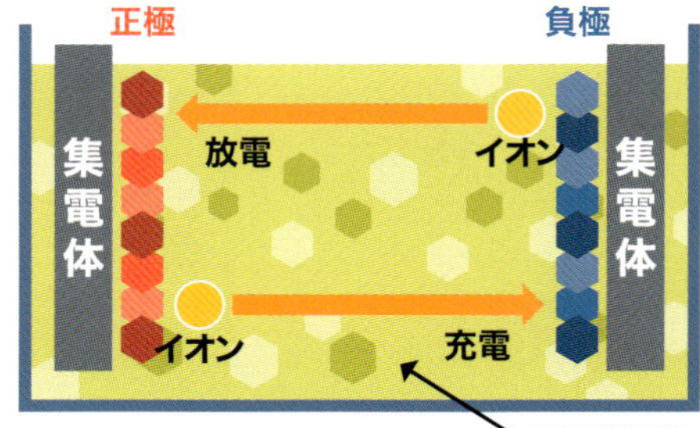

全固体電池とは？

従来の電池には**液体**の**電解質**が使用されていますが、その電解質に**固体**の素材を使用するのが**全固体電池**です。バッテリーの電極（**集電体**）に使用される素材を**活物質**と言い、従来のリチウムイオン・バッテリーには正極に**コバルト酸リチウム**、負極に**黒鉛**などの活物質が使用されますが、それは全固体電池も基本的には同じです。

バッテリーは**リチウムイオン**が電解質中を移動することによって充放電されますが、リチウムイオンは本来、固体より液体の電解質中のほうが速く移動できます。しかし、近年では液体中よりも速く伝導する固体素材が開発され、その結果、全固体電池の**エネルギー密度**はリチウムイオン電池の**約2倍**に達し、EVにおける長い航続距離と高出力を実現しようとしています。

全固体電池の特徴

従来のリチウムイオン電池は電解質に可燃性の液体を使うため**発火**する可能性がありますが、全固体電池では発火の危険性はありません。また、液体の電解液は**低温**になると充放電の性能が落ちますが、固体の電解質は低温でも安定性して機能します。また、**耐熱性**に優れるためバッテリーの冷却システムが不要になります。

従来のバッテリーで**急速充電**を行うと、大電流で電池自体が高温になり、セルが劣化する可能性が高くなります。しかし、全固体電池ではその症状が表れず、数分から10分程度で急速充電を完了できます。

固体電池の課題

全固体電池は非常に優れた二次バッテリーですが、開発の難易度がとても高く、多くの課題が指摘されています。

電解質が液体であれば電極と電解質は常に接触しますが、固体電池の場合、電極と電解質の接合部に亀裂が入りやすく、通電が止まってしまう可能性があります。これが固体電池を開発する上で大きな課題となっています。

また、電解質の中をリチウムイオンが移動する速度を**イオン伝導率**と言いますが、その伝導率を少しでも高める物質が必要であり、その研究開発が続けられています。その有望な材料として**硫化物系**と**酸化物系**が注目されており、とくに**硫化物系**の全固体電池は早期の実用化が見込まれています。

ただし、硫化物からは**有害な硫化水素**が発生する危険性があり、交通事故などでバッテリーに過度な衝撃が加わった際にもそれを抑える仕組みが必要となります。硫化物系の全固体電池はトヨタと出光興産が2025年、日産が2028年の実用化を目指すと公表しています。

一方、**酸化物系**の全固体電池は硫化物系よりもイオン伝導率が低いため、少しでもイオン伝導率の高い材料を探り当てる研究が続けられています。また、その製造工程では活物質と電解質を高温で焼いて接合（**焼結**）する必要があり、焼結しても熱で変化しない素材の組み合わせが探索されています。開発の難易度が高い酸化物系全固体電池の実用化は2050年まで掛かるのではないかと予想されています。

全固体電池はエネルギー密度が極めて高く、充放電による劣化がなく、不燃性で形状の自由度が高いため、EV用電池として実用化されれば間違いなく過去にないスペックを発揮するでしょう。また、その用途はドローンや一般デバイスまで多岐にわたり、産業全体を変革する可能性があります。

©TOYOTA

固体電解質
トヨタと出光興産が協働して開発する硫化物系全固体電池の固体電界質。リチウムイオンの伝導率をいかに高めるかが高性能電池を生み出すカギとなる。

形状の違いによる特徴

●バルク型
頑丈なボックス内に電池を入れるため
危険な硫化物にも対応。
○ 大容量、ハイパワー。
× サイズが大きい、形状に制約がある。

●薄膜型
基盤に貼り付けられる薄い形状。
バッテリー形状や配置レイアウトの自由度が高い。
○ 小型、柔軟、高耐久、長寿命。
× 容量とパワーが限られる。

電解質の違いによる特徴

●酸化物系（セラミック系）
金属などを焼き固めて製造。
○ 耐久性、安全性が高い。構造の自由度が高い。
× 容量が少ない。素材の選択肢が少ない。

●硫化物系
硫黄を含む化合物で製造。
○ 大容量でハイパワー。素材の選択肢が多い。
× 可燃性、毒性がある。製品化の難易度が高い。

●ポリマー系
高分子化合物で製造。
○ 生産性が極めて高く、高耐久。
素材に弾力性がある。
× 容量が少ない。
他の全固体電池と比べて安全性が低い。

4-05 クルマの走りを決定づける出力、トルク、回転数の関係

EVの特性

KEY WORD

- トルクとは回転軸を回すねじる力を意味し、出力は「トルク×回転数」で表される。
- エンジン車は低速時のトルクが小さい傾向にあり、変速機を必要とする。
- モーター搭載車は始動時から最大トルクを発揮し、高速域では最高出力を迎える。

出力とトルクの関係とは？

エンジンやモーターの**特性**は、主に**出力**と**トルク**の関係性で評価されます。

トルクとは、回転軸を「ねじる強さ」を意味します。一方で出力は、エンジンやモーターが発揮する力を意味しますが、それは「出力＝トルク×回転数」で表すことができます。一般的に自動車の力を**パワー**と表現するときには出力を意味します。

これを自転車に例えると、トルクはペダルを踏み込む力です。踏み込む力が大きいほど自転車は加速します。つまりトルクは車両の加速性能に大きく関係します。一方で出力は、トルクに回転数を掛けた値であり、十分なトルクに支えられて出力が上がれば回転数も上がり、速度も上がります。

kWとN･m

カタログなどに記載される**諸元**（**スペック表**）には、エンジンやモーターの**最高出力**が表示されています。その単位は「**PS**」や「**馬力**」であり、PSの語源はドイツ語の“pferde starke”（馬力）から来ています。馬力という単位は、馬が継続的に荷物を曳ける力を基準にしたことに由来しています。

ただし、JIS規格によるPSは2019年からはSI規格に変更され、現在、出力は「**kW**」（キロワット）で表されています。その関係は「**1PS＝0.7355kW**」です。

同様に、トルクも以前は「**kgf･m**」（キログラム・フォース・メートル）という単位が使われていましたが、「**N・m**」（ニュートン・メートル）に変更されました。その関係は「**1kgf･m＝9.80665N･m**」。1Nとは、102g（1Nと同等）の重りにつながれたヒモを巻き上げられる回転軸の力を表します。諸元にはその車両の**最大トルク**が記載されます。

また、エンジンやモーターの回転数を表す単位には「**rpm**」が使用されます。これは“revolutions per minute”の略称で、1分間で回転する回数を表しています。

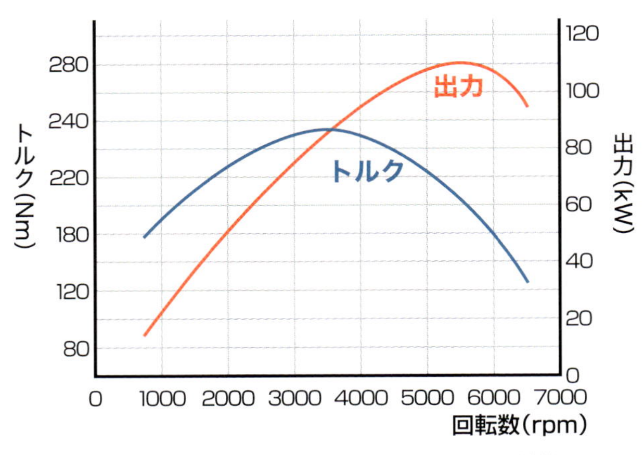

エンジン車のトルクと出力 エンジンは低回転数ではトルクが弱い状態にあり、回転数が上がるにつれてトルクも増大する。そのためエンジン車には変速機が必要になり、HEVでは高回転域でのドライブにエンジンが使用される。

特性の違い

エンジンとモーターでは、出力とトルクの特性において大きな違いがあります。それを表すのが**エンジン性能曲線**、または**モーター性能曲線**です。

エンジン車の場合、エンジンの回転数が低いときはトルクが小さく、回転数が上がるにつれてトルクが上昇します。そしてある一定の回転数に至ると**最大トルク**に達します。しかし、それ以上に回転数が上がってもトルクは減退する傾向にあるため、トルク曲線は山を描きます。ただし、出力曲線はさらに高い回転数まで上昇するため車両の速度は上がり続けます。そして最大トルクよりも高い回転域で**最高出力**に達します。

エンジン車では、低回転時では十分なトルクが得られないため、それを補うために**変速機**（**トランスミッション**）が搭載されます。つまり、始動時にはギヤを落とし、ギヤの比率を大きくすることにより、低速時にもエンジン回転数を高めてトルクを稼ぎます。この状態であれば始動時にも一定のトルクが獲得できるわけです。

EVの主流である**同期モーター**の場合は、停止状態からアクセルを踏み込んだ瞬間、つまりモーターが回転しはじめた時点から最大トルクを発揮します。そして、モーター回転数が上昇する際にもしばらくは最大トルクが維持され、回転数が上がるにつれて出力も上昇していきます。

ある一定の回転数に達すると、バッテリーからの電源供給が限界に達し、トルクが減退していきます。同時に、そのころから出力は高いレベルを維持し、やがてモーターの**限界回転数**に達します。

このように、モーターは低速時から高回転域まで比較的安定したトルクを発揮するため、エンジン車のように変速機を必要としません。そのためEVのパワートレイン（駆動伝達装置）の構造はエンジン車と比較して非常にシンプルになります。

HEV（ハイブリッド車）では、低速時はモーターで始動、またはパワーを足して、一定速度に達したらエンジン走行に切り替わるものがありますが、それはこうしたエンジンとモーターの特性を活かした機構だと言えます。

また、モーターの出力をさらに上げようとした場合、モーターを大型化することが考えられますが、搭載スペースやコストの制約があります。そのためEVには**減速ギヤ**を搭載するのが一般的で、モーター回転数を上げることでパワーを確保します。また、ポルシェなどの上位モデルにはBEVでありながら**2速トランスミッション**を搭載し、高い出力と最高速度を両立させているモデルもあります。

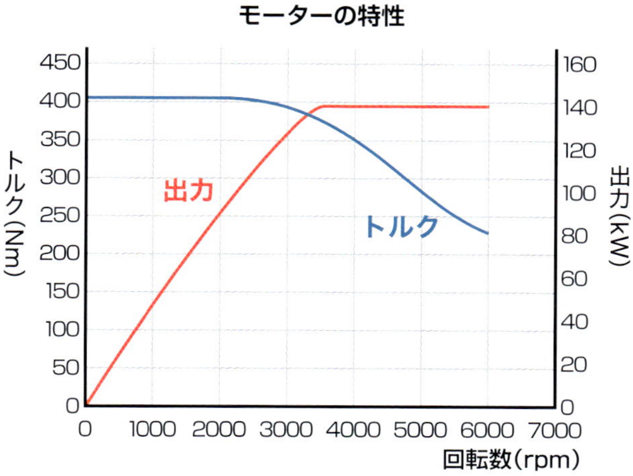

モーターの特性

トルク(Nm)　出力(kW)　回転数(rpm)　出力　トルク

EVのトルクと出力　モーターは低回転から高いトルクを発揮し、一定回転数に達するとトルクが減退するという特性を持つ。一方出力は回転数が上がるにつれて増大し、回転数が一定レベルに達すると、それ以上は伸びなくなる。

4-06 運動エネルギーを電気エネルギーに変換

回生ブレーキシステム

KEY WORD

- 従来のエンジンだけを搭載した車両では捨てていたエネルギーを再利用して燃費を向上。
- 減速する際にはモーターを発電機として活用し、その電力をバッテリーに蓄電。
- 回生協調ブレーキは回生ブレーキと摩擦ブレーキの配分をECUが判断し、さらに燃費を向上。

回生ブレーキとは？

BEV（バッテリー電気自動車）、HEV（ハイブリッド車）、PHEV（プラグイン・ハイブリッド車）などのEV（電気自動車）に搭載されているのが**回生ブレーキ**です。エンジンだけを搭載したエンジン車にはこの機構は搭載されていません。

エンジンだけを搭載した車両では、油圧式の**摩擦ブレーキ**のみが搭載されています。ブレーキを踏むと、タイヤと一緒に回転するディスクローターやドラムにブレーキパッドが押し当てられることによって車が減速します。このときローターやパッドなどのブレーキ機構には**摩擦熱**が発生しますが、その熱エネルギーは大気に放出されています。つまり摩擦ブレーキは、車を動かしている**運動エネルギー**を、減速の際には**熱エネルギー**に変換し、大気に捨てています。

一方、モーターを搭載したEVでは、車両を減速させる際に、モーターを駆動用としてではなく、発電機として利用しています。モーターに電力を送ればモーターは回転しますが、タイヤの回転など外部の力によってモーターを回せば、そのモーターは発電機になるのです。

EVではブレーキを踏むと、モーターの回転抵抗によって車は減速すると同時に、モーターで発電された電力をバッテリーに戻し、再利用（充電）します。これは回生ブレーキによって運動エネルギーが電気エネルギーに変換されていると言えます。「起死回生」という言葉がありますが、「回生」とは「生き返る」ことを意味します。

これは自転車のダイナモ・ライトと同じ原理です。タイヤの回転でダイナモを回転させると電力が発生してライトがつきます。EVではその電力をライトに使用するのではなく、バッテリーに充電します。また、ダイナモが発電しているときはペダルが重くなります。その抵抗をブレーキに活用しているわけです。

エンジンだけを搭載した車両と比べ、EVは回生ブレーキによってエネルギーを回収して有効活用するため、燃費を大幅に向上させることができます。

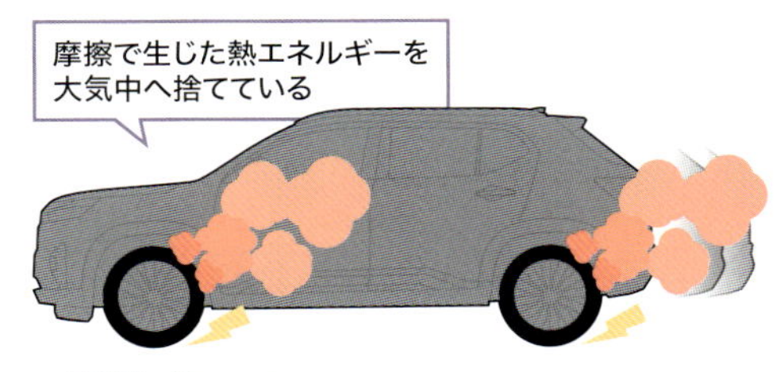

摩擦ブレーキ

摩擦抵抗によって車に制動力を与える従来型の摩擦ブレーキでは、車を動かす運動エネルギーが熱エネルギーに変換され、大気中へ放出されている。

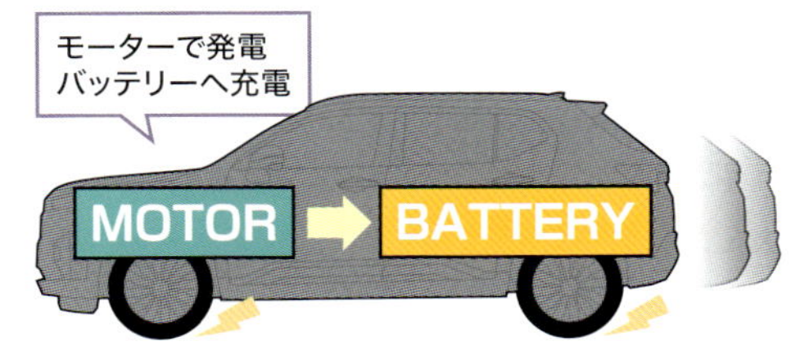

回生ブレーキ

EVではブレーキを掛けるとモーターが発電機の役割りを果たし、運動エネルギーを電気エネルギーに変換。その電力を再利用することで燃費を向上させる。

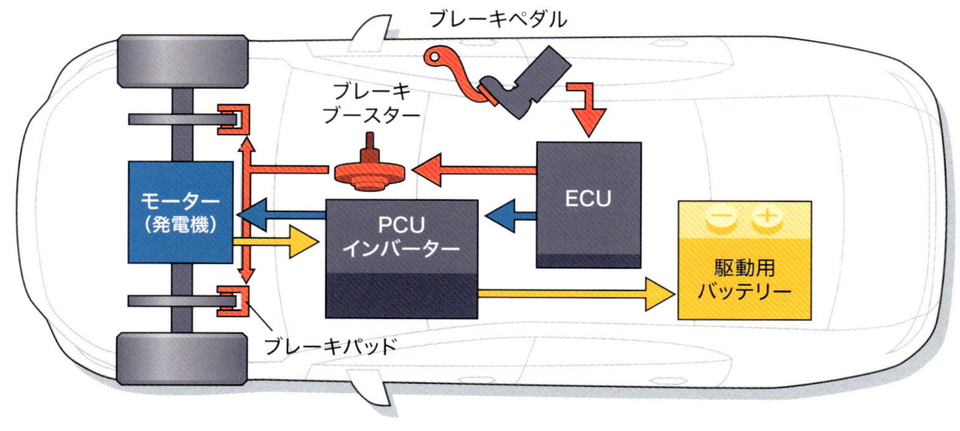

回生協調ブレーキの基本構造 回生協調ブレーキを搭載する車両では、ブレーキペダルとブレーキ機構が機械的につながっておらず、電気的にECUへ伝達。ECUはドライバーが求める制動力を検知し、燃費に有利な回生ブレーキを優先して使用し、摩擦ブレーキは補助的に使用される。

回生協調ブレーキとは？

近年のモデルの多くは、回生ブレーキを進化させた**回生協調ブレーキ**(p.306参照)というシステムを搭載しています。回生協調ブレーキでは回生ブレーキだけでなく、従来の摩擦ブレーキによる制動(ブレーキ)を併用することで、ドライバーが求めている減速を実現します。その際、回生ブレーキと摩擦ブレーキの配分は**ECU**(p.116)が決定します。ECUは車両のシステムを電子回路で制御する装置の総称です。

摩擦ブレーキは熱エネルギーを捨ててしまうため、燃費を上げるには発電機能を備えた回生ブレーキを使用するほうが有利です。そのためECUに回生ブレーキの使用を優先し、摩擦ブレーキによる制動は最低限に留めます。このシステムでは従来は機械的につながっていたブレーキペダルとブレーキパッドは分離され、その間にECUを介在させる必要があります。この機構は**ブレーキ・バイ・ワイヤ**と呼ばれます。

回生ブレーキの仕組みはモデルによって違いますが、ここではBEVを例にします。

ブレーキを踏むとその指令はまずECUに電気信号として送られます。ECUはブレーキの踏み具合からドライバーが要求する制動力を検知し、モーターを管理する**PCU**(p.114)に信号を送り、モーターへの送電を停止。するとモーターはタイヤからの動力によって発電機として機能し、その電力はバッテリーに充電されます。

これと並行して、モーターの制動力だけでは足りないとECUが判断した場合、摩擦ブレーキにも電気的指令を出します。その信号は**ブレーキブースター**(倍力装置、p.303)に伝達され、その力はブレーキ油圧に変換され、ブレーキパッドに伝達されます。

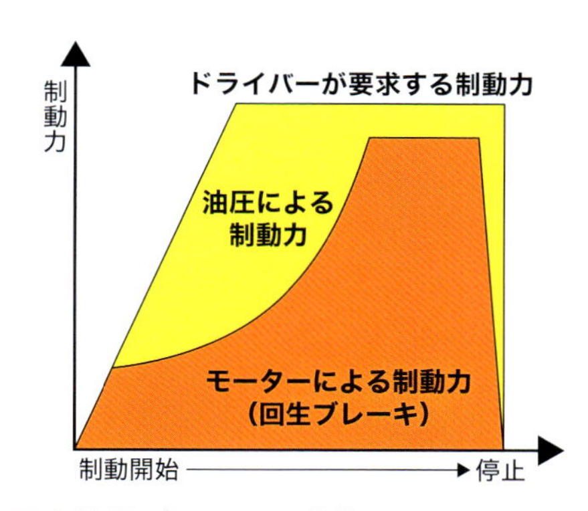

回生協調ブレーキの動作
回生ブレーキだけでは制動力が足りないとECUが判断した場合、従来の摩擦ブレーキも併用される。

4-07 EVの頭脳の役わりを果たす集積回路

PCU パワー・コントロール・ユニット

KEY WORD

- 集積回路であるPCU(パワーコントロールユニット)は、電力を制御するEVの頭脳。
- PCUに集積されるコンバーターは、機器に合わせて電圧を昇降する役割を持つ。
- インバーターはバッテリーのDCをACに変換してモーターに送り、その駆動を制御。

直流と交流の違い

工場や家庭、自動車などに使用されている電流には2種類あります。**DC**（Direct Current）と呼ばれる**直流**と、**AC**（Alternating Current)の**交流**です。乾電池のプラス極とマイナス極に豆電球をつなぐと光りますが、このとき電流は一方向へグルグルと流れています。これが直流（DC）です。

一方、家庭用コンセントの100V電流は交流（AC）です。2本あるコードのうち、片方が電流を送れば片方は電気を戻し、次の瞬間にはその方向が切り替わります。つまり、それぞれのコードを電流が往復することになります。これを**単相交流**と言います。こうした電気の流れは1秒間に50回から60回切り替わり、その切り替え速度は50Hz、60Hzなど周波数で表されます。

ちなみにコンセントの差込口をよく見ると、左側の穴が右側より長く作られています。これは左の穴がアースの役割も果たすことを意味し、触れても感電しません。

EV（電気自動車）が搭載する駆動用バッテリーやモーター、充電器などは、このDCとACの仕様がそれぞれ違います。

EVの**駆動用バッテリー**は乾電池と同じく直流（DC）仕様です。これは直流のほうが交流より電流が安定し、蓄電しやすく、電気を無駄なく使うことができるためです。一方、EVで主に使用される**同期モーター**

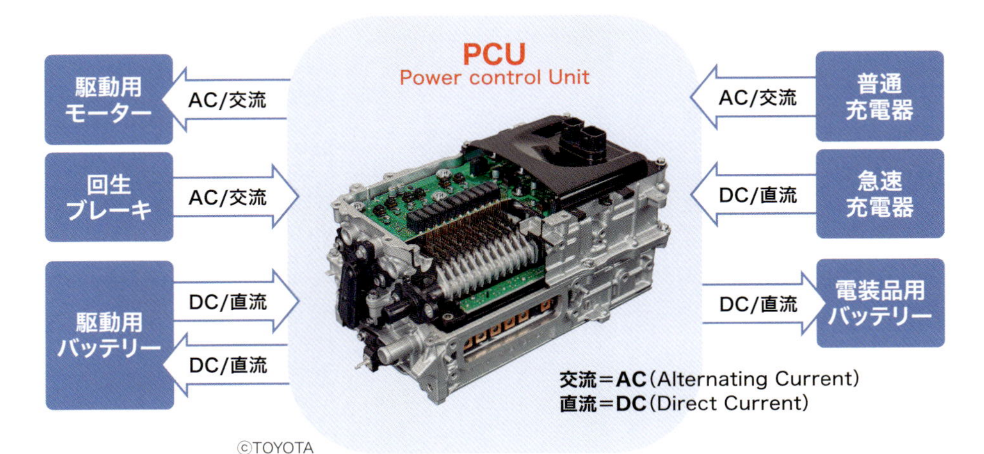

PCUを介して電流を変換 EVに搭載されるバッテリーは直流仕様、同期モーターは交流仕様、電装品用バッテリーは直流仕様、さらに普通充電器は交流だが、急速充電器は直流仕様と、機器によって様々。PCUではこれらの電流を変換して適正化し、さらに必要な電圧まで昇降する。

(p.104参照)は、その構造的特性から交流(AC)仕様となっています。同期モーターはACによって回転しますが、回生ブレーキとして働く際にもACの電流を発生します。

また、PHEV(プラグイン・ハイブリッド車)を充電する際に使用する**充電器**は、普通充電器の場合はAC(交流)仕様ですが、急速充電器ではDC(直流)仕様です。

ただし、DCとACは互換性がありません。そのため**PCU**(パワーコントロールユニット)によってDCとACを変換し、システム全体が機能するように電流を整理します。

コンバーターとインバーター

PCUには、コンバーターとインバーターという回路が集積されています。

コンバーターは、駆動用バッテリーの電圧をモーターの制御電圧まで上げたり(**昇圧コンバーター**)、電装品用に送る際には12Vまで電圧を下げる(**降圧コンバーター**)役目を果たします。

コンバーターは本来的には電圧を昇降するDC/DCコンバーターを意味するのが一般的ですが、EVには回生ブレーキによってモーターで発電された交流(AC)電流を直流(DC)に変換する機能を持ち合わせた**AC/DCコンバーター**も使用されています。この場合、回生エネルギーはAC/DCコンバーターで直流に変換されたあと、DC/DCコンバーターでバッテリーに適合した電圧に降圧しますが、これらのシステムはモデルによって違います。

また、回生ブレーキが作動した際には、**インバーター**はバッテリーやコンバーターから送られる直流(DC)の電流を、同期モーターが必要とする交流(AC)に変換するとともに、その交流電流の周波数を制御し、モーターの回転数やトルクを調整します。このインバーターの働きによって車両速度を制御することが可能となり、エネルギー効率の良いドライブが実現され、その性能によって乗り心地も左右されます。

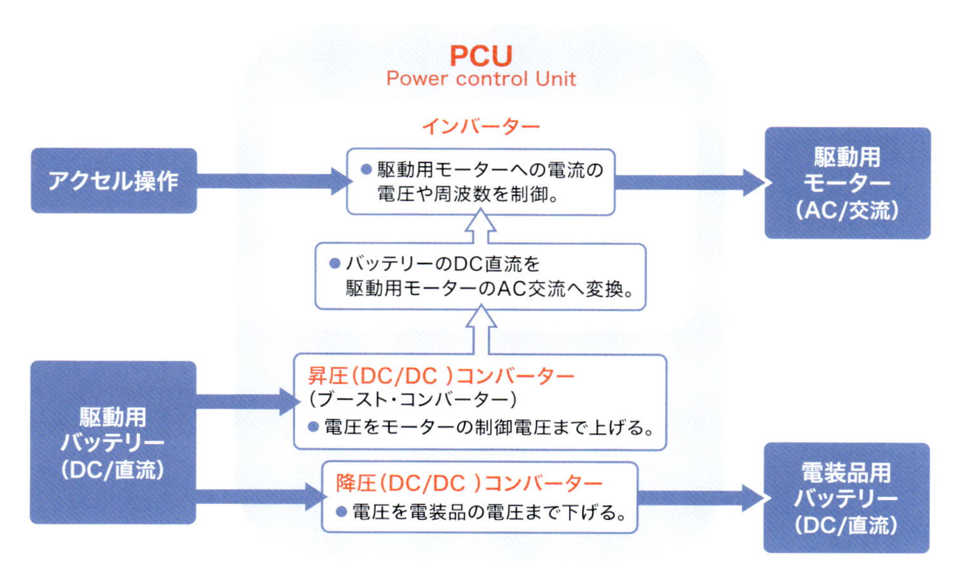

PCUの基本的役割 PCUでは駆動用バッテリーから送電されるDC電流は、昇圧コンバーターによって駆動用モーターが要求する電圧まで昇圧される。その電流をインバーターがAC電流に変換。モーターに必要とするAC電流を供給しつつ、モーターの駆動を制御する。

車両のあらゆる機器を制御するマイコン

ECU エレクトロニック・コントロール・ユニット

KEY WORD

- ECUは、車両に搭載される各システムを制御するマイクロ・コンピューターの総称。
- エンジンを制御するECUは、ECM、またはエンジンECUなどと呼称される。
- 車両制御がより複雑になる近年では、ECUは統合ECUに進化しつつある。

100個以上搭載するモデルも

ECUとは、エレクトロニック・コントロール・ユニット（※1）の略称で、車両の様々なシステムを制御する**マイクロ・コンピューター**（マイコン）の総称です。**車載ECU**とも呼ばれています。

かつてECUはエンジン・コントロール・ユニットを意味しましたが、エンジン以外にもマイコンが使用されるようになった結果、エンジン制御用はとくに**ECM**（エンジン・コントロール・モジュール、p.240）、または**エンジンECU**と呼ばれるようになりました。上位モデルでは100個以上のECUが搭載されています。

従来システム　最新システム

ECUから統合ECUへ

先進運転支援システムや自動運転では車両制御がより複雑になるため、近年では個々のECUが統合され、演算速度の高速化が図られている。©BOSCH

©BOSCH

ADASの機能を1台に集約

ボッシュの「コックピット & ADAS 統合プラットフォーム」は、ADAS（先進運転支援システム）の複雑な機能を1台のコンピューターで統合する。

右ページでは主なECUを紹介しています。ICE（内燃機関）パワートレイン系にはトランスミッションECUや可変バルブタイミングECUなどを列記していますが、それらのECUが得た情報はエンジンECUに集約され、総合的な判断が下されます。その結果、各種ECUに指令が送られ、最適なドライブが実現します。

また、電動パワートレイン系にはビークル・コントロールユニット（VCU）というECUがあり、そのプログラムはEV（電気自動車）、HEV（ハイブリッド車）など、駆動システムによって変わります。

各部位の制御を個別のEUCに行う場合、ECUの数が増え、配線が複雑になり、コストも掛かります。そのため近年では計算速度の速いCPU（中央演算処理装置）や、基盤を複数搭載した**統合ECU**を各系統に配置することで、より複雑な制御を可能とし、部品点数を低減する傾向にあります。

※1／“Electronic Control Unit”の略称。

車載ECUの例

ICE（内燃機関）パワートレイン系

- エンジンECU（ECM）
- トランスミッションECU
  A/T ECU、CVT ECU、4WD ECU
- 可変バルブタイミングECU
- 燃料ポンプECU
- グロープラグ・コントローラー
- アイドルストップECU
- ラジエーターファン・コントローラー
- アクティブ制御エンジンマウントECU
- OBD（故障診断装置）

電動パワートレイン系

- PCU（パワーコントロールユニット）
  インバーターECU
  DC-DCコンバーターECU
- BMS（バッテリー・マネージメント・システム）
  バッテリー制御ECU
- ビークル・コントロールユニット（VCU）
  EV-ECU、HV-ECU、PHV-ECU、FCV-ECU
- 車載充電器ECU

シャシー系

- アクセルECU
- ブレーキECU
  車両横滑り防止ブレーキABS ECU
  トラクション・コントロールTCS ECU
  車両ダイナミック制御ESC ECU
  電動パーキング・ブレーキEPB ECU
  ホールド・アシストECU
- パワーステアリングECU
- サスペンション制御ECU

マルチメディア系

- カーナビゲーションECU
  画像処理IC
  GPSセンサーECU
  電子地図メモリー
- ETC ECU
- 車内インフォ情報機器（ECU）
- テレマティクスECU
- エンターテインメントECU
  オーディオECU
  車載DVD ECU
  TVチューナーECU
  バックモニターECU

ボディ系

- 車内照明ECU
- 雨滴感応ワイパー・システム
- 高周波無線受信
- ステアリング・ヒーター
- エアコンECU
- ドアECU
  集中ドアロック
  パワーウィンドウECU
  電動ドアミラーECU
  ワイパーECU
- パワースライドドアECU
- パワーバックドア/トランクECU
- パワーシートECU
  パワーシート、シートヒーター
- ヘッドライト
  LEDヘッドライトECU
  ALS ECU（ヘッドライト・レベリング）
  AFS ECU（水平光軸可変前照灯）
  AHB ECU（オートハイビーム）
  ADB ECU（アダプティブ・ハイビーム）
- セキュリティー関連
  電動ステアリングロックECU
  イモビライザーECU（盗難防止）
  キーレス・エントリーECU
  セキュリティ・アラームECU
  駐車録画装置ECU
- セフティー関連
  エアバッグECU
  乗員検知システム
  プリクラッシュ・シートベルトECU
  タイヤ空気圧監視システム（TPMS）
  事故自動緊急通報装置（ACN）
  ドライブレコーダー（ECU）

ADAS系（先進運転支援システム系）

- 衝突被害軽減/回避システムECU
  AEB（自動緊急ブレーキ）
- 車間距離制御システムECU
  ACC（クルーズコントロール）
- LKS ECU（車線逸脱防止支援システム）
- 視界/視覚補助システムECU
  （TSR、BSM、カメラECU）
- 駐車支援システムECU
  クリアランスソナーECU
  アラウンドモニタECU

4-09 普通充電器と急速充電器

充電機器

KEY WORD

- EVのための充電器には、主に普通充電器と急速充電器の2種類がある。
- 普通充電器には3.0kWh仕様と6.0kWh仕様があり、6kWは充電速度が2倍になる。
- 充電器の規格や通信プロトコルは国や地域によって違い、統一されていない。

普通充電器と急速充電器

EV用の充電器には普通充電器と急速充電器の2種類あります。

普通充電器には**100V仕様**と**200V仕様**があり、一般的なEVであれば5～8時間程度で充電できます。送電線からの交流(AC)電流をそのままEVに供給し、EVが搭載する**インバーター**（車載充電器、p.115参照）によって交流電流を直流(DC)に変換して充電します。普通充電器の電力は小さく、充電時間は長く掛かるものの、戸建住宅や会社の駐車場にも設置しやすいというメリットがあります。

急速充電器は高圧な**400～500V**の電気を流すため、バッテリー容量の約80%を15～30分程度で充電することが可能となります。急速充電器に内装されたインバーターが交流電流を直流に変換しますが、その大型のインバーターが大きな電流を扱うことから急速充電が可能となります。ただし、急速充電を繰り返すとバッテリーの劣化が早くなります。

急速充電する際には車両に搭載された**充電管理装置**（Battery Management System, **BMS**）と充電器が通信回路でつながれ、バッテリー状態を充電器に伝えながら送電が行われます。その際に使用さ

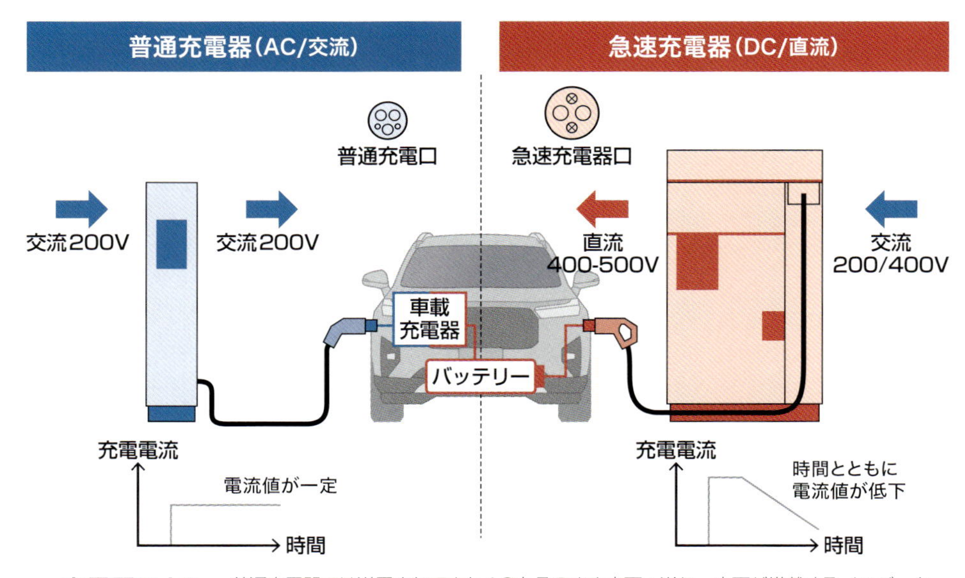

充電器による電流の違い 普通充電器では送電されてきたACをそのまま車両へ送り、車両が搭載するインバーターでDCに変換してバッテリーが充電される。一方、急速充電器の場合は送電されてきたACを急速充電器内のインバーターでDCに変換。車両にはDCが送られる。

■急速充電器の規格

国名	規格名	通信プロトコル
日本	CHAdeMO	CAN
テスラ	TESLA	CAN
欧州	EUR-COMBO	PLC
米国	US-COMBO	PLC
中国	GT/B	CAN

急速充電器の仕様は国によって違い、現在5規格が存在。通信プロトコルも2種に分かれる。

■充電器における電力

	充電器	出力(電力)の目安
普通充電	100Vコンセント	0.6〜1.2kW
	200Vコンセント(16A) 一般的な普通充電器	3.2kW
	高出力普通充電器	6.0kW
急速充電	急速充電器	50kW〜

充電器の仕様によって出力が大幅に違う。出力の値が大きいほど充電スピードは早くなる。

(40kWh − 4kWh) ÷ 6kW = 6時間

バッテリー容量　バッテリー残量　充電器出力　充電時間

れる通信の規格を**通信プロトコル**と言います。急速充電器の規格は世界で5種類、通信プロトコルには2規格が存在します。

充電口は主に2種類

国産のEVやPHEV（プラグイン・ハイブリッド車）の充電口には2種類あり、小さいタイプが普通充電用、大きいタイプが急速充電用です。バッテリー容量が小さなコンパクトEVの場合、普通充電用の充電口しか備えていないモデルもあります。充電口はメーカーによって「**充電ポート**」「**インレット**」などとも呼ばれます。

海外モデルは国内販売する際に日本規格の充電口に換装される、もしくは**アダプター**が用意されます。テスラ製のモデルには例外的にオリジナル形状の充電口が1つだけ装備され、これが普通充電と急速充電に対応します。テスラ専用の充電器ではそのまま充電できますが、日本規格の充電器を使用する際にはアダプターが必要です。

6kW普通充電

電気をホースから出る水に例えれば、電圧（V：ボルト）は水圧、電流（Ah：アンペア・アワー）は1時間に流れる水量、電力（Wh：ワット・アワー）は、ホースから出て1時間で水槽に溜まる水の総量となります。もし水圧が同じでも、ホースの口が2倍の面積になって水量が2倍流れれば、水槽の水は2倍の早さで溜まります。

これは充電器の場合も同様です。電圧200Vの普通充電器が電流15Ahを流せば、その仕事量は「200V×15Ah＝3000Wh」、つまり3.0kWhとなりますが、同じく200Vの普通充電器で電流**30Ah**を流せば「200V×30Ah＝6000Wh」、つまり**6.0kWh**となります。このようにアンペア（電流）を上げた普通充電器は**6kW普通充電**、または**高出力充電器**などと呼ばれ、通常の3kW充電器と比べて2倍の早さで充電できます。

バッテリーの充電時間は、「バッテリー容量÷充電器の出力」で計算できます。例えば容量40kWhのバッテリーに10％（4kWh）の残量が残っているとし、これを6kW普通充電器で満充電する場合の所要時間は、(40kWh−4kWh) ÷6kWで算出でき、つまり6時間でフル充電できることがわかります。

EV専用ブレーカー（漏洩遮断機）の設置を施工業者に依頼すれば、家庭でも6kW普通充電を安全かつスマートに行うことが可能になります（p.139）。

4-10 BEV（バッテリー電動自動車）の構造

日産/リーフ e+

KEY WORD

- 2010年に発売が開始された世界初の量産型BEV（バッテリー電気自動車）。
- 偏平型のラミネート・セルによるリチウムイオン・バッテリーを採用。
- 高強度フレームと衝突エネルギー吸収ボディでバッテリーパック全体を保護。

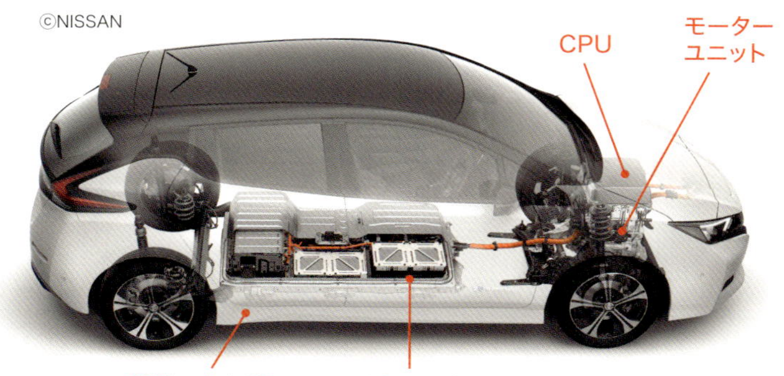

日産リーフのスケルトン図

リチウムイオン・バッテリーは高強度なフレームと衝突エネルギー吸収ボディによって保護されている。PCUはモーターユニットと一体化。

©NISSAN

世界初の量産型BEV

日産の**リーフ**は2010年に発売が開始された世界初の量産型BEV（バッテリー電気自動車）で、2019年からは「リーフe+（イープラス）」に改名されています。

駆動用バッテリーには**ラミネート・セル**と呼ばれる偏平型の**リチウムイオン・バッテリー**を採用。車両購入時には40kWhと62kWhの2種から選択できます。62kWh仕様車の航続距離は、燃費の測定方法がJC08モードの場合は550km、WLTCモードでは450kmとなっています。

40kWh仕様車では、8セルで組まれたモジュールを12個直列で接続して電圧を上げています。つまりこの1パックに使用されるセルは96個であり、1セルの公称電圧は**約3.7V**なので、総電圧は「約3.7V×96セル＝355.2V」となります（カタログ上の総電圧は350V)。また、このパックを2つ並列に接続しているので、計24モジュール192セルを搭載しています。

バッテリーパックとモーター

2代目から採用される「e-パワートレイン」。最高出力160kW、最大トルク340N・mを発揮。左がモーターユニット、右がバッテリーパック。

©NISSAN

©NISSAN

リチウムイオン・バッテリー

リチウムイオン・バッテリーはシャシーとフロアの形状に合わせて3種類のケースに搭載。ケース内に集積される1枚1枚がラミネート・セル。

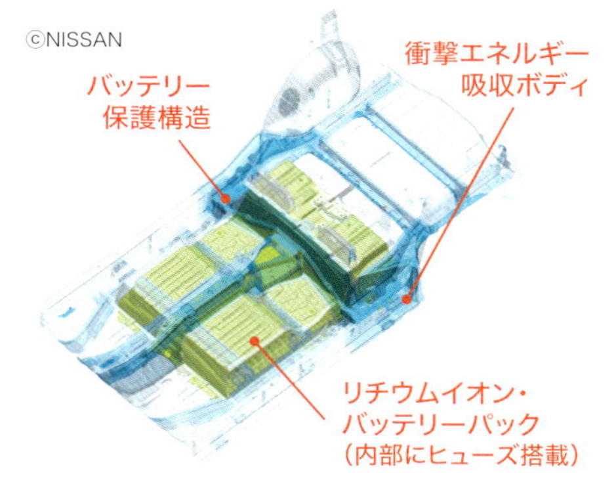

バッテリーを保護するフレーム構造
車体骨格自体でバッテリーパックを保護し、さらに車両全体は衝突エネルギー吸収ボディで守られる。バッテリー内に衝突検知システムやヒューズを搭載。

徹底された安全構造

リーフは販売が開始されてから15年間にわたり、どんな状況においても**1度も車両火災を起こしたことがありません。**これはバッテリーに搭載された安全装置と車体構造による成果だと言えます。

リーフのフレームには高強度材が用いられ、高電圧部であるバッテリーパック全体を保護する構造となっています。また、**衝撃エネルギー吸収ボディ**を採用しているため、**衝突事故が発生して外部から強い衝撃が加わってもエネルギーを効率的に吸収**し、バッテリーが損傷しないよう設計されています。このボディはボンネットに対する衝撃エネルギーも吸収するため、自車の保護と相手車両への加害性低減を両立。万が一、歩行者や自転車と衝突しても衝撃を緩和します。

リーフが採用しているラミネート型のバッテリーは放熱特性に優れるという特徴を持っていますが、さらにそのバッテリーパック内には**衝突検知システム**が装備されており、外部からの衝撃が加わると**ヒューズ**が切れることによって高電圧の電流を遮断。これによって**事故におけるバッテリーからの発火を防いでいます。**

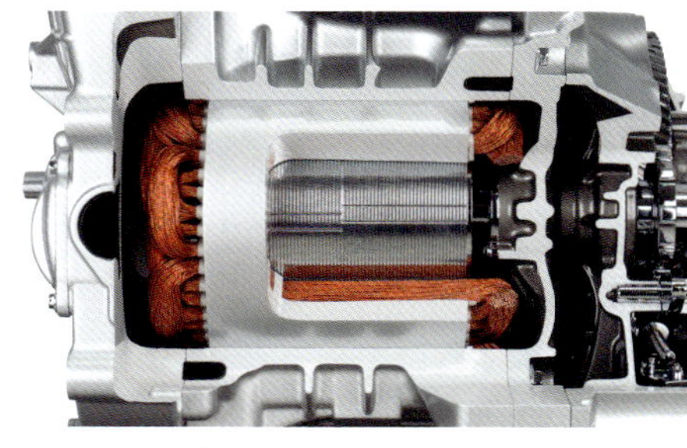

モーター断面図
リーフが搭載する三相交流モーターは、極性を1万分の1秒単位で制御する。最高出力は80kW。回生協調ブレーキ（p.113）を装備している。

e-Pedalとプロ・パイロット

リーフは「**e-Pedal**」という、アクセルペダルだけで運転できる機能を搭載しています。瞬時に加速するときは強く踏み込み、緩めれば減速し、停止もできます。アクセルだけですべてが操作できるため、昨今多発している踏み**間違え防止**にもなります。

また、コストパフォーマンスに優れたモデルながら、ADAS（先進運転支援システム）である「**プロ・パイロット**」を搭載。前走車との車間距離を一定に保つACC（追従機能付クルーズ・コントロール）や、車線中央をキープするためにステアリング操作を支援するLKAS（車線維持支援システム）を搭載しています。

充電イメージ
普通充電ポートと急速充電ポートを装備。6kW普通充電器にも対応し、バッテリー容量が62kWhのモデルの場合には、満充電まで約12.5時間。

ホンダ/e:Nシリーズ

KEY WORD

- ホンダは量産型BEV「Honda e」以降、海外でe:Nシリーズを展開している。
- 中国向けの「e:N」、欧州向けの「e:Ny1」、北米向けの「PROLOGUE」を展開。
- パワートレイン「e:Nアーキテクチャ」には、FF、RR、AWDの3種を用意。

e:Nシリーズの前輪駆動モデル
中国・欧州向けモデルの第1弾には前輪駆動タイプが採用された。衝突安全設計ボディの各所には軽量で強度に優れた素材が使用されている。

©HONDA

欧米向けモデルe:Ny1
リチウムイオン・バッテリーは容量68.8kWh。1回の充電で最大412km(WLTCモード)の走行が可能。急速充電では満充電の8割を約45分で充電可能。

3種の駆動方式を持つe:Nシリーズ
「e:N」シリーズのパワートレインは「e:Nアーキテクチャ」と呼ばれ、FF、FR、AWDの3種がある。中国と欧米向けはFF、北米向けはAWD。

©HONDA

ホンダのBEVシリーズ

ホンダがはじめてリリースした量産型BEV(バッテリー電気自動車)が「**Honda e**」(ホンダ・イー)です。国内販売は2020年10月に開始されました。

容量35.5kWhのリチウムイオン・バッテリーは30分程度の急速充電で約80%充電でき、1回の充電で259km(WLTCモード)から274km(JC08モード)の走行が可能。コンパクトカーでありながら315N・mの高トルクモーターを搭載していて、主に都市型コミューターとしての活用を想定して開発されました。

同モデルにはホンダの先進運転支援システム「Honda SENSING」も搭載され、

ACC（追従機能付クルーズ・コントロール）やLKAS（車線維持支援システム）、CMBS（衝突被害軽減ブレーキ）など、上位グレードのモデルと比べて遜色のない機能が装備されています。

「Honda e」は2024年1月に生産が終了しましたが、2022年からは中国向けの「e:N」（イー・エヌ）が発売開始、2023年には欧州向け「e:Ny1」（イー・エヌワイワン）が発表されており、ホンダのBEVは主に海外で展開されています。

これらのe:Nシリーズには高剛性ボディなどで構成される「**e:Nアーキテクチャ**」というパワートレインを採用。その方式としては前輪駆動、後輪駆動、全輪駆動の3種が用意され、前輪駆動、後輪駆動のモデルは1モーター仕様、四輪駆動モデルは前後2モーター仕様となっています。

そして2024年には、北米向けの新型BEV「**PROLOGUE**」（プロローグ）の発売を開始。同モデルは**GM**（ゼネラルモーターズ）と共同開発したSUV（スポーツ用多目的車）であり、GMが開発した**アルティウム・バッテリー**を搭載しています。アルティウムとは**ラミネート型**（パウチ型）のリチウムイオン・バッテリーを意味し、このタイプのバッテリーは日産がEV「リーフ」を発売する際に、同社がNECと共同開発したのが始まりとされています。

©HONDA

MEV-VAN コンセプト

2024年発売の商用軽BEV「N-VAN e:」をベースにバッテリーを交換できる仕様に改修。実際の営業活動で試験運用することでその実用性を検証。

交換可能なバッテリー

ホンダが取り組んできたユニークな試みとしては、バッテリーが交換できる軽BEVの実証運用があります。同モデルの試験運用はヤマト運輸の協力のもと、2023年11月から開始されました。

EV（電気自動車）を営業車として使用する際にはバッテリーの充電に時間が掛かること、夜間に一斉に充電がはじまることなどが大きな障壁となります。しかし、乾電池のようにバッテリーが交換できればその課題を克服することができます。この実証モデル「**MEV-VAN コンセプト**」では、交換式の**モバイル・パワーパック8本**を搭載することでその実用性を検証しています。

©HONDA

©HONDA

交換式バッテリーパック

車両後部のフロアには「モバイル・パワーパックe:」と呼ばれる交換式バッテリーが8本搭載される。試験運用では車両の使い勝手のほか、航続距離、登坂走行、積載量の多い場合の走行能力、バッテリーの耐久性などがチェックされる。

テスラ/Model 3

KEY WORD

- 2023年以降は後輪駆動仕様（RR）と四輪駆動仕様（AWD）の2タイプがある。
- EVで一般的に採用される同期モーター以外に、誘導モーターを使用したモデルもある。
- 徹底して無駄が排除された結果、車両のパーツ点数が少なく、高い製造効率を実現。

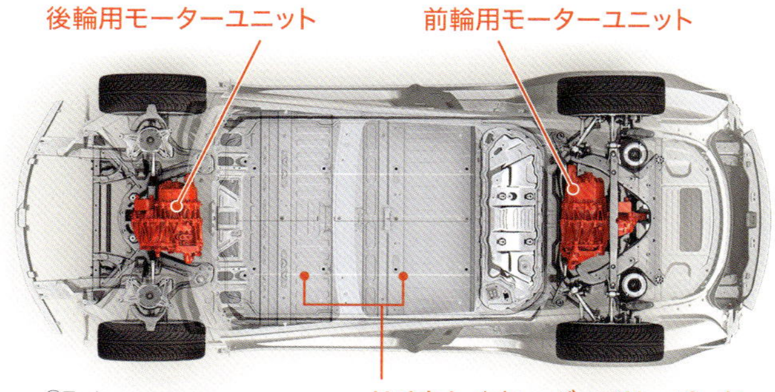

Model 3のフレーム俯瞰図 テスラのモデル３（四輪駆動仕様）のパワートレイン。赤い部分が前後モーターユニット。バッテリーを保護するため、ほぼ一体成型されたシャシーは高剛性な構造。

2023年に刷新された新型モデル3。燃費効率を向上させるための流麗なボディデザイン。

同期モーターと誘導モーター

イーロン・マスク氏がCEOを務める米国の**テスラ**は、**BEV**（バッテリー電気自動車）のメーカーとして知られています。徹底的に無駄を排除したテスラ社の各モデルは、部品点数が少ないBEVにおいてもその傾向がとくに際立ち、一般的なHEV（ハイブリッド車）が100個以上搭載する**ECU**（エレクトリック・コンロール・ユニット、p.116参照）を、テスラ社では機能を集中させることによって数個にまで低減。これにより車両に張り巡らされる配線類も大幅に減らしています。

また、運転席のパネルには従来モデルのような計器類はなく、すべては前部座席の中央に配置された**タッチスクリーン・パネル**に集約され、あらゆる操作はスマホと同様な要領で行われます。

ファストバック型の中型セダンである**「モデル３」**は2017年に販売が開始され、2023年以降は**後輪駆動仕様**と**四輪駆動仕様**の２タイプが販売されています。

一般的なEVのモーターには同期モーターが採用されますが、モデル３の後輪駆動仕様のモーターには、以前は**誘導モーター**（p.104）が使用されていました。これは誘導モーターが、トルクが必要な高速加速時には優れた効率を発揮するからです。

また、同期モーターに不可欠な永久磁石

ボディ&シャシー構造
自社内に導入した鋳造機ギガプレスによりボディやシャシーを高効率に製造。テスラでは製造における徹底した垂直統合（自社製造）が図られている。

にはレアメタルが使用されていますが、その供給が世界的かつ恒常的に不安定な状態にあるため、その使用を避けたのだと思われます。こうした思想から四輪駆動仕様においては、後輪には同期モーターを搭載していますが、前輪に誘導モーターを採用し続けています。

ギガプレス

部品点数を減らすというテスラの思想は、ボディ製造においても一貫しています。

テスラ車が製造される**ギガファクトリー**は米国のほかにドイツ、中国など世界に5ヵ所あり、その一部には**ギガプレス**というダイキャスト・マシン（鋳造機）が導入されています。これは、複雑な立体形状のボディやシャシーを1度のプレスで成型するもので、フレームの溶接箇所を大幅に減らすことができ、製造の工程と時間を減らし、コスト低減を可能とします。一般的なフレーム製造と比較してその所要時間は3分の1。マスク氏は「パンケーキのように製造できる」とコメントしています。このギガプレスの導入は、他の自動車メーカーも導入しようとしています。

バッテリーと自動運転

テスラでは、新型の**リチウムイオン・バッテリー**の開発・製造も手掛けています。テスラ車には、これまでは円筒形の**2170**というセルが使用されてきましたが、昨今ではより大型サイズの**4680**に切り替えつつあります。4680は2170と比較して、重さと容量がともに約5倍あります。

テスラ車のフロアには、バッテリーパックの中に大量のセルが並べられます。4680は容量が大きく、並べる個数が少なくなるため、接続回路を含めたパック内の構造がシンプルになり、製造コストが低減できます。また、セルの個数が減るとあらゆる接続部が減るので、接触不良などによるトラブルの低減にもつながります。

ⓒJzh2074

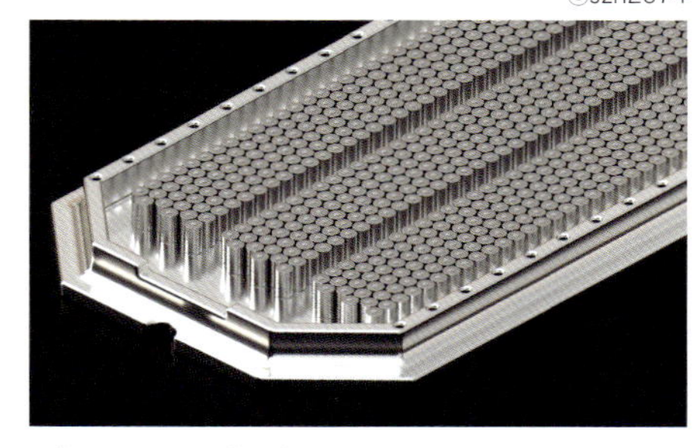

バッテリーパック

アルミ製のバッテリーパック内に円筒形のリチウムイオン・バッテリーが並べられる。このセルを大型化することで様々なメリットが生まれる。

ⓒKittyfly

バッテリーのセル比較

リチウムイオン電池のセルの規格。公称電圧は約3.7V。テスラでは主に2170が使用されてきたが、同社の2024年発売モデルでは4680を使用。

4680は充電時間を大幅に短縮でき、バッテリーを10%から80%まで充電する時間を25分から15分に短縮できるとテスラは試算しています。

テスラは**自動運転**（AD）運転技術にもっとも早く着手したメーカーであり、同社の自動運転システム「**オートパイロット**」の実現は2020年前後と予想されていました。しかし、2025年初頭時点においても**レベル3**（p.60）以上は実現していません。ただし、同社が販売する各モデルの**CPU**は、アップデートすることでオートパイロットに対応できるよう設計されています。テスラは外部情報に依存せず、主に車両のセンサーやカメラなどが検知する情報によって走るADの実現を目指しています。

4-13 HEV(ハイブリッド車)の構造

スプリット式ハイブリッド

KEY WORD

- スプリット式は、シリーズ式とパラレル式の両方のシステムを兼ね備えた駆動方式。
- シリーズ式やパラレル式より燃費効率はよいが、構造は複雑になる。
- スプリット式は、メーカーによってその造りが大きく違う。

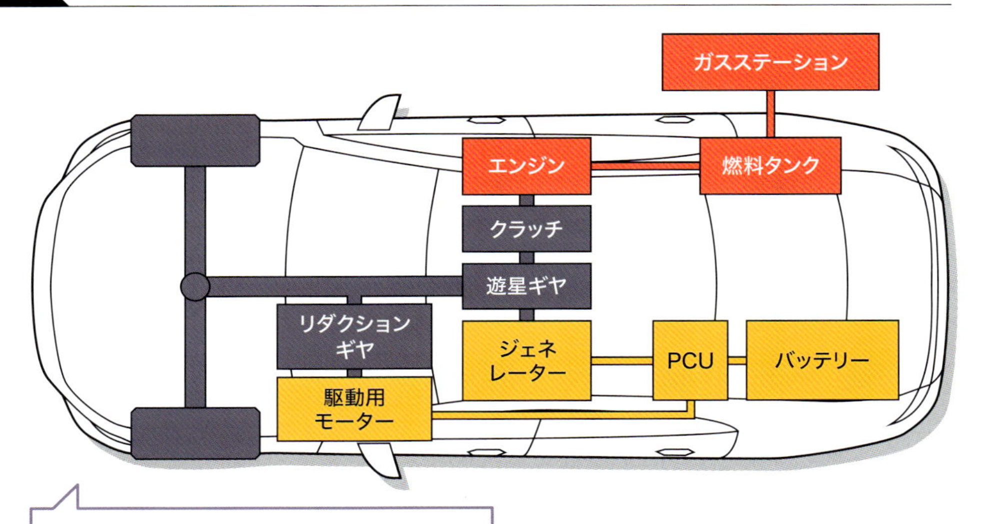

トヨタのスプリット式(THS II)

- エンジンまたはモーターでの走行が可能。
- 駆動用と発電用の2基のモーターを搭載。
- 遊星ギヤとリダクション・ギヤを搭載。

スプリット式とは？

エンジンとモーターを併載する**ハイブリッド車**（**HEV**）は、**シリーズ式**と**パラレル式**に大別できます（p.28参照)。

シリーズ式では発電用エンジンが生み出した電力をバッテリーへの蓄電し、その電力でモーターを回します。つまりシステムが直線的な流れで構成されています。シリーズとは「直列」を意味します。

これに対してパラレル式は、エンジンとモーターがどちらも駆動用動力源として使用されます。2系統の動力源が並列的に構成されているため、このシステムはパラレル（並列）式と呼ばれています。

この２つの方式の特徴を併せ持つのが**シリーズ・パラレル式ハイブリッド車**です。**スプリット式**とも呼ばれ、スプリットは「分割」を意味します。スプリット式のシステムにはモーターが２基搭載されることで、駆動効率を高め、燃費を向上させています。ただしその構造はメーカーによって大きく違います。

トヨタのTHS

世界ではじめて量産化されたハイブリッド車が、1997年に発売されたトヨタの**プリウス**です。同モデルは「**THS**」(トヨタ・ハイブリッド・システム)を搭載。それは後に「**THS II**」へとアップデートされ、プリウスやレクサスなどに採用されています。

THS IIに搭載される2基のモーターのうち、１基は基本的に駆動用、もう１基は基本的に発電用の**ジェネレーター**（発電用モーター）として使用されますが、トルクが必要な発進時や加速時には、ジェネレーターも駆動用モーターとして併用されます。

エンジンはジェネレーターと同軸で直結されています。HEVのエンジンは停止と始動を頻繁に繰り返しますが、その振動を低減するため**クラッチ**が搭載されています。

エンジンの動力は**遊星ギヤ**を経てジェネレーターとタイヤに伝わります。バッテリーからの電流がジェネレーターに流れるとトルクを発生して走行に貢献しますが、電流が流れていないとエンジンによってジェネレーターが回転して発電します。

駆動用モーターは、走行のための駆動用、または回生ブレーキとして使用されます。EVは基本的にトランスミッションを必要としませんが、THS IIには遊星ギヤを内装したモーター用の**リダクション・ギヤ**が装備され、これがトランスミッションの役割を果たします。このリダクション機構がTHS IIの特徴ともいえ、この機構はパワーユニットをコンパクトにすることにも貢献しています。

ホンダのe:HEV

ホンダでは「**e:HEV**」という独自のスプリット式ハイブリッド・システムを採用しています。このシステムでは3種類のモードを使い分けることが可能です。

1つ目は**EVモード**。BEV（バッテリー電動自動車）と同様に、駆動用モーターのみによって走行します。減速時や下り坂ではホイールの回転を駆動用モーターに伝えて回生(p.112)で発電。その電力をバッテリーに蓄電します。停止と発進が繰り返される街中の走行に適したモードと言えます。

2つ目の**ハイブリッド・モード**では、エンジンを発電用として使用。その出力で**ジェネレーター**を回して発電し、ジェネレーターの電力を駆動用モーターに送電して走行します。加速時などではバッテリーからも電力が供給されてパワーを上げます。

3つ目の**エンジン・モード**はエンジンの出力だけで走行します。エンジンの出力をホイールに直接伝えるためパワーロスが少なく、高速道路での走行に適しています。

エンジンを切り離す**クラッチ**が装備されていますが、遊星ギヤによる動力分配機構がなく、スプリット式としては比較的シンプルな機構だと言えます。

ホンダのスプリット式ハイブリッド
- 3種類のモードで走行できる。
- バッテリーまたはモーターによって走行。
- エンジンは発電用・駆動用として使用。

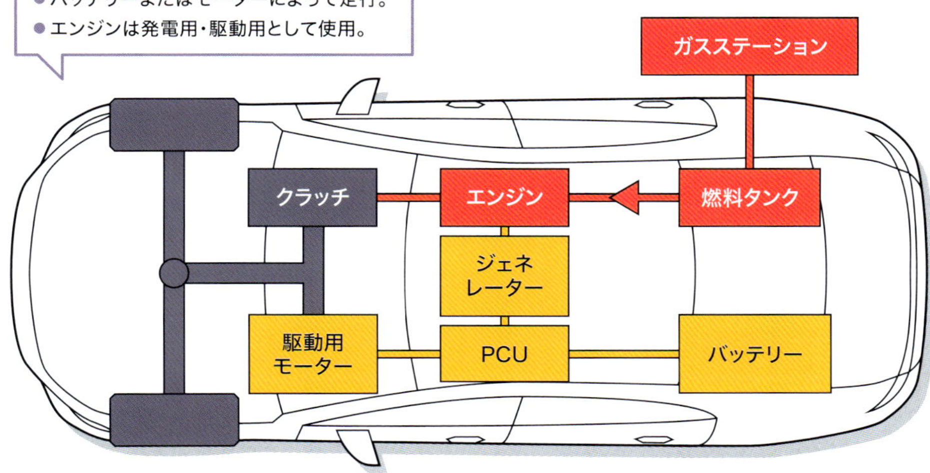

4-14 HEV（ハイブリッド車）の構造

トヨタ/プリウス

KEY WORD

- 動力源として**エンジン**、**発電用モーター**（MG1）、**駆動用モーター**（MG2）を搭載。
- **動力分割機構**の**遊星ギヤ**が変速機の役わりを果たす。
- 3代目から**リダクション機構付きTHS II**へ、4代目から**複軸配置構造**へと進化。

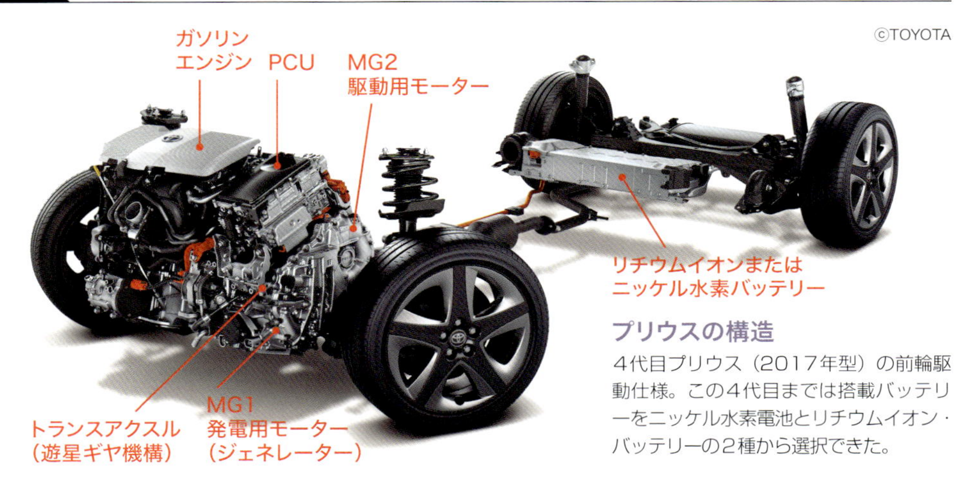

プリウスの構造
4代目プリウス（2017年型）の前輪駆動仕様。この4代目までは搭載バッテリーをニッケル水素電池とリチウムイオン・バッテリーの2種から選択できた。

進化する元祖HEV

プリウスのHEVシステムの概要は前ページで解説ましたが、ここではその構造をさらに詳細に見ていきます。

上図は**4代目プリウス**のパワートレインです。初代プリウス（1997年型）に搭載されたスプリット式ハイブリッド・システム「**THS**」（トヨタ・ハイブリッド・システム）は、**2代目プリウス**（2003年型）で「**THS II**」に進化し、4代目（2017年型）で現行の**複軸配置構造**（後述）となりました。同システムは代を追うごとに進化していきますが、その名称は5代目（2023年型）に至るまでTHS IIのままです。

4代目プリウスまではニッケル水素電池仕様とリチウムイオン・バッテリー仕様が選択可能でしたが、5代目（2023年型）からはリチウムイオン仕様のみとなりました。4代目まで2種のバッテリー仕様が併売されたのは、ニッケル水素電池の性能向上、小型化、低コストなどの理由によります。また、4代目からラインナップに加わった4WD仕様車は、ニッケル水素電池仕様モデルのみが販売されました。これは雪国での需要が高い4WDに対し、低温特性に優れたニッケル水素電池の搭載が最善だと判断されたためです。

4代目プリウス
2018年にマイナーチェンジされた4代目プリウス。内外装デザインが変更されるとともに専用通信機（DCM）を搭載。コネクテッド・カーへと進化した。

4代目プリウスの複軸配置構造

THS IIを前方から見た図。エンジン出力軸と同軸上に動力分割装置とMG1が配置され、並行軸歯車（リダクション・ギヤ）を介して別軸上のMG2と連動する。

ⓒTOYOTA

THS IIの機能と変遷

プリウスは**エンジン**の他に**発電用モーター（MG1）**と**駆動用モーター（MG2）**を搭載しています。エンジン駆動のみによる走行、駆動用モーターのみによる走行のほか、エンジンを駆動用モーターが支援するケースもあります。発電は発電用モーターだけでなく、回生ブレーキによって駆動用モーター（MG2）でも行われます。

THSまたはTHS IIでは、エンジンの出力は**遊星ギヤ**を内蔵した**動力分割機構**を介し、タイヤを回すための力と**発電用モーター**を回す力に配分されます。その動力を受けた発電用モーターが回転すると、その電力によって**駆動用モーター**が駆動します。

プリウスには変速機がありませんが、動力分割機構の遊星ギヤがその役割を果たします。エンジンの出力と、MG1とMG2モーターの出力と入力は、遊星ギヤによって分割または伝達されつつ、コンピュータによってその回転が厳密に制御されます。例えばエンジンの回転数が一定であっても、そこにMG2のトルクが足されれば、結果的に速度が上がり、変速機と同じ効果が得られます。このシステムは**電気式無段変速機（E-CVT）**と呼ばれ、トヨタではこのユニット化された部位を**トランスアクスル**（※1）としています。

3代目プリウスからは**リダクション機構付きTHS II**となり、駆動用モーターの回転は**リダクション・ギヤ**で減速され、その増幅したトルクでエンジンを支援します。

3代目プリウスまでのTHS IIではエンジン、動力分割機構、モーター2基が同軸上に配置されましたが、4代目からはリダクション機構に**平行軸歯車**が加えられ、**複軸配置構造**へと変更されました。これによりユニットはさらに小型化されています。

ⓒTOYOTA

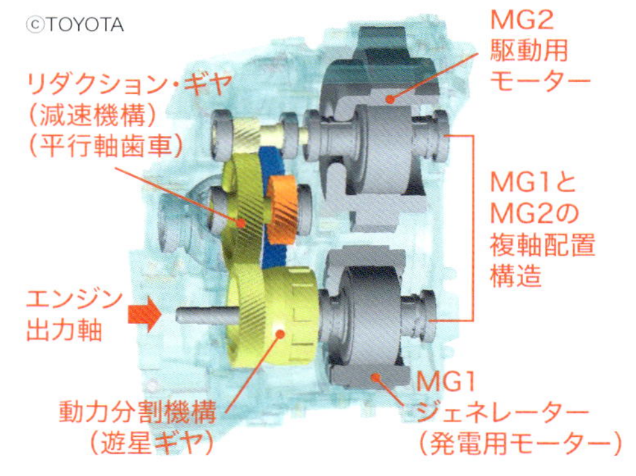

THS IIを正面から見た図

上の写真と同じ方向から見たTHS IIの構造図。MG1とMG2の複軸配置構造と、その2軸を仲介する平行軸上のリダクション・ギヤの関係が理解できる。

※1／トランスミッションとディファレンシャルギヤ（p.276）を一体化したユニット。

PHEV / PHV（プラグイン・ハイブリッド車）の構造

プラグイン・ハイブリッド車とは？

KEY WORD

- 充電ポートを装備するため、バッテリーを外部電源からの電力によって充電できる。
- エンジンが主役のHEVと比較してモーター使用率が高く、高速走行時はエンジンも併用。
- 車両から外部へ電力供給でき、アウトドアや災害時には「V2H」として活用できる。

充電可能なHEV

PHEVとは"Plug-in Hybrid Electric Vehicle"の略称で、直訳すれば「プラグイン・ハイブリッド電気自動車」となり、一般的には「**プラグイン・ハイブリッド車**」と呼ばれます。トヨタなど一部メーカーでは同仕様を**PHV**と表記することがあります。「プラグイン」とは、プラグ（コンセント）を差し込むことを意味します。

HEV（ハイブリッド車）の場合、モーター駆動に使用される電力は回生ブレーキや、搭載エンジンが**ジェネレーター**（発電用モーター）を回すことによってのみ発電されます。つまりHEVは**外部電源**（充電器）から充電することができません。

しかしPHEVの場合には**充電ポート**が装備されているため、BEV（バッテリー電気自動車）と同様に、家庭用電源を含む外部電源から充電することが可能です。この点がPHEVの最大の特長と言えます。

また、PHEVのシステムはHEVの延長線上にあるため、回生ブレーキやジェネレーターなどHEVと同様な発電システムを搭載し、そこからも電力が供給されます。

©TOYOTA

プリウスPHVの充電ポート

普通充電のみに対応するモデルが多いなか、トヨタのプリウスPHVは急速充電に対応。同モデルの急速充電用ポートはV2H用ポートを兼ねている。

■PHEVとPHV

PHEV	プラグイン・ハイブリッド・エレクトリック・ヴィークル（Plug-in Hybrid Electric Vehicle）の略称。公的機関や多くの自動車メーカーがこの呼称を使用している。
PHV	プラグイン・ハイブリッド・ヴィークル（Plug-in Hybrid Vehicle）の略称。主にトヨタなどがこの呼称を使用している。

PHEVとPHVは表記方法が違うだけで同じ仕様を意味する。トヨタでは製品名にもPHVを使用する。

■EVの駆動方式による装備比較

方式		搭載動力	動力源	バッテリー容量	給電ポート	利用施設
BEV	バッテリー電気自動車	モーター	電気	大	○	充電器
HEV	ハイブリッド車	モーター エンジン	電気 ガソリン	小	×	ガソリンスタンド
PHEV PHV	プラグイン・ ハイブリッド車	モーター エンジン	電気 ガソリン	中	○	充電器 ガソリンスタンド

3種のEVの装備比較。モーターとエンジン、充電ポートを持つPHEVはもっとも汎用性が高い。

高速走行する場合にはモーターとエンジンを併用したHEVモード、またはエンジン・モードで走行。

信号による発進と停止が繰り返される街中や、比較的近距離の移動ではBEVモードで走行。

PHEV / PHVのメリット

- 燃費が良い（ガソリンの消費量を抑えることが可能）
- 電気自動車よりも航続距離が長い。
- 充電スタンドだけに頼らなくて良い。
- 災害時やアウトドアで外部給電ができる。
- 免税措置や補助金サービスをフル活用できる。

BEVではバッテリー残量が枯渇した場合、まだ設置数が十分とはいえない充電施設を探し当て、そこにたどり着く必要があります。しかしPHEVは充電と燃料給油の2つの手段を選ぶことができ、**エンジン・モード**で走行できるため、最寄りのスタンドでガソリンを給油すれば航続距離を延ばせます。そのため必ずしも出先や旅先で時間の掛かる充電作業をする必要がありません。

HEVでは基本的にエンジンが動力を供給し、併載されるバッテリーとモーターがエンジン駆動を支援します。しかし、PHEVではより積極的にモーター駆動を活用し、電力が不足したとき、または加速時などトルクが必要な場合にエンジン動力が供給されます。その結果、PHEVにおいてはHEVよりもモーター走行の比率が高くなるため、HEVと比べて大容量のバッテリーが搭載される傾向にあります。

燃費性能が高いPHEVを購入する際にはBEV（バッテリー電気自動車）やHEVと同様に、「**エコカー減税**」「**グリーン化特例**」「**CEV補助金**」などの税金軽減措置が受けられます。CEVとは「クリーン・エネルギー・ヴィークル」を意味します。

シーンで選ぶ走行モード

PHEVの場合、日常的な通勤や買い物など、近距離への走行にはモーター走行のモードが選択されるため、ガソリンを消費しなくて済み、燃費が向上します。一方、長距離走行する場合にはモーターとエンジンを併用するため、純ガソリン車やHEVよりも燃費が良くなり、BEVよりも航続距離が長くなります。

PHEVは車両自体を電源としても活用できるため、アウトドアで電気機器を使用したり、災害時には車両の電力を家に引き込むことができます。この機能は「**V2H**」（Vehicle to Home）と呼ばれます。

PHEVはBEVとHEVの中間に位置し、双方のメリットを併せ持つ仕様ではありますが、いくつかのデメリットもあり、その筆頭としては車両価格が高いこと、急速充電に対応したモデルが少ないことなどが挙げられます。また、バッテリー容量がBEVより少なく、モーター駆動のモードでの航続距離は100km前後。ただし、ガソリンを満タンにすれば、BEVやHEVより長い距離を走破することが可能です。

三菱/アウトランダー

KEY WORD

- フロントとリアに駆動用モーターを搭載する**四輪駆動**仕様の**PHEV**。
- **EV走行モード**、**シリーズ走行モード**、**パラレル走行モード**の3種での走行が可能。
- バッテリー残量を任意に制御できる**4種**の**バッテリー・モード**を装備。

基本はEV走行モード

三菱自動車の**アウトランダー**は、シリーズ式とパラレル式（p.28参照）の要素を兼ね備えた**四輪駆動**の**PHEV**です。フロントにエンジン、駆動用モーター、発電用モーター（ジェネレーター）を搭載し、リアにも駆動用モーター１基を装備しています。

アウトランダーには「EV走行モード」「シリーズ走行モード」「パラレル走行モード」の３種のモードによる走行が可能ですが、三菱ではこのモデルの駆動システムをスプリット式とは呼称していません。

基本的には「**EV走行モード**」により、モーター駆動だけで走行します。加速時やバッテリー残量が少なくなると「**シリーズ走行モード**」に自動的に切り替わり、エンジンが発電用モーターを回し、その電力で駆動用モーターが稼働します。また、高速走行する際には「**パラレル走行モード**」になり、主にエンジンの動力で走行し、その駆動をモーターがアシストすることで省燃

©Mitsubishi

三菱アウトランダー

三菱の先進運転支援システム「マイ・パイロット」を搭載。その他にアクセルペダルだけで加減速が制御できる機能も装備。V2H（p.131）にも対応。

三菱アウトランダーの概念図

フロントには駆動用モーターとジェネレーター、エンジンを搭載。その動力はトランスアクスルにより分配される。リアには駆動用モーターを１基搭載。

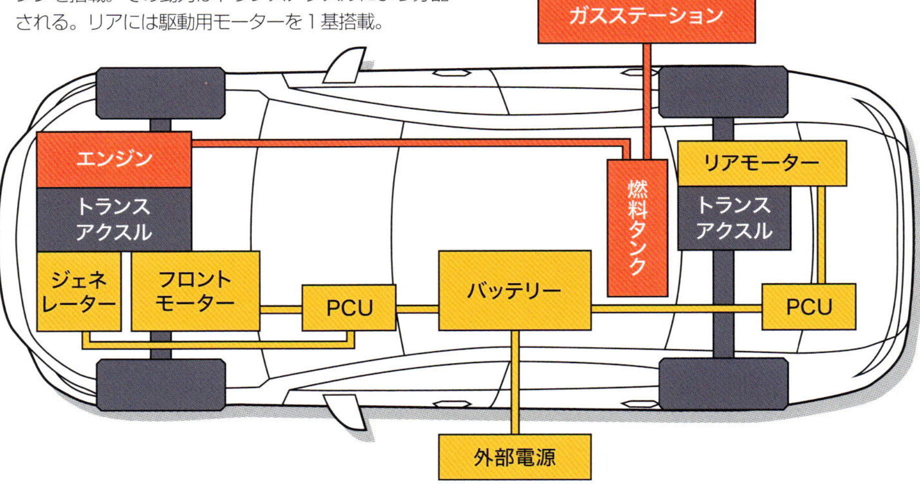

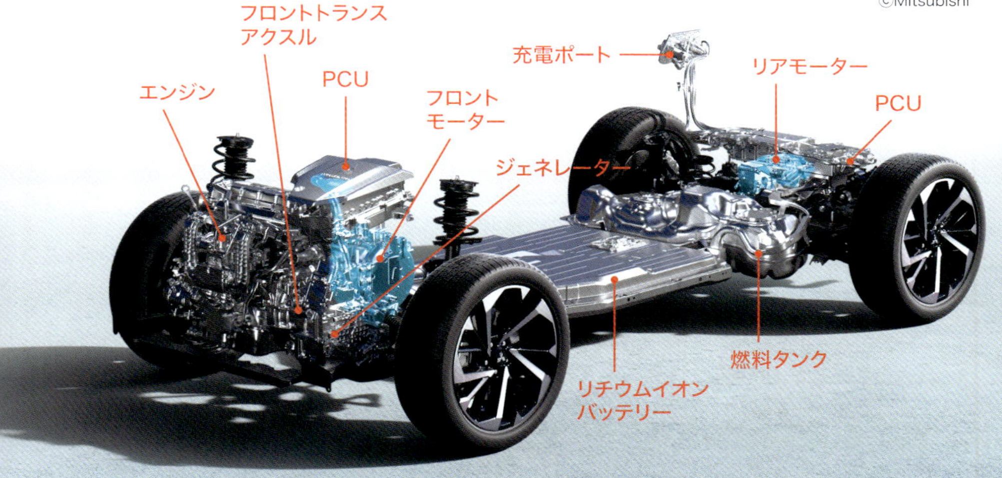

三菱アウトランダーのパワートレイン 駆動用モーターの最高出力と最大トルクはフロント85kW・255N・m、リア100kWh・195N・m。駆動用のリチウムイオン・バッテリーは350V・20kWh。高効率な発電を可能とした2.4L MIVECエンジンを搭載。

費、長い航続距離を実現します。カタログ上のHEV燃料消費率は約17km、タンク容量は56リットルなので、単純計算すれば総走行距離は952kmになります。

アウトランダーは容量20kWhのリチウムイオン・バッテリーを搭載。EVモード（BEVとしての走行）での航続可能距離は83kmとされているので、国内の日常使用であればほぼEVモードだけで乗り切れます。

> **3つのモードで走行**
>
> ●EV走行
> バッテリーとモーターのみで走行。
>
> ●HEV走行（シリーズ走行モード）
> 加速時、またはバッテリー残量が少ないとき、エンジンで発電してモーターで走行。
>
> ●HEV走行（パラレル走行モード）
> エンジンで走行しつつモーターがアシスト。高速域での効率の良い走行。

電子制御4WDシステム

アウトランダーの駆動機構でもっとも注目されるのは、三菱自動車独自の電子制御4WDシステム「**S-AWC**」（Super All Wheel Control）です。この統合制御システムでは4つの各車輪の駆動力とトルク配分と制動力を常時最適な状態にコントロールし、ドライバーの意図と走行状況を把握・予想しながら、あらゆるコンディションに適合した走行を可能としています。

また、前述した3種の走行モード以外に、バッテリー残量をコントロールできる4つのバッテリー・モードを装備し、ドライバーが任意に選択できます。

「**NORMALモード**」は車両が自動で制御し、バッテリーからの電力とエンジン発電による電力をバランスよく使用しながら走行します。「**バッテリー・セーブモード**」では、バッテリー残量を維持するようエンジンの作動を調節しながら走行します。また「**バッテリー・チャージモード**」では、エンジンによって駆動用バッテリーを満充電近くまで充電することが可能。「**EVプライオリティ・モード**」は、エンジンを極力始動させずにモーター駆動だけで走行、スイッチ操作で切り替えが可能です。

4-17 PHEV / PHV(プラグイン・ハイブリッド車)の構造

マツダ/CX-60 PHEV

KEY WORD

- パラレル方式を採用したマツダ独自のPHEVシステム「e-SKYACTIV PHEV」を採用。
- 駆動方式はFRベースの4WD。パワートレインは1軸上にレイアウトされている。
- 2つのクラッチに挟まれた薄型の同期モーターと8速ATトランスミッションを搭載。

マツダCX-60 PHEV

マツダ初のPHEV仕様車。急速充電にも対応し、バッテリー残量20%から80%への所要時間は25分。車両から電力を取るV2Hにも対応。

ⒸMAZDA

ⒸMAZDA

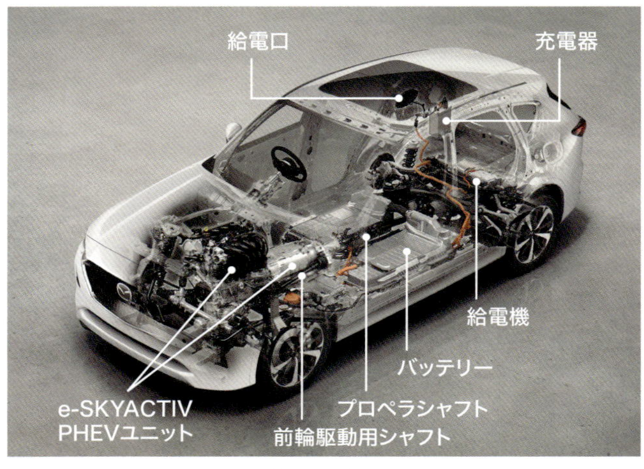

マツダCX-60 PHEVの構造

リチウムイオン・バッテリーはフロア下に左右分割して搭載。トランスミッション後方から前輪駆動用シャフトが車両前方に延びている。

FRベースの4WD

マツダが2022年にリリースした**四輪駆動**仕様の**PHEV**(プラグイン・ハイブリッド車)が「**CX-60 PHEV**」です。このステーションワゴンにはマツダ独自の「**e-SKYACTIV PHEV**」が搭載されていますが、その構造はユニークです。

駆動ユニットには**パラレル方式**を採用。動力源としてはエンジンと同期モーター1基を搭載し、その駆動方式はFR(後輪駆動)ベースの4WD。パワートレインは1軸上にレイアウトされています。

2.5Lの直列4気筒エンジンは縦置きとされ、その後方には**2つのクラッチ**にサンドイッチされた**薄型の同期モーター**を配置。そこに**8速オートマチック・トランスミッション**が続き、車体中央を通るプロペラシャフトが後輪に動力を伝達します。

次頁上図は後輪駆動に注目した図ですが、前輪を駆動するための出力はトランスミッションの後輪側から取り出され、そこから前輪駆動用のプロペラシャフトが前方に延び、前輪のドライブシャフトに接続します。

クラッチ①でモータートルクをエンジンに伝達して始動し、EV走行をする際にはこのクラッチでエンジンを切り離すことによってEV航続距離を高めます。

また、動力源とトランスミッションの間にあるクラッチ②を滑らせることにより、エンジンとモーターのトルク変動が車両へ伝わるのを防ぎます。このクラッチ②は、主にHEV走行や、低出力のEV走行から最大出力に切り替わるときに作動します。

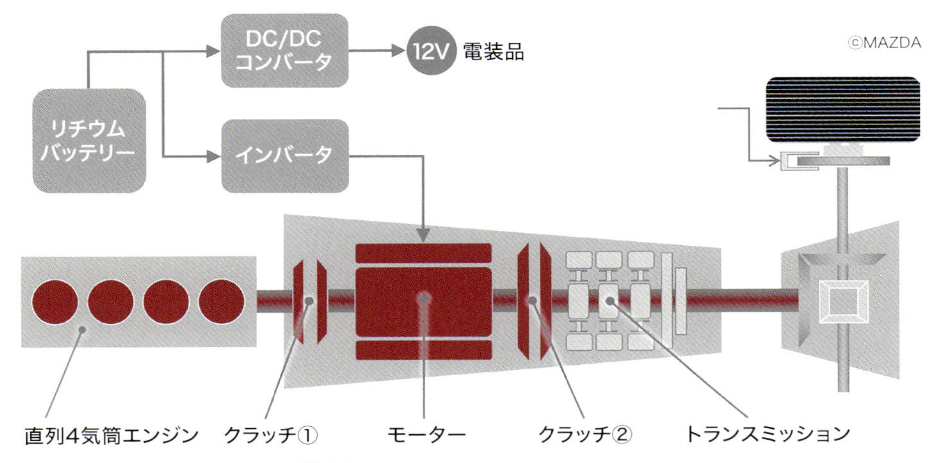

e-SKYACTIV PHEVの概念図

PHEVシステムの概念図。エンジン、クラッチ、モーター、トランスミッションを1軸上に配置。2つのクラッチが低燃費と快適な乗り心地を可能とする。

リチウムイオン・バッテリー

リチウムイオン・バッテリーは、3.7V・50Ahのセルが**96セル直列接続**されています。バッテリーパックの総電圧は355.2V（3.7V×96セル）、総電力は17.8kWh（3.7V×50Ah×96セル）であり、その結果、EV航続距離は75km（WLTCモード）と公表されています。これだけの航続能力があればEVモード（エンジンを使用しないモード）のみでも1日を乗り切れる可能性が高いはずです。

トルコンレス8速AT

8段変速のオートマチック・トランスミッションが滑らかな加速を生む。一軸式の遊星ギヤを内蔵し、湿式の多板クラッチが採用されている。

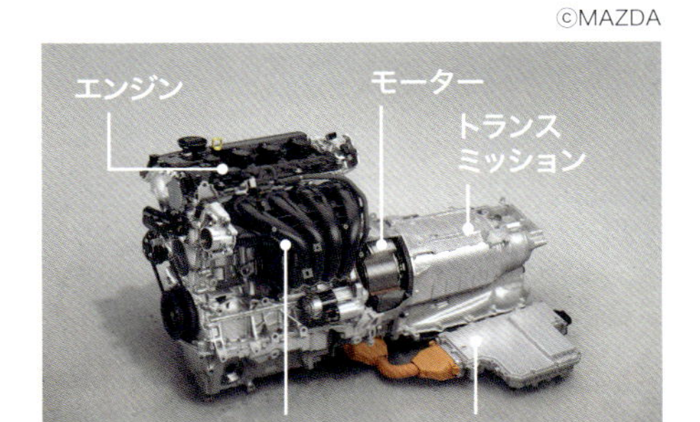

e-SKYACTIV PHEV

薄型の駆動モーターとコンパクトなトランスミッション部がPHEVシステムの小型化と軽量化に貢献。2.5L直列4気筒ガソリン・エンジンを搭載。

5つのドライブモード

走り始めはエンジンを切り離して**EVモード**で走行します。バッテリー残量が減ると**ノーマルモード**に切り替わり、エンジンが始動してHEV走行になります。**スポーツモード**を選択すれば4WDならではの力強くて操舵安定性の高い走りが体感でき、未舗装路や深雪を走行する際に**オフロードモード**を選択すればトラクション（駆動力）重視の特性に変更され、高い走破性が得られます。さらにトレーラーなどを牽引する際にトーイングモードを選択すれば、出力特性が重量増加状態に最適化されます。

4-18 PHEV / PHV（プラグイン・ハイブリッド車）の構造

トヨタ/RAV4 PHV

KEY WORD

- ワンウェイクラッチを装備した「THS II Plug-in」により、発電用モーターを駆動用モーターとしても活用。デュアルモーター・ドライブ・システムを実現。
- 動力分割機構に内装される遊星ギヤが無段変速機の役割も果たす。

THS II Plug-inの搭載

トヨタのRAV4（ラブ・フォー）は2018年に5代目となり、2020年にはPHEV（プラグイン・ハイブリッド車）仕様の「**RAV4 PHV**」がラインナップに加わりました。

同モデルにはトヨタの駆動システム「THS II」（p.128参照）が搭載されていますが、その機構はモーター駆動による走行をメインとするPHEV仕様に合わせ、**THS II Plug-in**として刷新されています。

従来のTHS IIとの主な違いは、エンジンと動力分割機構の間に**ワンウェイクラッチ**を採用した点にあります。これによって**発電用モーター（MG1）**を駆動用モーターとしても活用できるようになり、MG1とMG2（駆動用モーター）の2モーターによる**デュアルモーター・ドライブ・システム**を実現しています。

THS II Plug-inの基本構造は、プリウスに搭載されているTHS IIとほぼ同様です。**動力分割機構**（p.129）の内部には**遊星ギヤ**が装備され、これによってエンジンの出力はタイヤと発電用モーターに分配されます。**発電用モーター**が発電した電力によって**駆動用モーター**が稼働します。

遊星ギヤがMG1とMG2のモーター出力・入力を分割または伝達し、その回転をコンピュータが制御することにより、結果的に遊星ギヤがトランスミッションの役割

©TOYOTA

トヨタRAV4 PHV
四輪駆動仕様のプラグイン・ハイブリッド車。EV走行時の燃料は22.2km（WLTCモード評価）。BEV走行換算距離は95km。

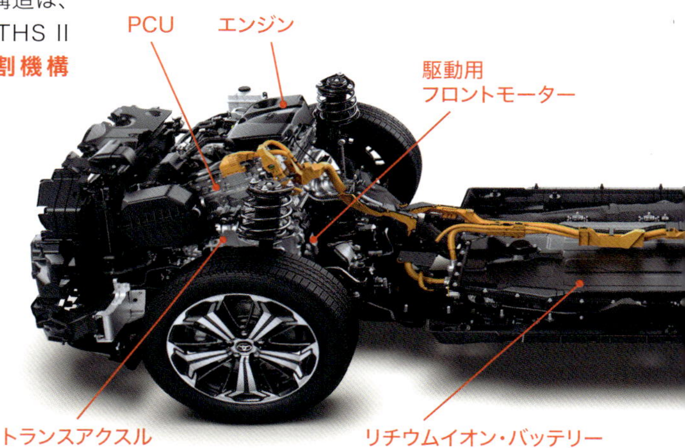

RAV4 PHVの構造
フロントとリアの動力ユニットは機械的には独立しており、電気式4輪駆動方式「E-Four」によって統合管理される。リチウムイオン・バッテリーは96セル仕様。総電圧355.2V、総電力量18.1kWh。
©TOYOTA

を果たします。このシステムは**電気式無段変速機**（**E-CVT**）と呼ばれています。

駆動用モーターの回転は**リダクション・ギヤ**で減速され、その増幅したトルクでエンジンを支援します。また、ユニット化されたこの一連の機構を**トランスアクスル**と言いますが、リダクション機構に**平行軸歯車**を装備することで、同機構は**複軸配置**とされています。つまり、過去のプリウスのTHSではエンジンや2基のモーターが1軸上に配置されていましたが、THS II Plug-inでは駆動用モーター（MG2）を別軸に配置するにより、トランスアクスルが大幅に小型化・軽量化されています。

E-Fourと4つのモード

RAV4は4WD仕様であり、その動力はトヨタ独自の電気式四輪駆動方式「**E-Four**」によって制御されます。前後輪をそれぞれコンピュータで管理し、そのトルク配分を100対0から20対80まで調整。この機能によって車両の挙動はあらゆる状況においても安定し、最善の駆動状態が生み出されています。

RAV4の走行モードは4種あり、一定の状況下で運転手が任意に選択できます。

システム起動時には**EVモード**が自動選択され、モーターのみで走行します。

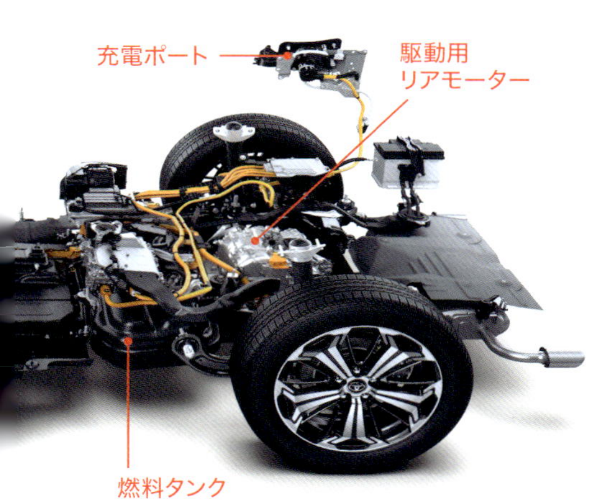

©TOYOTA

A25A-FXSエンジンとトランスアクスル
エンジンは2.5リッターの直列4気筒。右手に接続するトランスアクスルにMG1モーター、MG2モーター、リダクション機構などが搭載されている。

オートEVモード/HVモードでは、主にEVモードをメインにしながら走行。アクセルを大きく踏み込むなど瞬間的なパワーが必要なときにエンジンが始動します。

HVモードでは駆動システムの状態に応じてエンジンが稼働します。バッテリー残量が低下すると自動でHVモードになり、回生ブレーキなどによって充電レベルが回復すると自働でEVモードに復帰、または他のモードへの切り替えが可能になります。

バッテリーチャージモードを選択すると、エンジンで発電した電気によって駆動用バッテリーが充電され、一定の充電が完了すると再びEV走行が可能になります。

充電ポート

©TOYOTA

1500WのAC100Vコンセントが標準装備されているのはPHEVならでは。車両を電源として使用するV2Hにも対応。

アクセサリー・コンセント

©TOYOTA

多くのPHEVモデルでは普通充電のみに対応しているが、それはRAV4 PHVも同様。AC100Vと200Vに対応する。

4-19 充電スタンドと家庭用充電設備

充電施設

KEY WORD

- 公共の充電スタンドでは、普通充電のほかに急速充電が可能。
- 家庭では普通充電が行え、3kW普通充電または6kW普通充電を選択。
- 家庭にEV専用充電器（コンセント）を設置する際は施工業者に依頼する。

どこで充電するか？

BEV（バッテリー電気自動車）や**PHEV**（プラグイン・ハイブリッド車）を充電する場合、公共の**充電スタンド**を利用するケースと、自宅や会社などプライベートな場所に設置した**充電コンセント**を利用するケースに大別されます。

公共の充電スタンドには**普通充電器**または**急速充電器**が設定されています。充電スタンド自体は2024年6月時点で全国に3万1100ヵ所以上あり、うち3分の1に急速充電器が設置されているという統計があります。普通充電器は商業施設、カーディーラー、宿泊施設、オフィスビルの駐車場などに多く設置されています。また、急速充電器は高速道路のSA・PA、商業施設、カーディーラー、コンビニの駐車場、地方自治体の施設などに設置されています。充電スタンドを探す際には「充電スポットMAP」などのアプリが役立ちます。

ⒸTesla

充電スタンド

テスラは急速充電器の専用規格「テスラ」を採用し、専用急速充電器「スーパーチャージャー」を全国に設置。CHAdeMOで充電するにはアダプターが必要。

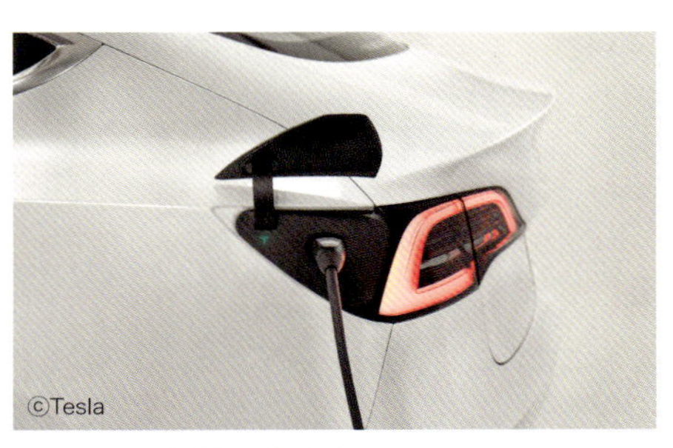

テスラの充電コネクター

日本では急速充電器の規格として「CHAdeMO」が採用されており、海外メーカーの国内仕様モデルの多くはCHAdeMO仕様に変更されている。

充電スタンドの使い方

急速充電器の規格は各国で違い、日本では「**CHAdeMO**」（チャデモ、p.119参照）が採用されています。

公共の充電スタンドを利用するには、基本的に**認証カード**（**充電カード**）をスマートフォンなどで登録します。このカードにはクレジットカード情報も記載します。

認証カードには、各自動車メーカーの**オーナー向けカード**と、「e-Mobility Powerカード」など、誰もが入会できるカードの2種類があります。

ただし、スマホやクレジットカードなどで決済可能な充電器もあります。その場合はスマホなどで登録した際に発行される一時的なパスワードを充電器に入力します。料金はクレジットカード払いが基本であり、現金が使える機器は極めて限られています。こうしたビジター利用の場合には、会員と比べて充電料金が数倍高額になります。

家庭での充電

家庭でEVを充電する場合は**普通充電**を行います。急速充電器は非常に高額なため一般家庭への設置は現実的ではありません。

一般家庭のコンセントには、差込口が2口の**100V**（ボルト）仕様と、エアコン室外機などに使用される3口の**200V**仕様があります。これらに充電ケーブルのプラグを差し込めばEVを充電することは原理的には可能ですが、EVの充電では大電流が長時間流れるため、一般家庭の配電盤やブレーカーの限界を容易に超え、最悪の場合には火災に発展します。そのため施工業者に**EV専用コンセント**の設置を依頼します。この場合、通常のブレーカーとは別の**EV専用ブレーカー**（漏電遮断器）が設置されます。家庭にEV専用充電器（コンセント）を設置する際、3kWまたは6kWを選択します。

通常、**200Vコンセント**で普通充電を行う際には**15A**（アンペア）の電流が流れます。この場合、1時間当たりに3kW（200V×15A＝3000W）の電力をEVに供給（充電）できます。これを**3kW普通充電**と言います。各社のEVモデルに200V仕様の充電ケーブルが多く付属することからも、200Vコンセントの使用が主流だと分かります。

一般家庭の分岐ブレーカー（グループ分けされた個々の回線に対するブレーカー）は20Aですが、EV専用ブレーカーを設置すれば**200Vコンセント**に**30A**の電流が流せるようになり、**6kW普通充電**（200V×30A＝6000W）が可能になります。

それぞれの充電時間を見てみます。40kWhバッテリーを搭載する日産リーフを、バッテリー残量20%から80%を充電するには24kWh（容量40kWh×60%）が必要です。これを単純計算すると、100Vコンセントを使用した場合は16時間（24kWh÷1.5kW）、3kWでは8時間（24kWh÷3kW）、6kWでは4時間（24kWh÷6kW）になります。

一般的な戸建ての**契約アンペア**は40～60Aですが、EV専用充電器を設置する際には現状の契約アンペアを確認し、必要であれば契約を変更します。その際、**夜間割引プラン**などを選択し、夜間にEVを充電することで電気料金を安くします。

©Tesla

家庭用充電施設

家庭用の充電器には、家屋の外壁に設置するウォールボックス式とスタンド式がある。所有するモデルのポートの位置によって設置場所を決定する。

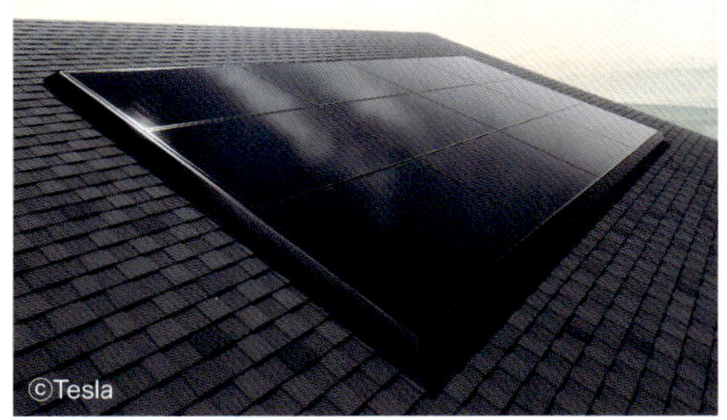

家庭用蓄電池とソーラーパネル

より積極的に再生可能エネルギーを使うプランとして、自宅に家庭用蓄電池とソーラーパネルを設置し、EVを含む機器を総合的に運用する方法もある。

4-20 電動車は本当にエコなのか？

EVの課題

KEY WORD

- バッテリーの**充電時間**が長い、**充電スタンド**が少ないなどの運用上の課題がある。
- **車両価格**や**バッテリー交換費用**が高額で、**車両価値**が下がりやすいという課題がある。
- バッテリー製造時の**CO_2排出量**の多さ、**廃棄の方法**、さらに**電力供給**の課題がある。

EVの運用上の課題

CO_2（二酸化炭素）を排出しないEV（電気自動車）は環境にやさしい乗り物とされていますが、その一方で様々な課題を抱えています。

その筆頭に挙げられるのが、**充電時間**の長さです。エンジン搭載車であれば2～3分で給油は完了しますが、EVでは一定距離走れる状態まで充電するには急速充電でも10分以上かかり、普通充電ではさらに長時間掛かります。とくに1日に数百kmを走行する営業車の場合、この点は大きな障害となり得ます。

充電時間の長さは**航続距離**にも影響します。短時間で給油が完了するのであれば連続航続距離はさほど意識されませんが、充電に時間が掛かるとなると、1回の充電でどれだけ走行できるかが大きな課題となります。また、エンジン車の場合には燃料の残量から残りの走行距離がほぼ見当がつきますが、EVの場合は走行状態や気温などのコンディションによって残りの走行可能距離が大きく変化するため、ドライバーにとっては不安要素となります。ただし、昨今では1回の充電で700km以上走れるBEV（バッテリー電気自動車）も登場しており、この点は解決しつつあります。

充電スタンドの設置数は増加傾向にあり、2024年6月時点で全国に3万1100ヵ所以上ありますが、ドライバーの利便性を考えれば、まだ十分な数だとは言えません。また、充電スタンドの設置には高額な費用が掛かるため、EVの普及が停滞すればその件数は減少する可能性があります。

ガソリン車の場合は、万が一燃欠が起こっても比較的容易に燃料補給できますが、BEVが**電欠**を起こすと再始動に時間が掛かります。JAF（日本自動車連盟）はEV充電対応サービスカーを導入していますが、その台数はまだ多くありません。

運用における課題

- バッテリーの充電に時間が掛かる。
- 走行可能距離が変化する。
- 充電スタンドなどのインフラが十分でない。
- バッテリー切れへの対処が困難。

コスト面での課題

バッテリーの製造コストが高いため、EVの**車両価格**は高額な状態が続いています。そのためEVが本格的に普及するには、もう少し時間が掛かりそうです。

EV購入時には様々な**補助金**が活用できますが、補助金を申請してから振り込まれるまでには1週間ほど掛かるため、購入時にはディーラーが提示する車両価格を用意する必要があります。また、支給を受けてから3～4年の車両保有が義務づけられ、その間に車両を売却すると、補助金を返却する必要があります。こうしたこともEVの普及が伸び悩む理由の1つです。

EVの**バッテリー性能**は徐々に低下していきます。しかし、**バッテリー交換**には高額なコストが掛かります。同じ理由から、**EVの下取り価格**はエンジン搭載車よりも価値が下がりやすい傾向にあります。

コストにおける課題

- 車両価格やバッテリー交換費用が高額。
- 車両を売る際に価値が下がりやすい。

社会・環境における問題

- 電力不足になる可能性
- 使用済みバッテリーの廃棄問題

社会的な課題

大気汚染物質や温室効果ガスなどの**排出ガス**（p.42参照）をほとんど出さないという点においては、EVは環境にやさしい乗り物だと言えます。しかし、その製造や廃棄、電力消費など、EVのライフサイクルを考慮した場合には、EVにおける他の社会的課題が見えてきます。

純エンジン車の場合、車両を廃棄する場合には素材ごとに分けられ、その多くは再利用されています。しかし、EVが搭載するバッテリーは、その有効な**廃棄方法**がいまだ確立されていません。また、バッテリーの製造時には多くの**CO_2**が発生することにも対処する必要があります。

EVの**消費電力**も大きな課題となっています。とくに日本は欧米の諸外国と比べて**火力発電**の比率が非常に高く、2023年度データでは全体の67%を占め、また石炭による発電も約28%となっています（※1）。これでは車両のCO_2をゼロにしても意味がありません。

2023年以降、日本において**原発**の再稼働が一部ではじまっていますが、**パリ協定**における日本の目標値、2035年までの完全EV化を実現するには、明かに発電施設が不足しており、**電力不足**になると予想されています。これらの課題を克服するためには、**ライフサイクル・アセスメント**（**LCA**、p.47）を十分に考慮する必要があります。

※1／環境エネルギー政策研究所データ（2024年6月10日公表の速報値）

COLUMN 4

テスラ車のOTAシステムと

イーロン・マスク氏がCEOを務めるテスラ（本社：米国カリフォルニア州）は、これからの自動車の姿や、今後進むべき方向性を過去10年にわたって示唆してきました。テスラ車は「走るスマホ」とも表現され、システムを随時更新しながら機能を改善し、性能を向上させています。システムのアップデートは、ワイヤレス・アップグレード機能「OTA」（Over The Air）を介して行われます。

「モデル3」が販売された2017年当初、同モデルの制動距離（ブレーキ踏んでから止まるまでの距離）が長いという指摘がありました。これに対してテスラ社は、数日のうちにパッチ（プログラムの一部を修正するファイル）をOTA経由で配布し、制動距離を6m短縮して対処しています。

2023年には、テスラ車に装備される「オートパイロット」のドライバー警告が不適切だと国家道路交通安全局（NHTSA）が指摘したことにより、大規模なリコールが発表されました。しかし、テスラ社はこれに対してもOTAによるソフトウェアの更新だけで対処しています。OTAは機能改善だけでなく、ユーザーが選択可能なオプション機能に対しても使用されています。

OTAという双方向通信機能を使用して、車載ソフトウェアを更新できる車両をSDV（Software Defined Vehicle）と言います。“Defined”とは「定義」を意味します。SDVのプログラムを更新するには、相互に連携した複数の車載ECU（p.116）のプログラムを更新する必要がありますが、その作業を遠隔操作できるのがSDVです。

イーロン・マスク氏は宇宙開発企業スペースX社の創業者でもあり、その技術をテスラに活かすことも視野に入れています。

スペースXの通信衛星「スターリンク」

©Tesla

テスラ・モデルX

他のテスラのモデルと同様に、オートパイロット・システムを搭載。OTA経由のソフトウェア・アップデートで機能改善やオプション機能の追加が可能。

©Tesla

テスラが搭載するECUとMCU

上はオートパイロット用ECU。CPU（中央演算処理装置）とGPU（画像処理演算装置）を各1基搭載。下は運転席コンソール用MCU（マイクロ制御装置）。

スターリンク衛星

©Tesla

周辺状況をすべてコンソールに表示

テスラのモデルにはLiDARは使用されず、カメラとセンサーからの情報がコンソールに表示される。

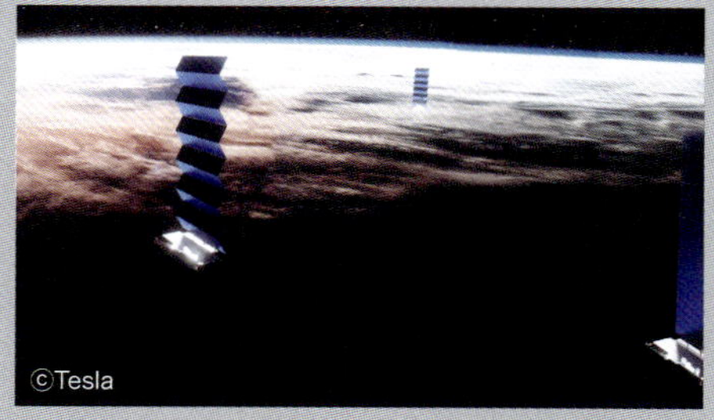

©Tesla

低軌道を航行するスターリンク衛星

地球全体を網羅するように複数の軌道上を6000機以上のスターリンク衛星が航行している。

©Tesla

新型スターリンク衛星「V2 mini」

2023年から打ち上げ開始。スマホとの直接通信を考慮し、従来機よりも大型のアンテナを搭載。

は、地球周回軌道上に大量に打ち上げられた小型の通信衛星に、ダイレクトにアクセスする高速インターネット・サービスです。

過去の通信衛星には「静止衛星」が多く使用されてきました。赤道上の高度3万6000kmの軌道に人工衛星を配置すれば、衛星が地球を周回する速度と、地球の自転速度が同じになり（同期）、地上からは静止して見えます。この静止衛星を介せば、常時通信することが可能となります。

しかし、軌道高度が高い静止衛星の場合、通信のレイテンシー（遅延率）が高くなります。そのためスターリンクでは、主に高度350kmの低高度の軌道に衛星を投入することで通信速度を格段に速めています。静止衛星までの往復距離が7万2000kmに対し、スターリンクは700km。この差は通信速度に反映されます。

ただし、軌道高度の低いスターリンク衛星は約90分で地球を一周します。これでは地表の特定位置を数分で通り過ぎてしまい、短時間しか通信できません。この問題を解消するためにスターリンクでは大量の衛星を打ち上げ、常時上空に衛星がある状態を作り出しています。スターリンク衛星は2025年2月時点で6000機以上が軌道上にあります。こうした衛星システムを「コンステレーション（星座）衛星」と言います。

スターリンクの地上用アンテナには一定の大きさが必要なため、2024年時点ではトラック以下の移動体には搭載されていません。しかし、スマホでの衛星直接通信サービスも実現しつつあるなかで、テスラにもこの高速回線システムを活用する構想があります。これが実現すれば自動車は外部システムとさらに豊かなデータをやり取りすることになり、自動運転をはじめとした革新的な機能を、より精度高く運用することが可能になるでしょう。

COLUMN 5

ウーブン・シティの自動運転

トヨタ社は静岡県裾野市に実証都市「ウーブン・シティ」を建設しています。この街ではモノとヒトの移動や、情報やエネルギーとの連携に関する実証を行う予定であり、自動運転車やロボット、住宅などをインターネットなどでつなぐことによって、快適かつ利便性の高い街づくりを実現しようとしています。

エリア内では様々な実証実験が行われます。自動車に関するプログラムとしては、自動運転システムを搭載したBEV（バッテリー電気自動車）である「e-Palette」（イー・パレット）を使用したバス運行サービスの実施や、自動運転サービス技術の研修、小売業者による自動移動販売サービスなどが予定されています。その他にも、スマホのアプリと配送ロボットを連携させ、街中のモノの移動を支援するサービスも行われます。

これらの実証試験で得られたデータを集積するとともに、利用者である住人からの意見を調査することによって、自動車だけでなく、街全体の在り方を検証しようとしています。

ヒトが住む未来実証都市

場内には道路や広場、店舗、オフィス、住宅などが整う。「ウーブン」とは織物を意味し、トヨタグループが織機の製造からはじまったことに由来している。

©TOYOTA

トヨタのe-Palette（東京2020仕様）

自動運転車両「e-Palette」はカメラやセンサーを搭載しつつ外部システムとも連携。写真は東京オリンピック仕様。

©TOYOTA

ウーブン・シティ全景

ウーブン・シティは2020年末に閉鎖されたトヨタ社の東富士工場跡地に建設中。富士山を間近に眺望できる好立地。

©TOYOTA

第5章

エンジンの構造

Engine Structure

第5章 エンジンの構造
Engine Structure

レシプロ・エンジン
（写真はディーゼル・エンジン）
›››
p.148
p.150
p.152

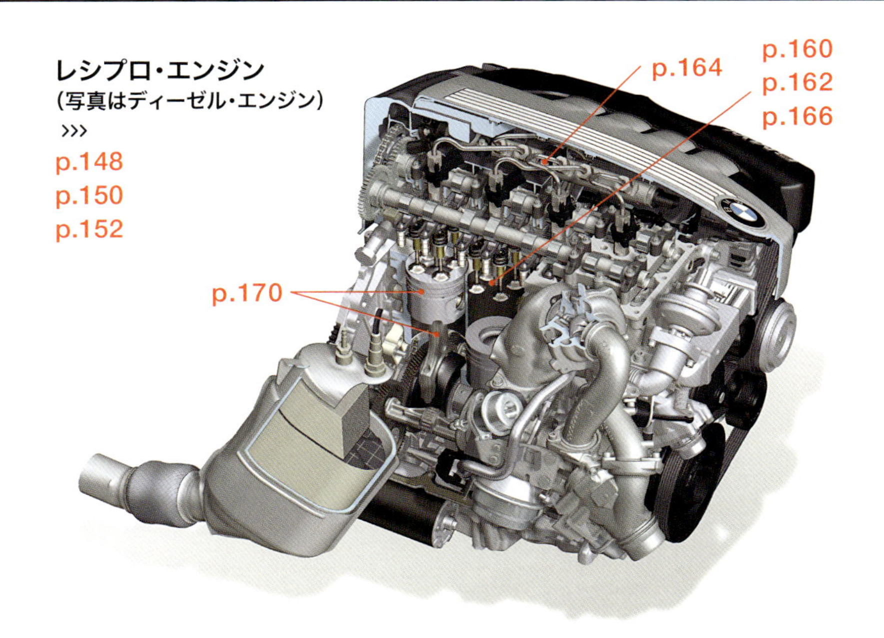

近年のエンジンでは、高い出力とトルクを獲得すると同時に省燃費を実現するため、
シリンダーにおける方式圧縮、燃料噴射システム、バルブシステムなどのほか、
各部位の設計や素材に様々な工夫が凝らされています。

シリンダー周り

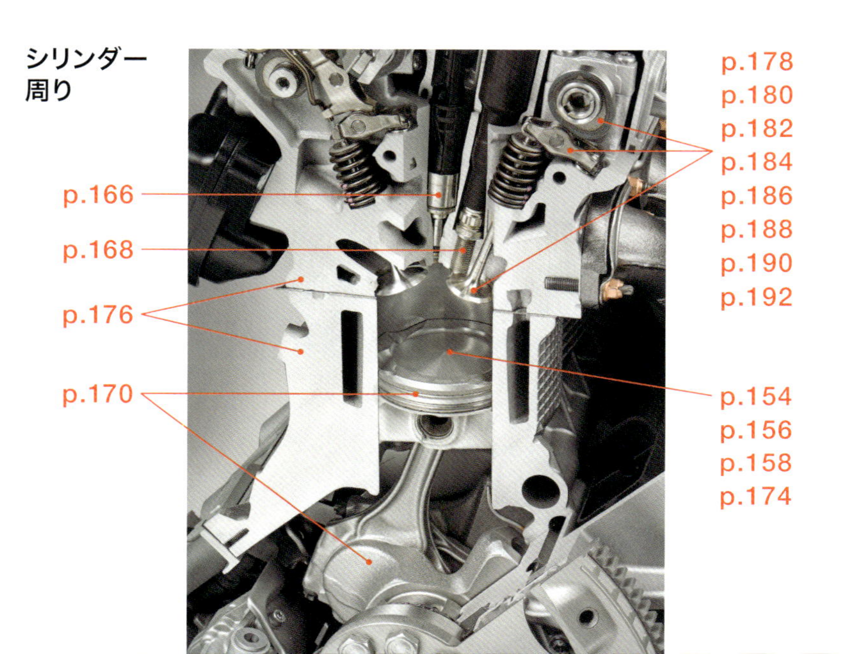

5-01

エンジンの基本特性を決定するボアとストローク

レシプロ・エンジンの概要

KEY WORD

- エンジンとは、化学エネルギーを熱エネルギーから運動エネルギーに転換する装置。
- シリンダー内径をボア、ピストンが上下する距離をストロークと言う。
- エンジンの排気量は「ボア半径×ボア半径×ストローク×気筒数」で算出する。

エネルギーを転換する装置

自動車に搭載されるエンジンは、エンジン内部で燃料を燃焼させることで力を発生させることから**内燃機関**と呼ばれます。また、燃料の燃焼によってピストンを往復（reciprocate）させる仕組みを持つことから、**レシプロ・エンジン**とも呼ばれます。

現在市販されているエンジンの燃料には、主に**ガソリン**、**軽油**、**水素**などが使用され、それら使用燃料の違いによってガソリン・エンジン、ディーゼル・エンジン、水素エンジンなどと呼ばれます。水素エンジンの場合は、現行の市販車モデルには圧縮された気体の水素が使用されていますが、よりエネルギー密度の高い液体水素を使用するエンジンの開発も進められています。

エンジンは、**化学エネルギー**である燃料を**熱エネルギー**や**運動エネルギー**に転換する装置だと言えます。つまり、化学エネルギーをシリンダー内で燃焼させ、まずは熱エネルギーに転換します。シリンダー内で膨張する熱エネルギーによってピストンを往復運動させ、その往復運動をクランクシャフトの回転運動に転換することにより、ホイールを回転させる力を取り出します。

レシプロ・エンジン車の種類

内燃機関自動車 (Internal Combustion Engine Vehicle, ICEV)	
種別	燃料
ガソリン・エンジン車	ガソリン
ディーゼル・エンジン車	軽油
水素エンジン車	水素・液体水素

エンジンと種別名は使用燃料によって変わる。水素エンジンの場合は気体の水素と液体水素が使用される。

ボアとストローク

シリンダー内には混合気や空気が充填されることから**気筒**とも呼ばれます。オートバイなどではこの気筒を1つしか持たない単気筒エンジンも存在しますが、現行の自動車のエンジンの場合はシリンダーを複数持つ多気筒エンジンが搭載されています。搭載する気筒の数によって４気筒エンジン、6気筒エンジンなどと呼ばれます。

シリンダーにおける内側の直径を**ボア**（シリンダー内径）と言います。また、その中を上下するピストンの上面がもっとも上にある位置を**上死点**、もっとも下にある

化学エネルギー ・ガソリン ・軽油・水素など	⇨	熱エネルギー ・シリンダー内での 混合気の爆発	⇨	運動エネルギー ・ピストンの往復運動 ・クランクシャフトの回転運動

レシプロ・エンジンのエネルギー転換

レシプロ・エンジンでは化学エネルギーである燃料を圧縮によって熱エネルギーに転換。その爆発・膨張の力によってピストンの往復運動に変える。さらにその往復運動をクランクシャフトの回転運動に変えることで出力を取り出している。

©MAZDA

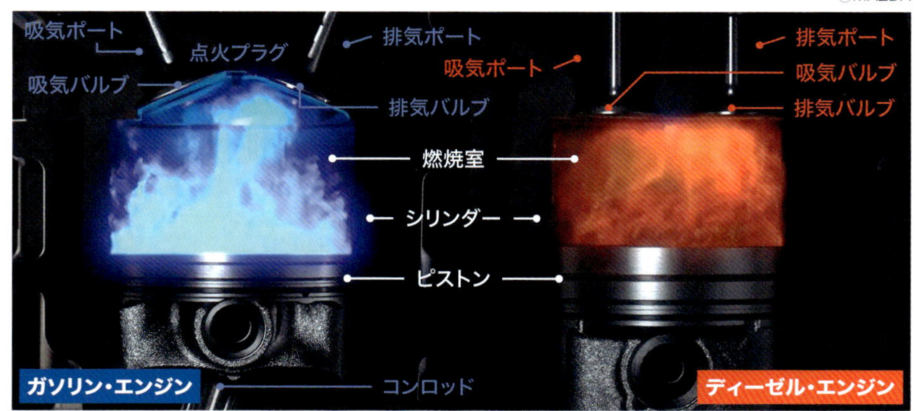

レシプロ・エンジンの燃焼室
燃焼室内に送り込まれた混合気が爆発した際の様子。その膨張力によってピストンが下死点まで押し下げられる。ガソリンや水素を燃料とするエンジンでは点火プラグによって着火されるが、軽油は圧縮するだけで自然発火する。

位置を**下死点**と言い、上死点から下死点までの距離を**ストローク**（ピストン行程）と言います。燃焼が行われる空間が**燃焼室**であり、燃焼室の容積（**行程容積**）はピストンの位置によって変化します。

エンジンの性能・特性を表す値として**ボア・ストローク比**があります。これは「**ストローク÷ボア**」で表されます。

ボア・ストローク比の値が1対1の場合はスクエア・ストローク、1よりも小さくて円筒が短いものはショート・ストローク、1よりも大きくて円筒が長いものはロング・ストロークと呼ばれます。

また、ピストンが下死点にあるときのシリンダー内（燃焼室）の最大容積は、「**ボア半径×ボア半径×ストローク**」で算出できますが、この値に気筒数を掛ければ、そのエンジンの**総排気量**が算出できます。

ボア・ストローク比や排気量などの諸元（スペック）は、エンジンの特性を大きく左右することから特に重要視されます。

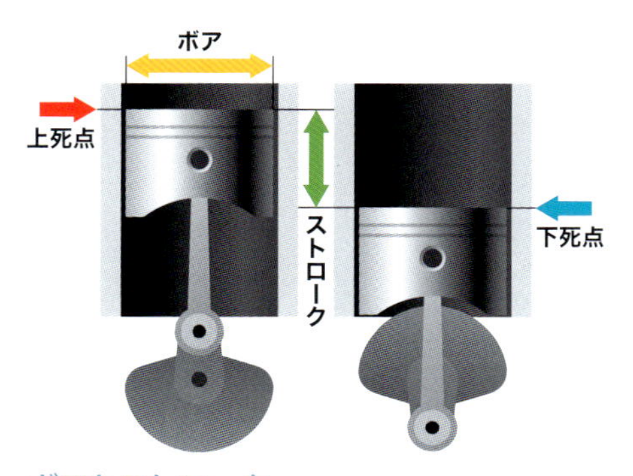

ボアとストローク
ボアとはシリンダー内径（直径）のこと。ピストンの上死点と下死点の距離をストロークと言う。ボアとストロークの数値がエンジンの特性を大きく左右する。

燃料による構造の違い

エンジンの基本原理はどの燃料を使用していても同じですが、ガソリン・エンジンや水素エンジンと違い、ディーゼル・エンジンには点火プラグがありません。

ガソリン・エンジンや水素エンジンの場合には、燃料と空気による混合気をピストンによって燃焼室内で圧縮し、その混合気に点火プラグによって着火することで燃焼させます。一方、ディーゼル・エンジンの場合は、ガソリン・エンジンなどよりも強い力で空気を圧縮し、そこに噴射した軽油を自然発火させることで爆発させます。そのためディーゼル・エンジンは一般的に、他のタイプのエンジンよりも堅牢性が求められ、重量が重くなる傾向にあります。

5-02 エンジンがもっとも効率良く回るスイートスポット

燃費

KEY WORD

- トルクと出力と回転数の関係性における燃費は燃費等高線で表すことができる。
- 燃費等高線で台風の眼のように描かれる部分は燃料消費率がもっとも低い条件を示す。
- トランスミッションで最適なギヤレシオを選択することにより燃料消費率を低減できる。

燃費を示す等高線

エンジン特性を計るものとしてもっとも注目される指標の1つが**燃費**です。

下のグラフは、左側の縦軸にエンジンのトルク（N・m）、右の縦軸にエンジン出力（kW）、横軸に回転数（rpm）を表していますが、この図によって、エンジンがどんな運転状態にあるときにもっとも燃費が良くなるかを知ることができます。

車両が停止している状態からアクセルを踏み込み、スロットル・バルブを全開にしたときに得られるトルクの最大値が**トルク曲線**として描かれています。それは、そのエンジンまたは車両モデルが発揮し得る性能の最大値を表します。

ただし、ドライバーは常に「ベタ踏み」をするわけではないので、同じエンジン回転数であってもスロットル・バルブの開度は様々な状態にあります。その結果として、スロットル・バルブが絞られた状態では燃料の流量は少なくなり、燃費が良い傾向になります。逆にスロットル・バルブが開かれた状態では燃費は悪くなります。

©MAZDA/EPA

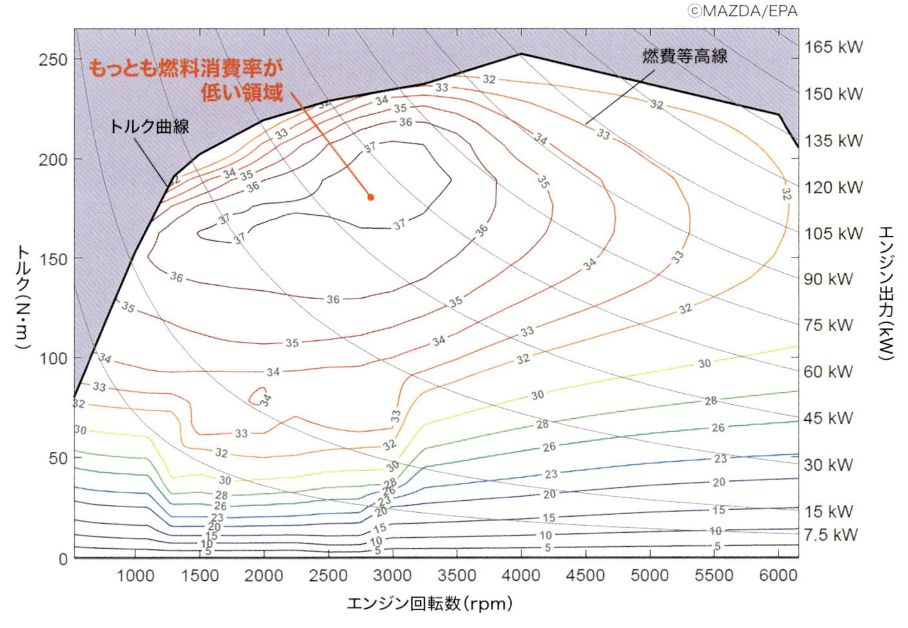

燃料消費率の等高線 マツダの2.5リットルエンジン「スカイアクティブG」のグラフ。燃費等高線にある数値は「正味燃料消費率」（BSFC）を意味し、1馬力の仕事を1時間続けたときに消費する燃料を重さ（グラム）で表した指標。単位はg/kWh。

左下のグラフでは、トルクと出力と回転数の一定の関係性における燃費の状態を**燃費等高線**によって示しています。左上の台風の眼のように描かれた部分は、そのエンジンが一定の出力を発揮するために必要とされる燃料の量（**燃料消費率**）がもっとも少ないことを表しています。

つまり、その領域でトルク、出力、回転数がバランスするとき、**燃焼効率**はもっとも良くなり、燃費も向上します。逆に、その等高線の中心から遠ざかるにつれて燃費は低下していきます。このグラフは個々のエンジンや車両によって変化し、その性能の指標となります。

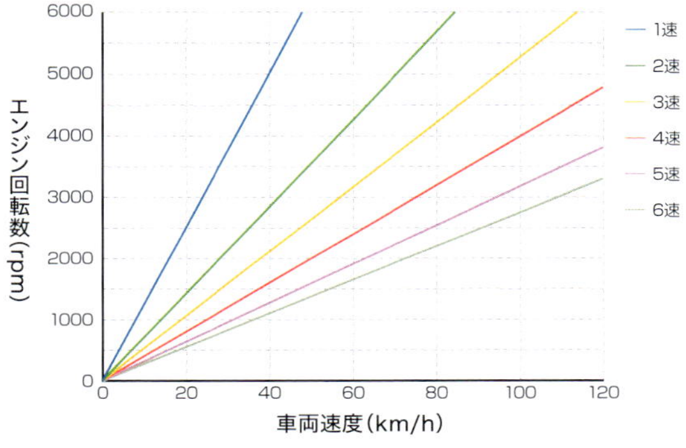

ギヤレシオにおける回転数と車速

トランスミッションの各段数（ギヤレシオ）におけるエンジン回転数と車両速度の関係を示したグラフ。

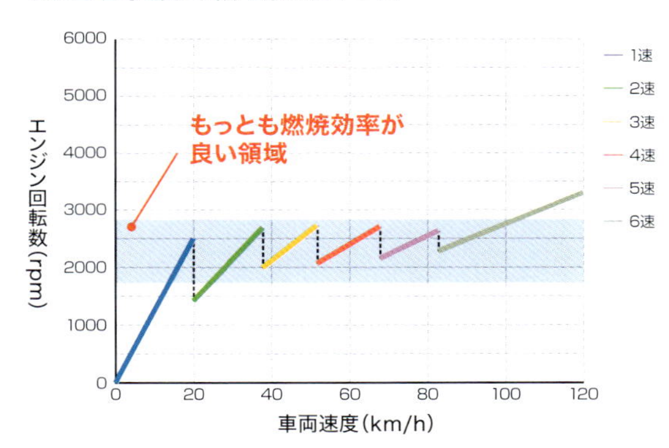

変速機を使用した場合の回転数と車速

トランスミッションの段数を変化させ、最適なギヤレシオにすることで、どの速度域においても理想的な燃焼効率で運転できる。

トランスミッション

エンジンをもっとも効率良く、燃費の良い状態で運転しながら、ドライバーが望む速度を得るために、エンジン車は**トランスミッション**を搭載しています。

トランスミッションには歯数の違う複数のギヤが内装されています。エンジンにおける一定の回転数を、そのギヤで変化させることによって、同じエンジン回転数でありながら、ホイールの回転数を変化させることができます。それぞれのギヤは**段数**と呼ばれます。段数を変化させることにより、エンジンにつながる歯車との比率である**ギヤレシオ**を変化させます。

トランスミッションは、運転手が手動で切り換えるマニュアル・ミッションと、自動で変化させるオートマチック・トランスミッションに大別でき、現行のエンジン車には主に多段式や、ギヤレシオが連続的に変化する無段式などが採用されています。

右上のグラフは6速のトランスミッションにおけるエンジン回転数と車両速度の関係を表していますが、例えば1速だけを使用した場合、エンジン回転数を上げても車両速度は十分に上がらず燃費は悪化します。そのため一定速度に達したらギヤの段数を上げ、より燃料効率の良い領域でエンジンを稼働します。また、ギヤレシオの低い6速でドライブすれば、エンジンが低回転でも速い車両速度に対応でき、燃費を向上させることが可能になります。

このように、必要とされるトルクと車両速度に合わせ、適切な段数でドライブすることで、燃焼効率が良い領域でエンジンを運転することが可能になります。

5-03

燃料が持つエネルギーの多くは捨てられている

エンジンの熱効率と損失

KEY WORD

- 車両の動力として活用されるエネルギーは熱効率と呼ばれる。
- 熱効率となるエネルギー以外は、様々な形の損失となって捨てられている。
- 熱効率は一般的に20〜35%程度、上限は40%前後と言われ、52%を達成した研究事例もある。

エネルギーの損失とは？

高効率なエンジンとは、エネルギーの**損失**が少ないエンジンだと言えます。つまり、燃料を燃やすことで得られる熱エネルギーを、いかにロスせず、効率的に運動エネルギーに変えるかが、エンジンを開発する際の重要課題となります。

しかし、市販車に搭載されているエンジンは、燃料が本来的に持つエネルギーの約20〜40%程度しか活用できておらず、それ以外のエネルギーは何らかの形で失われています。様々な形で発生するそれらの損失を差し引き、走行のために活用される熱量の割合を**熱効率**と言います。

一概には言えませんが、近年の市販車における熱効率は、一般的には20〜35%程度、上限は40%前後とも言われています。

損失の種類

排気損失は、排気ガスとして捨てられる熱エネルギーや圧力の損失を意味します。一般的に排気ガスは吸気よりも温度や圧力が高く、燃焼室や排気システムから熱と圧力が逃げやすい状態にあるために発生します。排気損失は全損失のなかで大きな割合を占めています。

冷却損失は、燃料が燃えることで得られる熱エネルギーが、運動エネルギーに転換されずに捨てられていることを意味します。燃焼室やシリンダーなどは過熱状態にならないよう、冷却システムによって放熱されていますが、それによって冷却損失が発生します。

ポンプ損失は、空気や混合気をシリンダー内に呼び込む吸気行程の際、ピストンが

エンジンの熱効率と損失

燃料が持つエネルギーを100%とした場合、車両を動かすために活用される熱効率は非常に限定されており、それ以外のエネルギーは様々な損失として捨てられている。この図はそのエネルギー配分を示したもの。

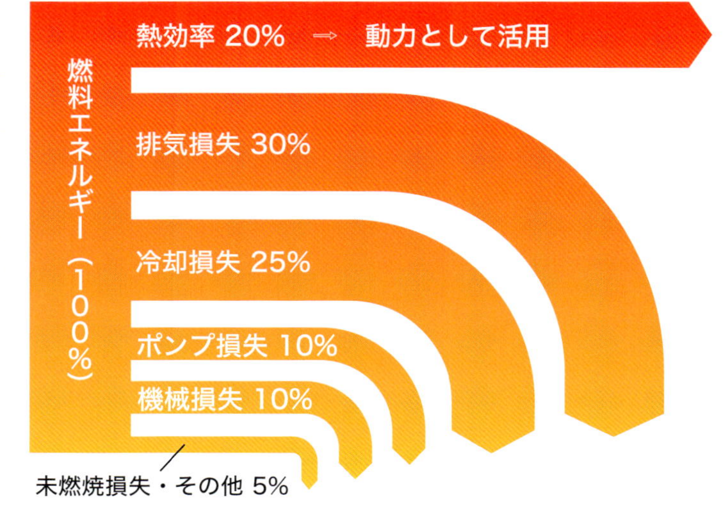

下死点に向かうときに気圧による抵抗が発生します。これをポンプ損失、または**ポンピングロス**と言います。このポンプ損失は、ガソリン・エンジンではスロットル開度を絞ると増大します。

また、エンジンの排気行程においては、ピストンが上死点に向かい、排気ガスをシリンダー内から追い出すときに抵抗が発生しますが、これもポンプ損失に含まれます。

機械損失は、エンジンが運転する際に部品の摩擦によって発生します。これは**摩擦損失**、**フリクション**とも呼ばれ、主にピストンやコンロッド、カム、クランクシャフトなど、回転または往復運動するパーツで発生します。

これらの損失の発生状況を表したのが右図です。各メーカーが燃焼効率を追求し、工作精度を高め、ときにまったく新しいエンジン・システムを生み出すのは、すべてこれらの損失を低減するためと言えます。

また、割合は少ないものの上記以外の損失もあります。シリンダー内に入ったものの、結果的に燃焼されずにそのまま排気される燃料によって**未燃損失**が生まれ、エンジン周辺機器を駆動する際には**補機駆動損失**が発生します。

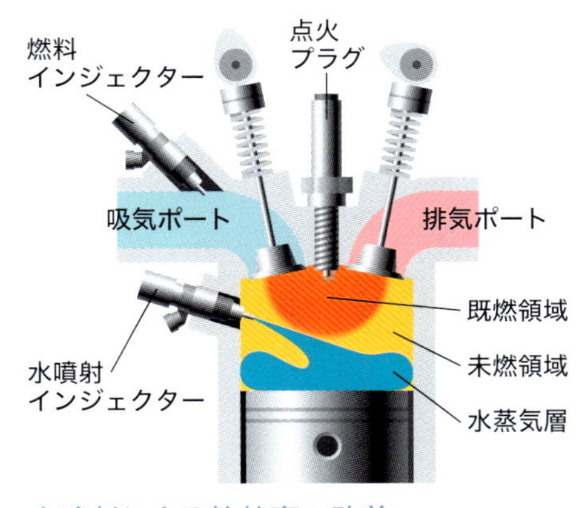

水噴射による熱効率の改善

東京工業大学（現・東京科学大学）が発表した超希薄燃焼エンジンの概念図。下層域に水を直接噴射することで冷却損失を低減。ノッキングの防止効果も実現。

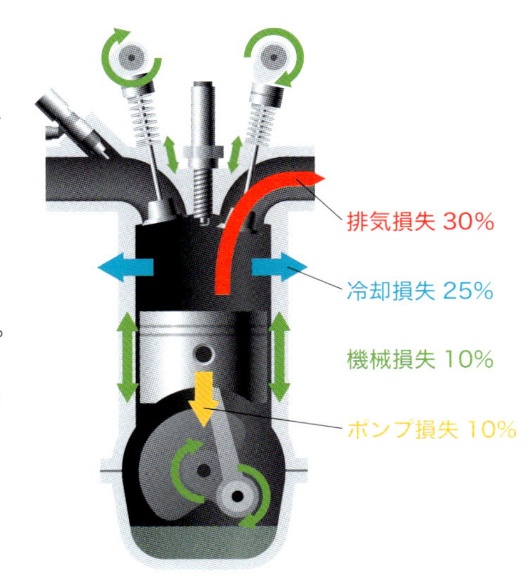

損失の発生箇所

この事例では、排気ポートから熱や圧力が逃げることで発生する排気損失と、熱エネルギーの冷却で生まれる冷却損失が全体の55%を占める。

損失を減らすために

熱効率を上げる研究は様々な機関が行っていますが、ここでは東京工業大学が2020年に発表したガソリン・エンジンを紹介します。このエンジンでは熱効率を52%まで高めることに成功しています。

この研究は主に冷却損失の低減を目的にしたものです。市販エンジンには吸気ポート内に、混合気とともに微量な水を噴射するものがあります。これは燃焼室内の温度を下げ、排気ガスの発生を低減し、燃費を向上させるためのシステムです。

しかし同大学では吸気ポート内ではなく、燃焼室の下層域に水を直接噴射するシステムを開発。この画期的な方式によって良好な燃焼が維持でき、水による冷却効果も得られるとともに、ピストン近辺の未燃領域で発生しがちなノッキング（p.155参照）や、ピストン表面から外部への冷却損失を大幅に低減できるとしています。同大学ではこの方式を**超希薄燃焼**と呼んでいます。

5-04 圧縮比の基本と異常燃焼が発生する理由

圧縮比

KEY WORD

- 圧縮比とは、シリンダー内の最大容積と、圧縮時の容積の比率を意味する。
- 一般的に圧縮比が高いと混合気の燃焼や膨張が高まり、エンジン効率が向上する。
- 燃焼室内の意図しない自然発火によってノッキングやプレ・イグニッションが発生する。

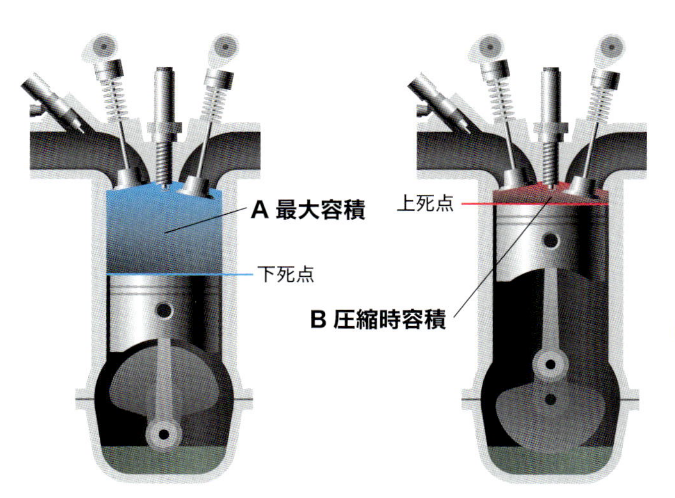

最大容積÷圧縮時容積

圧縮比とは、ピストンが下死点にあるときのシリンダー容積を、上死点にあるときの圧縮時容積で割った値。圧縮比が高いほど燃焼効率が良くなるが、負荷が高まり支障が起こる可能性も。

圧縮比の基本

圧縮比とは、ピストンが下死点にあるときのシリンダー内の最大容積と、ピストンが上死点にあるときの圧縮時の容積の比率を意味します。

ピストンが下死点にあるときのシリンダーの最大容積は、単に**シリンダー容積**と呼ばれます。また、ピストンが上死点にあるときのシリンダー内の空間は、とくに**燃焼室**と呼ばれます（※1）。それに基づけば、

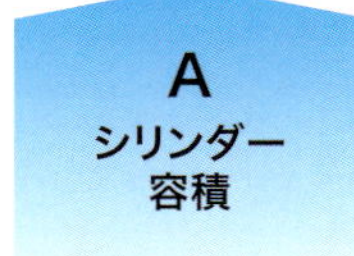

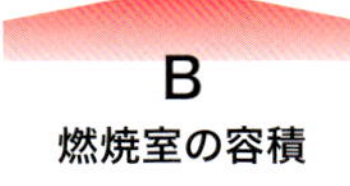

上図からシリンダー容積（A）と燃焼室の容積（B）だけを取り出して比較。シリンダー内に呼び込まれた混合気が、いかに圧縮されるかが理解できる。

圧縮比は「シリンダー容積÷燃焼室の容積」と表すことができます。

圧縮比は「14：1」、または「14÷1」などと表記されます。この場合はどちらもシリンダー容積が14に対し、燃焼室が1であることを表しています。カタログなどで圧縮比は「CR」と表記されることもあり、これは“Compression Ratio”を意味します。

ちなみに、シリンダー容積から燃焼室の容積を引いた値が、**1気筒当たりの排気量**となります。その排気量に気筒数（シリンダーの数）を掛け合わせれば、そのエンジンの**総排気量**を算出できます。

圧縮比はシステムによっても異なりますが、ガソリン車の場合には「10：1」から「12：1」、ディーゼル車では「14：1」前後が一般的で、スポーツモデルのほうが高く設定される傾向にあります。

ただし、ターボチャージャーなどの過給機（p.208参照）を搭載する場合には、すでに燃焼室内の気圧が高い状態にあるため、一般的には「9：1」以下に設定される傾向にあります。

※1／一般的にはピストンが下がった状態でも「燃焼室」と呼称される場合がある。

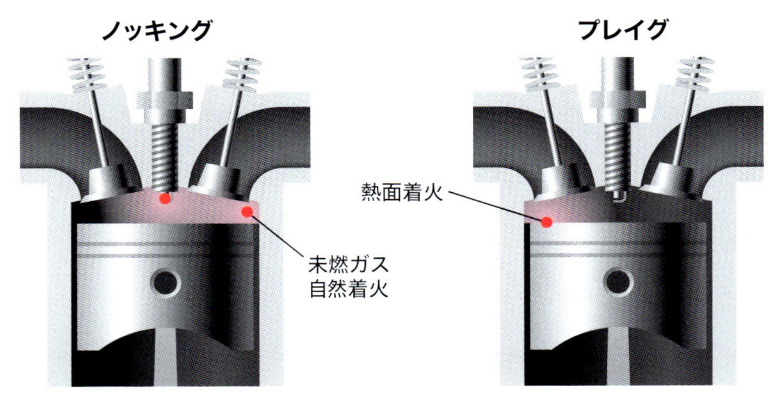

ノッキングとプレイグ　ノッキングとは燃焼室内で発生する意図しない自然着火のこと。ガソリン車では、点火プラグによる着火とは違う部位で、未燃ガスが遅れて自然着火する。また、点火プラグによる着火よりも先に未燃ガスが自然着火する症状をプレ・イグニッション（プレイグ）と言う。

圧縮比と異常燃焼

圧縮比が高ければ混合気の燃焼や膨張が高まり、エンジン効率が良くなります。ただし、圧縮比が高いと、燃焼室内で異常燃焼が発生する可能性が高まります。

ノッキングとは燃焼室内で発生する意図しない自然発火のことで、ガソリン車とディーゼル車ではその内容に違いがあります。

ガソリン・エンジンでは、混合気が点火プラグで点火されることによって燃焼・膨張行程がはじまります。通常の燃焼では、点火プラグの周辺から混合気の燃焼が始まり、それが燃焼室内全体に広がっていきます。しかし、圧縮比が高く、燃焼室内の温度が過熱した状態にあると、点火プラグによって広がる燃焼とは違う部位で、未燃ガスが自然着火し、そこからも燃焼・膨張がはじまることでノッキングが発生します。

ノッキングが発生すると、複数の膨張がぶつかり合う結果、シリンダー内で衝撃波が発生するとともに甲高い音が起こり、エンジンがスムーズに回らず、ピストンなどが損傷する場合があります。

ディーゼル車におけるノッキングは**ディーゼル・ノック**とも呼ばれます。点火プラグを持たないディーゼル車では、正常な燃焼・膨張行程においてもノッキングが発生します。軽油は噴射されてから発火するまでに時間が掛かりますが、それが過度に遅延すると後から噴射された燃料と一緒に燃えることによってノッキングが発生します。

ノッキングが起こる原因としては、圧縮比が高い以外に、外気温が高い、点火プラグが劣化している、ピストンに付着したカーボン（煤）が火種になっている、などが考えられます。燃料のオクタン価が低い場合も発生しますが、国内で販売されるガソリンにおいてそのケースは低いようです。

また、近年のガソリン・エンジン車は**ノッキングセンサー**を搭載しており、ノッキング特有の振動が発生すると、点火タイミングを遅らせ、その発生を自動的に抑えます。しかし、その場合は適切な点火タイミングでドライブされておらず、燃焼効率や燃費が悪化するため、根本的な対処をする必要があります。

ノッキングは点火プラグの着火の後に発生しますが、着火以前に意図しない燃焼が起こることを**プレ・イグニッション**、または略して**プレイグ**と言います。その発生は、やはりシリンダー内に付着したカーボンが原因となるケースが多く、プレイグがノッキングを誘発するケースもあります。

5-05 ピストンの上死点と下死点を可変し、圧縮比を変える

可変圧縮比システム

KEY WORD

- 日産のVCターボエンジンは、可変圧縮比システムを搭載した世界初のエンジン。
- 同システムでは圧縮比を8：1から14：1の間で、連続的に無段階で変更可能。
- 運転状況に合わせて圧縮比を可変することにより低燃費とハイパワーを同時に実現。

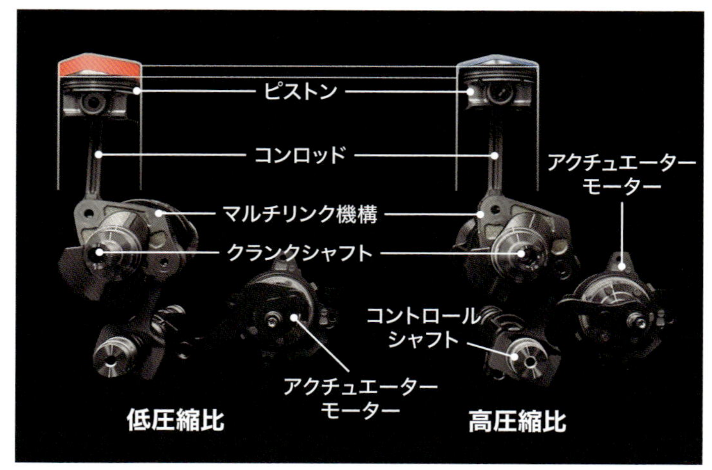

上死点における圧縮比の違い

VCターボエンジンのシステム概念図。従来エンジンのコンロッドとクランクシャフトの間にマルチリンク機構を介することで、ピストンの上死点位置をシフト。これにより圧縮比を無段階に可変させることが可能。図の赤が低圧縮、青が高圧縮を示す。

©Nissan

ピストンをずらす

通常のエンジンでは、ピストンとクランクシャフトがコンロッドによってダイレクトに接続されているため、圧縮比を変えることはできません。しかし近年では、圧縮比を機械的に可変できるエンジンも登場しています。

上図は日産の「**VCターボエンジン**」の概念図です。名称にある「VC」は、バリアブル・コンプレッション（Variable Compression）を意味します。同システムは日産が世界ではじめて量産化に成功した独自システムであり、国内販売モデルとしてはエクストレイルなどに搭載されています。

このVCターボエンジンではコンロッドとクランクシャフトを、**マルチリンク機構**を介して接続し、そのリンク機構の角度をアクチュエーター・モーターで可変することによって、ピストンとクランクシャフト間の距離を変化させます。

この機構によってピストンの上死点と下死点の位置を可変することができ、その結果、圧縮比を8：1から14：1の間で、連続的に無段階で変更します。

上図の右はピストンの上死点の位置が高いため燃焼室の容積が小さく、高圧縮比な状態にあり、燃費を優先する際のセッティングと言えます。一方、左図は燃焼室の容積が大きく、低圧縮比の状態にあり、パワーを優先した運転時のノッキングの発生率を下げます。

従来のエンジンでは、低燃費と高出力はトレードオフの関係にありますが、このVCターボエンジンでは、ドライビング状況に合わせてエンジンの圧縮比を可変することにより、低燃費とハイパワーを同時に獲得することに成功しています。

圧縮比可変の行程

右の上図は、VCターボエンジンにおいて高圧縮比な状態を示しています。

右側にあるアクチュエーター・モーターが回転すると、中央下のコントロール・シャフトが傾き、クランクシャフトとコンロッドを連結するマルチリンク機構の角度が変わります。これによってピストンのストローク位置が上方へシフトし、その結果、燃焼室が狭くなり、圧縮比が14：1と高くなります。

こうして圧縮比を高めればエンジン効率が良くなり、燃費が向上します（p.154参照）。

ただし、この高い圧縮比のままスロットル・バルブを大きく開けば、エンジンが過熱し、ノッキングなどを起こすリスクが高まります。そのためVCターボエンジンではドライバーがアクセルを踏み込むと、上記とは逆の行程をたどり、圧縮比が最大8：1まで低くなります(右の下図)。同時にターボチャージャーが稼働して、燃焼室の気圧が高まり、圧縮比とは違う形で燃焼効率が高められます。

低圧縮比と高圧縮比のリンク位置の違い

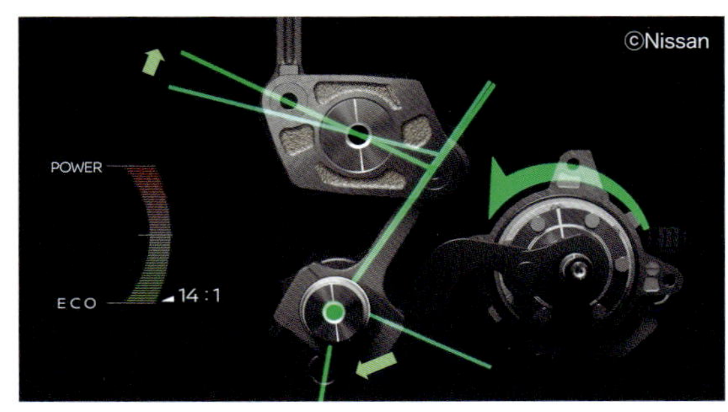

圧縮比14：1にする際の行程図。コンロッドにつながるマルチリンク機構が押し上げられ、ピストンのストローク位置が上方へ。

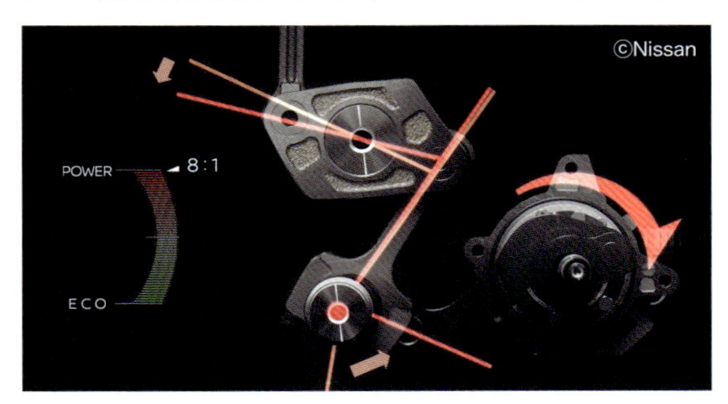

圧縮比8：1への行程図。ピストンのストローク位置が下方へ移動。これにより燃焼室の容積が大きくなって圧縮比が下がる。

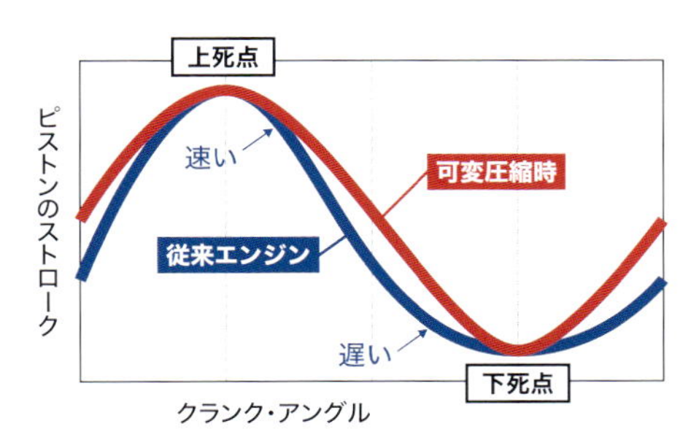

ピストンストロークの違い

VCターボエンジンにおける高圧縮時のピストンのストロークを、従来エンジンと比較したグラフ。VCの滑らかなピストンの上下運動は静粛性に貢献する。

静粛性も高まる

このVCターボエンジンは静粛性にも優れています。つまり、従来の同排気量、同気筒数のエンジンと比較して、振動と騒音が格段に低減しています。これは高圧縮比の際に特に顕著になります。

これはピストンの位置が高圧縮比の状態にあるとき、従来のエンジンよりもコンロッドが寝る角度が浅く、直立に近い状態でスムーズに下降するためです。その結果、ピストンリングとシリンダー壁面との摩擦が低減。振動や騒音とともに機械損失(p.153)も抑えられるため、エンジン効率や燃費の向上に貢献します。

VCターボエンジンは発電機用エンジンとしても採用され、日産の「エクストレイルe-POWER」に搭載されています。

5-06 エンジンのパフォーマンスを上げ、大気汚染物質を抑える

空燃比

KEY WORD

- 理論空燃比（14.7：1）とは、ガソリン・エンジンにおける空気と燃料の理想的な比率。
- 出力空燃比のときエンジンは最大出力を発揮し、経済空燃比ではもっとも省燃費になる。
- 空燃比が理論空燃比から遠ざかるほど大気汚染物質の発生率は高くなる。

理論空燃比とは？

燃料を燃やすためには空気が必要です。エンジン内で燃料は気化され、それを空気と混ぜて混合気とし、その混合気を燃焼室内で燃やしています。

混合気を生成する際、空気と燃料をどの程度の比率で混ぜるかによって、燃焼効率が変わります。この混合気における燃料と空気の重さの比率を**空燃比**と言います。

ガソリンやディーゼルなど、石油由来の燃料は炭化水素の仲間です。そのため燃料に含まれる水素と炭素の質量から、それら物質を完全に燃焼するために必要な酸素量を算出することができます。こうして算出されるガソリンの理想的な空燃比は**14.7対1**。つまりこれは1gの燃料を燃やすために14.7gの空気が必要なことを意味します。

この「14.7：1」という値を**理論空燃比**と言います。ガソリンの成分が変われば

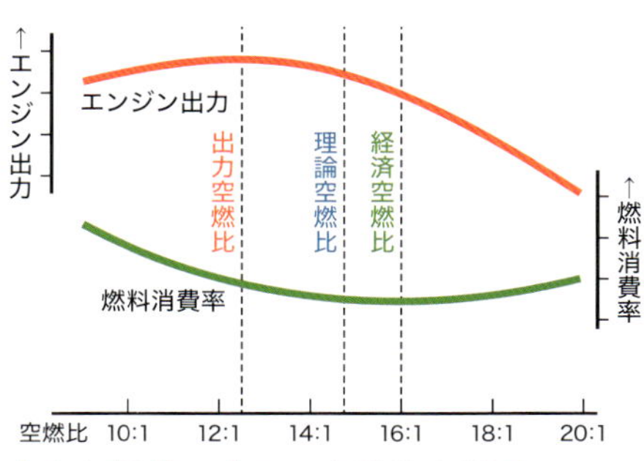

出力と燃費に応じて空燃比を調整

このグラフでは横軸で空燃比、縦軸でエンジン出力と燃料消費率を示し、エンジン出力を優先した場合と燃費を優先した場合の空燃比を表している。

混合気における空燃比

理論空燃比の14.7：1を円の面積で表した図。ちなみにこの比率は空気と燃料の質量の比を意味する。混合気になる際、燃料は気化され膨張する。

この値も変化するため、「14.8:1」「14.9:1」とされる場合もあります。

空燃比は英語で「Air / fuel ratio」であり、「**A/F**」や「**AFR**」などと表記されます。また、理論空燃比は英語で「**ストイキオメトリー空燃比**」であり、略して「**ストイキ**」とも呼ばれます。

出力空燃比と経済空燃比

理論空燃比は14.7：1ですが、これよりも燃料が多い（濃い）状態を**リッチ**と言います。逆に、理論空燃比よりも燃料が少ない（薄い）状態を**リーン**と言います。

エンジンが最大出力を発揮する際の空燃比は、理論空燃比よりもリッチな傾向にあり、これを**出力空燃比**と言います。出力空燃比は一般的に12.5：1前後とされています。反対に、もっとも省燃費になるときの空燃比は、理論空燃比よりもリーンな傾向にあり、これを**経済空燃比**と言い、16：1前後とされています。

軽油を燃料とするディーゼル・エンジン

の理論空燃比はガソリンとほぼ同等です。ただし、シリンダー内に燃料を直接噴射して自然着火させるため、ガソリン・エンジンほど厳密に空燃比を管理する必要はなく、そのため20：1から60：1というリーンな空燃比でも走行でき、経済性に優れたエンジンだと言えます。

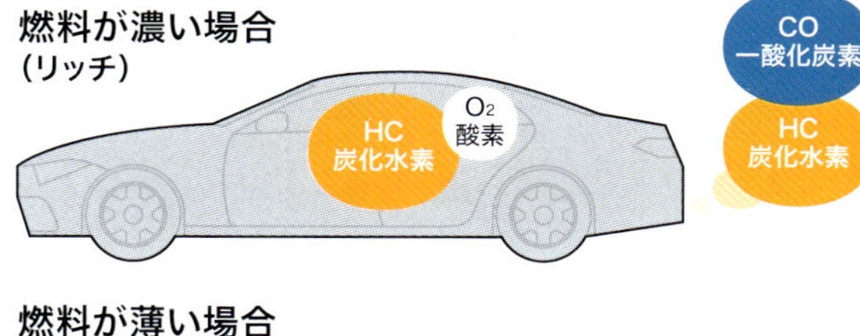

ガソリン車の排出ガス

燃料が過度に濃い状態（リッチ）で運転した場合、CO（一酸化炭素）とHC（炭化水素）が多く排出される。また、燃料が過度に薄い状態（リーン）ではNOx（窒素酸化物）を排出。CO、HC、NOxはどれも大気汚染物質で、規制対象とされている。

不適正な空燃比

空燃比は車両の走行や燃費に関わる一方で、排出ガスにも大きく影響します。つまり、シリンダー内でガソリンやディーゼルなどの**炭化水素**が、理論空燃比にもとづいて**酸素**（O_2）と燃焼すれば、**二酸化炭素**（CO_2）と**水**（H_2O）しか排出されません。しかし、理論空燃比から遠ざかるほど、様々な大気汚染物質（p.42参照）が発生します。そのため適切な空燃比でエンジンの運転することは、排気ガス規制への対策としても重要な課題となります。

ガソリン・エンジンでリッチ燃焼すれば、**一酸化炭素**（CO）や**炭化水素**（HC）が多く排出され、ディーゼル・エンジンでリッチ燃焼した際には、**粒子状物質**（PM）や**二酸化硫黄**（SO_2）が多く排出されます。

逆に、リーン燃焼では酸素と窒素（N_2）の比率が高まりますが、その酸素と窒素が高温・高圧で燃焼すると結合し、その結果として**窒素酸化物**（**NOx**）が多く生成されます。NOxには様々な種類がありますが、どれも人体に悪影響を及ぼします。

こうした排出ガスを抑制するため、各メーカーは理論空燃比による燃焼（**ストイキ燃焼**）を目指しています。ガソリン車における直接噴射式システム（p.162）や、ディーゼル車におけるコモンレール式直接噴射装置（p.164）は、混合気を理論空燃比に近づけるためのシステムであるとも言え、ガソリン車においては主に一酸化炭素や炭化水素、ディーゼル車においてはNOxなどの大気汚染物質の発生を抑えることに貢献しています。

また、いったん排出された排気ガスを吸気ポートに戻し、もういちど燃焼室に送るEGRシステム（p.224）は、ディーゼル車におけるNOxの排出量を減らすことを目的としています。

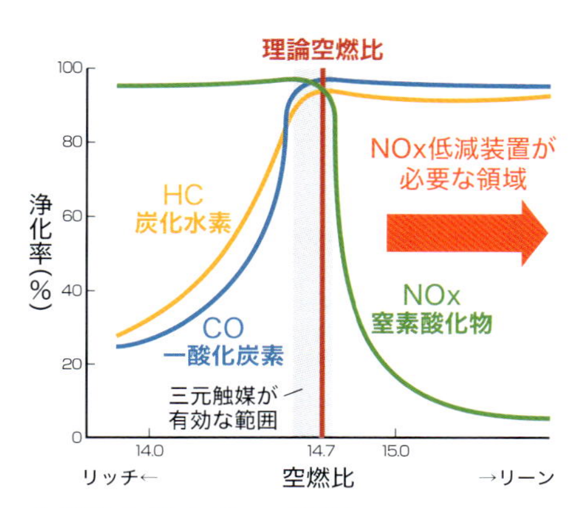

空燃比と排出ガスの関係

空燃比と大気汚染物質の浄化率の関係を示したグラフ。空燃比がリッチな傾向にある場合はHCとCOの浄化率が低く、リーンな傾向ではNOxの浄化率が低下。

5-07 適切な空燃比を実現するためのシステム

燃料噴射システム

KEY WORD

- SPIでは通常1つ、MPIでは各気筒にそれぞれインジェクターを装備する。
- MPIには吸気ポート内で噴射するPFIと、シリンダーに直接噴射するDIがある。
- 大型ディーゼル車が搭載したDIは、コモンレール式やGDIに発展。

燃料噴射装置の進化

混合気をシリンダーに送り込むための**燃料噴射装置**（フューエル・インジェクション・システム）は、時代とともに発展し、近年では複数の方式が共存しています。

旧来のエンジンでは**シングル・ポイント・インジェクション（SPI）**が一般的でした。この方式では、エアインテーク内に装備された通常1つの**インジェクター**（噴射装置）から燃料が噴射されます。噴射された燃料は空気と混ざって混合気となり、その混合気はインテーク・マニホールドで分散され、各シリンダーに供給されます。

しかし、この方式では厳密な空燃比を再現することが難しく、やがて**マルチ・ポイント・インジェクション（MPI）**が開発されます。MPIでは各気筒の吸気ポートにインジェクターが装備され、その噴射を電子制御することによって精度の高い空燃比を実現しています。MPIが一般化した背景には、世界的な排ガス規制の強化があります。

従来のMPIは、各気筒につながるそれぞれの吸気ポート内にインジェクターを装備することから、**ポート燃料噴射式システム（PFI）**と呼ばれます。これに対し、燃料をシリンダー内に直接噴射する**直接噴射式システム（DI）**も誕生します。DIは本来ディーゼル・エンジンに採用されてきた方式ですが、ガソリン・エンジンに搭載された場合のこの方式は、とくに**ガソリン直接噴射式システム（GDI）**と呼ばれています。

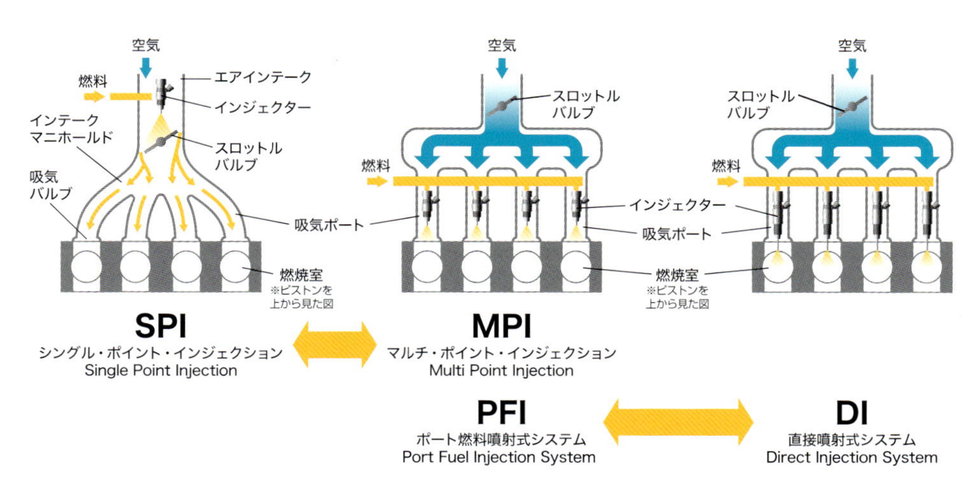

燃料噴射システムの種類と構造

各気筒に対してそれぞれインジェクターを持つPFI、DI、GDIなどは、MPIの一種として捉えられる。吸気ポートやマニホールド内で燃料噴射するSPI、PFIは低圧型、シリンダー内に直接噴射するDI、GDIは高圧型とされる。

PFIとGDI

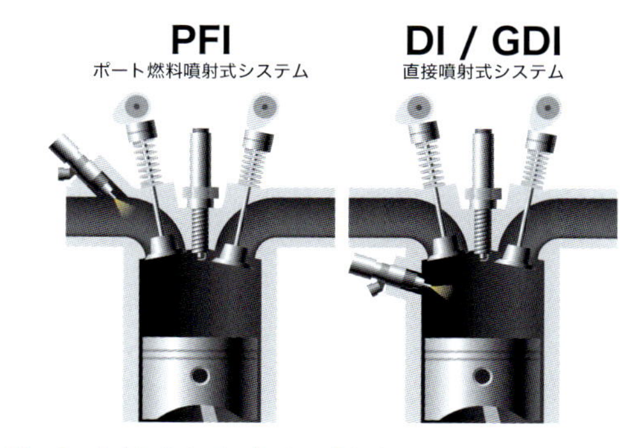

ポート噴射式と直噴式の構造

左のPFI（ポート燃料噴射式システム）では、吸気バルブの手前にある吸気ポート内で燃料が噴射される。これに対してGDI（ガソリン直接噴射式システム）では、燃料をシリンダー内に直接噴射することで、より精度高く理想的な空燃比を再現している。

現在市販されているガソリン車のほとんどがPFI（ポート燃料噴射式システム）、またはGDI（ガソリン直接噴射式システム）を搭載しています。また、これらを総称するMPI（マルチ・ポイント・インジェクション）という名称も、一般的に用いられています。

これらの方式では燃料噴射を電子制御することにより、旧来のSPIと比べて格段に精度の高い空燃比を実現しています。ただしPFIにおいては、噴射された燃料がポート内に付着し、意図した混合比を厳密には再現できないという課題が残ります。

これに対してGDIは、シリンダー内に燃料を直接噴射するため、さらに精度の高い空燃比を実現し、排出ガスの浄化能力も向上。燃料が直接噴射されることで冷却効果も生まれ、ノッキングを抑制します。

燃料噴射システムの種類

基本的な構造の違い		
略称	名称	
SPI	シングル・ポイント・インジェクション Single Point Injection	吸気ポート内に装備されるインジェクターは基本的に1つだが、複数装備するモデルも存在した。
MPI	マルチ・ポイント・インジェクション Multi Point Injection	多点噴射方式とも呼ばれる。PFI、DI、GDIなどは、すべてMPIとして呼称される場合がある。

ガソリン・エンジン		
略称	名称	
PFI	ポート燃料噴射式システム Port Fuel Injection System	各シリンダーにつながるそれぞれの吸気ポート内にインジェクターを装備したシステム。
DI	直接噴射式システム Direct Injection System	各シリンダー内に燃料を直接噴射する方式。元来は大型ディーゼル車向けに開発された方式（p.162）。
GDI	ガソリン直接噴射式システム Gasoline Direct Injection System	DIをガソリン・エンジンに転用させた方式。燃料噴射と点火タイミングが電子制御される（p.162）。
PFI+DI	ポート噴射式 / 直噴式併用システム PFI + DI	通常はポート噴射、高負荷域を直噴に切り替えるなど、PFIとDIを併用するモデルも存在する（p.162）。

ディーゼル・エンジン		
略称	名称	
CRDI	コモンレール式直接噴射装置 Common Rail Direct Injection System	1990年代に開発されたディーゼル用方式。筒内噴射を発展させ、燃料を高圧パイプで供給（p.164）。

DIという名称は筒内噴射システム全般に対して使用されるケースが多く、同方式をガソリンに限定した場合にGDIと呼称される。また、コモンレール式は旧来の低圧型のDIを高圧型に発展させたシステムと言える。

5-08 ストイキ燃焼と冷却効果を実現する燃料噴射システム

直接噴射式システム

KEY WORD

- シリンダー内に燃料が**直接噴射**される燃料噴射システム。
- **理論空燃比**によるストイキ燃焼を再現でき、燃焼効率と燃費を向上させることが可能。
- 液体燃料を直噴することでシリンダー内に**冷却効果**をもたらし、**異常燃焼**を抑制する。

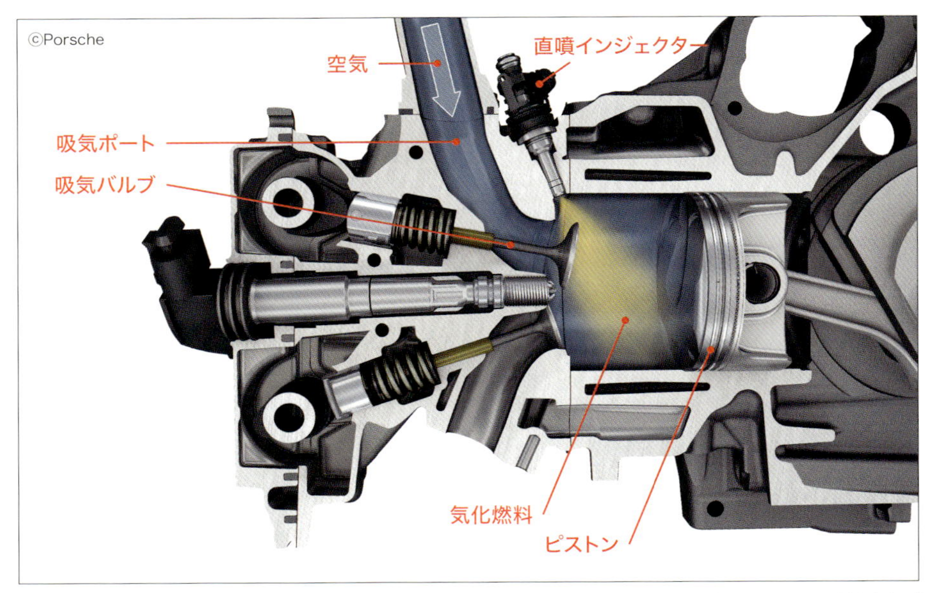

直噴システムの仕組み 直噴式では燃料がシリンダー内に直接噴射される。直噴インジェクターには高精度なピエゾ式が採用される場合が多い。液体燃料はシリンダーの熱を奪いながら気化するため、シリンダー内の温度を下げる冷却効果ももたらす。

DIとGDI

直接噴射式は「**直噴**」と略され、このシステムを搭載したエンジンは「**直噴エンジン**」とも呼ばれます。英語ではダイレクト・インジェクションであり、その略号は**DI**となります。

DIは主に大型ディーゼル車に使用されてきましたが、その後、乗用車用ディーゼル・エンジンにも採用されるようになり、1990年代からは**GDI**（ガソリン・ダイレクト・インジェクション）としてガソリン車にも直噴式が採用されています。

直噴のメリット

PFI（p.160参照）では、吸気ポート内に燃料が噴射されるのに対し、直噴方式では、シリンダー内に燃料が直接噴射されます。そのため直噴式では理論空燃比による**ストイキ燃焼**（p.158）を再現でき、燃焼効率と燃費を向上させることが可能となります。

同時に、噴射燃料による**冷却効果**も生み出します。つまり、噴射された液体の燃料がシリンダー内の熱を奪いながら気化するため、ノッキングなどの異常燃焼（p.155）の発生が抑制されます。

直噴エンジンが普及した背景としては、ターボチャージャーなど過給機（p.212）の普及にも関係します。過給機によってシリンダー内の圧縮比を高めれば、燃焼室内の空気温度が上がり、燃焼効率が上がります。しかし、燃焼室内の温度が上がれば異常燃焼が発生するリスクも上がります。このリスクを直噴式の冷却効果が抑制します。結果的にDIやGDIは、省燃費とパワーを両立し得るシステムだと言えます。

デメリットと希薄燃焼

直噴式のデメリットとしては高コストが挙げられます。一般的なエンジンの**インジェクター**（p.166）にはソレノイド式が使用されますが、高圧かつ短時間で噴射を行う必要がある直噴式では高性能な**ピエゾ式**が多く採用されます。また、高圧で噴射するには通常の燃料ポンプ以外に**燃料噴射ポンプ**も必要となります。

かつては直噴式による**希薄燃焼**（**リーンバーン**）が一般化した時期もありました。希薄燃焼とは、点火プラグの周辺だけに着火可能な混合気を形成し、燃焼室全体を空気過剰な状態にして燃焼することで、低燃費を実現する手法です。ただし、希薄燃焼ではリーン状態（p.158）になるため、窒素酸化物（NOx）の排出が増えます。昨今の直噴では希薄燃焼は避けられていますが、この状態で燃焼すればエンジン内にカーボンが蓄積するだけでなく、排ガス規制をクリアできなくなります。

直噴のメリット

- 熱効率を上げ、低燃費を実現。
- シリンダー内の冷却効果がある。
- ノッキングなどの異常燃焼を抑制。

直噴のデメリット

- コストが高くなる。
- 排ガス性能が悪化する可能性。
- エンジン内部が汚れる可能性。

希薄燃焼の直噴が消えた理由

- 窒素酸化物（NOx）の排出量が多い。
- 排ガス規制の強化。

ストイキ燃焼（理論空燃比燃焼）の特長

- リーンバーンでは多く発生するススが少ない。
- その排気ガスは三元触媒で十分に対応可。
- ノッキングが抑えられ、高圧縮化が可能。
- ダウンサイズターボが可能に。

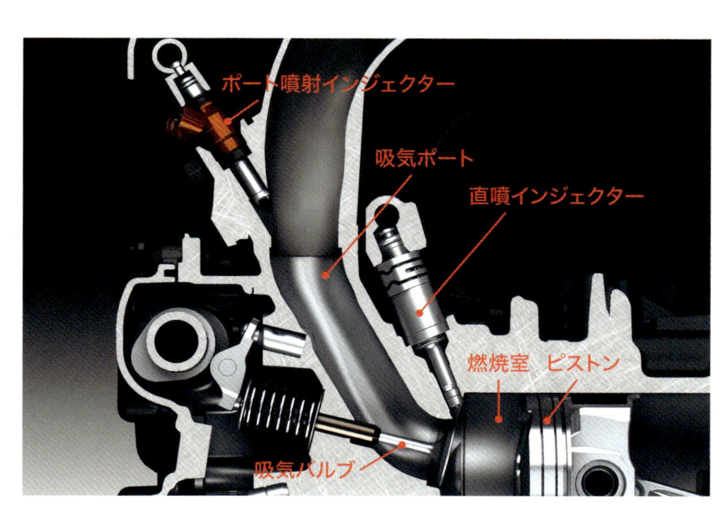

ポート噴射式&直噴式の併用

トヨタではポート噴射と直噴を併用したエンジンD-4Sをクラウンなどに搭載。2タイプのインジェクターを走行状態によって切り換えることにより、出力と燃費の両立を図るシステム。

©TOYOTA

5-09 ディーゼル車の性能を格段に上げた画期的システム

コモンレール式直接噴射装置

KEY WORD

- **コモンレール**と呼ばれるパイプ内に高圧な燃料をあらかじめ溜め、その高圧燃料を各気筒の噴射装置に配分し、シリンダー内へ直接噴射するシステム。
- 一般的には高精度な**ピエゾ式**インジェクターが使用され、**多段噴射**が行われる。

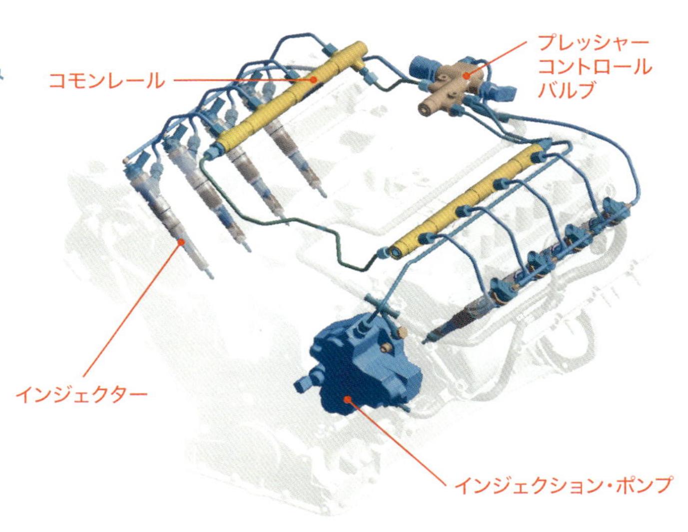

コモンレール式直噴装置の仕組み
燃料を蓄圧するコモンレールはアキュムレーターとも呼ばれる。通常はプレッシャー・ポンプ(サプライ・ポンプ)によって燃料が送られるとともに燃圧が高められるが、インジェクション・ポンプを併装するものもある。
©BMW

共通のパイプから燃料を供給

ディーゼル車に用いられる**コモンレール式直接噴射装置**とは、コモンレールと呼ばれるパイプ内に高圧な燃料をあらかじめ溜め、その高圧燃料を各気筒の噴射装置に配分し、シリンダー内へ直接噴射するシステムです。従来システムと比べ、より高い**燃料噴射圧**(燃圧)を実現するとともに、高圧な燃料を安定供給することが可能であり、近年の多くのディーゼル車にこのシステムが採用されています。共通(コモン)の棒状(レイル)のパイプから各気筒に燃料が供給されるため、この名が付いています。ディーゼル・エンジンの燃料噴射システムにおいては、これまでに様々なものが開発されてきましたが、その流れを見ることでコモンレールの真価を知ることができます。

コモンレールへの道

気筒内を極めて高圧にするディーゼル・エンジンでは、エンジン自体を堅牢に設計する必要があり、重量が重くなる傾向にあります。また、かつて一般的だった**列型噴射ポンプ**は、各気筒にそれぞれプランジャー・ポンプ(※1)を配するため部品点数が多く、レスポンスが悪くて騒音や排気ガスも多いため、黎明期のディーゼル・エンジンは主に大型車に採用されてきました。

しかし1975年、1つのプランジャー・ポンプから各気筒に高圧な燃料を分配する**分配型噴射ポンプ**をボッシュ社が開発。これがフォルクスワーゲン「ゴルフ」に搭載されると、小型ディーゼル車の普及が促進します。システムが簡素化・軽量化されたこのモデルにはターボチャージャーも併用

※1/プランジャーとは、ピストンのように往復運動して液体を送り出す部品。

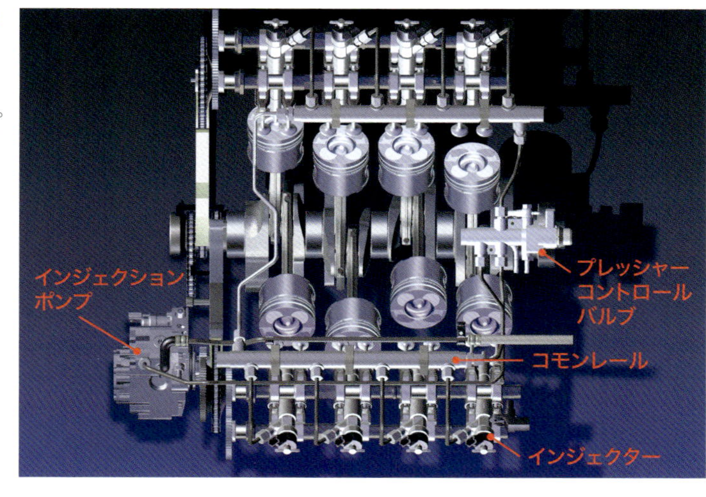

コモンレール式の構造（8気筒）

BMWのコモンレール・システムのCAD図面。プレッシャー・ポンプによって燃料の加圧かつ供給を行い、さらに電子制御されたインジェクション・ポンプが再加圧しながら噴射を担当。最終的には電磁式ピエゾ・インジェクターが高精度な噴射を制御・実行する。
©BMW

され、高出力と低燃費を両立しました。

1980年代には、各気筒のインジェクターから燃料を直接噴射する**直噴式システム**をボッシュ社が開発し、フィアットやアウディの乗用車に搭載されます。これによってディーゼル車はさらに高出力となり、燃費が向上し、排気ガスも低減しました。

ただし、当時の直噴式のポンプ駆動はカムシャフトと連動していたため、**燃圧**はエンジン回転数に左右され、かつ1000バール（約1気圧）前後と低圧でした。

しかし1992年、デンソーが世界ではじめて**コモンレール式**を発表。その燃圧は1200バール、1度に2回の噴射を行う仕様でした。その後、さらに進化した近年のコモンレール式の燃圧は最大2500バール程度まで向上。これはGDI（ガソリン直噴式）の約10倍の圧力です。また、インジェクターには高精度なピエゾ式(p.166)が多用され、1度に4〜8回の**多段噴射**が行われます。

上図とこの写真から、プレッシャー・ポンプを駆動する動力が、ギヤを介してカムシャフトから取られていることが分かる。
©BMW

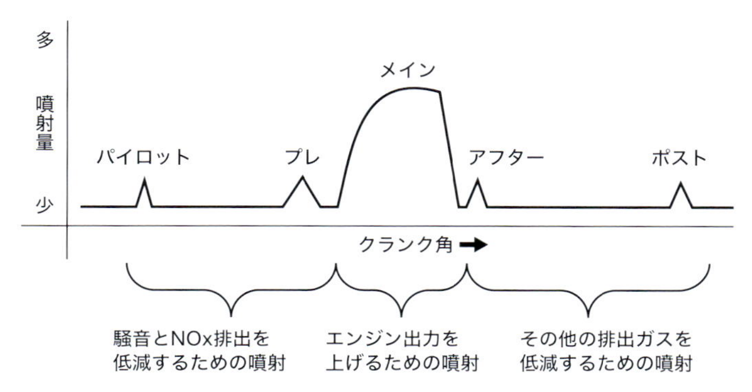

ディーゼル・エンジンの多段噴射

コモンレール式では多段噴射が行われる。パイロットやプレは着火性を高めて異常燃焼を抑え、NOxの発生を低減。メインで出力を得て、アフターやポストで燃え残った残留燃料を完全燃焼させてPMを低減する。

微細な粒子を短時間で多く噴射する

燃料噴射装置（フューエル・インジェクター）

KEY WORD

- インジェクターには**ソレノイド式**と**ピエゾ式**がある。
- 近年のインジェクターは**高微粒子化**と**多孔化**が進んでいる。
- ガソリン車の多くはソレノイド式、コモンレール式や一部のGDIはピエゾ式を採用。

インジェクターの働き

燃料タンクに搭載された燃料は、燃料ポンプによってエンジンに圧送され、最終的には**フューエル・インジェクター**から噴射されます。フューエル・インジェクターは単に**インジェクター**とも呼ばれます。

また、燃料タンクからインジェクターに至るシステム全体は**燃料装置**（フューエル・システム）と総称され、インジェクターを搭載するシステムの場合は**燃料噴射装置**（フューエル・インジェクション・システム）とも呼ばれます。

インジェクターは、ポート式（p.160参照）や直噴式（p.162）、コモンレール式（p.164）など、燃料や噴射方式の違いに関わらず使用されます。ポート式では吸気ポート内に通常は1つ、直噴式やコモンレール式では各気筒に1つずつ装備されます。

インジェクターには**ソレノイド式**と**ピエゾ式**がありますが、その原理は同じです。インジェクター内部には燃圧を高めた燃料が溜められ、同時にソレノイド（らせん状のコイル）、またはピエゾ素子に通電して往復運動（振動）させます。ソレノイドやピエゾはニードルと連動しており、その先端が往復運動することによってバルブが開閉し、高圧な液体燃料が噴射されます。

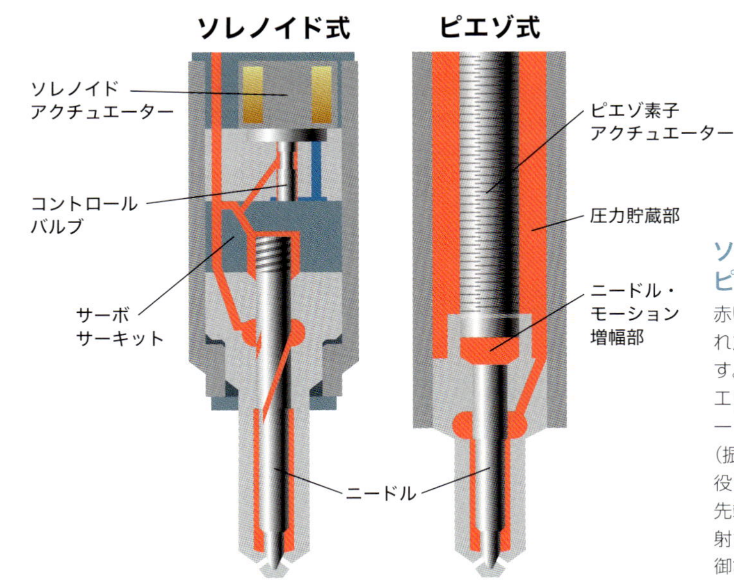

ソレノイド式とピエゾ式の構造

赤い部分は圧力が高められた液体燃料の流路を示す。ソレノイドまたはピエゾ素子に通電するとニードルとともに往復運動（振動）が発生。バルブの役目を果たすニードルの先端から燃料が高速で噴射される。通電は電子制御される。

ⒸBMW

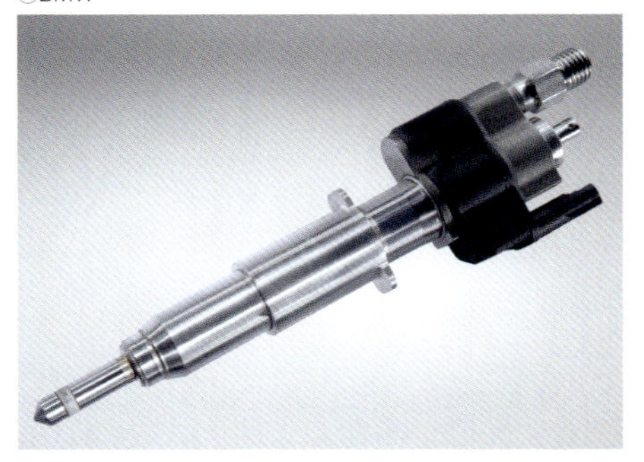

ピエゾ・インジェクター

BMWの高微粒子かつ高精度なピエゾ式インジェクター。ガソリン直噴式（GDI）の増加に伴い、ガソリン・エンジンにもピエゾ式の採用が増えつつある。

高微粒子を多く噴射するために

液体燃料を素早く気化し、スムーズに燃焼させるには、インジェクターの噴射孔を細くして、噴射燃料の粒子を細かくする必要があります。ただし、噴射孔が細いと燃料の噴出量が減るため、一定時間内に一定量の燃料を噴射するには燃圧を高くする、噴射回数を多くする、または噴射孔を多孔化する必要があります。

ソレノイドとは、らせん状のコイルを電磁力によって伸長させる装置であり、モーターやアクチュエーターと同様な働きをします。一方、**ピエゾ素子**は圧電素子とも呼ばれ、圧電体に圧力（力）を加えると電気（電圧）を発生する性質を持ち、逆に素子に電圧を加えれば振動（変形）します。その圧電体を２枚の電極で挟み、そこに通電することで振動させます。

ソレノイド式の最短噴射間隔が0.004秒であるのに対し、ピエゾ式は0.001秒。ピエゾ式のほうが反応速度は速く、高い燃圧にも対応でき、コストも高くなります。

従来のインジェクターの噴射孔は１つでしたが、近年では多孔化が進み、12個の噴射孔を持つ**微粒子インジェクター**も登場しています。

また、ポート式を採用した一部のモデルでは、ポート内に２つのインジェクターを搭載し、燃料の供給量を増やしているモデルもあります。こうしたシステムは**デュアル・インジェクター**、または**ツイン・インジェクター**などと呼ばれています。

ガソリン車の多くにはソレノイド式が採用され、ピエゾ式は主にコモンレール式のディーゼル車に採用されていますが、ガソリン直噴式（GDI）の上位モデルにもピエゾ式が採用されることがあります。

日産のデュアル・インジェクター

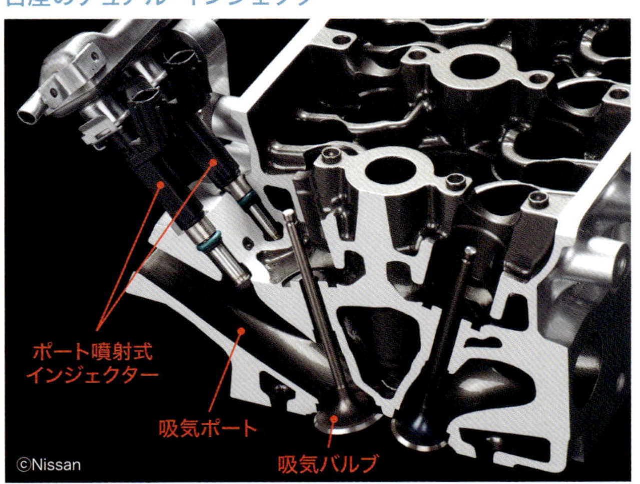

ⒸNissan

1気筒に2つの吸気バルブを持つポート式の場合、通常では1つのインジェクターから上右写真のように噴射する。しかしこのシステムでは1つの吸気ポート内に2つのインジェクターを搭載。個々の吸気ポートに対して上左写真のように噴射する。

5-11 電極に使用される貴金属によってスパーク・プラグの寿命は変わる

イグニッション・システム

KEY WORD

- スパーク・プラグはガソリン・エンジンに装備され、混合気に着火する役割を果たす。
- プラグキャップには、イグナイターとイグニッション・コイルが内蔵されている。
- スパーク・プラグは中心電極や接地電極の素材の違いによって複数タイプに分けられる。

イグニッション・システム

スパーク・プラグ（**点火プラグ**）は、ガソリン・エンジンに装備される**イグニッション・システム**（点火装置）の一部であり、燃焼室内の混合気に着火する役割を果たします。ガソリン・エンジンの圧縮行程でピストンが上死点（p.148参照）まで上昇した際、バッテリーからの電力がスパーク・プラグに通電されると、先端にある**中心電極**と**接地電極**の間で火花放電が発生し、その火花によって混合気に着火します。

スパーク・プラグは、**イグナイター**と**イグニッション・コイル**を内蔵した**プラグキャップ**で保持されます。点火タイミングは**ECU**（p.240）によって制御されますが、イグナイターはECUからの微弱な電流を増幅します。

また、バッテリーの電圧は12Vですが、混合気に着火するには2万から3万5000Vの高電圧が必要です。そのため、その電流はイグニッション・コイルによって増幅され、昇圧されます。

イグニッション・コイルで昇圧された電流は、スパーク・プラグの**ターミナル**に流れます。プラグの本体部分（中軸）は磁器製の**碍子**（がいし）で覆われ、これが絶縁体の役割を果たします。碍子にはコルゲーションと呼ばれるくびれがあり、電気や火花が碍子の表面を伝わるフラッシュオーバー（リーク）という現象を防ぎます。

ターミナル
コルゲーション
碍子（がいし）
ガスケット
ハウジング
ネジ部
中心電極
接地電極

スパーク・プラグの各部名称

ターミナルが受けた電流は、プラグの本体部分（中軸）を経て中心電極と接地電極に伝わり、両電極間で火花放電が発生して混合気に着火する。中軸は絶縁体である碍子で覆われる。

©NGK/日本特殊陶業

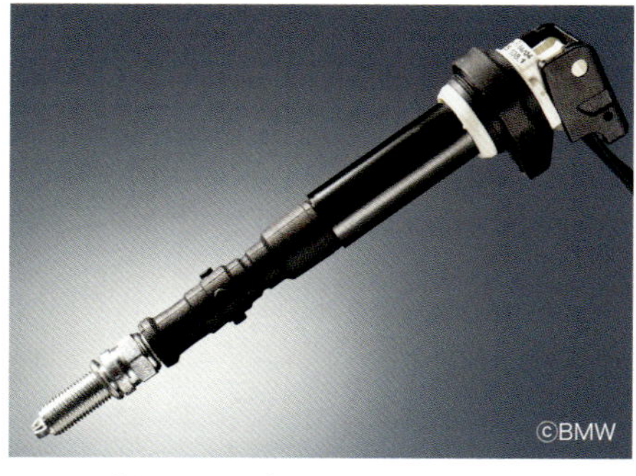
©BMW

BMW製のプラグキャップ

スパーク・プラグ（左側先端）がプラグキャップに装着された状態。プラグキャップ内にはイグナイターとイグニッション・コイルが内蔵される。

ⒸNGK/日本特殊陶業

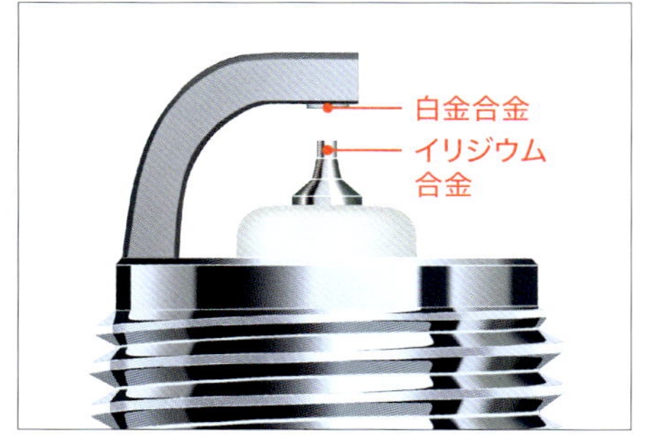

スパーク・プラグの種類

中心電極にイリジウム、接地電極に白金を採用し、着火性、燃費、耐久性を向上させた両貴金属プラグ。写真はNGKの「イリジウムMAXスパークプラグ」。

種別	種類	交換目安（走行距離）
一般タイプ	レジスタープラグ ニッケルプラグ	1.5万〜2万km
	イリジウムプラグ	1.5万〜2万km
長寿命タイプ	イリジウムプラグ	6万〜10万km （乗用車）
		4万〜6万km （軽自動車）
	白金プラグ	6万〜10万km （乗用車）
		4万〜6万km （軽自動車）

スパーク・プラグは一般寿命プラグと長寿命プラグに大別され、電極に使用される金属や仕様によって性能や交換目安に違いが表れる。

種類と交換時期

スパーク・プラグには複数の種類があり、電極に使用される素材や仕様の違いによってタイプ分けされています。

レジスター・プラグはもっとも一般的な廉価版タイプであり、スパーク時の点火ノイズを抑えるセラミック抵抗体（レジスター）が内蔵されています。電極にニッケル合金が使用されることから**ニッケルプラグ**とも呼ばれ、上位タイプと比較して価格は安く、寿命は短い傾向にあります。

イリジウムや**白金**などの貴金属を電極に使用したプラグは、一般寿命タイプと長寿命タイプに大別されます。中心電極にだけイリジウムまたは白金を使用したものが一般寿命タイプであり、片貴金属プラグとも呼ばれます。

一方、どちらの電極にも貴金属を使用したのが長寿命タイプです。両貴金属プラグとも呼ばれ、他のタイプと比較して着火性、燃費、耐久性が向上します。イリジウムや白金を使用したプラグはすべて長寿命と誤解されがちですが、注意が必要です。

プラグは消耗品であり、一定期間で交換する必要がありますが、一般寿命タイプの交換目安は、乗用車の場合で走行距離1.5万〜2万km、長寿命タイプは6万〜10万kmと言われています。プラグの寿命は排気量や気筒数にも影響されるため、小排気量エンジンを搭載した普通乗用車や軽自動車の場合には、どちらのタイプでもプラグの寿命は短くなります。

もしスパーク・プラグを交換しないと、アクセルを踏み込んでも加速しない、燃費が悪化するなどの症状が表れ、さらに悪化すると、アイドリングやエンジン始動が不安定になります。こうした不調はプラグの電極が劣化し、健全な状態で火花が飛ばなくなることによって発生します。

ディーゼル・エンジンはスパーク・プラグを必要としませんが、始動時には燃焼室内に熱がないため、セルモーターを回しただけでは自己着火せず、エンジンは掛かりません。そのため**グロープラグ**に通電して加熱し、そこに燃料を噴射することで着火し、エンジンを始動させています。

スパーク・プラグが原因の症状

- 十分に加速しなくなる
- パワーダウン
- 燃費が悪くなる
- アイドリング不調
- アイドリングが不安定
- エンジン始動が不安定
- 排気ガスから異臭がする

5-12 多様な性能が求められる部位に、様々な合金を採用

ピストン&コンロッド

KEY WORD

- 燃焼室の熱エネルギーをピストンが上下運動に、コンロッドが回転運動へと転換。
- ピストンの側面外周には2つのコンプレッションリングと1つのオイルリングを装着。
- ディーゼル・エンジンやガソリン直噴エンジンの燃焼効率はキャビティの形状で左右される。

ピストンの素材

燃焼室で発生する熱エネルギーは、**ピストン**がシリンダー内を往復することで上下方向の運動に変換され、その運動を**コンロッド**がクランクシャフトに伝達することによって、回転運動へと転換されます。

シリンダー内を高速で往復するピストンには**軽量性**が要求されると同時に、**耐熱性**や**熱伝導性**も求められます。そのため、その素材にはアルミ合金が採用されることが一般的であり、なかでもAC8A、A4032、A2618などが多用されています。

これらのアルミ合金にはシリコン（Si）が含まれるため**耐摩耗性**に優れ、**熱膨張**も少なく、また、銅（Cu）やニッケル（Ni）、マグネシウム（Mg）を添加することで高熱環境での**強靭性**も高められています。

3つのリング

ピストンの直径がシリンダーの内径（ボア）と同じであればスムーズに上下運動できず、**機械損失**（p.153参照）が大きくなるため、ピストン径はわずかに小さく設計・製造されています。そのためピストンの側面外周には**コンプレッションリング**が2個装着され、燃焼室内の気密性が保たれています。また、クランクケース内のエンジンオイルが燃焼室内に浸入することを防ぐために**オイルリング**も装着されています。

クランクシャフトにつながるコンロッドは傾きながら上下運動するため、ピストンには横方向の力が加わります。その力に抗うために**ピストンスカート**が設けられます。スカート部は機械損失を低減するための表面加工が施されています。

©MAZDA

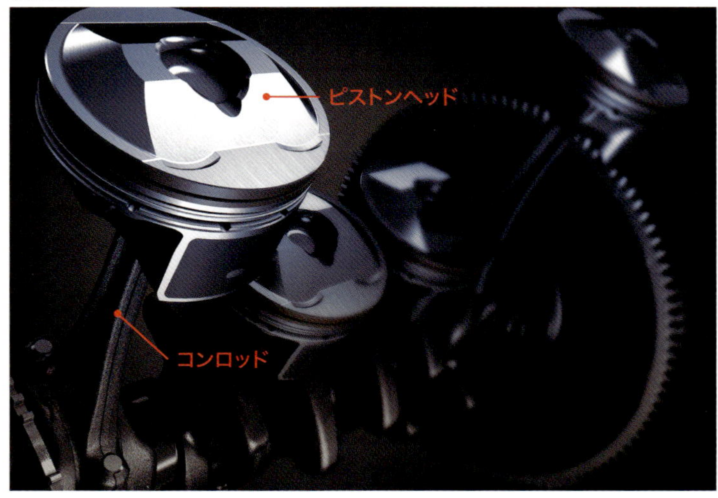

上下運動を回転運動へ

ピストンの上下運動はコンロッドを介して回転運動へと転換される。高い熱にさらされながら高速運動するピストンには、軽量性、耐熱性、放熱性、耐摩耗性など、多様なスペックが要求される。

©MAZDA

ピストンの部位名称
上図では2つ目のコンプレッションリングの装着部位を「セカンドリング溝」として表している。この溝にスチール製のリングが装着される。

©Mercedes-Benz

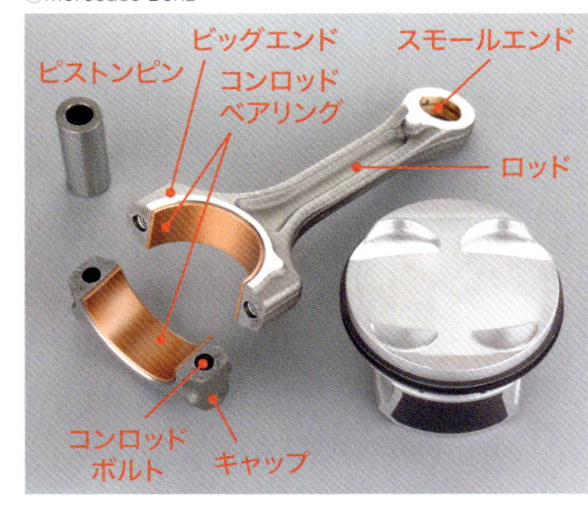

ピストンとコンロッド
ピストンのピン穴とスモールエンドにピストンピンを通して連結。コンロッドベアリングはコンロッドメタルとも呼ばれる。

コンロッドの部位名と製法

コンロッド（コネクティング・ロッド）がピストンにつながる部分は**スモールエンド**と言い、ピストンピンを挿入することでピストンと連結します。一方、クランクシャフトとつながる部分は**ビッグエンド**と呼ばれ、こちらは2分割してクランクシャフトを挟み、ボルトで締めて固定されるのが一般的です。両端のエンドをつなぐ**ロッド**と呼ばれる部位は、軽量化のためにT字または I 字型に成型されています。

コンロッドには高い剛性が求められるため、その素材にはクロム鋼、クロムモリブデン鋼、ニッケルクロームモリブデン鋼、チタン合金などが採用され、鍛造製法によってさらに強度が高められます。近年ではその部材を熱し、ハンマーやプレス機などで圧力をかけて成形する熱間鍛造という製法も取り入れられています。

ピストンヘッドの形状

ピストンヘッドにある**バルブリセス**と呼ばれるくぼみは、ピストンが上死点に到達したとき、吸気・排気バルブと干渉するのを避けるために設けられています。

ディーゼル・エンジンやガソリン直噴エンジンでは、ピストンヘッドに設けられた**キャビティ**というくぼみに燃料を噴射し、点火プラグの周りに濃い混合気を形成して燃焼効率を上げています。こうした燃焼方式を**成層燃焼**と言います。

ディーゼル・エンジンのピストン

©MAZDA

マツダ社のディーゼル・エンジン用ピストンに設けられたキャビティ。このくぼみの内部で混合気が集中的に形成され燃焼をする。

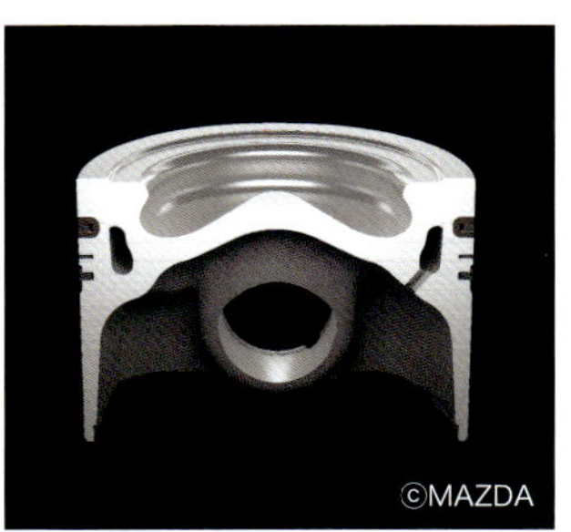

©MAZDA

同ピストンの断面図。キャビティの形状が燃焼効率を大きく左右。ディーゼル用のピストンヘッドはガソリン用より厚く設計される。

エンジンの往復運動を回転運動に転換する出力軸

クランクシャフト&フライホイール

KEY WORD

- クランクシャフトはピストンの往復運動を、コンロッドを介して回転運動に転換。
- クランクシャフトが回転する角度に対し、クランクピンの位置が分散されることで、ピストンからの力がバランスよくクランクシャフトに伝達され、スムーズな回転が生み出される。

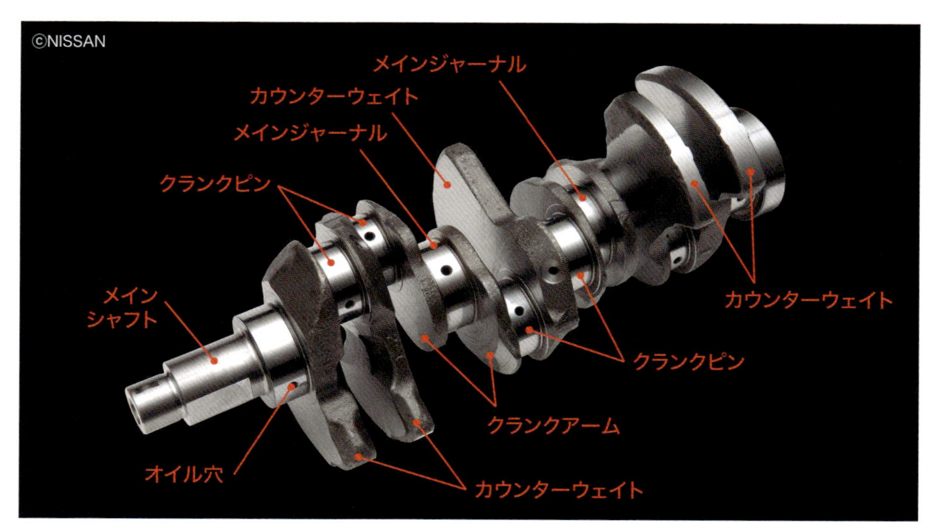

クランクシャフトの部位名称 メインシャフトとメインジャーナルは同軸上に配置される。剛性や耐摩耗性が求められるため、鉄と炭素の合金である炭素鋼、耐久性の高いクロムモリブデン鋼などの特殊鋼、耐熱性に優れた特殊鋳鉄などが用いられる。

クランクシャフトの基本構造

クランクシャフトはピストンの往復運動を回転運動に転換する役目を果たします。その中心軸は**メインシャフト**と呼ばれ、これがエンジン出力を外部に伝えます。また、中間に配置される**メインジャーナル**は、メインシャフトと同様、クランクシャフトの中心軸上に配置されます。メインジャーナルはクランクジャーナルとも呼ばれます。

コンロッドのビッグエンド（p.171参照）と連結する**クランクピン**は、気筒数と同数設けられます。**クランクアーム**と呼ばれる部位は、クランクピンとメインジャーナルをつなぐ役割を果たします。

クランクピンの反対側には**カウンターウェイト**が配置され、これによって回転するクランクシャフトの重量バランスが整うと同時に、ピストンからの振動を打ち消します。カウンターウェイトはバランスウェイトとも呼ばれます。

クランクシャフトの回転角度に対してピストンピンが分散（ツイスト）して配置されているため、各気筒で生み出される力が連続的に、バランスよくクランクシャフトに伝わります。4スト・エンジンの場合、各気筒で1回爆発する間にクランクシャフトは2回転しますが、各気筒のトルクがどんなタイミングまたは順序でクランクシャフトに伝わるかはモデルによって違います。

クランクシャフトとピストンのレイアウト

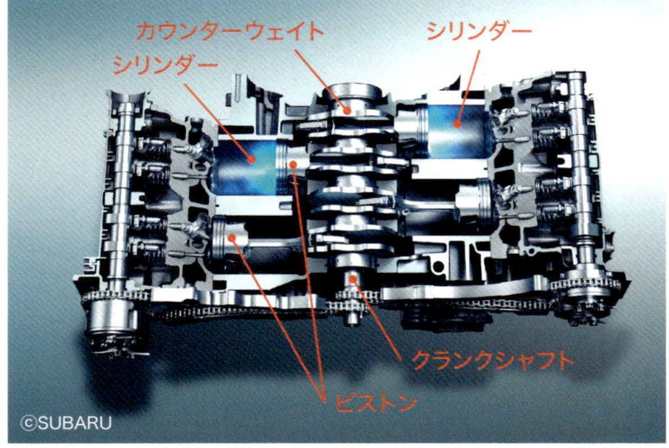

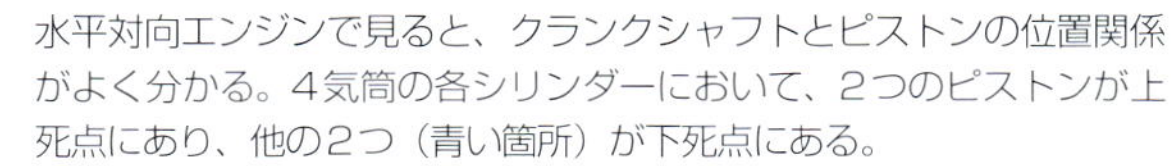
水平対向エンジンで見ると、クランクシャフトとピストンの位置関係がよく分かる。4気筒の各シリンダーにおいて、2つのピストンが上死点にあり、他の2つ（青い箇所）が下死点にある。

同エンジンにおけるクランクシャフトと、4組のピストンとコンロッドだけを取り出した状態。

オイル穴とフライホイール

メインシャフトは、エンジン本体のケースである**シリンダーブロック**（p.176）から外部へ突き出し、エンジンの出力を外部に伝達します。メインシャフトが突出する部分には**オイルシール**が介され、シリンダーブロック内のエンジンオイル（p.234）が漏れることを防いでいます。

クランクシャフトの中間に複数配置されたメインジャーナルは、シリンダーブロックまたはラダーフレーム（p.176）にある軸受けで支持されますが、その際、メインシャフトはU字型のベアリングキャップというパーツで挟み込まれます。

メインジャーナルとクランクピンなどには**オイル穴**が設けられており、そこから内部につながるオイルの流路を通してエンジンオイルが供給されます。

一般的にメインシャフトには**フライホイール**が接続されます。このフライホイールが慣性の力（慣性モーメント）によって一定の回転を保とうとする結果、エンジンの回転ムラが減り、回転が滑らかになります。フライホイールが重いほどエンジン回転、アイドリングなどは安定しますが、エンジン効率やアクセル操作に対するレスポンスは悪くなるため、スポーツモデルなどでは軽量なフライホイールが採用される傾向にあります。

フライホイールとクラッチ

クランクシャフトに接続した状態のフライホイール。一般的には比較的重量のある鋳鉄製のものが採用されるが、スポーツモデルなどでは軽量なクロムモリブデン鋼やアルミ製などが使用される。

5-14 シリンダーの配置によってエンジン特性が変化する

シリンダー配列

KEY WORD

- 気筒(シリンダー)の並び方を**気筒配列**、または**シリンダー配列**と言う。
- エンジンは気筒配列によって**直列型**、**V型**、**水平対向型**に大別される。
- どのタイプのエンジンも、すべてのピストンが1本のクランクシャフトを共有する。

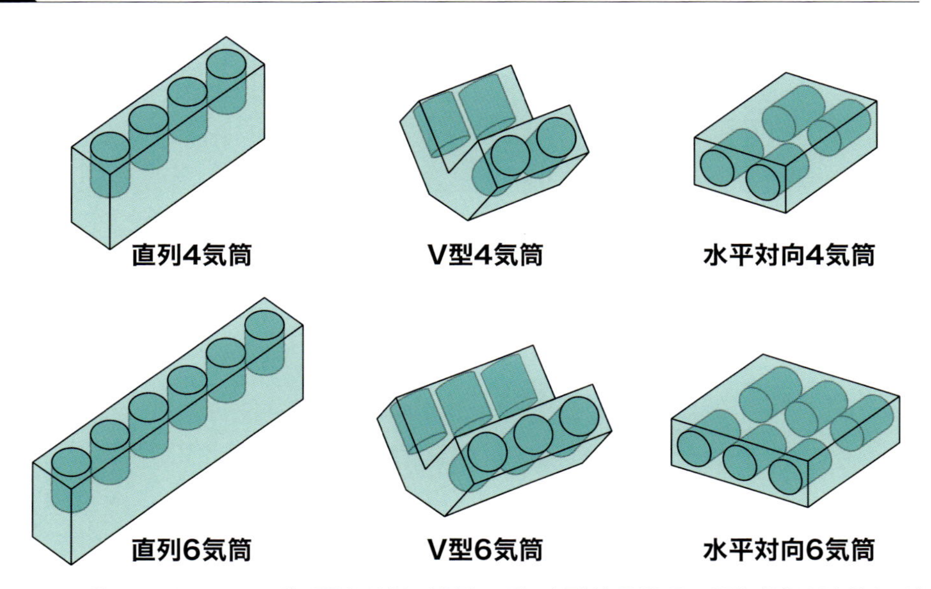

シリンダー配列の種類 シリンダー配列には主に直列型、V型、水平対向型がある。直列の場合は6気筒までが多く、それ以上に気筒数が増えるとV型が採用されるのが一般的。水平対向型は対向するピストンが逆方向に運動するので振動が少ないというメリットがある。

シリンダー配列の種類

多気筒エンジンの場合、各気筒(シリンダー)の並び方によってエンジンのタイプが大別されます。こうした気筒の並び方を**気筒配列**、または**シリンダー配列**と言います。どのタイプのエンジンも、すべてのピストンがコンロッドを介し、1本のクランクシャフトにつながり共有します。

直列型は、各気筒が一列に並んだタイプのエンジンです。英語では「列を成す」ことを"Inline"と言うことから、**インライン・エンジン**とも呼ばれます。この型式に気筒数を加えれば、直列4気筒、直列6気筒などとなり、欧米ではインライン4などと呼ばれます。ラインの頭文字の「L」を用いてL4とも表記されます。

V型では2組の直列型が、エンジン正面から見てV字型に配置されます。6気筒以上のエンジンに採用される場合が多く、V型6気筒の場合はV6などと表記、または呼称されます。現在市販されている上位モデルでは、V型12気筒(V12)エンジンを搭載するものもあります。

V型エンジンにおける左右の気筒の列をバンクと言い、両バンクの角度を**バンク角**と言います。バンク角は60度、90度、120度のものが多く、その角度や気筒数によってエンジンの特性に違いが表れます。

水平対向型は、2組の気筒の列を1本のクランクシャフトの左右に、水平に配置したタイプのエンジンであり、言い換えれば、V型エンジンのバンク角を180度にした形式とも言えます。

水平対向型では向かい合う左右のピストンが打ち合うように見えることから**ボクサー・エンジン**とも呼ばれます。また、その形状が他のタイプと比較して平ら（フラット）になることから**フラット・エンジン**とも呼ばれます。そのためこのタイプのエンジンは、フラット（Flat）の頭文字を取ってF4、F6などとも表記されます。

メリットとデメリット

直列型は振動が少ない一方、気筒数が増えると寸法が長くなるため、その場合は一般的にV型が採用されます。V型は搭載レイアウトの自由度が高く、横置きされるケースも多くあります。ただしV型はクランクシャフト以外のパーツが2組必要となり、構造が複雑で高コストになります。

水平対向型は、全幅は長くなるもののフラットなため重心が低く抑えられます。また、対になるピストンが逆方向に運動するため、お互いの振動を打ち消し抑制する効果が生まれます。

©Mercedes-Benz

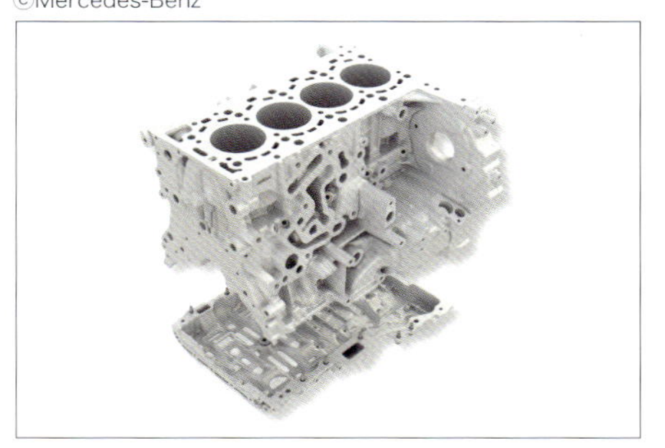

直列4気筒

4つの気筒が直線的にレイアウトされた直列4気筒エンジンのクランクケース。構造がシンプルでパーツが少なく、低コストで低振動という利点を持つ。

©BMW

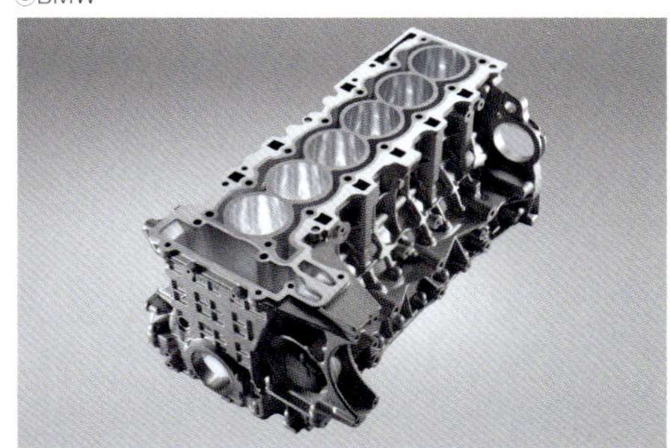

直列6気筒

現行の市販車で直列6気筒までが一般的だが上位モデルには直列8気筒も存在。V型と比べて部品点数は少ないが、気筒数が増すとエンジン寸法が長大化する。

©One And Only Lemon Bird

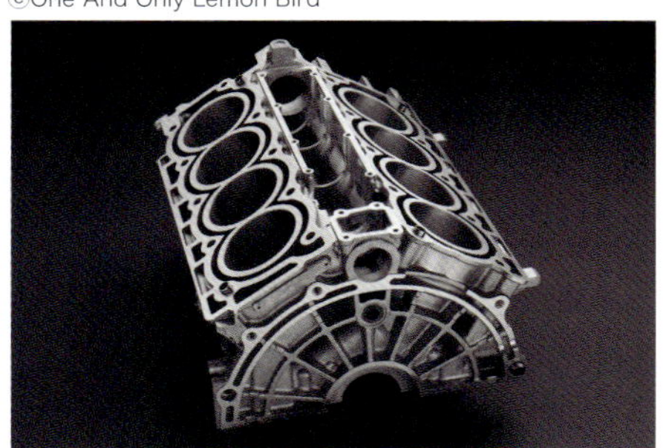

V型8気筒

2つのバンクを持つV型はエンジン寸法がコンパクトにまとまり、8気筒から12気筒のエンジンに多く採用される。横置きされるなどレイアウトの自由度も高い。

©MAZDA

ロータリー・エンジン

直列、V型、水平対向などとはまったく違う機構を持つエンジンとしてロータリー・エンジンも存在。長年にわたりマツダが手掛けることで知られる（p.196）。

5-15 複雑な機構を持つエンジンの基本構造

シリンダーブロック&シリンダーヘッド

KEY WORD

- シリンダーヘッドにはカム機構やバルブなどが搭載される。
- シリンダーブロックにはシリンダーやクランクシャフトなどが搭載される。
- シリンダーブロックは、その下部がラダーフレームとして別体化される場合もある。

エンジン本体の基本構造

エンジン本体は複数のパーツによってその基本構造が形成されます。その中心となるのが**シリンダーブロック**であり、ここに各シリンダー（気筒）が収められます。

シリンダーブロックの上部には**シリンダーヘッド**が搭載されます。つまり、このシリンダーヘッド内に吸気バルブや排気バルブ、カムシャフトなどが内蔵されます。また、シリンダーヘッドとシリンダーブロックの間に薄い**シリンダーヘッド・ガスケット**（右ページ囲み内参照）を挟み込むことにより、シリンダー内の気密性を保ちます。

シリンダーヘッドの上部はカムシャフトやバルブなどがむき出しの状態になりますが、**シリンダーヘッドカバー**を被せることで保護します。シリンダーヘッドカバーは、バルブやカムの機構に異物が混入したり、オイルが飛散することを防ぎます。

一般的にはクランクシャフトはシリンダーブロック内に搭載されますが、シリンダーブロックと**ラダーフレーム**でクランクシャフトを挟み込むタイプもあります。どちらの場合もクランクシャフトはメインジャーナル（p.172参照）の部分を、**ベアリングメタル**と**ベアリングキャップ**によって、両側から挟み込んで支持します。

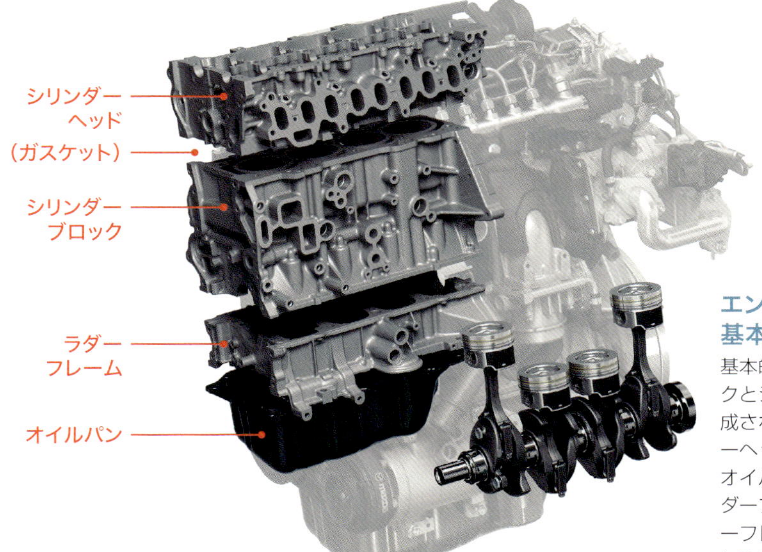

エンジン本体の基本構造

基本的にシリンダーブロックとシリンダーヘッドで構成され、最上部にシリンダーヘッドカバー、最下部にオイルパンを装備。シリンダーブロックは下部がラダーフレームとして別体化される場合もある。

ベアリングメタルとは本来、シリンダーブロック側に設けられた軸受けに用いられる合金のことを意味しますが、軸受け自体を指す場合もあります。また、ベアリングキャップとはU字型のパーツで、クランクシャフトを逆側から押さえます。

エンジン本体のもっとも下部、つまりシリンダーブロックまたはラダーフレームの下には、潤滑油であるエンジンオイルの受け皿となるオイルパンが装備されます。

シリンダーブロック

自動車の黎明期には、シリンダーブロックの素材には**鋳鉄**が採用されていましたが、近年のガソリン・エンジンにおいては軽量性と放熱性に優れた**アルミ合金**製が主流となっています。

ただし、鋳鉄のほうがアルミ合金よりも剛性が高いため、高圧縮比エンジンやターボエンジンでは、薄くて軽量に加工した鋳鉄を採用する場合もあります。

ディーゼル・エンジンの場合は圧縮比が高いため、昨今のモデルにおいて鋳鉄製が主流となっていますが、低圧縮比を実現した昨今のディーゼル・エンジンでは、アルミ合金製のシリンダーブロックが採用されるケースもあります。

シリンダーブロックには、**オイルギャラリー**というエンジンオイルの流路と、**ウォータージャケット**と呼ばれる冷却液の流路が設けられています。

エンジン冷却が不足すればエンジンが過熱し、冷却しすぎれば冷却損失を生み、どちらの場合も燃焼効率が悪化します。そのためウォータージャケットは、冷却すべき部位と、ある程度の熱を維持すべき部位をデリケートに管理すべく、その流路が設計されます。近年では、**ウォータージャケット・スペーサー**と呼ばれる薄いシート状の別体パーツに冷却液の流路を施し、それをシリンダー周りに設けられたスペースに挿入する仕様のエンジンも登場しています。

©BMW

BMWの6気筒エンジン

上写真のエンジンの主要部位を下に紹介。それぞれのパーツは熱と放熱、剛性と軽量化という相反する条件を克服するため、様々な工夫が凝らされている。

エンジン本体の分解図

シリンダーカバー ©BMW

従来では軽量なアルミ合金が採用されるケースが多いが、近年では樹脂製も登場している。

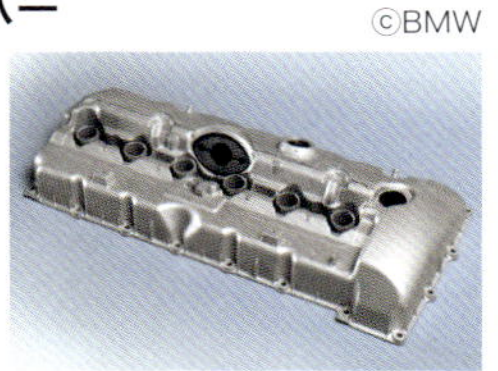

シリンダーヘッド ©BMW

カム機構や吸排気バルブなどを搭載するため高い精度が求められる。アルミ合金製が一般的。

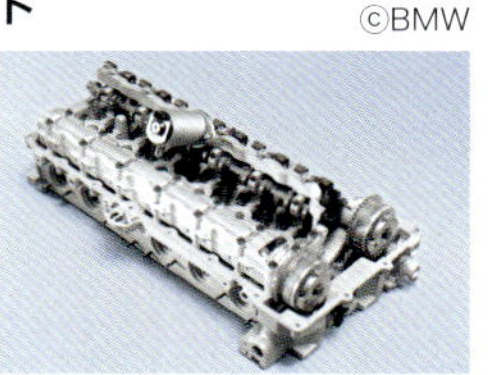

ガスケット ©BMW

厚さ1.5mm前後で、金属製、ステンレス製、鉄製、フッ素ゴム製など、様々なタイプがある。

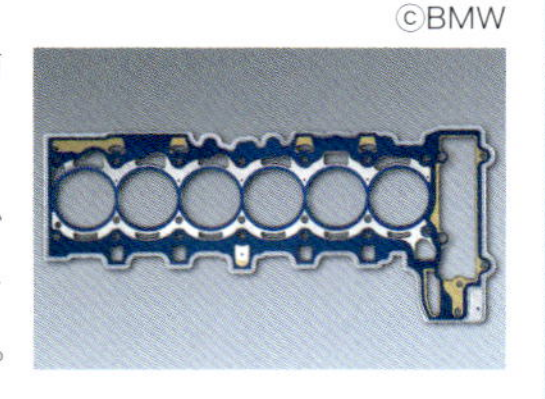

シリンダーケース ©BMW

潤滑油のためのオイルギャラリーと、冷却液用のウォータージャケットが複雑に加工される。

5-16 吸気バルブと排気バルブを開閉するための機構

バルブ＆カム

KEY WORD

- カムとは、回転運動を往復運動に変換するための機械要素の1つ。
- カム機構には主に、直接駆動式、ロッカーアーム式、スイングアーム式の3種がある。
- それぞれのバルブを受け持つカムは、カムシャフトによって一体化される。

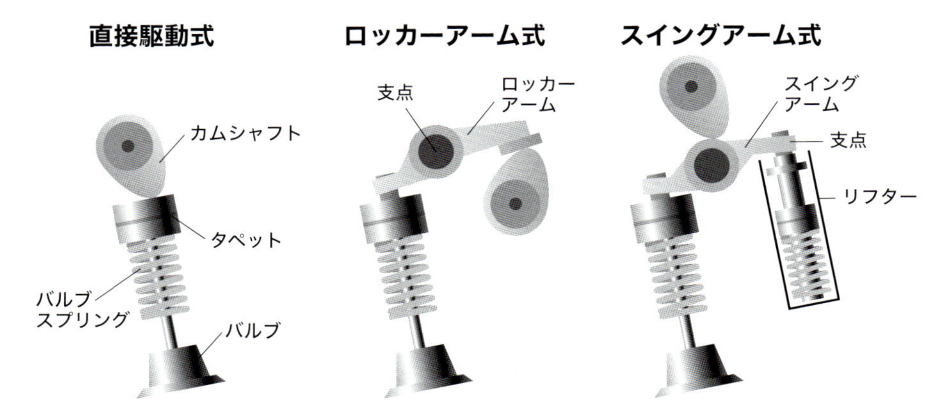

バルブの駆動方式 ロッカーアーム式では支点が中央にあるのに対し、スイングアーム式の中央は力点となり、支点は右端にある。どちらもバルブに接続する左端は作用点となる。この図のスイングアーム式はアームの可動域を調整することでバルブ開度を可変させるリフターが付いたタイプ。

バルブシステムとカム機構

吸気バルブは混合気または空気を気筒内に取り込み、**排気バルブ**は燃焼後のガスを気筒の外に排出しますが、これらのバルブを開閉する機構を**バルブシステム**（動弁機構）と言います。吸気バルブと排気バルブは、総称して**吸排気バルブ**とも呼ばれます。吸排気バルブは**カム**の運動によって開閉されます。カムとは、回転運動を往復運動に変換するための機械要素の1つであり、カムを使用したこうしたシステムを**カム機構**と言います。

カムの断面形状はタマゴ型をしています。カムが回転し、その突出した部分がバルブ、またはバルブに連動するパーツを押しやることでバルブが開きます。また、カムの回転がさらに進み、突出した部分がやり過ごされると、カムと接触しているパーツの位置が戻り、その結果バルブが閉じられます。

回転するカムは接触する他のパーツを押しやりますが、引き戻すことはできません。そのためバルブは**バルブスプリング**によって閉じた状態にセットされています。カムがバルブを開くときはスプリングが伸び、カムの突出した部分がやり過ごされると、バルブはスプリングの力で引き戻されます。

車に採用されるカム機構は主に3種類あります。**直接駆動式**は、カムがバルブの**タペット**を直接的に開閉します。**ロッカーアーム式**は、カムがロッカーアームを介してバルブを開閉しますが、その支点はロッカーアームの中央にあります。ロッカーアーム式の一方式である**スイングアーム式**は、スイングアームを介してバルブを開閉しますが、その支点はアームの端にあります。

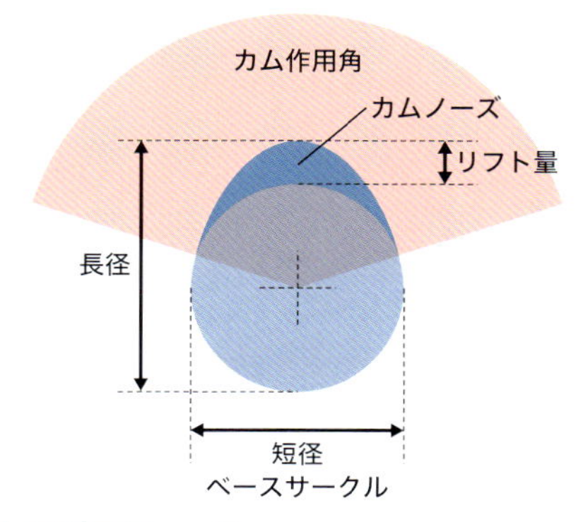

カムプロフィール

カムに接触するパーツが往復する距離（ストローク）は、リフト量の長さによって決定される。カムの断面形状やリフト量の長さはエンジンによって異なる。

カムプロフィール

カムプロフィールとはカムの断面形状を意味します。タマゴ型に突出した**カムノーズ**はカムロブ、カム山とも呼ばれ、その突出する長さである**リフト量**が、バルブやアームを動かす距離（ストローク）を決定します。カムノーズがバルブに作用する（動かす）範囲を**カム作用角**と言います。

一方、カムプロフィールにおいて、バルブに作用しないカムノーズ以外の真円部分を**ベースサークル**（短径）と言います。

©BMW

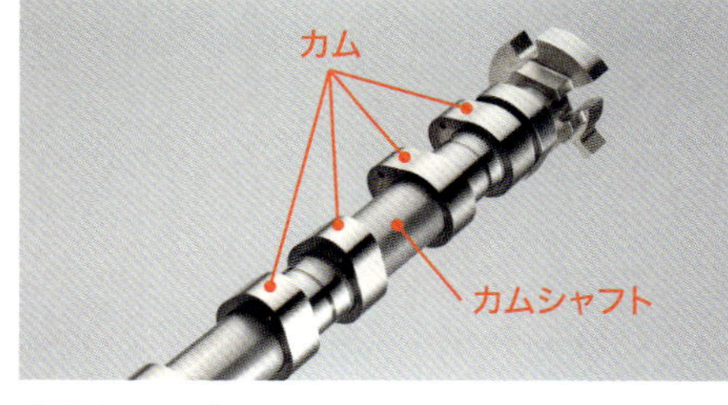

カムシャフト

高い剛性と耐摩耗性が求められるカムシャフトには鋳造された鋼製材料を使用。カム部分は切削研磨して成形。焼き入れ処理、化成処理される場合が多い。

カムシャフト

個々のカムは**カムシャフト**によって一体化されています。近年主流とされるバルブシステム「DOHC」(p.183参照)では、直列型エンジンであれば吸気バルブ用に１本、排気バルブ用に１本が装備され、V型や水平対向型では気筒配列(p.174)が２つになるため、その機構が２セット搭載されます。

４スト・エンジンの場合、カムシャフトはクランクシャフトが２回転する間に１回転します。各気筒によって吸排気バルブを開閉させるタイミングが違うため、カムシャフトに設けられた各カムのカムノーズは、グループごとに違う方向を向いています。

©Mercedes-Benz

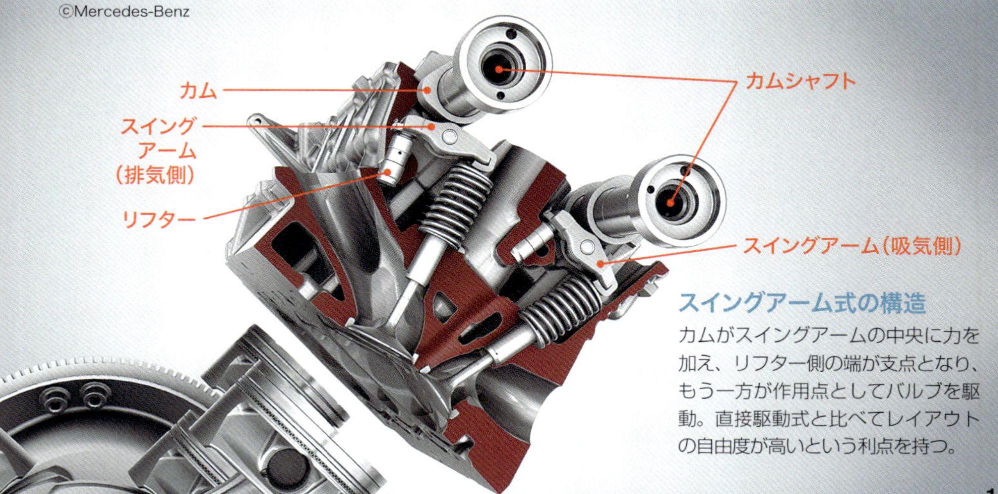

スイングアーム式の構造

カムがスイングアームの中央に力を加え、リフター側の端が支点となり、もう一方が作用点としてバルブを駆動。直接駆動式と比べてレイアウトの自由度が高いという利点を持つ。

5-17 吸気と排気をスムーズにするためのシステム

マルチバルブ

KEY WORD

- 吸排気効率を上げようとした場合、バルブの開口面積を広くする必要がある。
- マルチバルブでは4スト・エンジンで1気筒当たり3本以上のバルブを搭載する。
- 4バルブ方式は開口面積を拡大しつつ、バルブを小径・軽量に設計できて高回転にも対応。

複数の吸排気バルブ

従来のエンジンでは、1つの気筒に対して吸排気バルブを1本ずつ装備する**2バルブ方式**が一般的でした。しかし近年では、吸気バルブと排気バルブを2本ずつ装備した**4バルブ方式**が主流となっています。

2バルブ方式では、燃焼効率を上げることを目的に、排気側よりも吸気側のバルブの径を大きく設計する傾向にあります。なぜなら排気には燃焼・膨張による圧力が掛かるため、吸気と比べて自ずとスムーズに排気が行われるからです。

同様な理由から、吸気バルブを2本と排気バルブを1本装備する3バルブ方式や、吸気バルブを3本と排気バルブを2本装備する5バルブ方式も開発されてきました。このように、4スト・エンジンにおいて1気筒当たりに3本以上の吸排気バルブを搭載するシステムを**マルチバルブ**と言います。

©BMW

主流は4バルブ方式

4バルブ方式では1気筒当たりに吸気バルブが2本、排気バルブが2本搭載される。4バルブ方式を採用したエンジンは4バルブエンジンとも呼ばれる。

©NISSAN

プラグが中央に配置される4バルブ式

ガソリン・エンジンの点火プラグや、ディーゼル・エンジンのインジェクターを燃焼室の中心に配置できるのも4バルブ方式のメリットのひとつ。

しかし、燃焼効率やコストが4バルブ方式と大きく変わらないことから、近年の乗用車でその採用例は多くありません。

4バルブ方式のメリット

吸排気効率を上げようとした場合、バルブの開口面積を広くする必要があります。そのためには吸排気バルブの傘部分の直径を大きくすることが考えられます。

しかし、ボアのサイズの制限から大径化にも限界があります。バルブが重くなれば高回転の支障となり、密封性が低下する可能性も高まります。ガソリン・エンジンの点火プラグやディーゼル・エンジンのインジェクターは、燃焼効率を考慮すれば燃焼室の中心に配置するのが理想ですが、それも難しくなります。

また、バルブの**リフト量**を大きくして開口部を拡げることも考えられます。しかし、

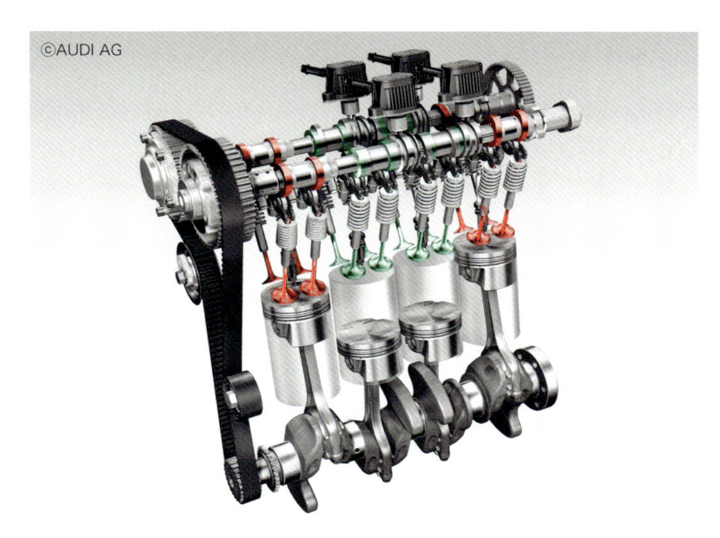

4バルブ方式の構造図

4バルブエンジンでは1本のシリンダーに対して計4つのバルブが搭載される。そのため4気筒エンジンの場合には計16個の吸排気バルブが搭載され、1本のカムシャフトに8個のカムが装備される。

この場合も高回転の支障となると同時に、カムプロフィールが尖った形状となるため、カムの抵抗や摩耗が増えます。また、ピストンとの干渉を防ぐ必要があることからロングストローク化にも限界があります。

これらの課題を解決するのが4バルブ方式を代表とするマルチバルブです。4バルブ方式であれば、バルブを小径かつ軽量に設計でき、そのリフト量を小さくできるため抵抗も低減でき、開口面積を拡大しながら高回転にも対応させやすくなります。

また、ガソリン・エンジンの燃焼室は屋根のような形状（ペントルーフ型）が一般的であり、吸気バルブが設けられるスロープと、排気側のスロープには角度（**バルブ挟み角**）が付けられて向き合います。もし2バルブ方式を採用してバルブを大径化すれば、スロープの面積が大きくなり、バルブ挟み角が大きくなる結果、圧縮比を高められません。しかし、バルブ径を小さくできる4バルブ方式であれば、バルブ挟み角を小さくし、高い圧縮比を実現できます。

4バルブ方式のデメリットとしては、構造が複雑化して部品点数が増え、コストが上がる点などが挙げられます。そのため、低コストモデルの一部では、あえて2バルブ方式を採用しているものもあります。

吸気バルブの開度を変える

ポルシェ 911カレラに搭載されるこの4バルブエンジンでは、ドライブ状況に合わせて2つある吸気バルブの開度が個別に変更される。

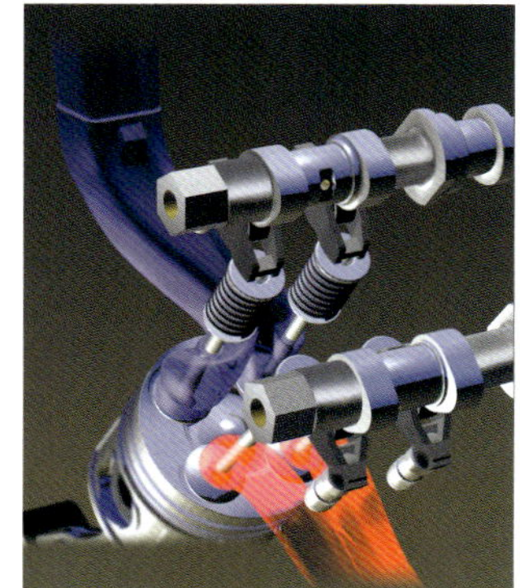

吸気と排気がよりスムーズに

4バルブ方式では吸気ポート（図上）は途中で枝分かれし、排気ポートは統合される。これはBMWのディーゼル・エンジンの構造例。

5-18 バルブシステムの変遷と構造

バルブシステム

KEY WORD

- **SV**ではシリンダーとバルブが横並びだったが、**OHV**ではバルブをシリンダー上部に配置。
- OHVではカムシャフトが下部にあったが、**OHC**ではシリンダー上部に配置。
- **SOHC**のカムシャフトは1本だが、**DOHC**では吸気用と排気用の2本を搭載する。

黎明期のバルブシステム

4ストローク・エンジンにおいて吸気バルブと排気バルブを開閉するための**バルブシステム**（動弁機構）は、いくつかの方式を経て進化してきました。

初期の量産型エンジンに搭載された機構は**SV**（サイドバルブ・エンジン）です。この機構では吸排気バルブがシリンダーと並んで配置され、クランクケース内に収まるカムシャフトが、傘を上にして搭載されたバルブを直接押し上げて弁を開きます。

こうした構造を持つSVの燃焼室は横に長い形状となり、そのため燃焼室の圧縮比を十分に高められず、吸排気もスムーズでありません。それを改善するために開発されたのが**OHV**（オーバーヘッド・バルブ）です。この機構ではバルブの搭載位置がシリンダーのボア径内に収まり、燃焼室が円形となったため、高い圧縮比とスムーズな吸排気が実現しました。カムシャフトの往復運動はプッシュロッドを介して伝えられ、それによってロッカーアームが稼働し、吸排気バルブが開閉します。

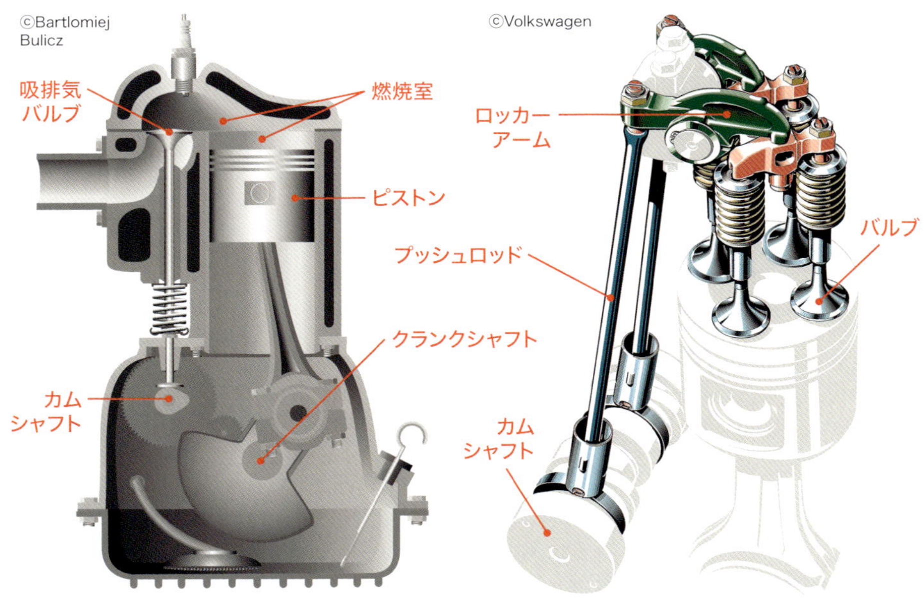

SV（サイドバルブ・エンジン）
この図においてバルブは奥に2つ並ぶ。クランクシャフトとカムシャフトはクランクケース内に収まる。そこからカムシャフトがバルブを直接押し上げる。

OHV（オーバーヘッド・バルブ）
カムシャフトが下部に配置され、長いプッシュロッドを要するのがOHVの特徴。OHVの開発以後、シリンダーヘッド周りの構造が一気に複雑化した。

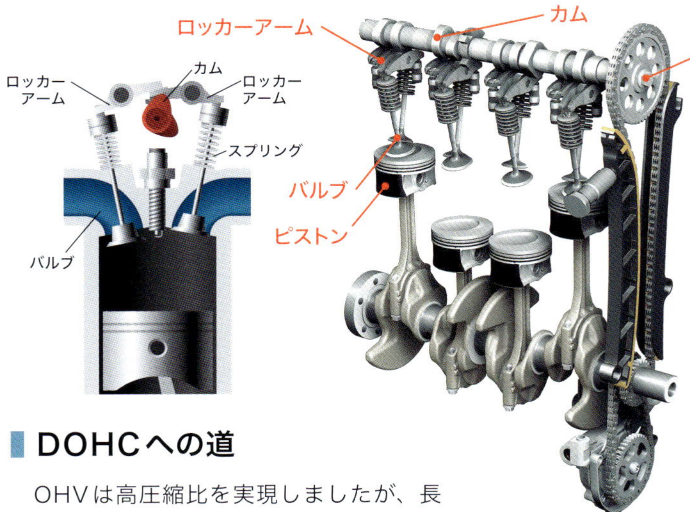

OHC（オーバーヘッド・カム）
SOHC（シングル・オーバーヘッド・カム）

1本のカムシャフトが吸気側と排気側のロッカーアームをともに作動する仕様。部品点数が少なく製造コストも安いことから、フォルクスワーゲンなどでは近年でもこの機構を採用していた。

ⓒVolkswagen

DOHCへの道

OHVは高圧縮比を実現しましたが、長くて重いプッシュロッドが高回転時に追従せず、バルブの開閉タイミングがずれるという欠点がありました。それを解消した機構が**OHC**（オーバーヘッド・カム）です。

OHCではプッシュロッドを廃し、カムシャフトをシリンダー上部に移動して、カムシャフトが直接的にロッカーアームを作動するよう改良されました。こうした機構ではカムシャフトとクランクシャフトの配置が遠ざかるため、チェーンによってその2軸を連結。これによりクランクシャフトの回転がカムシャフトに伝達されます。

また、OHCでは吸気バルブと排気バルブを1本のカムシャフトで作動しますが、吸気用と排気用のカムシャフトを2本に分け、独立させた機構が**DOHC**（ダブル・オーバーヘッド・カム）であり、ツインカム式とも呼ばれます。DOHCの登場により、カムシャフトを1本のみ用いる従来のOHCは**SOHC**（シングル・オーバーヘッド・カム）とも呼ばれるようになりました。

DOHCは高精度なバルブタイミングを実現すると同時にバルブ機構の設計上の自由度を増すことに貢献。以後、この方式をベースに様々な可変バルブが生まれました。

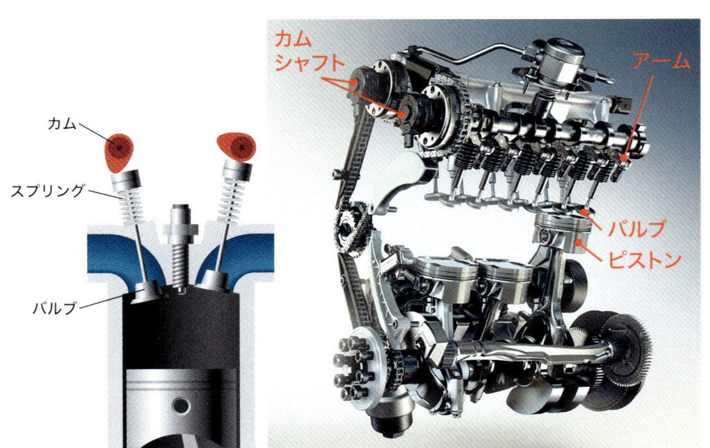

DOHC（ダブル・オーバー・ヘッド・カム）

吸気バルブと排気バルブの開閉をそれぞれ独立した2本のカムシャフトで作動する仕様。現在の主流とされる動弁機構。左図のカム駆動は直接駆動式、右写真はスイングアーム式（p.178参照）。

ⓒBMW

5-19 バルブタイミングを変化させるシステム

可変バルブシステム

KEY WORD

- 吸排気バルブがともに開いている時期があり、これをオーバーラップと言う。
- バルブの開閉を操作する機構には、時期を変化させるVVTと、量を変えるVVLがある。
- バルブの開閉を変化させる機構には、主に位相式、カム切替式、連続式の3種がある。

オーバーラップとは？

吸排気バルブの開閉時期を**バルブタイミング**と言います。下のグラフは吸排気バルブの開閉状態を表し、横軸はクランクシャフトの回転角度とピストンの位置、縦軸はバルブの開度を示しています。

いちばん上のグラフを見ると、**吸気バルブ**（青線）はピストンが上死点に到達する直前から開きはじめ、次の吸気に移行していることが分かります。また、ピストンが下死点に到達した直後まで吸気バルブは開いています。つまりピストンが上昇して圧縮をはじめる時点では、空気が慣性によって気筒内に流入し続けています。

排気バルブ（赤線）はピストンが下死点に到達する直前、つまり膨張行程が完全に終了する以前から開いて燃焼ガスを排気しています。また、ピストンが上死点に達した後もわずかに開いていることで、吸気がよりスムーズに行われます。

この結果、吸気バルブと排気バルブがともに開いている期間があります。これを**オーバーラップ**と言います。

吸排気バルブのオーバーラップ

空気や燃焼ガスは慣性で動くためバルブは予備的に動作。そのため両バルブがともに開くオーバーラップが生まれる。

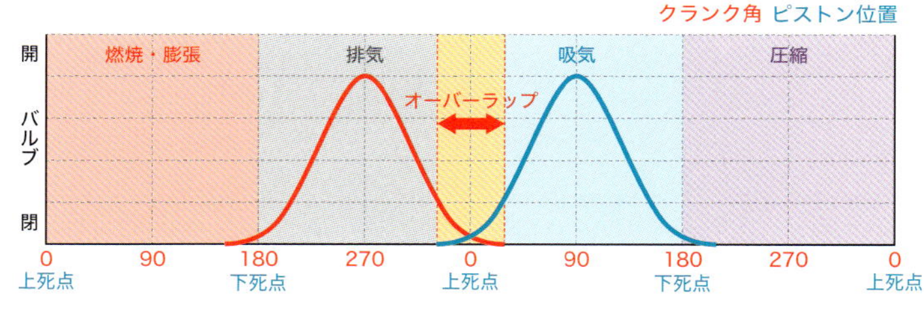

VVT（バリアブル・バルブ・タイミング）のバルブ動作

開閉タイミングが操作された場合のグラフ。高負荷かつ高回転のときは吸気バルブの開閉を遅らせ、吸入空気量を増やす。

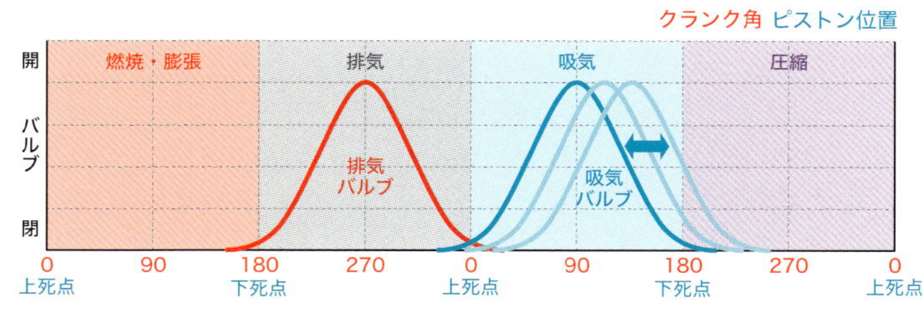

VVL（バリアブル・バルブ・リフト）のバルブ動作

リフト量が増減された場合のグラフ。トルクやパワーを必要としない場合にバルブ開度を狭くして、燃費を向上させる。

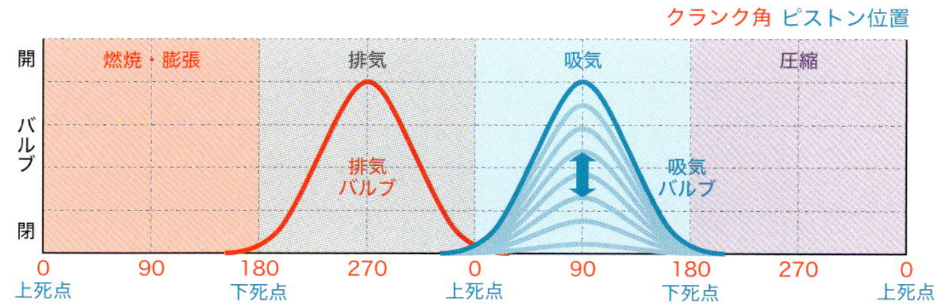

可変バルブシステムの種類

略称	名称	内容
VVT	**バリアブル・バルブ・タイミング・システム** Variable Valve Timing System	バルブ開閉のタイミングを可変させる仕組み
VVL	**バリアブル・バルブ・リフト・システム** Variable Valve Lift System	バルブ開閉のリフト量を可変させる仕組み

VVTは吸気バルブが開閉するタイミングを変化させる機構であり、対してVVLは吸気バルブが開閉する度合い（リフト量）を変化させる機構と言える。タイミングとリフト量をともに可変できる機構も存在する。

可変バルブシステムの方式

名称
位相式可変バルブシステム Cam Phasing Variable Valve System
カム切替式可変バルブシステム Cam Switching Variable Valve System
連続式可変バルブシステム Continuous Variable Valve Systems

もっとも一般的な位相式は機構がシンプルでコストも安い反面、燃焼効率に及ぼす効果は限定的。吸排気バルブが1本のカムシャフトを共有するSOHC（p.183）では使用できず、DOHC搭載車で採用される。

バルブの開閉を可変させる

バルブリフトの動作を回転数や負荷に合わせて最適化することで、出力や燃費、排ガス性能が向上します。その操作は主に吸気バルブに対して行われ、一部のモデルでは排気バルブに対しても行われます。

機構や名称はメーカーによって異なりますが、一般的には吸気バルブが開くタイミングを変化させる手法は**VVT**（バリアブル・バルブ・タイミング・システム）、吸気バルブが開く度合い（リフト量）を変化させる手法は**VVL**（バリアブル・バルブ・リフト・システム）と総称されます。

バルブの開閉を変化させる機構は主に3種類に大別できますが、それらはすべてカムシャフトからバルブに至るまでのシステム上で機械的に操作されます。

位相式可変バルブシステムは、カムシャフトの回転位置（位相）をずらすことで開閉タイミングを変える機構です。ただし、バルブの開放時間と作用角は変化しません。

カム切替式可変バルブシステム（p.186参照）では、プロフィールの違うカムをカムシャフト上に複数設置し、カムをスライドさせるなどして切り換えることで、主にバルブのリフト量を変化させます。

また、**連続式可変バルブシステム**（p.188）では、カムシャフトとスイングアームの間にバルブのリフト量を変化させる機構を挿入。その働きによってリフト量を無段階に可変できるように設計されています。

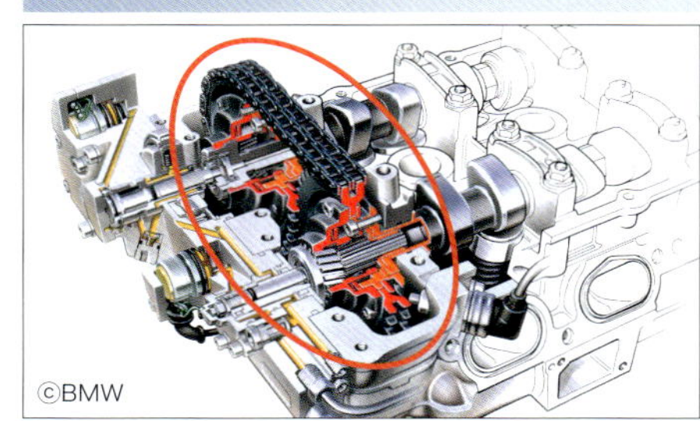

位相式の構造

スプロケットに対してベーンが回転するとカムシャフトの位相が変化してリフトタイミングが変わる。油圧式と電動式がある、下図はこの機構の搭載位置を示す。

5-20 プロフィールの違うカムを切り替える

カム切替式可変バルブシステム

KEY WORD

- カム切替式では、複数のカムを切り替えることでバルブリフトを可変させる。
- カム切替式では、カムプロフィールを変えることでバルブタイミングも可変できる。
- 吸気バルブが2つある場合、一方のバルブだけを可変、または休止することも可能。

カムプロフィールを可変する

カム切替式可変バルブシステムは、1つのバルブに対してプロフィール（p.179参照）の違う複数のカムを用意し、それを切り替えることでバルブリフトを変化させる機構です。一般的には2種類のカムを切り替えますが、3種のカムを搭載するシステムも存在します。多くの場合、このシステムは吸気バルブに対して活用されますが、排気バルブにも並装し、より精密で多様な吸排気制御を行うモデルもあります。

カム切替式では、カムプロフィールにおけるカムノーズのリフト量を変えることでバルブの開度を変更します。同時に、カムノーズの形状を変えることでカム作用角も変化するため、バルブタイミングを可変・制御することも可能です。

下のグラフは、吸気バルブ（青線）に同システムを採用したケースを表し、2種類のカムを切り替えることで、吸気バルブの開度が変化していることを示しています。

通常時には吸気バルブの開度は大きく開いていますが、エンジンに対する負荷が低く、低回転から中回転にある場合などは、カムノーズのリフト量が少ないカムに切り替わり、その結果、吸気バルブの開度が小さくなり、その状況における最適な燃焼が実行され、省燃費などが図られます。カムの切り替えは、様々な情報を集積するECU（エンジン・コントロール・ユニット）などによって行われます。

カム切替式の機構例

右上図の機構では、カムシャフトに対して垂直に設置されたピンが油圧によって横から押されると、カム山が左右にスライドする仕組みになっています。2つ並ぶカム山は、一方は高く、もう一方は低い状態にあり、ロッカーアーム（図の場合はスイングアーム）に作用するカム山が切り替わることによって、バルブのリフト量が変化します。

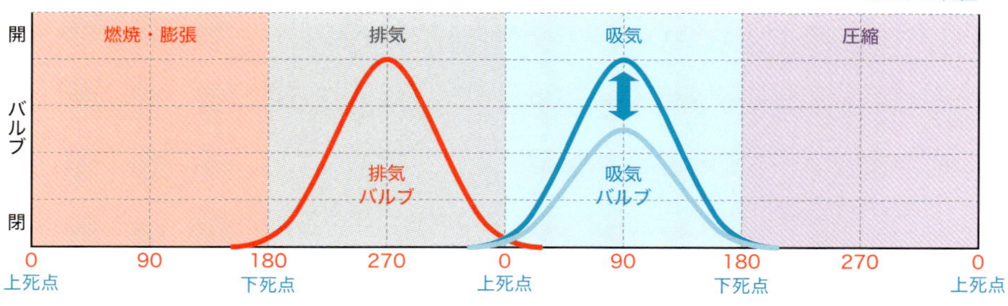

カム切替式のバルブ動作 カム切替式におけるバルブリフトの変化を示したグラフ。プロフィール（カムノーズ）の違う2種類のカムによって、吸気バルブのリフト量が変化。エンジンへの負荷が低い、または回転数が高くない場合にバルブの開度を抑えて燃費を向上させる。

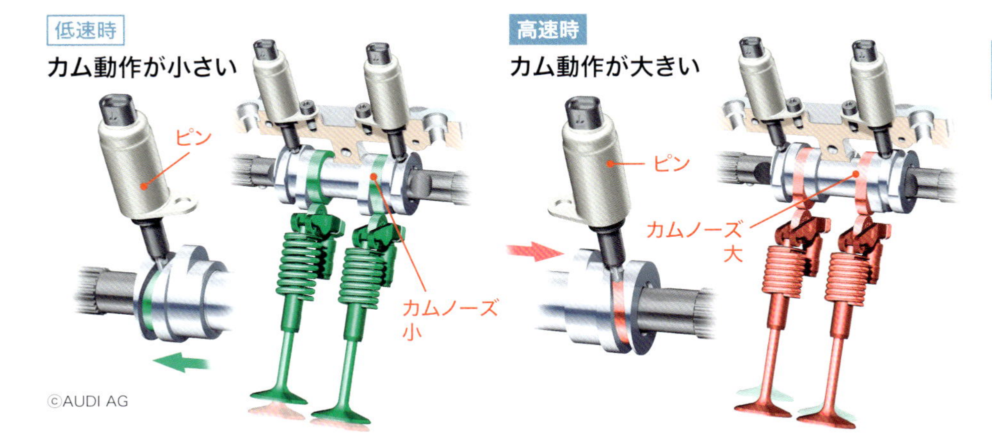

アウディのカム切替式機構

カム切替式の一種であるAVS（アウディ・バルブリフト・システム）の例。ピンが油圧によって左右に移動すると同時に、ガイド（溝）をたどるピン先がカムを左右に移動させる。そのガイドと2種のカム山は一体化されている。

この機構の場合、カムを切り替えることでリフト量を可変していますが、ホンダのシステム「i-VTEC」（p.191参照）の場合は、ロッカーアーム側の機構を変化させることでバルブの開度を可変させています。

こうしたシステムを活用すれば、吸気バルブが2つある4バルブエンジンの場合、一方のバルブだけを可変させる、または休止することも可能です。

一方のバルブを休止させるシステムは、主に吸気バルブに対して採用されます。エンジンに対する負荷が低く、大出力を必要としない場合などに、2つある吸気バルブの一方を休止すれば、燃料の流量が低下することで燃費が向上します。また、シリンダー内に流入する混合気が偏った位置から流れ込むため、混合気が攪拌され、燃焼効率を上げる効果も生まれます。

このカム切替式のシステムを使用すれば、特定の気筒を休止させることも可能です（p.190）。その際には、カムノーズがないカムが使用されることになります。

カムシャフト自体の位相を変化させる位相式（p.185）の場合、1本のカムシャフトを吸気バルブと排気バルブが共有するSOHC（p.183）では、バルブタイミングが吸排気とも同様にスライドしてしまうため使用できません。しかし、カムのみを変更するこのカム切替式の場合にはSOHCへの採用も可能です。

さらに、切替式と位相式を組み合わせることにより、バルブリフトとバルブタイミングをともに可変させる機構も存在します。

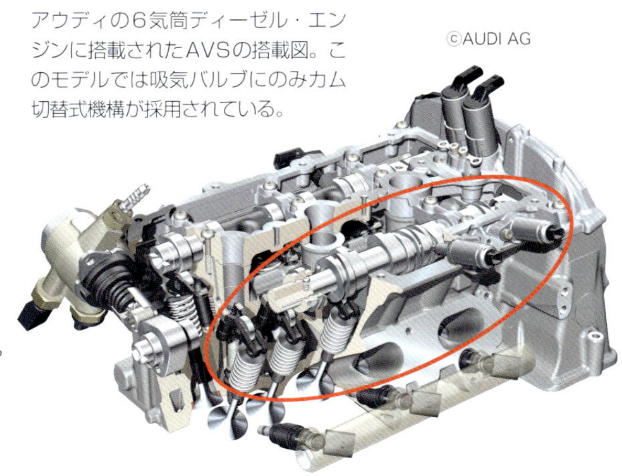

アウディのカム切替式機構

アウディの6気筒ディーゼル・エンジンに搭載されたAVSの搭載図。このモデルでは吸気バルブにのみカム切替式機構が採用されている。

5-21 バルブの開度を無段階に調整できるシステム

連続式可変バルブシステム

KEY WORD

- アームのレバー比を変える機構をカムとバルブの間に介し、リフト量を無段階で可変。
- ポンプ損失を低減し、燃費向上に貢献。バルブタイミングを調整することも可能。
- システムの構造が複雑なため、機械損失が増加し、高コストになる傾向がある。

システムの構造

カム切替式可変バルブシステム（p.186参照）では、2～3種類のカムを切り替えることでバルブリフトを変化させます。一方、この**連続式可変バルブシステム**では、ロッカーアームやスイングアームのレバー比を変える機構をカムとバルブの間に介することで、バルブのリフト量を無段階かつ連続的に変化させます。これによって、よりデリケートにバルブリフトを調整することが可能になります。

下図はともにBMWがValvetronic（バルブトロニク）と呼ぶ連続式可変バルブシステムの概念図です。この機構では、カムシャフトとスイングアームの間に中間レバーを介し、それによってスイングアームのレバー比を変化させることで、バルブリフトを連続的に変化させています。

中間レバーはバルブ開度調整シャフトによって可変し、その動きはECU（p.240）によって制御され、モーターによって駆動されます。バルブ開度調整シャフトのギヤが青い部分へ回転するほどバルブのリフト量は大きくなり、赤いほうに向かうほど小さくなります。

同様の機構は他社でも採用しており、トヨタはVALVEMATIC、日産はVVEL、三菱はMIVECなどと呼称しています。ロッカーアームやスイングアームのレバー比を変更するという目的はどれも同じですが、その構造はそれぞれ違います。

バルブ開度調整モーター
バルブ開度調整シャフト
中間レバー（バルブ開度調整レバー）
中間レバーを戻すスプリング
カムシャフト
スイングアーム
バルブスプリング
油圧バルブリフター
フル可変吸気バルブ
©BMW

BMWの「Valvetronic」の概念図

BMWの4気筒エンジンに搭載されたValvetronicの概念図。バルブ調整シャフトが青いほうへ回転すれば開度は大きくなり、赤いほうへ回転すれば小さくなる。

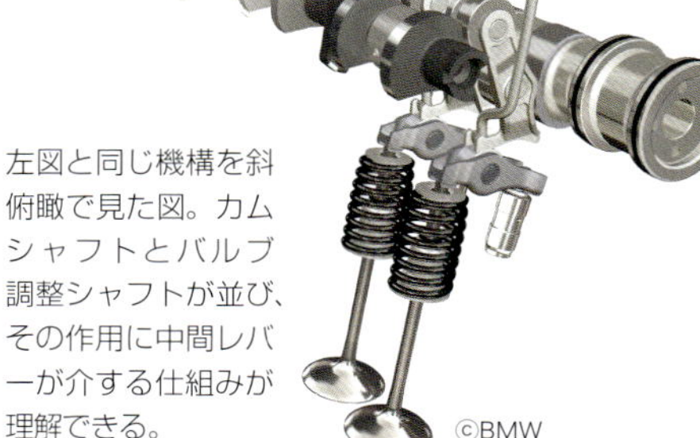

左図と同じ機構を斜俯瞰で見た図。カムシャフトとバルブ調整シャフトが並び、その作用に中間レバーが介する仕組みが理解できる。

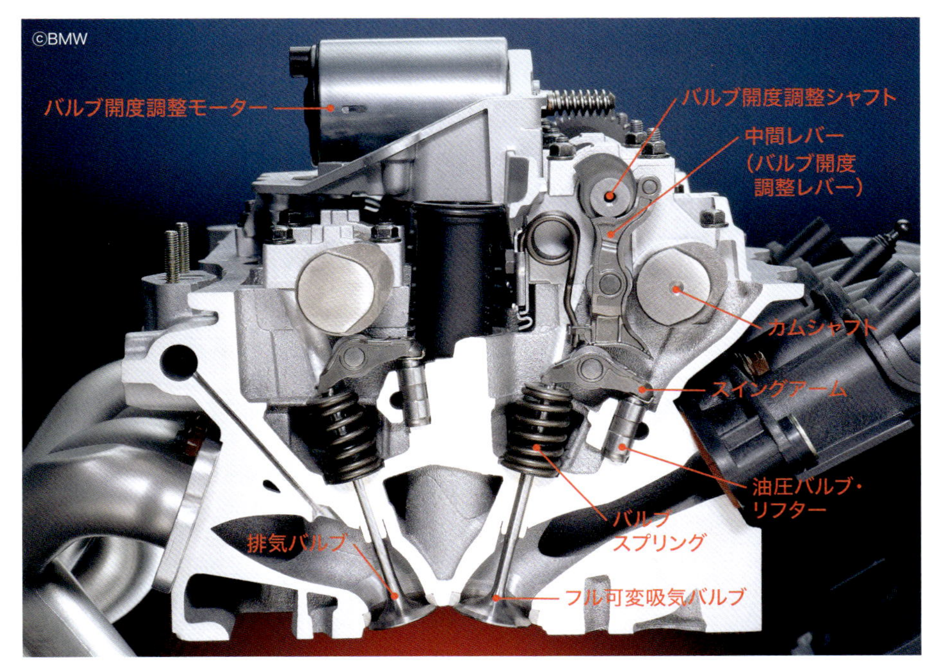

BMWの「Valvetronic」の構造
Valvetronicがシリンダーヘッドに搭載された状態のカットモデル。カムの動きが伝達される中間レバーがわずかに回転することにより、スイングアームへの力点がずれ、リフト量が可変する。

メリットとデメリット

下図は吸気バルブに連続式可変バルブシステムを搭載した場合のリフト量の特性を表しています。バルブ開度は無段階に調整され、4バルブエンジンなどマルチバルブを搭載したエンジンでは、低負荷なシーンで一方の吸気バルブを全閉にして、燃費を向上させることも可能です。

このシステムは他の可変バルブシステムと同様、スロットル・バルブ(p.194)に代わって吸気を制御するため、ポンプ損失を低減し、燃費を向上させることが可能です。また、バルブリフトだけでなくカム作用角（p.179）も変化するためバルブタイミングも調整可能。位相式可変バルブシステム（p.185）と併用される場合もあります。

ただし、構造が複雑なため機械損失が増え、高コストになる傾向があります。また、直噴エンジン（p.162）の場合、インジェクターなどと干渉するなど設計上の制約が発生する場合もあります。

連続式のバルブ動作
カム切替式ではリフト量が2種描かれていたのに対し、連続式では無段階に調整可能でき、バルブを全閉にすることも可能だ（p.190）。

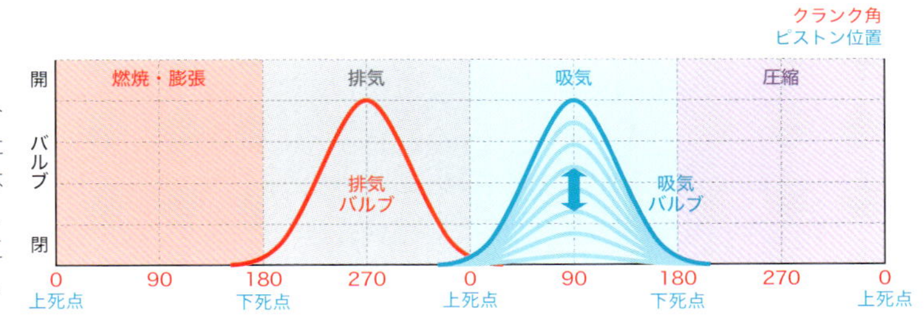

5-22 エンジンの総排気量を切り替えるシステム

気筒休止 / バルブ休止

KEY WORD

- 気筒休止システムでは、特定の気筒を休止させ、総排気量を変更する。
- 気筒休止するとスロットル・バルブの開度が大きくなり、ポンプ損失が減り、燃費が向上。
- 気筒休止すると気筒内の圧縮された空気や負圧によってフライホイール効果が生まれる。

ポンプ損失を低減

バルブのリフト量を可変できるカム切替式や連続式などの可変バルブシステムを応用すれば、特定の気筒を休止させ、総排気量を変更することも可能です。こうしたシステムを**気筒休止システム**、または**可変シリンダーシステム**と言い、その機能を搭載するエンジンは**気筒休止エンジン**、**可変シリンダーエンジン**などと呼ばれます。

エンジンへの負荷が低い巡航時などは**スロットル・バルブ**（p.194参照）が絞られるため、**吸入負圧**が増大します。そうしたシーンで特定の気筒を休止させれば、スロットル・バルブの開度が大きくなり、必要な出力やトルクを保ったままポンプ損失を減らせ、エンジン効率が向上します。

気筒休止する際には、吸排気バルブが全閉状態になります。下図のマツダの気筒休止システムの場合、通常時にはリフター内に装備されたHLAにロックピンが挿入されて固定され、スイングアームはリフター側を支点として動きます。ロックピンが解除されるとバルブ側が固定されてアームの支点となります。カムからの力はリフターに逃げ、リフターが往復運動しはじめます。

©MAZDA

気筒休止とは？

巡航時などエンジン負荷が低いとき、特定の気筒を休止することでポンピングロスを低減すると同時に、過剰な燃焼を抑えて燃費を向上させるためのシステム。

マツダの気筒休止の機構

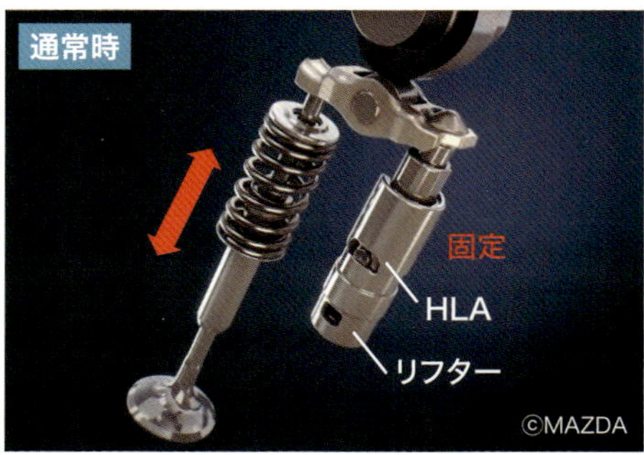

マツダのエンジンSKYACTIV-Gが搭載する気筒休止システム。HLA（ハイドロラッシュ・アジャスター）がロックされ、リフターを支点としてアームが作動。

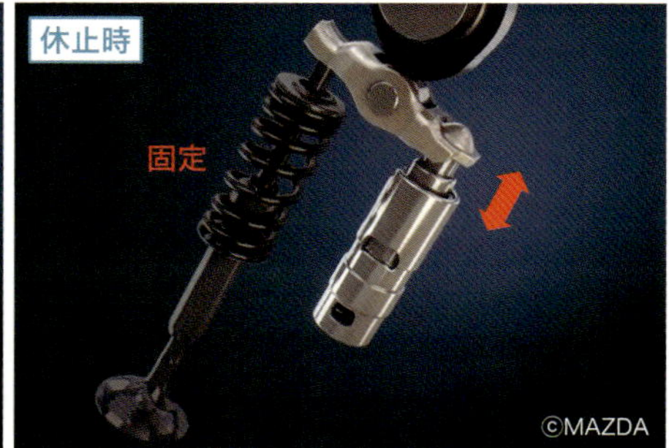

HLAのロックが解除されるとバルブの動きが休止。スイングアームの支点がバルブ側に移ることにより、カムの力はリフターに逃げ、リフターが往復運動する。

気筒休止時のバルブ動作

気筒休止システムにおけるバルブリフトの特性を示したグラフ。通常時と全閉時の吸気バルブの状態が描かれている。

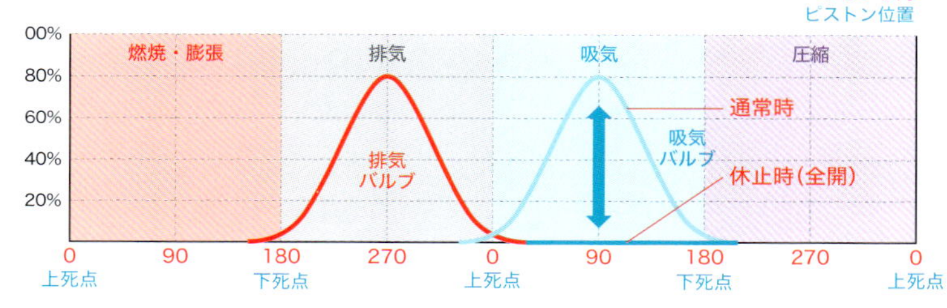

フライホイール効果

休止した気筒においてもピストンは往復運動を継続します。そのため下死点でバルブが閉じた場合、内部の空気を圧縮する負荷が生まれますが、次の行程では圧縮された空気によってピストンが押し返されるため、ロスはほとんど発生しません。

また、上死点で吸排気バルブが閉じられた場合も、ピストンが下がる行程で負圧が発生しますが、次の行程でピストンは負圧によって引き戻されます。これはクランクシャフトの回転エネルギーを圧縮空気や負圧に変換して蓄えているとも言え、その力がクランクシャフトの回転に慣性の力を与え、**フライホイール効果**を生んでいます。

気筒休止システムにおいては、気筒を休止した際に振動が発生したり、出力やトルクが変化しますが、それをいかに低減するかが課題となります。

ホンダのVCMの例

ホンダの6気筒エンジンに搭載される気筒休止システムVCMの場合、エンジンに負荷が少ない巡航時や減速時は3気筒、緩やかな加速時は4気筒、さらに加速が必要な場合は6気筒での運転に自動的に切り替わります。こうした制御によって燃費が向上し、二酸化炭素の排出量も低減します。

同システムではロッカーアームが分割されており、一方のアームはカムと連動、もう一方はバルブと連動しています。通常時はその2つのアームがピンで連結されていますが、気筒休止する際はそのピンを油圧でスライドさせ、ロッカーアームを分割します。すると一方のロッカーアームをカムが押しても、バルブにつながるロッカーアームは作動しません。こうした機構は同社の気筒休止システムや、カム切替式可変バルブシステムなどに採用されています。

ホンダのバルブ休止の機構

ホンダのカム切替式可変バルブシステムi-VTECなどに採用される機構の概念図。この図では同機構を用いて4バルブエンジンにおける片側の吸気バルブを停止する際の作動を説明。

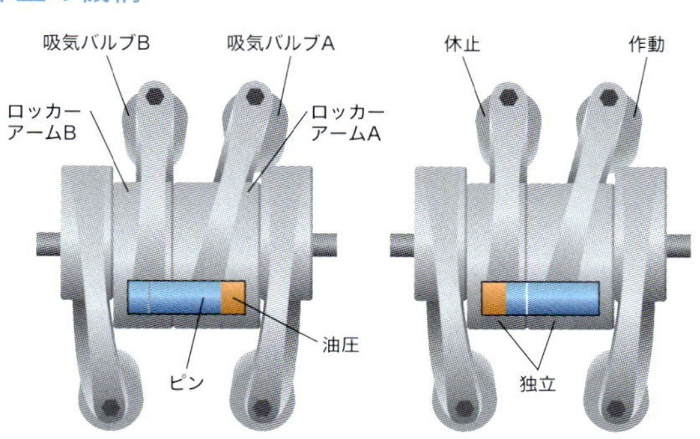

ロッカーアームAとBをピンが連結した状態

ピンがはずれてロッカーアームAとBが独立した状態

左図ではロッカーアームAとBをつなぐピンが左に寄っているが、右図では右にスライドして2つのロッカーアームを分離。同様の機構は気筒休止システムVCMにも採用されている。

5-23 膨張比を圧縮比より大きくし、捨てられるエネルギーを有効活用

アトキンソン・サイクル

KEY WORD
- アトキンソン・サイクルとは、圧縮比よりも膨張比を大きくして熱効率を高める手法。
- 可変バルブシステムで吸気バルブの開閉タイミングをずらすことで再現可能。
- アトキンソン・サイクルはミラー・サイクルとも呼ばれる。

圧縮比より膨張比を高める

アトキンソン・サイクルは、圧縮比よりも膨張比を大きくして熱効率を高める手法です。その理論はジェームズ・アトキンソンにより1882年に開発されました。

通常のエンジンにおいては圧縮比と膨張比は同じですが、膨張が完了する（ピストンが下死点にある）ときの圧力と温度は、圧縮が始まる（ピストンが上死点にある）ときよりも高い状態にあります。ただし、ピストンが下死点を過ぎて上昇をはじめると同時に排気バルブが開くため、その燃焼ガスが持つ高い圧力と熱エネルギーは捨てられてしまいます。

この捨てられている圧力と熱を有効活用するには、膨張比を圧縮比よりも大きくすれば良いことになります。これがアトキンソン・サイクルの基本原理です。

アトキンソン・サイクルは、可変バルブシステムを応用すれば再現できます。吸気行程においてピストンが下死点まで下がり、上昇（圧縮）に転じた後もしばらく吸気バルブが開いたままの状態を作れば、つまり吸気バルブが閉じるタイミングを遅らせれば、シリンダー内に取り込まれた空気が吸気ポートに押し戻されて減少。通常よりも少ないその空気を圧縮すれば、**圧縮比＜膨張比**を疑似的に再現できます。

また、同様な状態は、吸気行程でピストンが下死点に下がりきる以前に、早めに吸気バルブを閉じることでも生み出せます。

かつてジェームズ・アトキンソンはこの理論を実践するため、圧縮比よりも膨張比が大きくなるエンジンを製作して実証しました。ただ、その機構は複雑で、高速回転に対応でなかったため、自動車のエンジンには採用されませんでした。

その後、1947年にラルフ・H・ミラーが、吸気バルブの閉じるタイミングを下死点の前後に一定量ずらすことで圧縮比を小さく抑える機構を考案しました。そのためアトキンソン・サイクルは**ミラー・サイクル**とも呼ばれます。

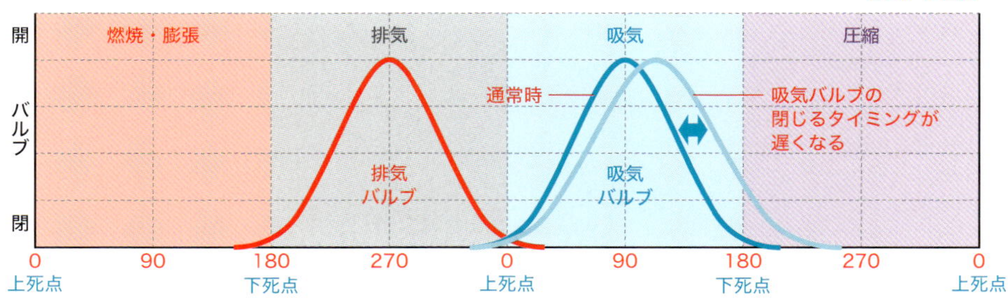

アトキンソン・サイクルのバルブ動作 可変バルブシステムによってアトキンソン・サイクルを疑似的に生み出したときのバルブリフトの特性。吸気バルブが閉じる時期が遅く、圧縮行程時にも開いている。同じ効果は吸気バルブを早く開くことでも得られる。

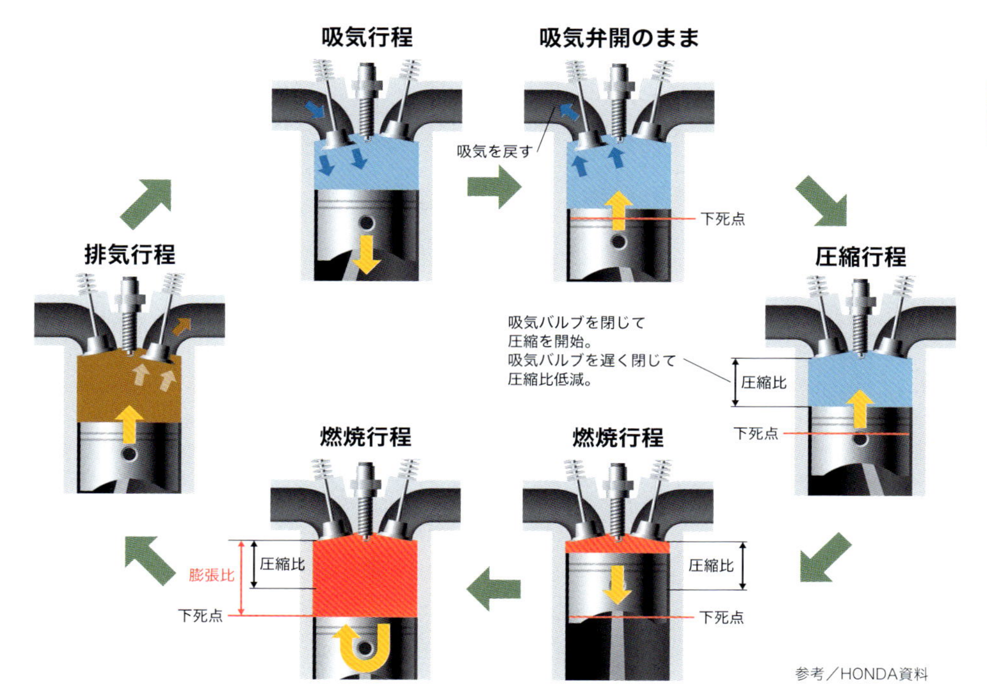

アトキンソン・サイクルの行程図　ホンダのi-VTECにおける行程。この機構では吸気バルブを閉じるタイミングを遅らせ、シリンダーに取り込む混合気を減らすことで「圧縮比<膨張比」の状況を生み出している。燃焼行程を見るとその差が理解できる。

ホンダアトキンソン・サイクル

上図はホンダの可変バルブタイミング・リフト機構**i-VTEC**におけるアトキンソン・サイクルの行程です。

この図の「吸気弁開のまま」では、吸気バルブを遅く閉じる様子が描かれており、シリンダー内にいちど吸い込んだ混合気の一部を吸気ポートに戻していることが分かります。次の「圧縮行程」で吸気バルブは閉じられますが、この時点までに取り込まれた混合気が圧縮比を決定。その圧縮比は、「燃焼行程」における膨張比よりも小さいことが分かります。こうした操作によって、熱効率が向上し、燃費がよくなります。

ただし、いちど吸気した混合気を戻すアトキンソン・サイクルでは出力不足が課題となります。それに対応するためホンダではVTEC（可変バルブタイミング・リフト機構）とVTC（連続可変バルブタイミング・コントロール機構）を併用。通常時には高膨張比を活かして高効率化し、高負荷領域では出力を優先するなど、運転状況に応じた最適なバルブタイミングの制御を実施しています。

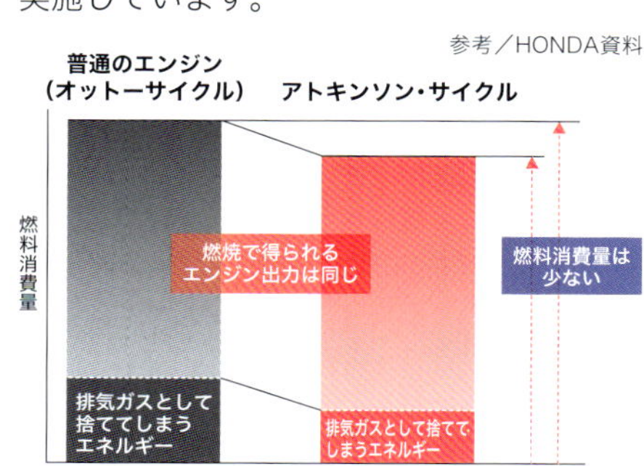

燃料消費量の違い
通常の「圧縮比＝膨張比」の行程をオットー・サイクルと言います。比較するとアトキンソンのほうが捨てるエネルギーが少なく、燃費も高いことが分かります。

5-24 空気の吸気量を調整し、適正な空燃比を生み出す

スロットル・バルブ

KEY WORD

- ガソリン・エンジンに搭載され、空気の吸気量を調整することでエンジン出力を調節。
- 近年のモデルでは電子制御式スロットル・バルブが主流とされている。
- スロットル・バルブを廃したスロットルレス、ノンスロットルなどの機構も存在する。

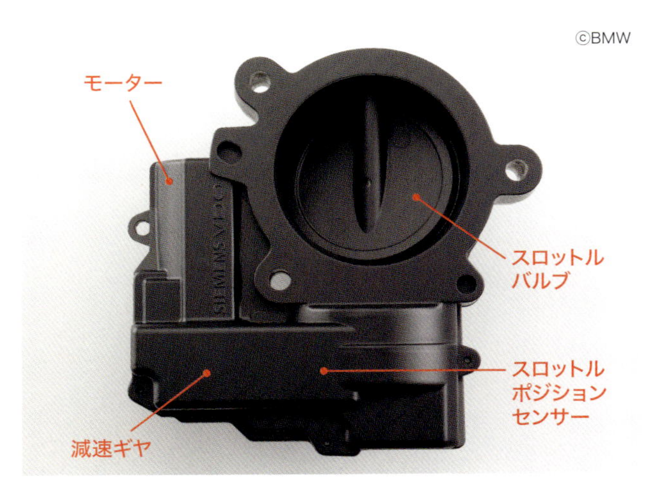

スロットル・バルブの構造
モーターと半導体チップを搭載した電子制御式スロットル・バルブ。スロットル・バルブが回転して開くバタフライバルブ式。モーターの回転を落とすための減速ギヤを内蔵。

スロットル・バルブの概要

ガソリン・エンジンでは空気の吸気量を調整することで出力を調節しています。その吸気量を調整する役割を担うのが**スロットル・バルブ**です。**絞り弁**とも呼ばれます。スロットル・バルブが開く度合いを**スロットル開度**と言い、スロットル開度が大きいほど吸気量が増え、一般的にはエンジン出力が上がり、燃料消費量が増えます。

スロットル・バルブは、基本的にはエアインテーク（またはエアクリーナー）とインテーク・マニホールド（p.202参照）の間に搭載されます。一般的なスロットル・バルブは板状の円盤形状をしており、その中心を軸にして開閉します。このタイプのスロットル・バルブは、バルブの開閉する様子が蝶の羽に似ていることから**バタフライバルブ**とも呼ばれます。

絞り弁の進化

旧来のガソリン車が搭載した**キャブレター**は、外部から取り込んだ空気を燃料と混合して混合気を生成する装置であり、その内部にもスロットル・バルブが内蔵されていました。ただし、インジェクター（p.166）による燃料噴射が主流となった近年では、スロットル・バルブ自体は搭載されていますがキャブレターはありません。

従来のガソリン・エンジン車では、一般的に**機械式スロットル・バルブ**が採用されていました。この方式ではアクセルとスロットル・バルブがワイヤーでリンクされ、ドライバーがアクセルを踏み込むほどスロットル開度が大きくなります。

しかし、近年のモデルでは、可変バルブシステムの搭載が一般的になり、また、エンジンとトランスミッション（p.258）との**協調制御**が行われるため、スロットル開度はアクセルの踏み込み具合とは必ずしも一致しません。そのため、これらの機構を持つ近年のモデルでは**電子制御式スロットル・バルブ**が主流とされています。

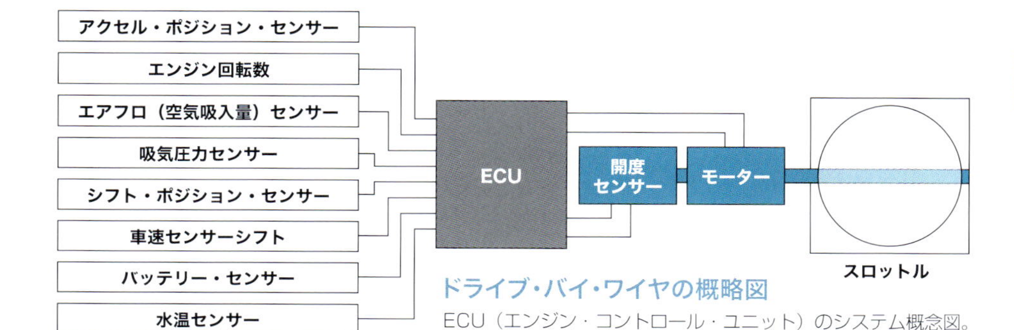

ドライブ・バイ・ワイヤの概略図
ECU（エンジン・コントロール・ユニット）のシステム概念図。アクセル・ポジション・センサー以外にも様々な情報が集積される結果、スロットル開度が決定され、最適な燃焼が実行される。

電子制御式スロットル・バルブ

このシステムではアクセルの動きを**アクセル・ポジション・センサー**が読み取り、その電気信号はドライバーの意思として**ECU**（エンジン・コントロール・ユニット、p.242）に伝達されます。

ECUにはアクセル・ポジション以外にエンジン回転数など様々な情報が集積され、その結果、最適なスロットル開度が決定されます。ECUで決定された開度は、スロットル・バルブに内蔵されたモーターに伝達され制御されます。また、スロットル・バルブの作動は**スロットル・ポジション・センサー**が監視します。このように、すべての伝達がワイヤー（配線）を介した電気信号で行われるシステムを**ドライブ・バイ・ワイヤ**と言います。

スロットルレス

スロットル・バルブの役割は、空気の吸気量を調整し、適正な空燃比を維持することです。ただし、スロットル開度が絞られると空気が流れにくくなり、吸気ポートやシリンダー内などに負圧が発生し、ポンプ損失が増大します。これを回避するため、連続式可変バルブシステムによって吸排気バルブの開閉時期を制御し、吸気量を調整するモデルもあります。また、空気の吸気量を連続式可変バルブシステムだけで行い、スロットル・バルブを廃したモデルもあります。こうした機構を**スロットルレス**、**ノンスロットル**（※1）などと言います。

スロットル・バルブによる抵抗

スロットルが大きく開いている場合には、吸気システム内に負圧が発生しづらい状態となるため、ポンプ損失（p.152）が軽減され、省燃費に貢献する。

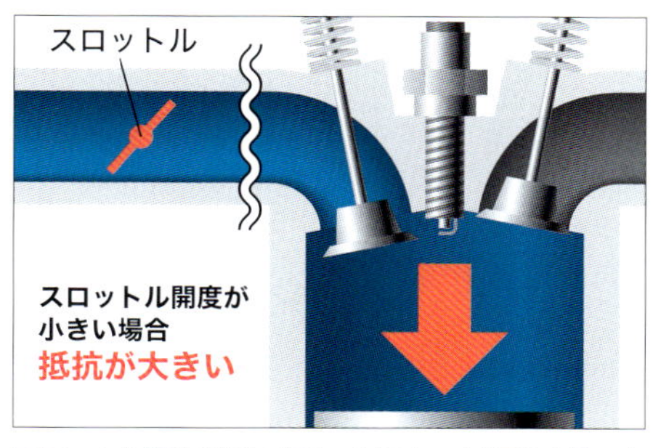

スロットル開度が狭い場合、ピストンが下降することで吸気システム内に負圧が発生。近年ではこの現象を可変バルブ機構などで軽減するモデルも多い。

※1／BMWが2001年、「バルブトロニック」によって世界で初めて実用化。

5-25 回転するおむすび型ローターが運動エネルギーを生み出す

ロータリー・エンジン

KEY WORD

- ロータリー・エンジンではおむすび型のローターが回転することで動力を生み出す。
- 1つのハウジング内に燃焼室が3つあり、各燃焼室で並行してサイクルが行われる。
- 1回の燃焼が完了する間にエキセントリック・シャフトが1気筒当たり3回転する。

構造と仕組み

一般的なエンジンは往復運動するピストンがエネルギーを生み出しますが、**ロータリー・エンジン**はおむすび型のローターが回転することで動力を生み出します。

シリンダーに相当するものを**ローターハウジング**と言い、その中心にはクランクシャフトの役目を果たす**エキセントリック・シャフト**があり、そのギヤと噛み合う**ローター**がハウジング内を回転します。

ローターは、ローターハウジングの内側を添うように公転（他を中心に周回すること）し、同時にローター自体も自転（その物体自体が回転すること）します。その際、ローターとハウジングの間に隙間が生まれますが、その空間を燃焼室として吸気、圧縮、燃焼、排気の各行程を繰り返します。

ローターがおにぎり型をしているため燃焼室は3つあり、その各燃焼室で並行して吸気、圧縮、燃焼、排気の各行程が行われます。

そのため、ピストンを用いた一般的な4ストローク・エンジンでは、吸気、圧縮、燃焼、排気の全行程を完了する間にピストンが2往復するのに対し、ロータリー・エンジンでは全行程の間にローターが1回転します。また、一般的な4ストローク・エンジンでは、全行程を完了する間にクランクシャフトは2回転（720度）しますが、ロータリー・エンジンの場合はエキセントリック・シャフトが1気筒当たり3回転（1080度）します。

日本国内でロータリー・エンジンと言えばマツダが筆頭に上がりますが、過去にはメルセデス・ベンツ、シトロエンなどが、ロータリー・エンジンを搭載した市販車を製造販売しています。

©MAZDA

ロータリー・エンジンのカットモデル

2001年にマツダが公表したロータリー・エンジン「RENESIS」のカットモデル。2006年にはRX-8に水素燃料エンジンとして搭載され発売されている。

©MAZDA

ロータリー・エンジンの構造

マツダのプラグインハイブリッド車「MX-30 e-SKYACTIV R-EV」に搭載されるロータリー・エンジン。同モデルに発電用エンジンとして搭載されている。

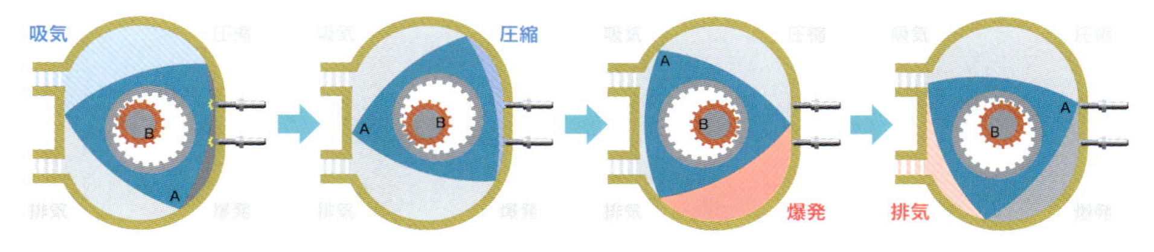

ロータリー・エンジンの行程図
ローターがハウジング内を1公転する間に、吸気から排気に至るまでの全行程が完了。その間にエキセントリック・シャフトは1気筒当たり3回転、つまり1080度回転する。そのため出力軸は1行程あたり270度回転することになる。

ロータリーのメリット

ロータリー・エンジンでは、ローターハウジングの内側面に設けられた孔が吸排気ポートの役目を果たし、その開閉は回転するローター自体が行います。そのため**吸排気バルブやカムシャフトなどが必要なく、一般的なレシプロ・エンジンと比べて部品数が少ないため、エンジン自体をコンパクトかつ軽量にまとめることができます。**また、吸排気バルブなど往復運動するパーツがないため騒音も低減されます。

回転運動するローターにより回転動力を得るロータリー・エンジンでは、ピストンによる往復運動がないことから**トルク変動が少なく、滑らかなエンジン特性を示します。**ただし、一般的なレシプロ・エンジンと比較すると、低回転域での熱効率やトルクの面で劣る傾向にあります。

ロータリー・エンジン(Rotary Engine)は“**RE**”と略記され、回転ピストン型エンジン、ピストンレス・エンジンとも呼称されます。1957年に西ドイツのヴァンケル社とNSU社の共同研究によって開発されたことから**ヴァンケル・エンジン**とも呼ばれます。航空機用の星型エンジンもロータリー・エンジンと言いますが、それはシリンダーを放射状に配列することから命名されており、自動車におけるロータリー・エンジンとは機構がまったく異なります。

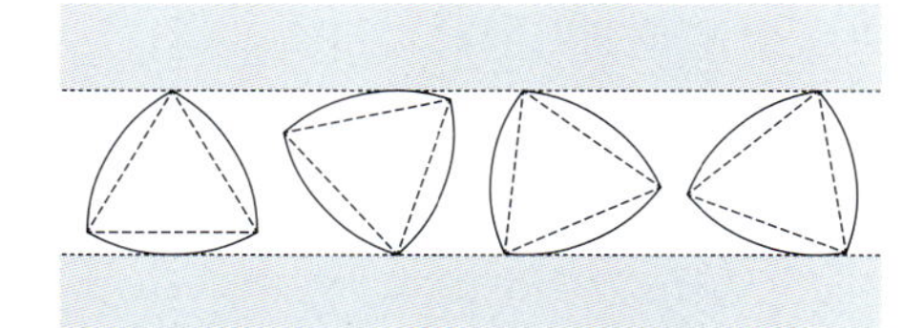

「ルーローの三角形」とは?
ロータリー・エンジンは、「ルーローの三角形」の原理を活用。正三角形の頂点を弧で結んだこの形状は定幅図形と呼ばれ、高さを一定のまま回転できる。

©MAZDA

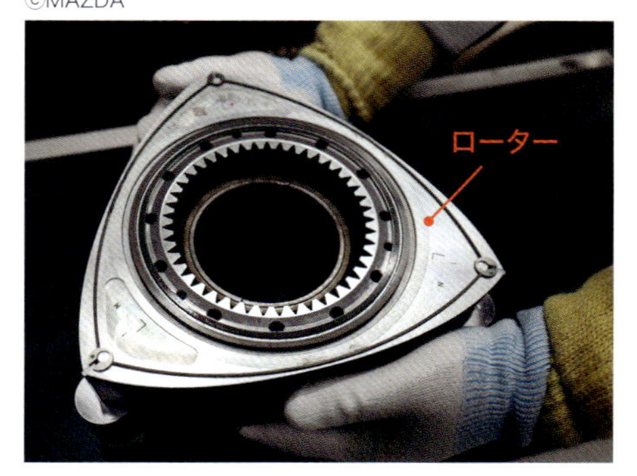

ロータリー・エンジンのローター
e-SKYACTIV R-EVのローター。ローターには燃焼室やハウジング内の気密性やオイル漏れを防ぐため、様々なシール加工が施される。

©MAZDA

マツダ・コスモスポーツ
1967年に発売されたマツダのコスモスポーツは、量産型の多気筒ロータリー・エンジン「10A型」を世界ではじめて搭載。ロータリーのマツダを印象付けた。

5-26 ガソリンの混合気を圧縮着火するシステム

HCCI/SPCCI

KEY WORD

- HCCIとは、ガソリン・エンジンにおいて混合気を自己(圧縮)着火させる方式。
- HCCIによる燃焼は熱効率が高く、NOxとPMがほぼ生成されない。
- SPCCIではスパーク・プラグを使用して、HCCIと同様の効果を生み出す。

ガソリンを自己着火させる

HCCI（※1）とは、ガソリン・エンジンにおいて混合気を自己（圧縮）着火させる方式です。つまり、ディーゼル・エンジンのように混合気を気筒内で圧縮することで高温にして自己着火させます。この手法は**均一予混合圧縮着火**とも呼ばれます。

HCCIでは混合気全体が一気に燃えるため、燃焼室内で火が伝播する必要がなく、薄い混合気が高効率で燃焼(リーンバーン)します。その結果、燃料と空気が十分に攪拌されるため煤が少なく、窒素酸化物の発生も低減されます。また、一般的なガソリン・エンジンよりも低温で燃焼することから、シリンダー内での冷却損失が最小限に抑えられ、熱効率が高く保たれます。

こうした燃焼はノッキングが連続している状態に近いとも言えますが、その症状を制御できれば、熱効率が高く、NOxとPM（p.159参照）がほぼ生成されないという大きなメリットをもたらします。

SPCCIとは？

ただし、ガソリンの混合気を圧縮着火するには非常に高度な技術が必要です。そのためマツダではスパーク・プラグを併用した**SPCCI**（※2）を採用しています。この方式は**火花点火制御圧縮着火**と呼ばれます。

SPCCIではスパーク・プラグを使用するものの、その燃焼が広がるのを待つのではなく、その火炎伝播が生み出す高温高圧によって混合気を圧縮着火します。

その結果、圧縮比は16まで高められ、高効率な燃焼が行われます。空燃比は理論空燃比（p.158）の約2倍の30となり、混合気における空気量を大幅に増やすことができ、そのため燃焼温度を低く抑えられ、冷却損失を低減できます。こうしたスペックは大幅な燃費の向上をもたらします。

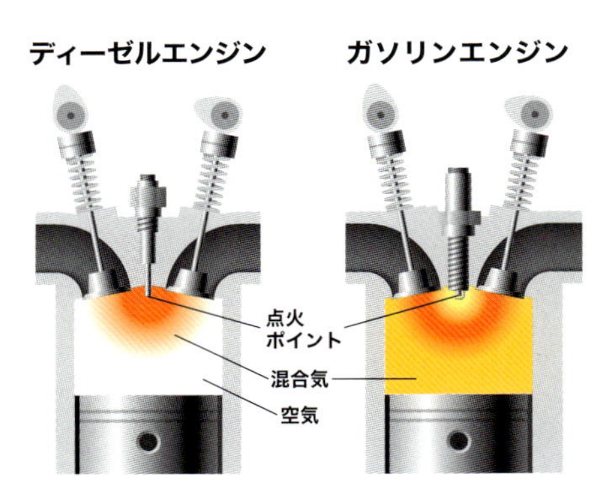

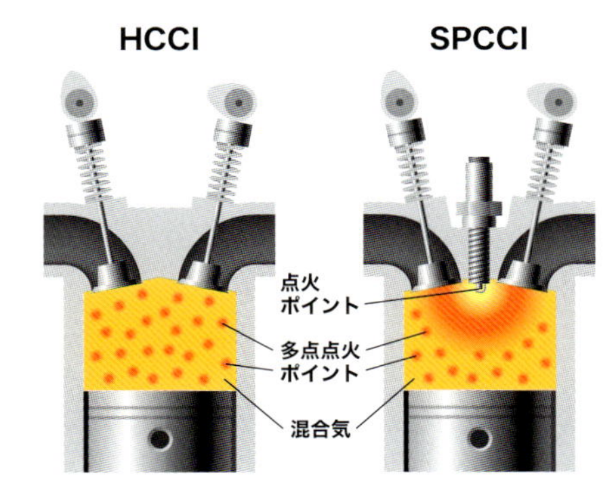

HCCIとSPCCIの点火工程 ディーゼル・エンジンの圧縮着火をガソリン・エンジンに取り入れたのがHCCI方式。HCCIにおける圧縮着火を容易にするために、ガソリン・エンジンと同様、スパーク・プラグを使用するのがSPCCI方式。

※1／HCCIとは“Homogeneous Charged Compression Ignition”の略称。
※2／SPCCIとは“Spark Controlled Compression Ignition”の略称。

第6章

エンジン周辺機器とターボチャージャー

Engine Auxiliary Equipment & Turbocharger

第6章 エンジン周辺機器とターボ
Engine Auxiliary Equipment & Turbocharger

VISUAL INDEX

ガソリン車の吸排気システム ››› p.202

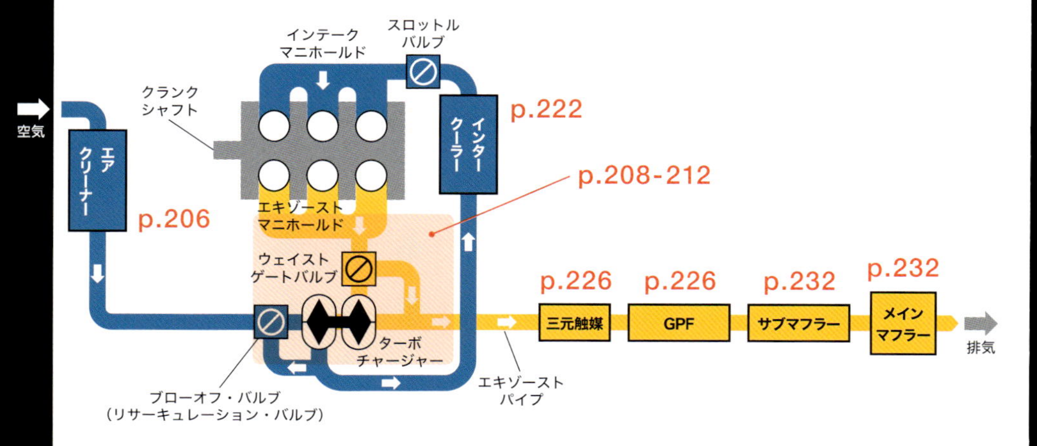

チャージャー

ガソリン・エンジンとディーゼル・エンジンでは吸排気システムに違いが表れます。この章ではその仕組みと、過給機の種類と構造を解説します。

ディーゼル車の吸排気システム ››› p.204

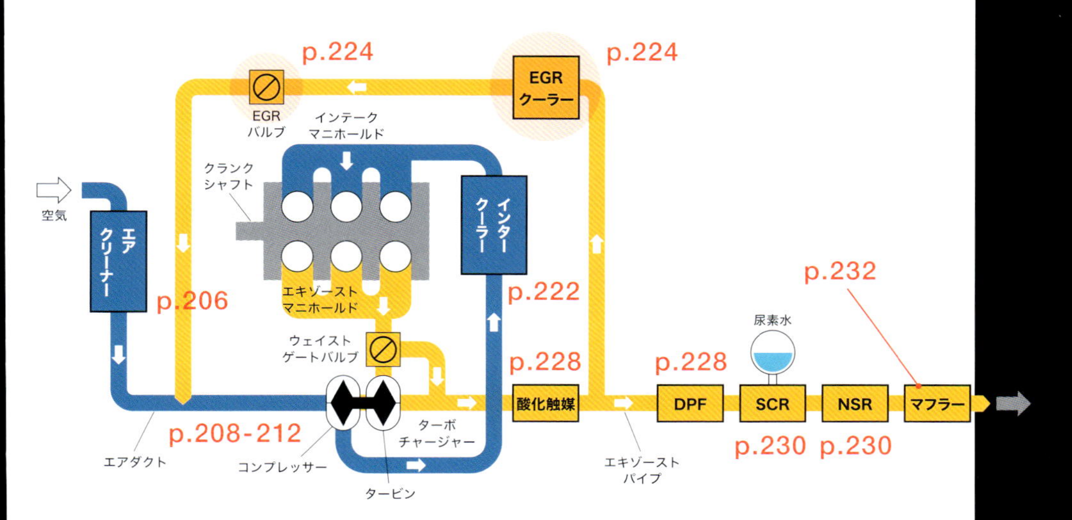

6-01 空気を取り込む機構と、車外に排出するシステム

ガソリン車の吸排気システム

KEY WORD

- 空気の取り入れ口からシリンダーに至る直前までの経路・機構を吸気システムと言う。
- シリンダーから出たガスが車外に排出されるまでの経路・機構を排気システムと言う。
- 近年の多くのモデルは、空気を圧縮するための過給機が吸気システムに組み込まれる。

吸排気システムとは？

エンジンを搭載する自動車では、外部から空気を取り入れ、その空気を気化した燃料と混ぜ、その混合気を燃焼室内で爆発させ、燃焼後のガスを排気するという、一連の行程を経ることで走行しています。つまり、吸気、混合、燃焼、排気が自動車を駆動するための基本行程となります。

燃料には主にガソリンまたは軽油が使用されますが、ガソリン・エンジンと、軽油を燃料とするディーゼル・エンジンでは、気化した燃料が着火する温度や、排気されるガスの成分が違うため、エンジン自体の構造や、排気システムに違いが表れます。

下図はベーシックなガソリン車の吸排気システム（※1）を表しています。図の青い部分が**吸気システム**（インテーク・システム）、オレンジ色が**排気システム**（エキゾースト・システム）です。

吸気システムの基本構造

車外から取り入れた空気は粉塵などを取り除くため、**エアクリーナー**によって浄化されます。その空気は**エアダクト**を通って**スロットル・バルブ**に到達し、バルブの開閉によってエンジンに供給する空気量が調整されます。ちなみに、ディーゼル車にはこのスロットル・バルブがありません。

スロットル・バルブを通過した空気は**インテーク・マニホールド**を経て、多気筒エンジンにおける各気筒に供給されます。

インテーク・マニホールドに続く吸気ポート（p.160参照）で、空気とガソリンが混ぜられて混合気が生成され、または燃焼室内にガソリンが直接噴射されます。その結果、燃焼室内で爆発が起こります。

一般的には、空気の取り入れ口からシリンダーに至る直前までのこの機構を総称して吸気システムと言います。

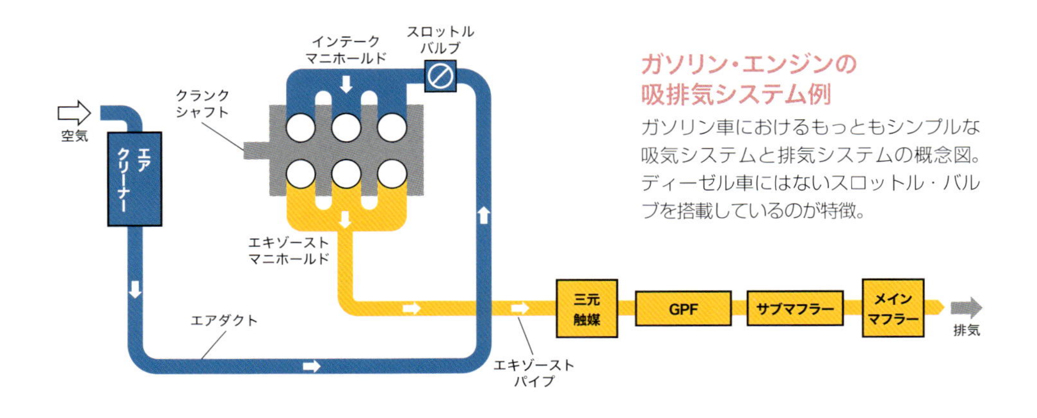

ガソリン・エンジンの吸排気システム例

ガソリン車におけるもっともシンプルな吸気システムと排気システムの概念図。ディーゼル車にはないスロットル・バルブを搭載しているのが特徴。

※1／吸気システムと排気システムの総称。

排気システムの基本構造

燃焼室で発生した排気を車外に排出する経路が排気システムです。ここでは排気に含まれる大気汚染物質が無害化され、取り除かれます。

シリンダーから排出されたガスは**エキゾースト・マニホールド**などを経て、**三元触媒**に入ります。三元触媒内では炭化水素、一酸化炭素、窒素酸化物などの有害な物質が無害化され、除去されます。

また、2014年に欧州でPM（粒子状物質）の排出規制が強化されるなど、近年ではガソリン車においてもPMを除去する**GPF**を搭載するモデルが増えています。

高温の排気ガスはそのまま排出すると危険なため**マフラー**で冷却されます。同時に、排気ガスがマフラーを通過することによって消音されます。一般的には図のように複数のマフラーを介して効果を高めます。

過給機を搭載した場合

燃焼室内で混合気を燃焼する際、酸素濃度が高いほどエンジン出力が上がることから、近年の多くのモデルには**過給機**が吸気システムに組み込まれています。

下図は、過給機の一種である**ターボチャージャー**を搭載した例です。ターボチャージャーは排気ガスでタービン・ホイールを回し、その軸に直結されているコンプレッサー・ホイールで吸気を圧縮しますが、吸気側には、空気が過度に取り込まれることを防ぐ**ブローオフ・バルブ**が設けられています。また、圧縮された空気は温度が上昇し、燃焼室内でのノッキング（p.155）を誘発するため、それを冷却するための**インタークーラー**が搭載されています。

エンジン回転数が上がって排気量が増え、排気の圧力が過度に高まると、タービン・ブレードの回転効率が落ちるため、排気圧が一定以上に高まると**ウェイストゲート・バルブ**が開き、排気がタービン・ブレードをバイパスする構造になっています。

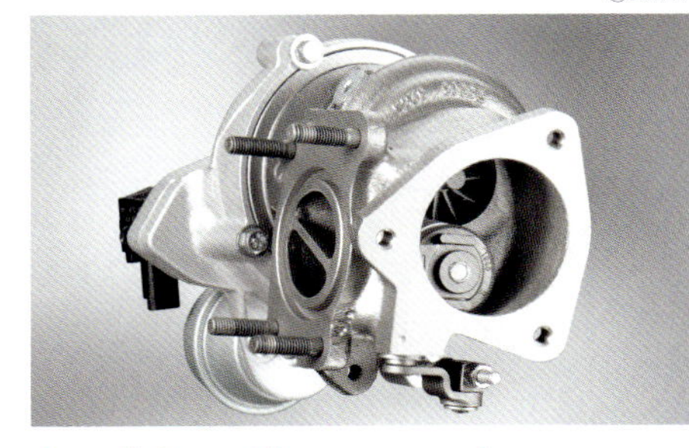
©BMW

ターボチャージャー・ユニット

ミニクーパーが搭載するターボチャージャーのユニット。吸入口の中に空気を圧縮するためのコンプレッサー・ホイールが見える。

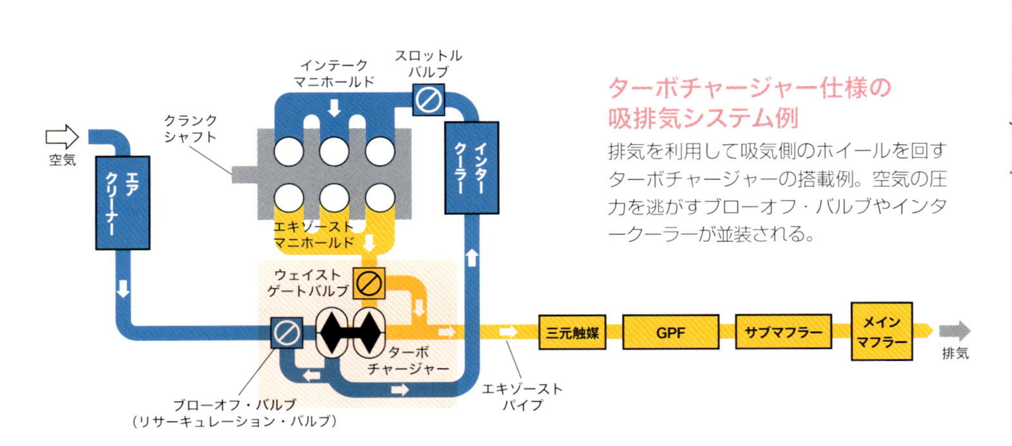

ターボチャージャー仕様の吸排気システム例

排気を利用して吸気側のホイールを回すターボチャージャーの搭載例。空気の圧力を逃がすブローオフ・バルブやインタークーラーが並装される。

6-02 PMとNOxを除去するために進化した排気システム

ディーゼル車の吸排気システム

KEY WORD

- ●ディーゼル・エンジンはスロットル・バルブを必要としない。
- ●酸化触媒とDPFでPMを取り除き、SCRとNSRでNOxを還元除去する。
- ●EGRシステムは、排出された排気ガスを吸気ポートに戻し、もういちど燃焼室に送る。

スロットル・バルブは不要

下の図は、ベーシックなディーゼル・エンジン搭載車の吸排気システムの概念図です。近年市販されているディーゼル車のほとんどは過給機を搭載しており、この図ではターボチャージャーを搭載しています。

ディーゼル車の吸気システムにおいて、ガソリン車と大きく異なるのは、**スロットル・バルブ**を搭載していない点にあります。

ガソリン車の場合、ドライバーがアクセルペダルを踏み込むと、それに連動するスロットル・バルブの開閉によって空気の吸入量が調整され、その空気量に見合ったガソリンがインジェクターから噴射されます。

しかしディーゼル・エンジンでは、基本的には空気を常に目一杯取り込み、燃料の噴射量によって出力を調整します。スロットル・バルブを搭載していないため、ターボチャージャーの吸気側の逃がし弁であるブローオフ・バルブも搭載していません。

ディーゼル車とガソリン車の違いは燃焼行程にもあります。ガソリン車には**スパーク・プラグ**（p.168参照）が装着されていますが、ディーゼル・エンジンにはありません。ディーゼル・エンジンの場合、シリンダー内に取り込んだ空気をピストンが圧縮し、そこに軽油を噴射すれば自然着火するからです。その際の燃焼室の温度は300度前後に達しますが、ガソリンの場合は500度前後にならないと自己発火しません。そのためガソリン・エンジンには、爆発行程のたびに通電して火花を発するスパーク・プラグが必要になります。

ただし、ディーゼル・エンジンの燃焼室内には**グロー・プラグ**が装着されています。これは主に低温状態にあるエンジンを始動する際に使用されます。このグロー・プラグに通電して温め、シリンダー内を予熱することでエンジンを始動します。

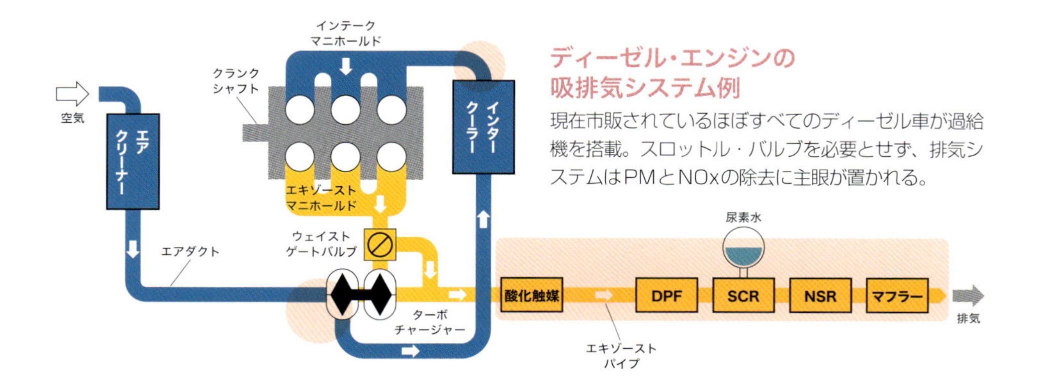

ディーゼル・エンジンの吸排気システム例
現在市販されているほぼすべてのディーゼル車が過給機を搭載。スロットル・バルブを必要とせず、排気システムはPMとNOxの除去に主眼が置かれる。

排気システムの違い

ディーゼル車とガソリン車の排ガスの有害成分はほぼ同じですが、ディーゼル・エンジンの場合、CO（一酸化炭素）とHC（炭化水素）の排出量は少ないものの、空気を大量に吸い込んで高温で燃焼するため、ガソリン車に比べて**NOx**の比率が高くなり、**PM**（粒子状物質）も多く排出されます。そのためPMは**DOC**（**酸化触媒**）と**DPF**（ディーゼル微粒子捕集フィルター）で取り除き、NOxは尿素を用いた**SCR**（選択式還元触媒）と**NSR**（**NOx吸蔵還元触媒**）で還元除去します。

EGRシステムの機構例

EGR機構が一体化されたユニット。排気を冷却するEGRクーラー、EGRへの排気流量を調整する電動EGRバルブなどで構成され、このユニットをバイパスして排気を流す際にはEGRバイパスバルブが開く。

ほとんどのディーゼル車には、ターボチャージャーなどの**過給機**が搭載されますが、ディーゼル車にはスロットル・バルブが必要ないため、吸気システムの気圧を調整するための**ブローオフ・バルブ**も不要です。

また、**EGRシステム**を搭載したモデルも多くあります。EGRとは“Exhaust Gas Recirculation”の略称であり、直訳すると「排気ガスの再循環」となります。このシステムでは、シリンダーから排出された排気ガスを吸気ポートに戻し、もういちど燃焼室に送ります。このように排気ガスを再循環させることによって、そこに含まれるNOxの排出量を減らすことができます。

このEGRシステムは本来、排気ガスに対する規制が世界的に強化されるなか、ディーゼル車の排ガスを低減するために開発されましたが、燃費向上にも効果があることから、近年ではガソリン・エンジン車にも採用されています。

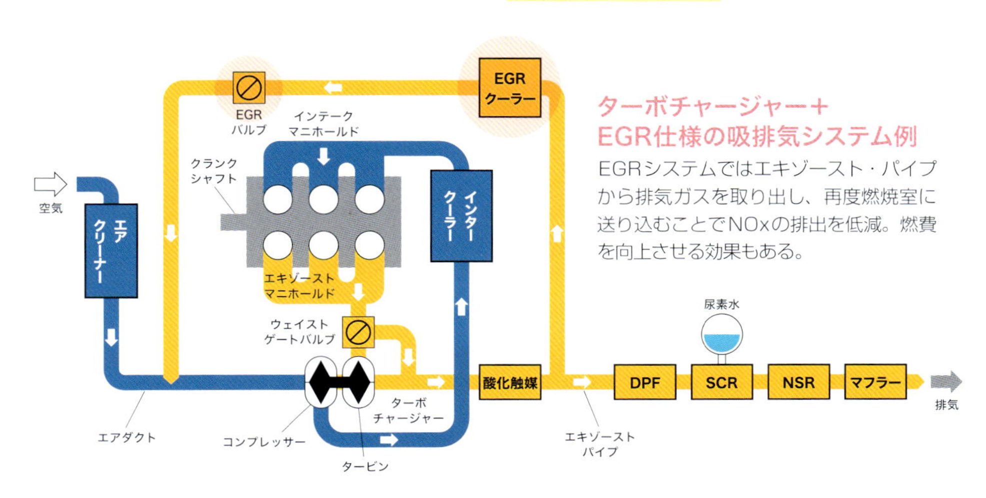

ターボチャージャー＋EGR仕様の吸排気システム例

EGRシステムではエキゾースト・パイプから排気ガスを取り出し、再度燃焼室に送り込むことでNOxの排出を低減。燃費を向上させる効果もある。

6-03 異物を取り除きつつポンプ損失を低減

エアクリーナー

KEY WORD

- 空気中に含まれる微細なチリやホコリなどは**エアフィルター**によって取り除かれる。
- 不織布などを用いた**乾式**と、ウレタンフォームなどにオイルを染み込ませた**湿式**がある。
- 不織布を用いた乾式は**通気性**が高く、湿式は異物の**吸着性**が高い傾向にある。

通気性能と吸着性能

エンジンの燃焼に必要な空気は、フロントグリルなどに設けられた**エアインテーク**から取り込まれます。エンジンが後方に搭載されるMR（ミッドシップ）やRR（p.20参照）の場合、エアインテークは車両側面に設けられる場合もあります。

エアインテークから取り込まれた外気は、まずは**エアクリーナー・ボックス**内に導かれます。

外気に含まれる微細なチリやホコリや、路面に落ちているタイヤの摩耗粒子などがシリンダー内などに混入すると、熱によって硬化し、それがピストンやピストンリングなどを摩耗して劣化させる恐れがあります。また、それらの異物が各種バルブに蓄積すると全閉状態にならず、密閉性を損なう場合があります。こうした症状を防ぐため、エアクリーナー・ボックス内に装着された**エアフィルター**によって空気中の異物が取り除かれます。

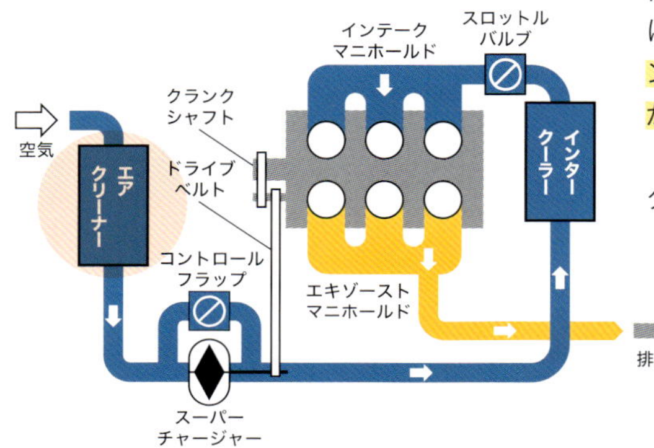

ⓒGetty

エアクリーナー・ボックスの搭載例

乾式のエアフィルターがボックスに装着される様子。ボックスは樹脂製が一般的で、フィルターの交換が必要なためアクセスしやすい場所に搭載される。

素材と形状

エアフィルターには乾いた不織布などを用いた**乾式**と、ウレタンフォームなどにオイルを染み込ませた**湿式**があります。

乾式に用いられる不織布は通気性が高く、それを複数枚重ねることでろ過性能を上げています。また、湿式は乾式と比べて吸着性が高い傾向にあります。ただし、どちらにおいても吸着性を過度に優先すると、ポンプ損失（p.152）が大きくなる可能性があります。

エアクリーナー・ボックスやエアフィルターは、純正品では四角い形状をしたもの

スーパーチャージャーを搭載した吸気システムの例

吸排気システムの一例。外気から取り込まれた空気は、まずはエアクリーナーに入る。このモデルの場合、機械駆動式のスーパーチャージャーとインタークーラーを搭載している。

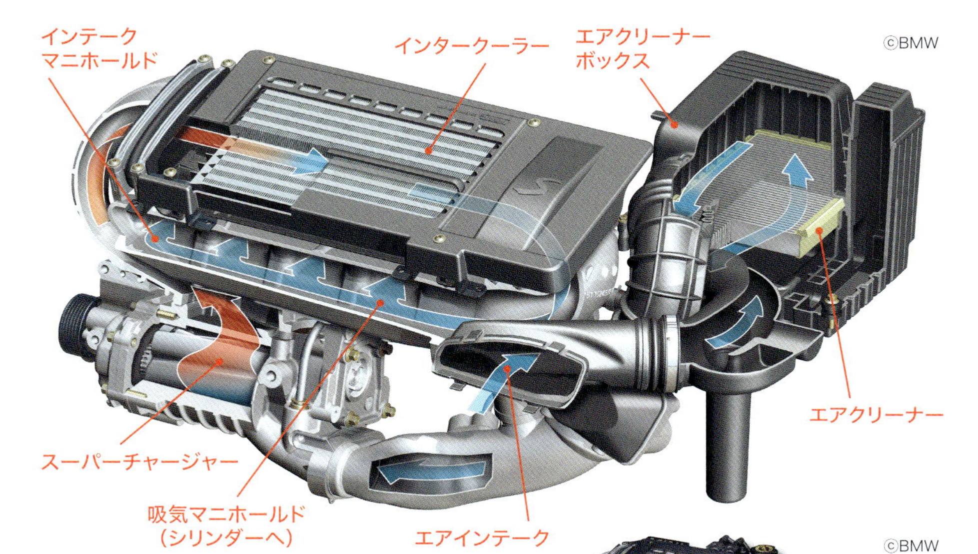

**エアクリーナーから
スーパーチャージャーへ**

ミニクーパーが搭載するエンジン補機類。エアインテークとエアクリーナー、スーパーチャージャーとインタークーラーなどが非常にコンパクトに収まる。

上図のエンジン全体図

スーパーチャージャーとインタークーラーがエンジン本体に搭載された状態。右奥に伸びるエアダクトにエアクリーナー・ボックスが接続する。

が一般的ですが、エアフィルターを露出した状態で装着する、円筒形やキノコ形の製品も存在します。どちらのタイプもエアフィルターの表面積を広くすることでろ過性能を高め、空気の吸入をスムーズにすることを意図しています。

エアフィルターは長期間使用し続けると目詰まりを起こし、通気性が悪化し、ポンプ損失を増大させる原因にもなるため、一定期間で交換する必要があります。

ミニクーパーの場合

上図はミニクーパーに搭載されるエンジン補機類のカット図です。このモデルでは、エアインテークとエアクリーナー、それに続くスーパーチャージャー（p.218）とインタークーラー（p.222）が、それぞれユニット化され、エンジン本体上部に搭載されています（構造図下の写真）。左ページの下図はその概念図になります。

エアインテークから取り込まれた外気はエアクリーナー・ボックスに入り、そこに内装されるエアクリーナーによってろ過されます。過剰に取り込まれた空気は、ボックスの下の管から車外に排出されます。

このモデルの場合、エアクリーナーでろ過された後、空気はスーパーチャージャーに送られて圧縮されます。圧縮された空気の温度が上昇しますが、低温で高密度な空気のほうが燃焼効率は高まり、同時に高温だとノッキングを誘発するため、インタークーラーに送られて冷却されます。冷却された空気はインテーク・マニホールドで各気筒の吸気ポート（p.160）に分散され、最終的に各シリンダーに送り込まれます。

6-04 排気を活用して吸気を圧縮するシステム

ターボチャージャー(過給機)の構造

KEY WORD

- **ターボチャージャー**とは、排気ガスで**タービン**を回転させ、吸気を**圧縮**するシステム。
- **コンプレッサー・ホイール**の圧縮で高温になった吸気は**インタークーラー**で冷却される。
- 近年ではエンジンを小排気量化し、ターボで出力をアップする**ダウンサイジング**が普及。

過給機の仕組み

過給機とは、吸気を圧縮することで、濃度の高い酸素を気筒に送り込み、より高い燃焼エネルギーを得るための装置です。

ターボチャージャーは**排気タービン式過給機**とも呼ばれます。1920年代から主に船舶に搭載され、第二次世界大戦時に米国の爆撃機B-17に搭載されたことで、その効果が広く知られるようになりました。

吸気を圧縮する機構には様々な種類がありますが、ここでは排気を活用して吸気を圧縮する**ターボチャージャー**の構造を、ガソリン車を例にして説明します。

エキゾースト・マニホールドから出た排気が**タービン・ホイール**を回転させ、そのタービンと同軸（**タービン・シャフト**）でつながる**コンプレッサー・ホイール**が回転することで吸気が圧縮されます。

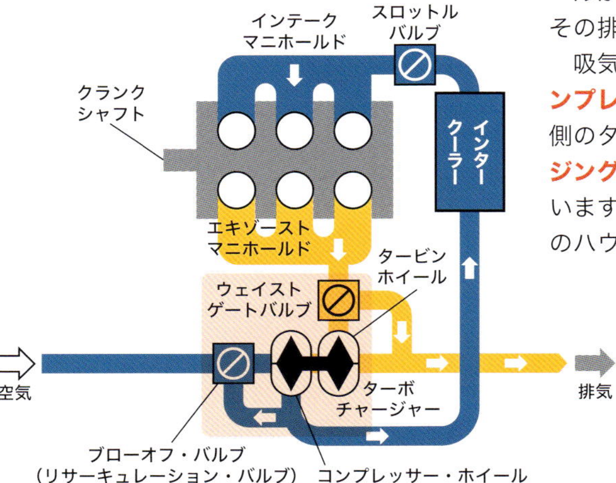

ターボチャージャー仕様の吸排気システム

吸気側の羽根車がコンプレッサー・ホイール。排気側がタービン・ホイール。圧縮された空気は高温となるため、シリンダーに入るまえにインタークーラーで冷却される。

ⓒBohbrus

米軍爆撃機に搭載された過給機

B-17ははじめて過給機を搭載した飛行機。その過給効果により空気密度の薄い高高度の飛行を実現した。

右上図を見ると、コンプレッサー・ホイールの正面から吸気が流入しています。その空気はコンプレッサー・ホイールによって四方の**スクロール**に押しやられ、圧縮されます。この機構を**遠心式圧縮機**と言います。一方、タービン・ホイールは、スクロールから流入する排気ガスによって回転し、その排気はホイール正面から排出されます。

吸気側のコンプレッサー・ホイールは**コンプレッサー・ハウジング**に収まり、排気側のタービン・ホイールは**タービン・ハウジング**に収められ、独立した構造になっています。また、このモデルでは、それぞれのハウジング内に冷却液が流れています。

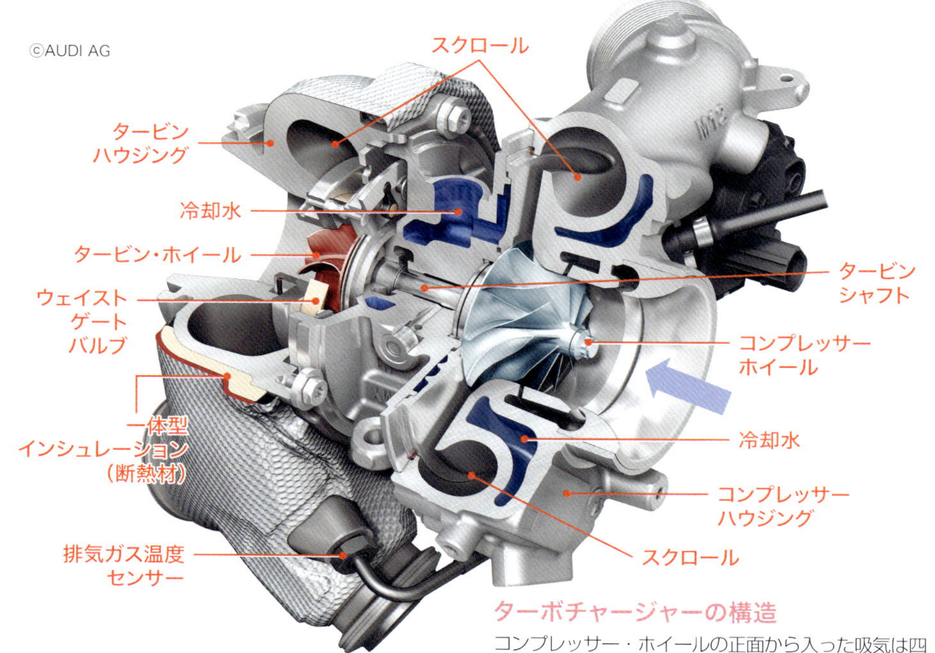

ターボチャージャーの構造
コンプレッサー・ホイールの正面から入った吸気は四方に拡散されつつ圧縮される。とくに排気側は非常に高温になるため、このモデルではハウジング全体が断熱材で覆われ、排気ガス温度センサーも搭載。

温度と圧の制御

コンプレッサー・ホイールで圧縮された吸気は温度が上がります。ただし、気筒内に送る空気は温度が低くて濃度が高いほうが燃焼効率が高まると同時に、温度が高いと燃焼室内でノッキングを起こすため、吸気は**インタークーラー**で冷却したうえでスロットル・バルブに送り込まれます。

ガソリン車にはスロットル・バルブが搭載されていますが、それが閉じられたときには**ブローオフ・バルブ**が開き、余剰な圧力を逃がして**過給圧**を制御します。

また、排気側のエキゾースト・バルブとタービン・ホイールの間には**ウェイストゲート・バルブ**が設けられ、過給圧が一定以上になると開放され、タービン・ホイールへの排気の流入量が制限されます。従来モデルのブローオフ・バルブやウェイストゲート・バルブは機械的機構によって開閉されましたが、近年ではECUによって制御され、電動式アクチュエーターで作動します。

従来の過給機は、エンジン回転数が一定以上に上がり、排気量が増えないと過給効果が得られない、または効果が表れるまでに時間が掛かる**ターボラグ**という現象が起こりました。これを解消するため、近年の機構では容量が小さなハウジング、小さなタービンを用い、必要に応じて複数の過給機を搭載する傾向にあります(p.212参照)。

また、近年では過給機による出力アップを頼りにエンジンサイズを小排気量化する**ダウンサイジング・ターボ**も普及しています。この場合、小型タービンが低速からの過給効果を発揮し、燃費も向上します。

ガソリン車のダウンサイジング・ターボでは、低回転時から過給効果を発揮するものの、常に稼働させると燃費が悪化するため、巡航時はウェイストゲート・バルブを開放し、トルクが必要なときに閉じて過給効果を得ます。これに対してディーゼル車では、基本的に常時ターボを稼働させたほうが燃焼効率は高くなります。

6-05 排気ガスの流路容積を可変して過給効果をアップ

可変ノズルターボ

KEY WORD

- タービン・ホイールへの排気ガスの流路容積を変化させ、過給効果を高める。
- 可変容量ターボ、可変ジオメトリー・ターボ、可変ターボなど、複数の名称を持つ。
- ガソリンとディーゼルの双方のエンジンに搭載され、吸気側に搭載するものもある。

排気ガスの流路容積を変える

可変ノズルターボ（Variable Nozzle Turbo, VNT）とは、ターボチャージャーに加えられる機構の一種で、主に排気側のタービン・ハウジング内に用いられます。

この機構では、エンジンの回転数に応じ、排気タービン・ハウジング内に設けられた**ベーン**の取り付け角度を変えることで、排気ガスが流れる経路の容積を変化させ、タービン・ホイールに吹き付ける排気ガスの流速を制御し、過給効果を高めます。

可変ノズルターボは、**可変容量ターボ**、**可変ジオメトリー・ターボ**（Variable Geometry Turbo, VGT）、**可変タービン・ジオメトリー**（Variable Turbine Geometry, VTG）、または単に**可変ターボ**などと呼ばれますが、複数の商標名があり、メーカーによってその呼び名は異なります。

可変ノズルターボは、ガソリン車とディーゼル車、どちらのエンジンにも搭載されます。また、排気側のタービン・ハウジングだけでなく、吸気側のコンプレッサー・ハウジングに搭載するモデルもあります。

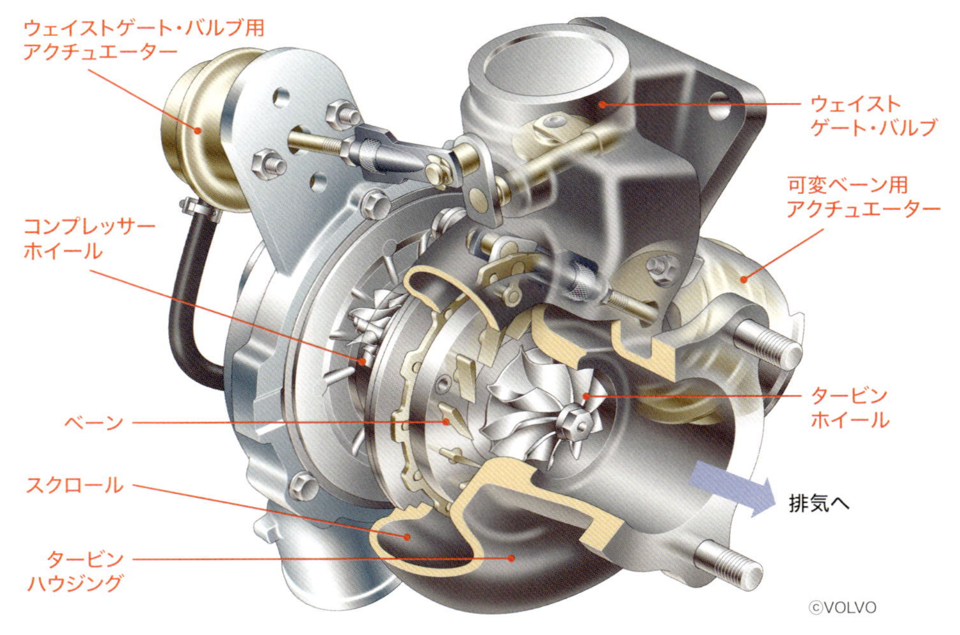

可変ノズルターボの構造 ボルボの5気筒ディーゼル・エンジン（コモンレール仕様）に搭載される可変ノズルターボ。可変ベーン用アクチュエーターのロッドが伸縮することにより、個々のベーンの取り付け角が変わり、タービン・ホイールに吹き付ける排気の流量が変化する。

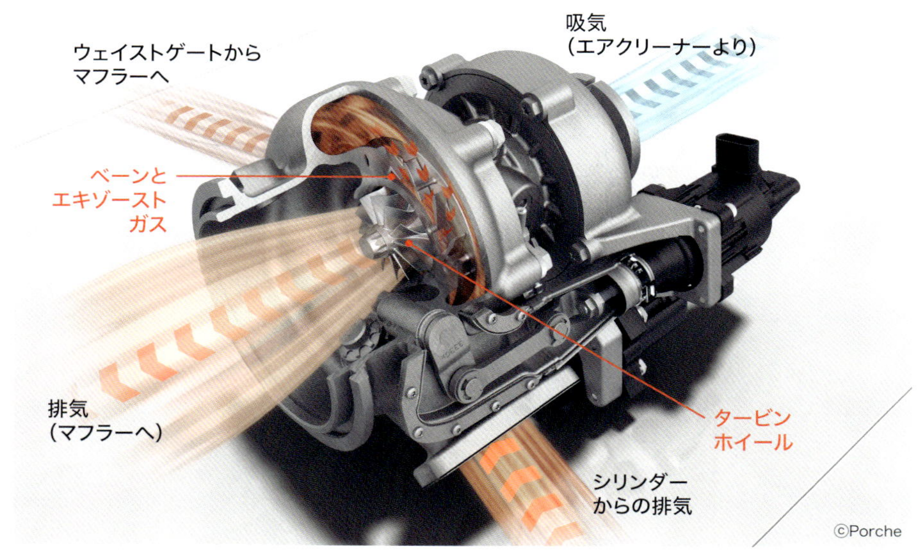

ベーン角度が深い場合の排気の流れ

ポルシェ911ターボSの水平対向6気筒ガソリン・エンジンのVTG。シリンダーからの排気がベーンを介してタービン・ホイールに流入。同時にウェイストゲートから過剰な排気を排出している。タービン・ホイールは直径55mm。

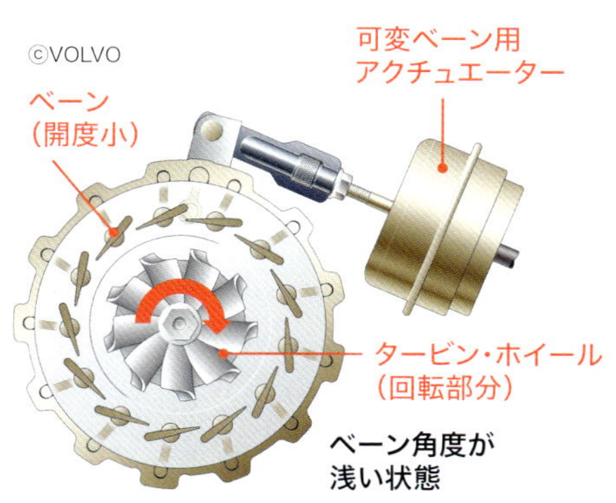

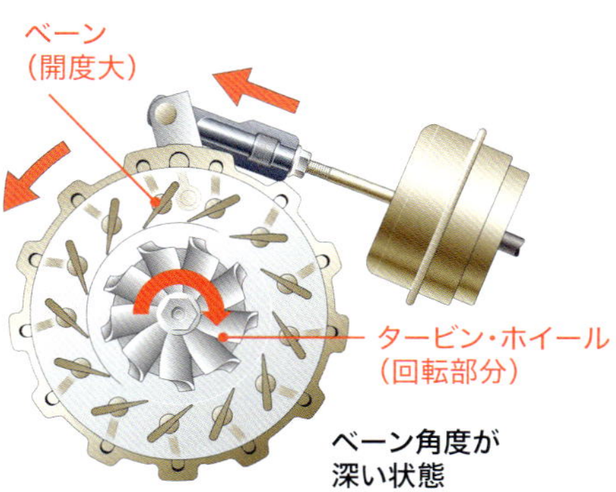

ベーンを開閉する機構

左ページの図と左の2図は、ボルボのディーゼル・エンジンに搭載される可変ノズルターボのスケルトン図です。

タービン・ハウジング内に流入した排気ガスは、スクロール部からタービン・ホイールに向かいますが、その間にベーンと呼ばれる羽があります。個々のベーンはその位置に固定されていますが、その取り付け角が変化します。ベーンの角度はECUによって制御され、モーターの一種である電動の**アクチュエーター**によって可変します。

左上図はベーンの角度（開度）が小さい状態、下図は大きい状態が描かれています。角度が小さい場合は排気ガスがタービン・ホイールに吹き付ける流量が減りますが、開度が大きくなると流量が増え、タービン・ホイールをより高速で回します。その結果、同軸でつながる吸気側のコンプレッサー・ホイールの回転数が上がり、過給効果が向上します。

6-06 シングルターボとツインターボのバリエーション

ターボチャージャーの種類

KEY WORD

- ターボチャージャーを2つ載せるツインターボには並列タイプと直列タイプがある。
- 並列式ツインターボでは、タイムラグ、排気干渉、ポンプ損失などの軽減が期待される。
- シーケンシャル・ターボでは、大小の2つのタービン・ホイールが直列的に搭載される。

2つの小型過給機を搭載

ターボチャージャーは、排気ガスによってタービン・ホイールを回転させ、それと同軸でつながるコンプレッサー・ホイールで吸気を圧縮します。ターボチャージャーは、その組み合わせによる違いから複数の種類に大別できます。

過給機の機構を1つ備えたものが**シングルターボ**であるのに対し、1基のエンジンに複数の過給機を搭載するものを**ツインターボ**と言います。

ツインターボには、2つのグループに分けられた各気筒を2つのターボがそれぞれ担う**並列タイプ**と、2つのターボチャージャーを直列的に配置した**直列タイプ**があります。

なぜツインにするのか？

ターボチャージャーにおいては、エンジン回転数が低くて低トルクなときには排気量が少なく、十分な過給効果が得られません。またその状況下では、過給効果が表れるまでに時間が掛かる**ターボラグ**（p.209参照）という症状も課題となります。

過給効果を上げるにはタービン・ホイールを小型化することが考えられますが、その場合には高回転域における排気の圧力の上昇によってタービン・ホイールの回転効率が落ち、また、**ウェイストゲート・バルブ**（p.203）でバイパスさせる排気が増えることによって**ポンプ損失**（p.152）も増大します。こうした症状を改善するために、比較的小型のターボチャージャーを2つ搭載するのがツインターボです。

並列式ツインターボ

多気筒エンジンでは、各気筒は違うタイミングでの爆発・膨張行程が起こります。そのため、それぞれの排気は異なるタイミングでエキゾースト・マニホールド内に流入しますが、その際、お互いの排気ガスが干渉しあい、掃気効率が低下する症状が発生します。これを**排気干渉**と言います。

しかし、例えば6気筒エンジンに2つの排気経路を持つ並列タイプのツインターボを搭載した場合、排気タイミングが違う3気筒を1セットにして、それぞれを合流させることによって掃気効率を高め、排気干渉を低減することができます。

直列式ツインターボ

直列式のツインターボの一種として**シーケンシャル・ターボ**があります。この機構には大小2つのタービン・ホイールが搭載されることから、**シーケンシャル・ツインターボ**とも呼ばれます。シーケンシャル（Sequential）とは、「連続的に発生する」ことを意味します。

シーケンシャル・ターボでは、排気の流量が少ない低速時などでは小さいタービン・ブレードが回転し、吸気を加圧します。エンジン回転数が上がって排気流量が増加すると、小さいタービンをバイパスする弁が開き、大きいタービンにも排気が流入します。こうした機構により、エンジンの幅広い回転域に対応した過給効果を得ることが可能になります。

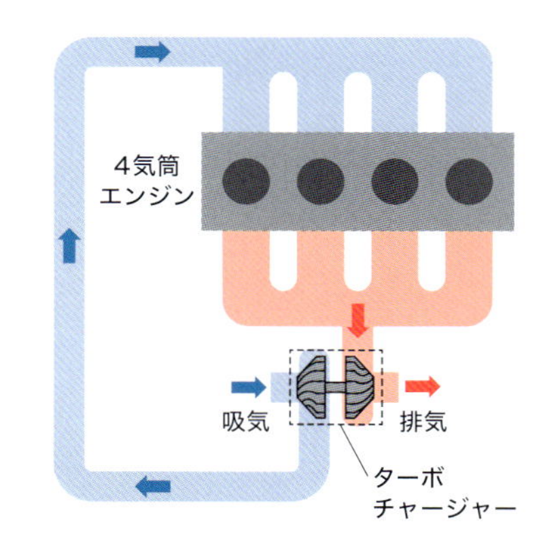

シングルターボ

排気量が少ないときには十分な過給効果が得られずターボラグが起こりやすい。また、過給効果を上げるためにタービンを小型化すれば、高回転時に高圧な排気圧でタービンの回転効率が落ち、ポンプ損失も増大する。

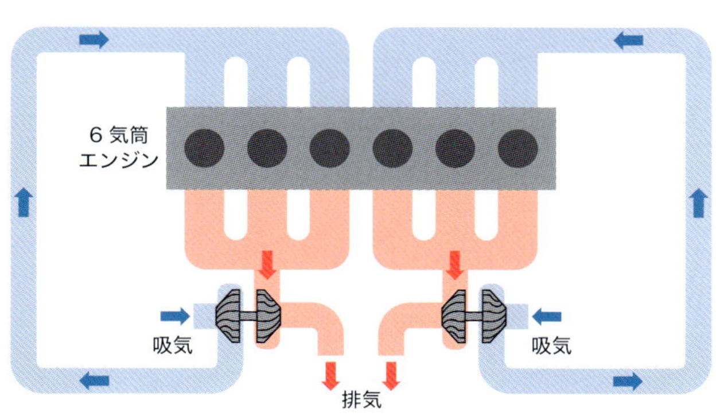

ツインターボ（並列式）

2つのターボチャージャーを並列に搭載する仕様。排気タイミングの違う気筒をセットにして、それぞれのグループの排気をエキゾースト・マニホールドでまとめることにより、掃気効率を上げ、排気干渉を低減できる。

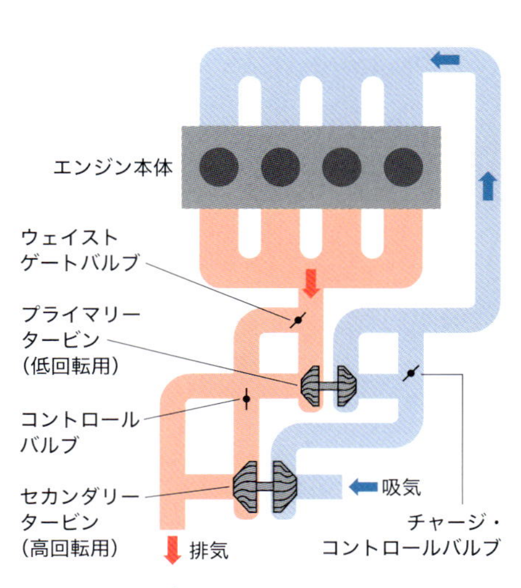

ツインターボ（シーケンシャル）

容量の違う2つの過給機を搭載。低トルクで排気量の少ない場合は小さなタービンで過給効果を上げ、排気量が増大したときにはバルブを開いてそれをバイパスし、大きなタービンが対応する。

©SUBARU

ツインスクロールターボ

排気マニホールドからタービンに至る排気の流路を2つに分割。低回転で排気が少ないときは、排気が細い経路を流れて高圧になり、排気が多いときは広い経路を経由。この機構によりタービンの容積やタービン径を変更することなく、低回転時のタービン回転の立ち上がりを早め、パワーを上げることが可能になる。

6-07

2つの小型ターボチャージャーを並列に搭載

ツインターボチャージャー

KEY WORD

- 並列タイプのツインターボチャージャーでは、小型ターボチャージャーが並列的に2基搭載される。
- 低回転域から過給圧が高められるため、低速域からトルクが得られ、レスポンスが向上。
- 2系統の排気流路を持つため、排気干渉が低減される。

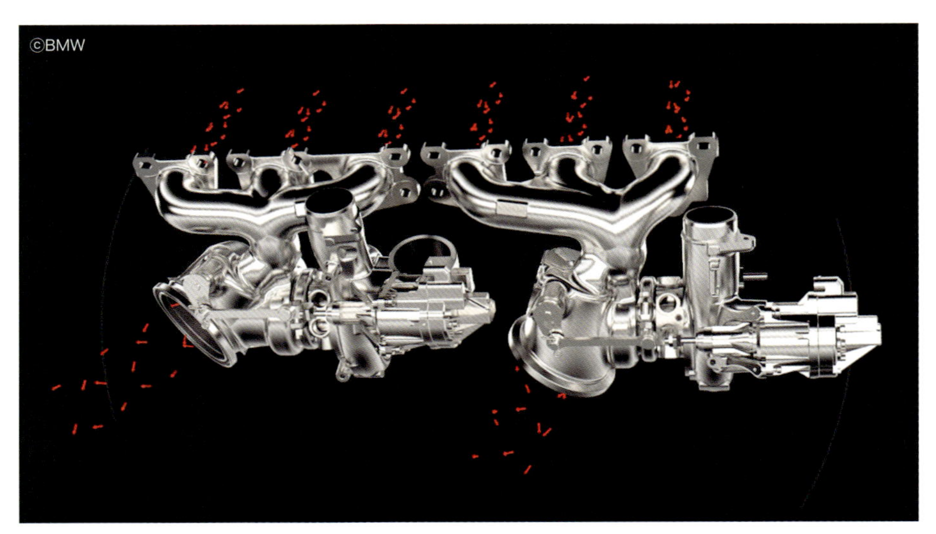

6気筒直列のツインターボ配列

BMW M3/M4の直列6気筒エンジンに搭載されるツインターボチャージャーとエキゾースト・マニホールド。1番から3番、4番から6番のシリンダーがそれぞれセットとされ、個々の過給機に排気を送り込む。

2つの小型過給機を搭載

かつてハイパワーが求められた時代には、エンジンは大排気量化され、それに見合う容量を持つシングルターボが搭載されました。しかし、シングルターボの場合、エンジン回転数が低くて低トルクなときには排気量が少なく、十分な過給圧が得られません。その結果、過給効果が表れるまでに時間が掛かる**ターボラグ**という症状が表れます。これを解消するために考案されたのが並列タイプの**ツインターボチャージャー**です。このタイプのエンジンには、容量が小さく、タービンの径が小さな小型のターボチャージャーが並列的に２基搭載されます。

並列タイプのツインターボでは、小さなタービンによって低回転域から過給圧が高められるため、低速域からトルクが得られ、レスポンスが向上します。

並列式のツインターボでは、多気筒エンジンに見られる**排気干渉**が低減できるというメリットもあります。多気筒エンジンでは各気筒が異なるタイミングで爆発・膨張し、その排気が異なるタイミングでエキゾースト・マニホールド内に流入するため、お互いの排気が干渉しあい、掃気効率が低下する症状が表れます。この排気干渉という現象は、排気の流路を１つしか持たないシングルターボの場合に顕著に表れます。

しかし、並列式ツインターボの場合には、

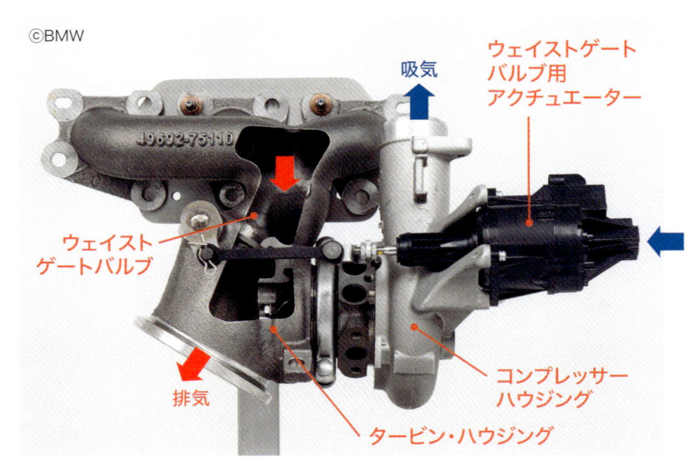

ターボチャージャー単体の構造

左ページのツインターボチャージャーの単体写真。とてもコンパクトでシンプルな構造。カットされたタービン・ハウジング内に小型のタービン・ホイールが見える。ウェイストゲート・バルブは電動のアクチュエーターで作動する仕様。

1基のターボが排気タイミングの違う気筒を複数受け持ち、さらに排気の流路を2系統持つため、排気干渉は低減され、スムーズにタービン・ホイールに導かれます。

並列式ツインターボでいかに排気干渉を低減するかは、各気筒がどのようにグループ化されてマニホールドでまとめられ、各気筒数がどんな着火順序なのかで変わりますが、直列エンジンの場合は前方と後方で2分割し、V型の場合は左右それぞれのバンクごとにまとめるのが一般的です。

並列タイプのツインターボは、主に6気筒以上の上位モデルやスポーツ車に採用されますが、過給機を2セット搭載するため部品点数が多く、車体コストが高くなるというデメリットもあります。

また近年では、ハイパワーよりも燃費が重視される傾向にあり、小排気量で燃費を抑えると同時に過給機でパワーを補うダウンサイジング・ターボが主流となりつつあるため、並列タイプのツインターボを搭載するモデルは減少しつつあります。

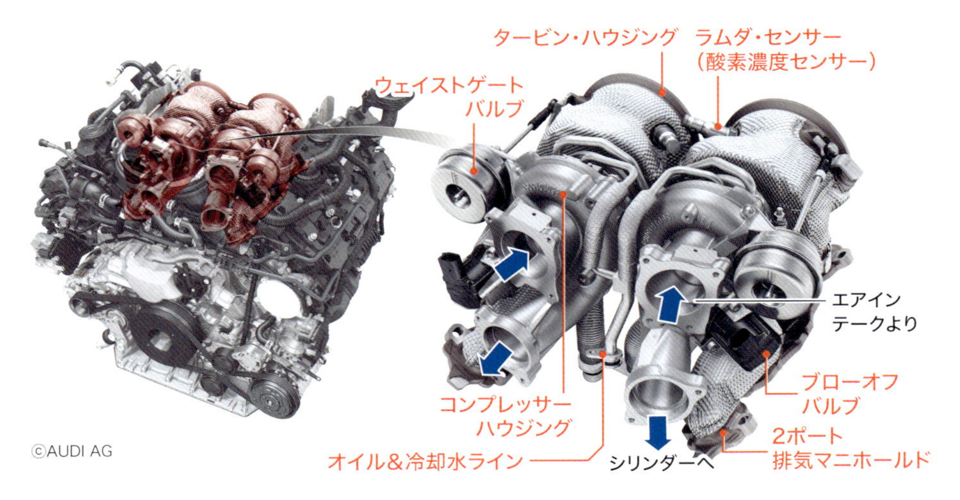

V型エンジンのレイアウト例

アウディに搭載されるV型8気筒TFSIエンジンのツインターボチャージャー。左右のバンクを受け持つ2つのターボチャージャーが、バンクの内側にレイアウトされている。

6-08 大小2つのターボチャージャーを直列に配置

シーケンシャル・ツインターボ

KEY WORD

- 容量の違う大小2基のターボチャージャーを直列に配置するシステム。
- ターボラグを回避し、エンジンの幅広い回転域において過給効果を得ることが可能。
- 近年ではディーゼル・エンジンにこのシステムを採用するケースが見られる。

過給機を直列に配置

容量の違う２基のターボを直列に配置する機構を**シーケンシャル・ツインターボ**と言います。シーケンシャル（Sequential）とは、「連続的に発生する」ことを意味します。**シーケンシャル・ターボ**、**２ステージ・ツインターボ**、または**２ウェイ・ツインターボ**とも呼ばれます。

この機構では、エンジン回転が低中速域にあり、排気流量が少ない状態では小容量タービンを稼働させ、排気流量が増えると大容量タービンを稼働させます。こうした操作により、低回転時に発生するターボラグを回避できると同時に、エンジンの幅広い回転域において過給効果を得ることが可能になります。

大小２つのタービン

下図はその機構の一例です。小容量タービンは**プライマリー・タービン**、大容量タービンは**セカンダリー・タービン**と言います。排気側の流路において、一般的には小容量タービンが先に配置されます。

低速時で排気が少ない状況では、すべての排気はプライマリー・タービンに送り込まれ、低回転時のトルクを持ち上げます。エンジン回転数が上がり排気が増加すると、小容量側のウェイストゲート・バルブが開放され、大容量タービンに排気が流入することにより、より強力な過給が行われ、出力をアップします。その時点でもプライマリー・タービンには排気は流入しますが、ほぼバイパスされた状態となります。

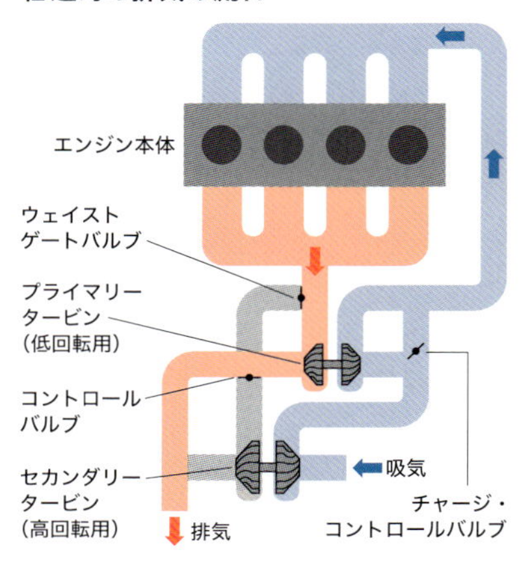

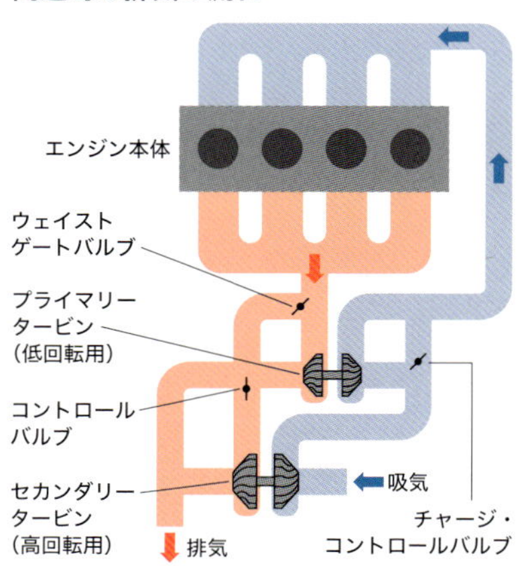

この図例では、プライマリー・タービンとセカンダリー・タービンが直列で配置されているが、大小２つのタービンを並列的に配置したレイアウトも存在する。

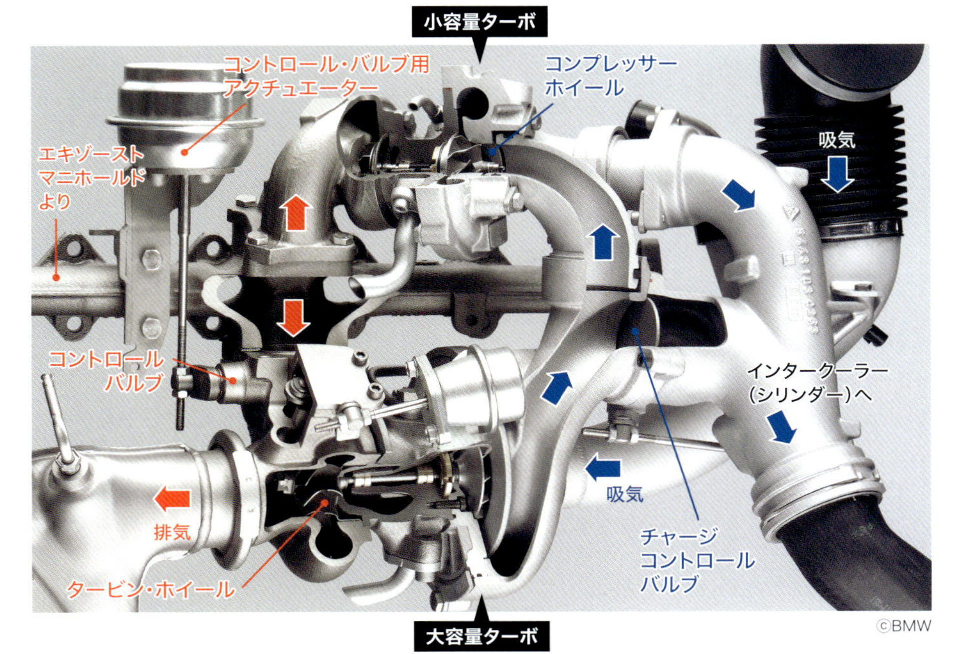

シーケンシャル・ツインターボの構造
BMWの直列6気筒ディーゼル・エンジンに搭載されるバリアブル・ツインターボのカット図。エキゾースト・マニホールドからの排気が上の小容量ターボと下の大容量ターボに分かれ、それぞれのタービンを回す。

大小2つのタービン

シーケンシャル・ツインターボは、かつてはトヨタのスープラ、スバルのレガシィにも採用されていました。しかし、機構が複雑で高コストになる傾向が強く、このシステムを採用するモデルは一時期よりも減少しつつあります。ただし近年では、ディーゼル・エンジンにこのシステムを採用するケースが見られます。つまりこの機構は、常に過給を行うことで効率を上げるディーゼル車に適していると言えます。

並列式のツインターボが6気筒以上に適したシステムであるのに対し、シーケンシャル・ツインターボは4気筒とも相性が良く、幅広いクラスのモデルに適合します。

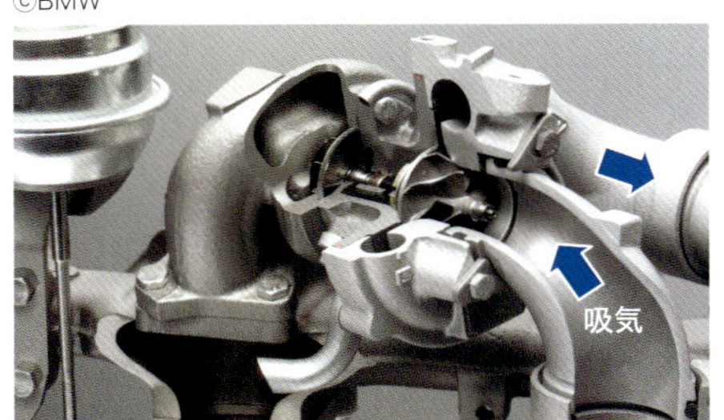

小容量ターボの構造
上写真の小容量ターボのアップ。吸気流路においては大容量ターボを経由した吸気が小容量ターボへ流れる。

大容量ターボの構造
右からの吸気はコンプレッサー・ホイールの正面に流入し、ハウジングの外周（スクロール）を経て右上へ。

6-09 低回転域からトルクが効く機械式過給機

スーパーチャージャー

KEY WORD

- クランクシャフトから動力を取り出し、機械的にコンプレッサーを稼働して空気を圧縮。
- 特殊な形状をした2つのローターによって吸気を圧縮するルーツ式が一般的。
- 低回転域から過給効果が得られるためターボチャージャーと併用される場合が多い。

仕様と特徴

ターボチャージャーが排気を活用して過給するのに対し、機械的にコンプレッサーを稼働させて空気を圧縮するのが**スーパーチャージャー**です。メカニカル・スーパーチャージャー、または機械式過給機とも呼ばれます。

ターボチャージャーでは、クランクシャフトに連結するベルトなどから動力を取り出し、その回転でコンプレッサーを駆動して吸気を圧縮します。その仕様は圧縮方法の違いによって種類が分かれます。

遠心式の場合には、ターボチャージャーと同じくタービン・ホイール（インペラ）を用いて吸気を圧縮します。

ルーツ式では、特殊なねじり形状を持つ2つのコンプレッサー・ローターが、隙間を保った状態でかみ合わせられており、それを回転させることで吸気を容積の狭い部位へ追い込んで圧縮します。

リショルム式では、らせん状の溝を持つ2つのローターを組み合わせ、一方からローター間に空気を取り込み、もう一方へ向けて追い込むことで圧縮します。

これらの機構は航空機エンジンなど様々な機器にも用いられますが、自動車の過給機には主にルーツ式が採用されています。

機械的に駆動するスーパーチャージャーは、排気を利用するターボチャージャーと比較した場合、エンジンの低回転域から過給効果が得られます。そのためターボチャージャーと組み合わせて使用されるケースが多く見られます。ただし、駆動力をエンジンに依存するため、**機械損失**（p.153参照）が大きくなる傾向にあります。

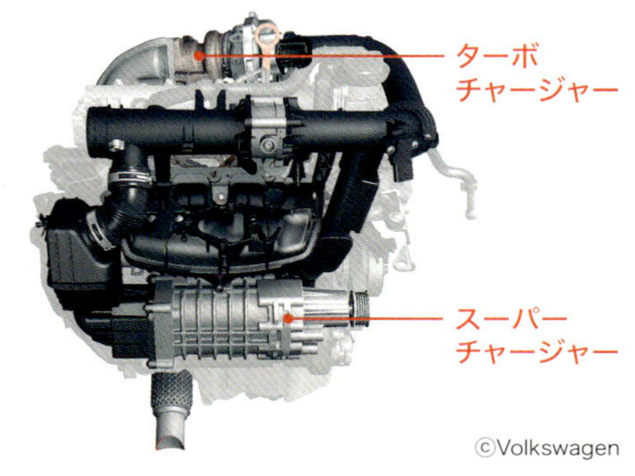

フォルクスワーゲン「TSI」エンジン

タイプの違う２種の過給機がエンジンに搭載された状態とプラミング（配管）の状態。

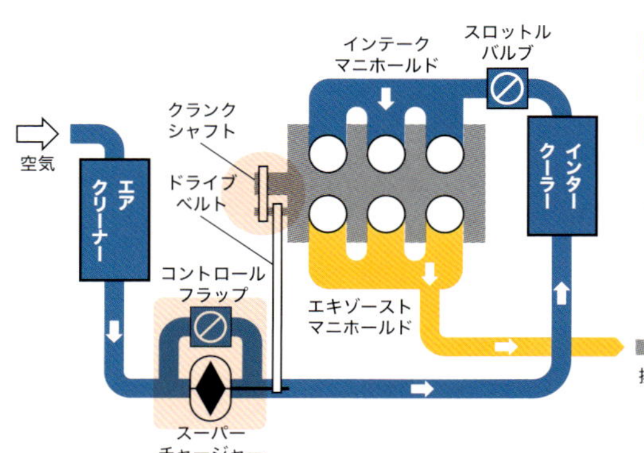

スーパーチャージャー＋
ターボチャージャー仕様

ターボチャージャーと併用した場合の概念図。主に低回転域を担当するスーパーチャージャーが吸気の上流に配置。ユニット内にインタークーラーを内蔵するモデルもある。

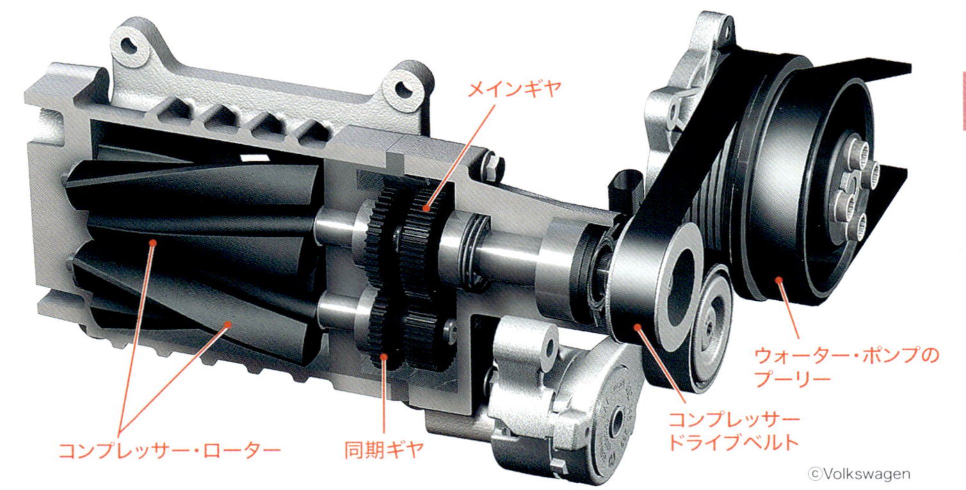

スーパーチャージャーの構造

クランクシャフトからの動力はウォーター・ポンプのプーリーを回し、そのプーリーからコンプレッサー・ドライブベルトを介して動力を得ている。2つのローターは接触せず、空気が入る隙間を保った状態でかみ合う。

スーパーチャージャーの構造

この2ページに掲載する写真はすべてフォルクスワーゲンのエンジン「TSI」(※1)のものであり、スーパーチャージャーとターボチャージャーを併装したモデルです。下左写真の同軸ギヤがクランクシャフトに直結しており、そこからベルトを介して他の補機とともにスーパーチャージャーを駆動するための動力が取られています。

同軸ギヤからの動力は、スーパーチャージャーのコンプレッサー・ドライブベルト(上写真)に伝えられ、内部にある2つのギヤによって2つの**コンプレッサー・ローター**が逆方向へ回転します。写真背面から取り入れられた吸気はこの特殊な形状をした3葉ローターで圧縮され、ターボチャージャーへ送気されます。モデルによってはエンジンが高回転になるとスーパーチャージャーの駆動はECUによって停止されます。

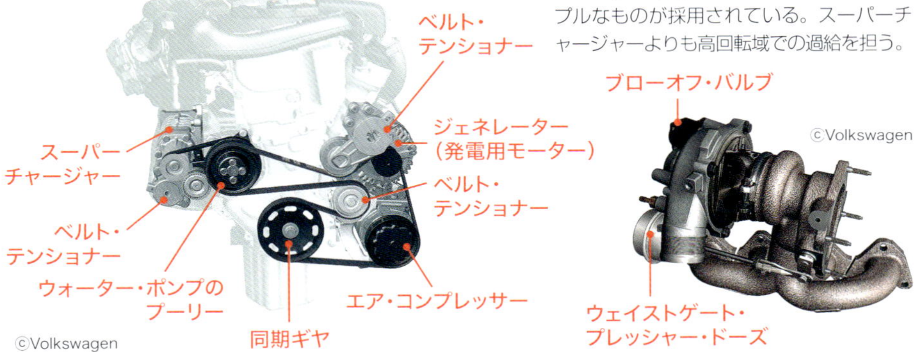

スーパーチャージャーの駆動システム

同機ギヤがクランクシャフトに直結。その動力が1本のベルトを介し、エアコンのエア・コンプレッサー、発電機、冷却液のポンプ、スーパーチャージャーなどを駆動している。

ターボチャージャー

併載されるターボチャージャー。このエンジンは小型乗用車仕様のため小容量でシンプルなものが採用されている。スーパーチャージャーよりも高回転域での過給を担う。

※1／"Turbocharged Stratified Injection"の略称。フォルクスワーゲンが商標をもつガソリン直噴エンジン。

6-10 電動モーターでターボラグを解消

電動過給機

KEY WORD

- 電動ターボチャージャーや電動スーパーチャージャーは動力源にモーターを使用する。
- メルセデスAMGの電動ターボチャージャーは、タービン・シャフトに電動モーターを搭載し、ターボラグを大幅に低減。回生モーターとして発電も行うため、電力ロスも発生しない。

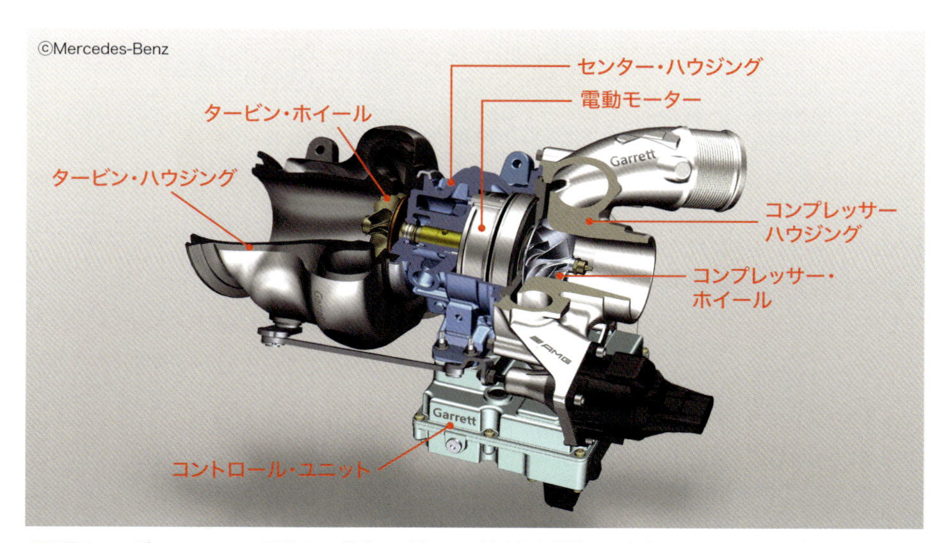

電動ターボチャージャーの構造　電動ターボチャージャーの基本的な構造は一般的なターボチャージャーと同様に、排気によってタービンを回す。ただし、排気量が少ない状況では、モーターが駆動してタービンの回転を補うことでターボラグを大幅に低減する。

電動ターボチャージャー

近年では過給機にモーターを組み込んだモデルが登場しています。メルセデス・ベンツのレース系ブランドであるAMGの直列4気筒エンジンには、**電動ターボチャージャー**が組み込まれています。

この過給機は、通常のターボチャージャーと同様に、排気によってタービン・ホイールを回し、同軸でつながるコンプレッサー・ホイールを回転させることで吸気を圧縮しますが、その**タービン・シャフトに電動モーターが搭載されています。**

一般的なターボチャージャーでは、エンジンが低トルク時からアクセルを踏み込んだ際、排気量が増大するまで過給効果が遅延するターボラグと呼ばれる症状が発生しますが、この**電動ターボチャージャーでは、ターボラグが発生する間のタービン回転を電動モーターが補助することにより、ターボラグの発生を大幅に低減。即座に高い過給効果とレスポンスが得られます。**

また、この電動モーターは、十分に排気がタービンに流入している際には、その余剰パワーによって**回生モーターとして発電を行い、その電力はバッテリーに蓄電**されます。そのためモーターを駆動する電力に関してもロスが発生しません。この技術はメルセデス・ベンツがF1マシンに採用したMGU-Hシステムを応用したものです。

ⓒMercedes-Benz

ターボ本体とコンプレッサー

2022年に発売された「AMG SL 43」の電動ターボチャージャー。前作モデルのV型6気筒から4気筒へのダウンサイジング化に伴い世界ではじめて搭載。

ⓒMercedes-Benz

ペトロナスF1チームのメルセデスAMG

電動ターボチャージャーのシステムMGU-H（Motor Generator Unit Heat）は、F1のメルセデスAMGチームによって2014年に採用されたテクノロジー。

電動スーパーチャージャー

スーパーチャージャー（p.218参照）のコンプレッサー・ホイール（ローター）を、クランクシャフトの回転ではなく、電動モーターで回転させるのが**電動スーパーチャージャー**です。

排気を利用するターボチャージャーの場合、過給効果は排気量に左右されます。また、スーパーチャージャーにおいても吸気の圧縮はクランクシャフトの回転数に影響されます。そのため、どちらにおいてもエンジンを低トルクの状態から立ち上げる際にはターボラグが発生します。

しかし、電動スーパーチャージャーではそれらの制約を受けず、アクセル操作の動きをECUが検知し、それをもとにモーターが過給を行うため、ターボラグの発生を大幅に低減することが可能です。また、補機を作動するための機械損失が発生しないというメリットもあります。

下図は「アウディ SQ7」が搭載する電動スーパーチャージャーです。その構造を見ると排気の流路はなく、吸気を圧縮するコンプレッサーを回す**ローター**の背後には、**モーター**と**電子基板**が内装され、ハウジングを冷却する**冷却水ジャケット**が設けられています。同モデルのV型8気筒ディーゼル・エンジンにはツインターボチャージャーが搭載されていますが、ターボラグの解消を目的にこの電動スーパーチャージャーが搭載されています。

ⓒAUDI AG

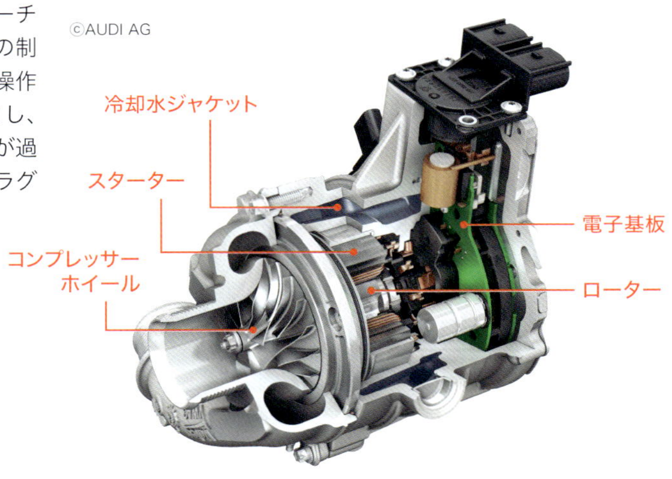

アウディSQ7のEPCシステム

アウディ SQ7は市販車としてはじめて電動スーパーチャージャー「EPC」（エレクトリック・パワード・コンプレッサー）を搭載。ユニットはヴァレオが製造。

6-11 過給機で高温になった吸気を冷却するシステム

インタークーラー

KEY WORD

- 過給機の断熱圧縮で高温になった吸気を冷却するためにインタークーラーを搭載。
- インタークーラーによる冷却は燃焼効率や燃費、レスポンスの向上に貢献。
- 構造がシンプルな空冷式と、搭載レイアウトの自由度の高い水冷式がある。

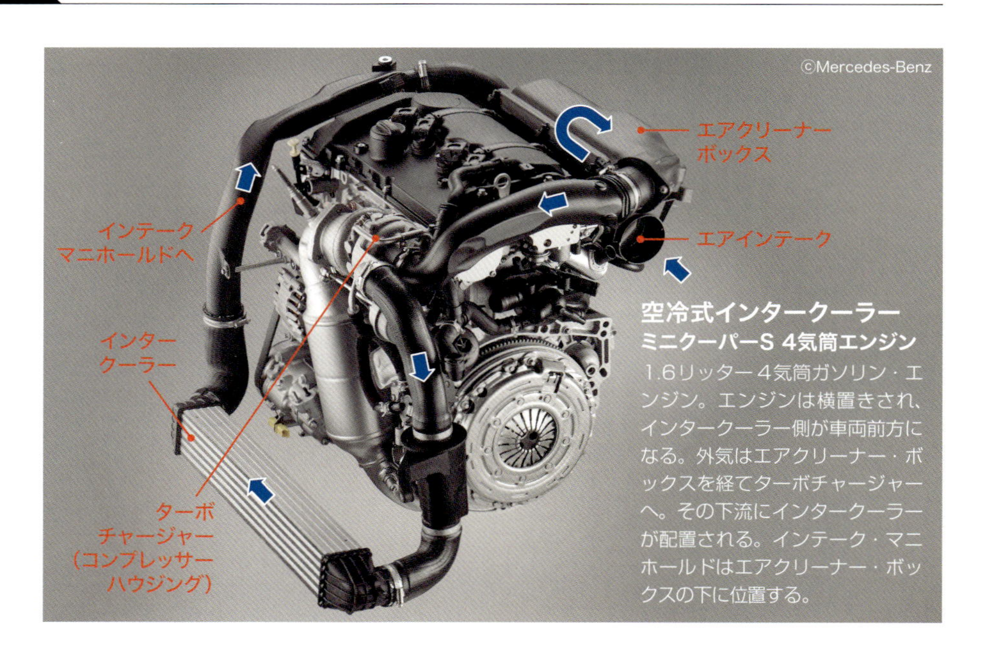

空冷式インタークーラー
ミニクーパーS 4気筒エンジン
1.6リッター4気筒ガソリン・エンジン。エンジンは横置きされ、インタークーラー側が車両前方になる。外気はエアクリーナー・ボックスを経てターボチャージャーへ。その下流にインタークーラーが配置される。インテーク・マニホールドはエアクリーナー・ボックスの下に位置する。

インタークーラーの役割

ターボチャージャーやスーパーチャージャーで吸気を圧縮することにより、燃焼室内に密度の高い空気が送り込まれ、燃焼効率が上がります。しかし、それらの過給機で圧縮された空気は温度が高くなります。この現象を**断熱圧縮**と言います。

温度が上昇した空気は膨張します。その状態では過給効果が低下するため、吸気システムにおける過給機の下流には**インタークーラー**（※1）が設置され、高温になった吸気を適正な温度まで冷却します。インタークーラーによる冷却は燃焼効率や燃費、レスポンスの向上に貢献します。

また、過給機で圧縮され高温になった吸気がそのまま燃焼室に送られると、想定よりも早いタイミングで混合気が着火する可能性が高まり、**ノッキング**（異常燃焼）の原因になります。インタークーラーはこの症状を抑える役割も果たします。

上図はミニクーパーSが搭載する1.6リッター4気筒ガソリン・エンジンであり、空冷式インタークーラーを装備しています。車外から取り入れられた空気はエアクリーナーを介してターボチャージャーで圧縮。その後、インタークーラーで冷却され、インテーク・マニホールドへと送気されます。エンジンは横置きの状態で搭載され、インタークーラーが車両前方に設置されます。

※1／チャージ·エア·クーラー(Charge Air Cooler)とも呼ばれる。

空冷式と水冷式

インタークーラーには空冷式と水冷式があります。左図は空冷式、下図は水冷式であり、一般的には空冷式を採用するモデルのほうが多い傾向にあります。

空冷式はシステムがシンプルになるという利点があります。ただし、吸気を複数の細いチューブに通し、その熱を多層状のフィンで放散するため、一定面積を持つシート形状になり、搭載位置が制限されます。通常は車体前部のフロントグリル内などに搭載されますが、外気を直接的に当てるため、場合によっては走行時の空気抵抗を高める可能性もあります。

一方、インタークーラー内部に冷却液を通すことで冷却する**水冷式**の場合は、搭載位置の自由度が高く、小型に設計でき、外気からの送風に頼らないため低速時にも高い冷却効果が得られます。ただし、冷却液の系統をインタークーラーのために設ける必要があり、空冷式と比べてシステムが複雑になります。

従来の水冷式インタークーラーの冷却液はエンジン冷却用のものと共用するのが一般的でしたが、その場合、ラジエター（p.237参照）の水温より低温にできないため、近年では専用のサブラジエターとウォーターポンプを搭載するモデルもあります。

吸気抵抗とバイパスバルブ

インタークーラーの設計においては、吸気の抵抗が課題になります。吸気経路が長く、吸気抵抗が高い場合、過給機の過給効果が遅延するターボラグが増大する可能性があります。この点においては搭載レイアウトの自由度が高く、吸気経路を短縮できる水冷式が有利と言えます。

ガソリン・エンジンの場合、インタークーラーは過給機とスロットル・バルブの間に搭載されます。もしスロットル・バルブが急激に閉じられると、インタークーラーにつながるホースやその接続部に過剰な負荷が掛かります。それを避けるため、インタークーラーには**バイパスバルブ**が搭載されるのが一般的です。

水冷式インタークーラー
（フォルクスワーゲンTSIエンジン）

このガソリン・エンジンでは冷却効果と応答性を高めるため、インタークーラーとインテーク・マニホールドを一体化して吸気経路を短縮。スロットル・バルブをインタークーラーより上流側に配置。TSI（Turbocharged Stratified Injection）とは「ターボ過給成層噴射」を意味する。

6-12 排気ガスの再循環で生まれる多様なメリット

EGRシステム

KEY WORD
- EGRは、内部EGRと外部EGR、低圧式と高圧式、EGRクーラーの有無などで大別される。
- 排出ガスを再燃焼して有害成分を浄化し、燃焼温度を下げてNOxの発生も抑制。
- ガソリン車ではスロットル・バルブの開度が大きくなりポンプ損失が低減。

内部EGRと外部EGR

EGR（※1）は、**排気ガス再循環**とも言います。排気ガスを再度燃焼室に取り込み、もう一度燃焼させることで有害成分を浄化するなど、様々な利点があります。EGRは内部EGRと外部EGRに大別されます。

内部EGRでは可変バルブシステム（p.184参照）を活用します。吸気行程で排気バルブが閉じる時期を遅らせ、排気を吸い戻すなどして吸気と混合することで、ポンプ損失が低減され、冷間始動時の暖機が早まり、排出ガスが抑制されるほか、ディーゼル車では低圧縮化が可能になります。

下図は、**外部EGR**をディーゼル車が搭載した例です。排気流量は**EGRバルブ**で調整されます。**EGRクーラー**で排気を冷却する**クールドEGR**という方式が一般的ですが、排気をそのまま還流する**ホットEGR**も存在します。また下図のように、タービンよりも下流から排気を取り出し、吸気側のコンプレッサーの上流に還元するものを**低圧式**と言います。これに対し、タービンの上流からコンプレッサーの下流に還元するものを**高圧式**と言います。

排出ガスの抑制

排気ガスの有害成分である**CO**（一酸化炭素）、**HC**（炭化水素）、**PM**（煤）は、混合気がしっかり燃焼しないことで生成されますが、排気の一部が再燃焼されるEGRではその発生が低減されます。

また、空気中の窒素と酸素が高温で燃えて結合すると**NOx**（窒素酸化物）が生成されますが、吸気に排気が混ざると燃焼室の酸素濃度が低下し、燃焼温度が下がります。同時に、排気が含む水やCO_2（二酸化炭素）は酸素よりも温度が変化しにくい（**比熱**が大きい）ため、燃焼温度の上昇が抑制されます。その結果、ディーゼル車で

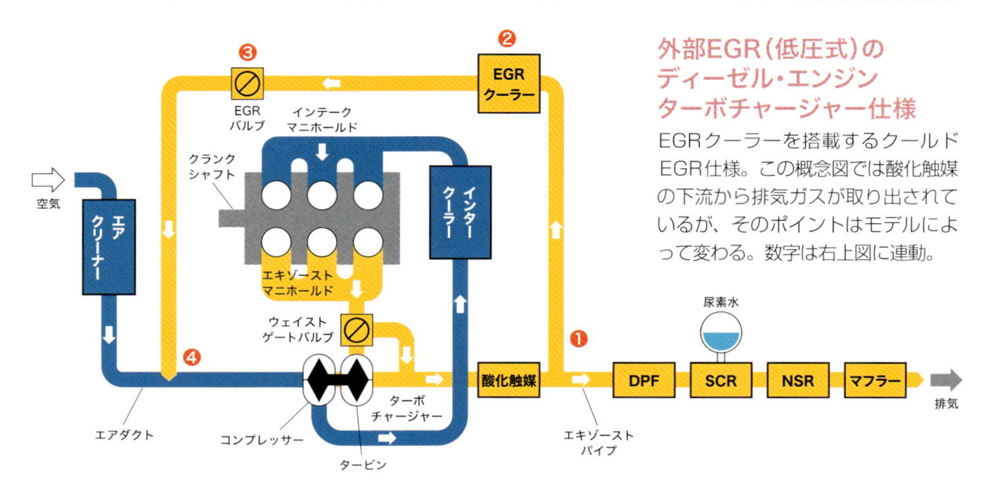

外部EGR（低圧式）のディーゼル・エンジン ターボチャージャー仕様

EGRクーラーを搭載するクールドEGR仕様。この概念図では酸化触媒の下流から排気ガスが取り出されているが、そのポイントはモデルによって変わる。数字は右上図に連動。

※1／EGRとは"Exhaust Gas Recirculation"の略称。

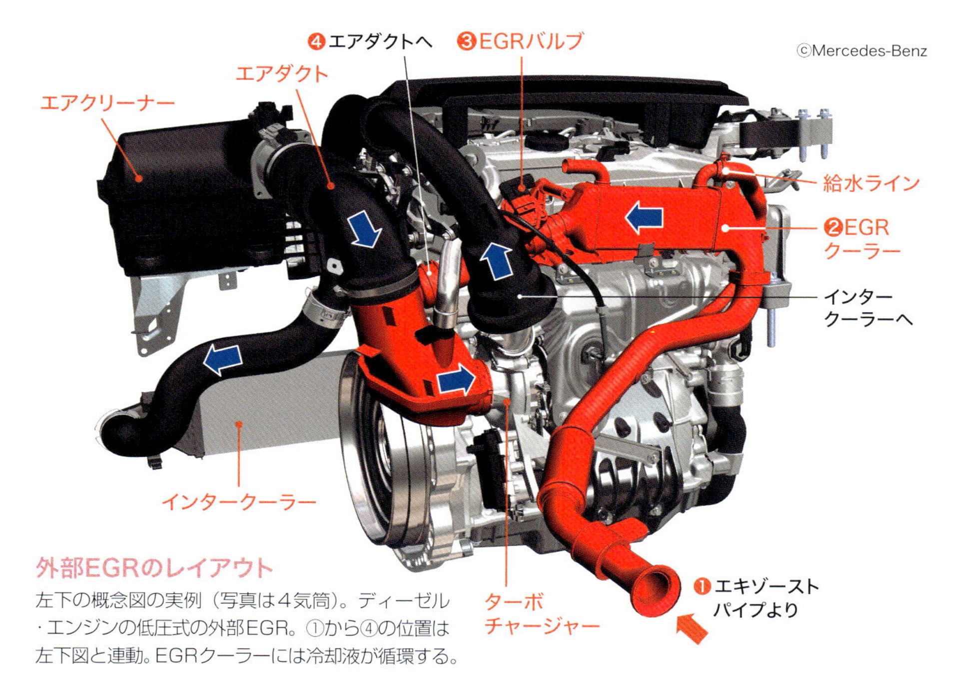

外部EGRのレイアウト
左下の概念図の実例（写真は4気筒）。ディーゼル・エンジンの低圧式の外部EGR。①から④の位置は左下図と連動。EGRクーラーには冷却液が循環する。

はNOxの生成が低減されます。ガソリン車ではノッキングが起こりづらくなり、ノックセンサーによる点火時期の遅延が減るため、出力を上げやすくなります。

ポンプ損失の低減

ガソリン車の場合、スロットル・バルブが閉じると**ポンプ損失**が増大します。ただし、低圧式のEGRでは酸素を含まない排気を吸気に混ぜるため、吸気中の酸素の割合が減ります。その場合、一定量の燃料を燃焼するための酸素を取り込む必要性から、多くの吸気を取り込むために、通常より大きくスロットル・バルブを開くことになり、その結果、ポンプ損失が低減します。

また、高圧式を採用するモデルの中には、排気をスロットル・バルブの下流に還元するものもありますが、その場合も**吸入負圧**が減るためポンプ損失が低減されます。同時に、一定の出力を得るための**燃焼消費量**が減り、燃費の向上に貢献します。

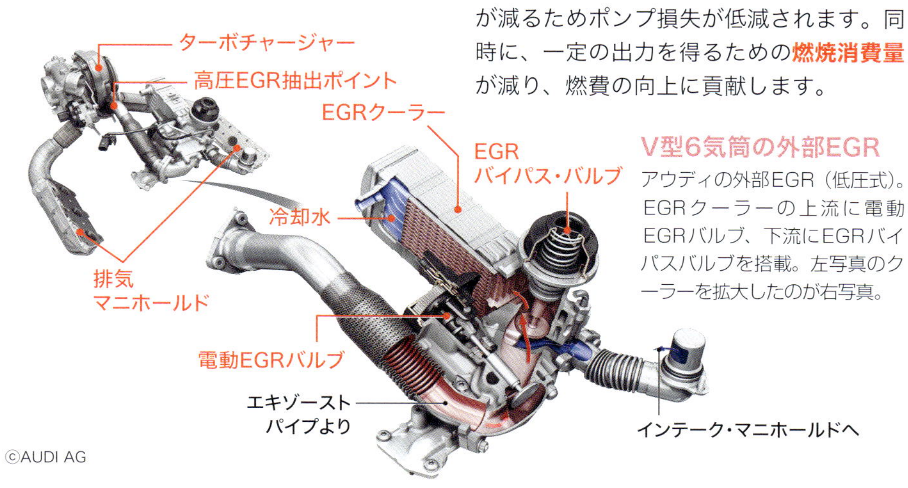

V型6気筒の外部EGR
アウディの外部EGR（低圧式）。EGRクーラーの上流に電動EGRバルブ、下流にEGRバイパスバルブを搭載。左写真のクーラーを拡大したのが右写真。

6-13 ガソリン・エンジンから排出される有害物質を浄化

三元触媒 / GPF

KEY WORD

- 触媒とは、特定の物質と触れ合うことで化学反応を促進させる物質。
- ガソリン車が排出するHC、CO、NOxは、触媒コンバーターで浄化される。
- 直噴ガソリン・エンジンの増加にともない、PMを除去するGPFの搭載車が増加。

酸素の貸し借り

排気ガスの有害成分は主に、**HC**（炭化水素）、**CO**（一酸化炭素）、**NOx**（窒素酸化物）、**PM**（粒子状物質）、**SOx**（硫黄酸化物）の５つです。このうちSOxは燃料に含まれる不純物であり、精製時に取り除くよう努力されますが、車の搭載装置で除去することは困難だと言えます。

ガソリン車で問題視されるのは主にHC、CO、NOxであり、これらは**触媒**によって浄化されます。単体の触媒で３種の有害物質を浄化するため**三元触媒**とも呼ばれます。

触媒とは、特定の物質と触れ合うことで化学反応を促進させる物質であり、その素材には**白金**（**プラチナ**）、**パラジウム**、**ロジウム**などが用いられます。それを内装した排気ガス浄化装置を**触媒コンバーター**、または**キャタライザー**と言い、エキゾースト・マニホールドの下流に搭載されます。

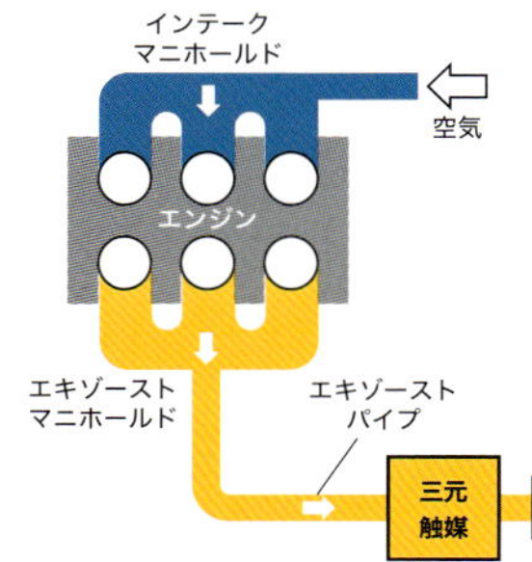

ガソリン・エンジンの排気システム

３種の有害成分を浄化する三元触媒は、浄化処理に一定の温度を必要とするため、極力燃焼室に近い位置に搭載される。近年ではPMを除去するGPFの搭載車も増加している。

燃焼室で燃えなかった燃料であるHC（炭化水素）が触媒に触れると、触媒から酸素原子をもらって（酸化して）、H_2O（水）とCO_2（二酸化炭素）になります。CO（一酸化炭素）は触媒から酸素原子を１つもらってCO_2（二酸化炭素）になります。NOxからは酸素原子を奪うことによってN_2（窒素）とO_2（酸素）に還元されます。こうして３種の有害物質は無害化されます。

触媒物質は、その表層に吸蔵された酸素原子をやり取りするだけなので、これらの化学反応の前後でその組成は変化しません。

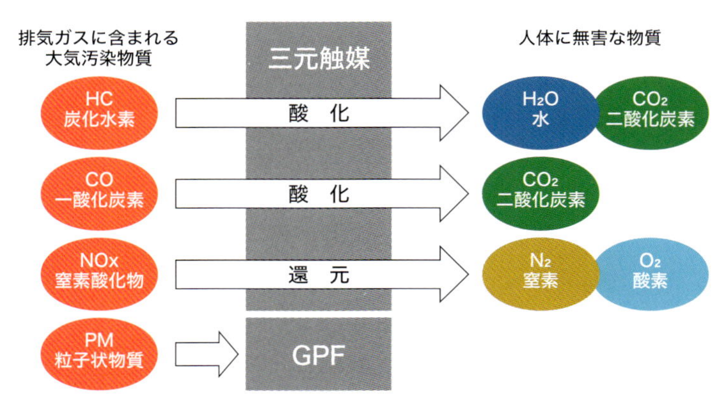

三元触媒の基本原理

HC、CO、NOxは三元触媒で酸化または還元されて無害な物質に変化。ただし燃焼が理論空燃比（p.158）から大きく外れると触媒の酸素原子が過多、または足りなくなるため、排気は常に空燃比センサーや酸素濃度センサーで監視される。

直下触媒コンバーターと床下触媒コンバーター

触媒での処理には一定温度が必要なため、直下触媒コンバーターは排気温度が高いエンジン直下に配置。床下触媒コンバーターで処理能力を上げるモデルもある。排気温度は排気温センサーで監視される。
ⒸAUDI AG

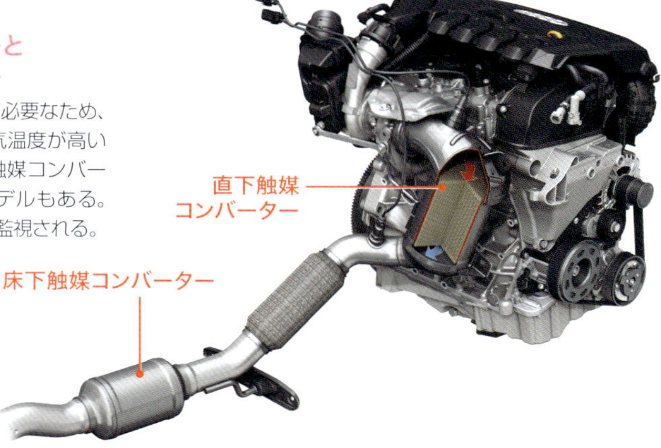

2つの触媒コンバーター

触媒は一定の温度に達しないと適正な処理ができません。アイドリング時の排ガスにも対処する必要があるため、触媒を素早く温める**暖機**が課題となり、そのため触媒コンバーターは排気温度が高いエンジン直下に設置されるのが一般的です。このタイプを**直下触媒コンバーター**と言い、なかにはシリンダーヘッドやマニホールドと一体化されたものもあります。また、処理能力を高めるため、さらに下流に**床下触媒コンバーター**を設置するモデルもあります。

ガソリン車のPM処理

これまで**PM**（粒子状物質）は主にディーゼル車における課題でしたが、**直噴ガソリン・エンジン**（p.162参照）の増加にともない、欧米や中国ではガソリン車におけるPMの排出規制が強化されています。

そのため近年では**GPF**（ガソリン・パティキュレート・フィルター、※1）を搭載するガソリン車が増えています。多孔質なセラミックなどに排気を通してPMを除去するのはディーゼル車の**DPF**（p.228）と同じですが、排気温度の違いなどから、採用する素材や設計には違いが見られます。

触媒コンバーターとGPFの搭載例

直噴ターボエンジンを搭載するアウディ RS 3は、PM除去のためのGPFを触媒コンバーターの下流に搭載。多孔質なセラミック・フィルター（ウォール）を排気が通過することでPMを除去。
ⒸAUDI AG

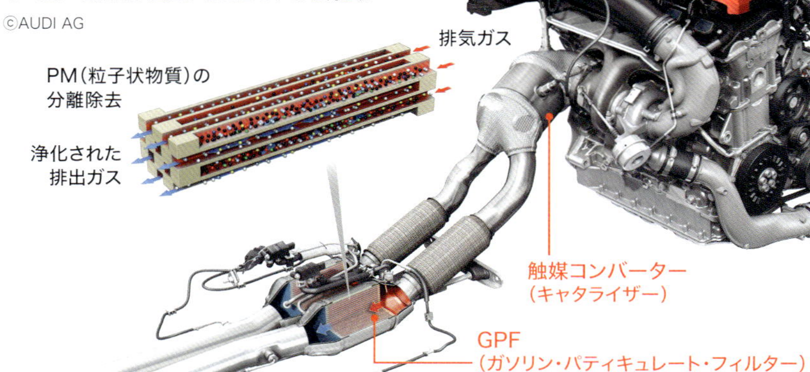

※1／“Particulate”とは、「微粒子」の意。

ディーゼル排気システム DOC（酸化触媒）/ DPF

KEY WORD

- ディーゼル・エンジンはPM（粒子状物質）とNOx（窒素酸化物）を多く排出する。
- PM（粒子状物質）はDPF、NOx（窒素酸化物）はNOx吸蔵還元触媒で浄化される。
- DPF内に蓄積したPMはDOC（酸化触媒）などを活用し、DPFで燃焼して除去する。

PMとNOx

燃料であるHC（炭化水素）とO_2（酸素）がエンジン内で完全燃焼すれば、二酸化炭素と水しか排出されません。しかし、燃料と酸素の質量が理論空燃比（p.158参照）でない場合には有害物質が排出されます。

ディーゼル・エンジンの場合、燃料が濃い状態（リッチ）では、燃え切らなかった燃料が粒子状物質（**PM**）となって多く排出されます。逆に、燃料が薄い状態（リーン）では、吸気中のO_2（酸素）とN_2（窒素）の比率が高くなり、それらが高温な燃焼で結合する結果、**NOx**（窒素酸化物）が多く生成されます。

しかし、性質の違うPMとNOxは、三元触媒のように1つの装置で処理することができません。そのためPMは**DPF**（ディーゼル・パティキュレート・フィルター）、NOxは**NOx吸蔵還元触媒**（p.230）という、別々の装置によって浄化されます。この頁ではDPFに関して説明します。

DPFの仕組み

DPFは、PM（粒子状物質）を除去するためのフィルターであり、ガソリン車のGPF（p.227）と構造は同じです。メーカーによってはDPR、DPDなどと呼称していますが、その機能は同じです。

このフィルターは、小さな穴が無数に空いたセラミックなどで造られます。このフィルターはDPF装置内で重層的に並べられますが、ある層は入口だけが開き、次の層は出口だけが開いているため、入口から入った排気はフィルター壁（ウォール）を通過しないと出口から出られない構造になっています。この構造を**ウォールフロー型**と言います。

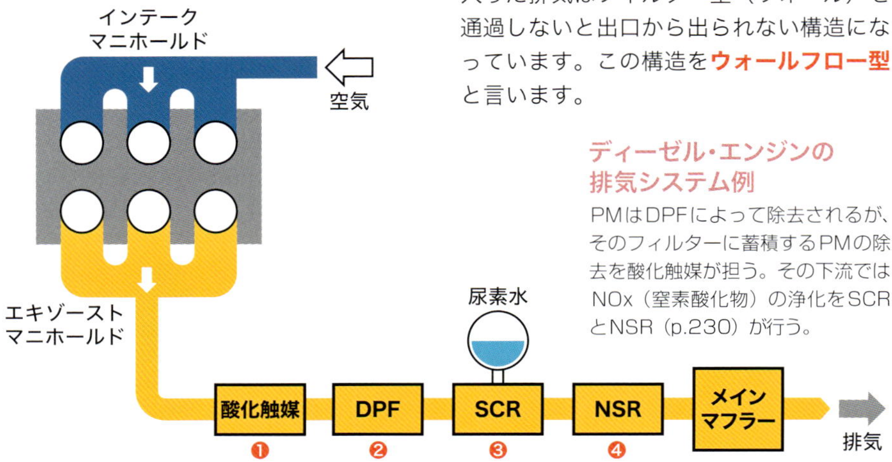

ディーゼル・エンジンの排気システム例

PMはDPFによって除去されるが、そのフィルターに蓄積するPMの除去を酸化触媒が担う。その下流ではNOx（窒素酸化物）の浄化をSCRとNSR（p.230）が行う。

■ディーゼル車における排気ガス浄化装置

図	機材			機能	
	名称	触媒	処理	対象	効果
❶	DOC (Diesel Oxidation Catalyst) ディーゼル酸化触媒	触媒: 白金、パラジウム 担体: アルミナ	酸化 (燃焼)	PM (粒子状物質)	•NO(一酸化窒素、NOxの一種)をNO_2(二酸化窒素)に転換してPM(粒子状物質)の酸化(燃焼)を促進。 •CO(一酸化炭素)の酸化除去。 •HC(炭化水素)の酸化除去。
❷	DPF (Diesel Particulate Filter) ディーゼル微粒子捕集フィルター	触媒: 白金、パラジウム 担体: アルミナ	酸化 (燃焼)		•PM(粒子状物質)を酸化してCO_2(二酸化炭素)に転換。
❸	SCR (Selective Catalytic Reduction) 選択式還元触媒	尿素 (アンモニア)	還元	NOx (窒素酸化物)	•NOx(窒素酸化物)を無害な窒素(N_2)へ還元。
❹	NSR (NOx Storage Reduction) NOx吸蔵還元触媒	触媒: 白金 吸蔵剤: バリウム 担体: アルミナ	還元		•NOx(窒素酸化物)を無害な窒素(N_2)へ還元。

DOCとDPFが粒子状物質(PM)を除去し、SCRやNSR(p.232)でNOxを浄化。

詰まったら燃やす

DPFのフィルターは一定期間使用するとPMが溜まり、穴が詰まります。それを解消するにはDPF内の温度を上げてPMを燃やし、**DPF再生**を行います。

DPF再生では、一般的には**コモンレール式直接噴射装置**と**DOC(酸化触媒)**が活用されます。コモンレールでは多段噴射が行われますが、その最後の**ポスト噴射**(p.165)によって、燃えていない軽油を多く含む排気をDOCへ送ります。

その排気が含むCO(一酸化炭素)とHC(炭化水素)はDCO内で酸化され、無害化されますが、DPF内の温度を上げる役割も果たします。するとDPFの温度は300～600度に上昇し、DPFのフィルターに蓄積したPMを燃やします。

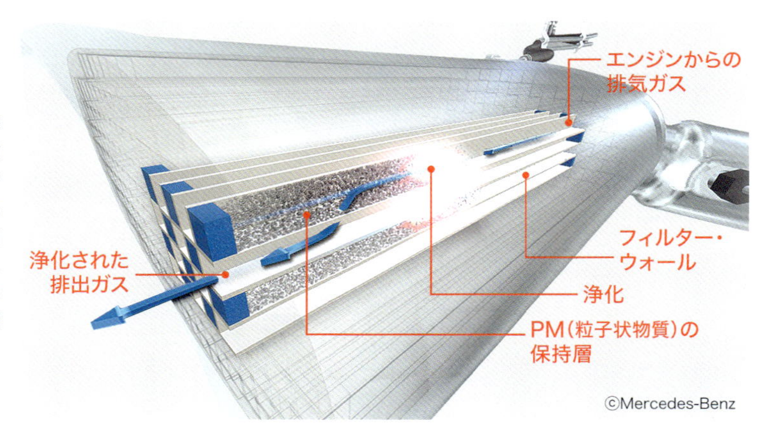

ディーゼル排気システムの構成機器

右手から入った排気ガスは、多孔質なフィルター・ウォールを通過することによってPMが取り除かれる。PMは燃焼されるまで保持層に蓄積される。

6-15 NOx（窒素酸化物）を還元して無害化する装置

ディーゼル排気システム SCR / NOx吸蔵還元触媒

KEY WORD

- NOxを処理する装置には**SCR**（選択式還元触媒）や**NSR**（**NOx吸蔵還元触媒**）がある。
- **SCR**では尿素水を使用し、NOx（窒素酸化物）を無害なN_2（窒素）と水に還元する。
- **NSR**（**NOx吸蔵還元触媒**）は、有害なNOxを一時的に溜めつつ、結果的に無害化する。

酸化と還元

排気ガスの処理は、酸化と還元が基本となります。

酸化は、有害な気体に酸素原子を加え、無害な気体に化学変化させる操作です。逆に**還元**では、有害な気体から酸素原子を奪うことで無害な気体に変えます。

粒子状物質であるPMがDPFで除去されることは前頁で紹介しましたが、そのPMはDPF再生によって燃焼されるため、結果的に酸化されています。

ディーゼル車の後処理装置では、まずはDOC（酸化触媒）とDPFによって有害物質の酸化が行われますが、次にその下流に搭載される**SCR**（**選択式還元触媒**）や**NSR**（**NOx吸蔵還元触媒**）によって、**NO**（**一酸化窒素**）などの有害な**NOx**（窒素酸化物）の還元が行われます。

処理能力はSCRのほうが優れていますが、コスト的にはNSRのほうが安価と言えます。一般的にはどちらか一方を搭載しますが、規制の厳しい欧州車の上位モデルなどには両装置を併載するモデルもあります。

尿素水を噴射するSCR

SCRでは、尿素を水に溶かした**尿素水**を高温下で噴射します。すると尿素と水が化学反応を起こし、CO_2（二酸化炭素）と**アンモニア**（NH_3）が生成されます。無害なCO_2（二酸化炭素）はそのまま排出されますが、アンモニアは人体にとって有害です。ただし、排気ガスに含まれるNOx（窒素酸化物）がアンモニアに反応すると、N_2（窒素）と水（H_2O）に還元され、無害化されます。

実際のSCRでは、高温な排気ガスに尿素水を噴射することで、この一連の化学反応による浄化を行います。SCRは**尿素SCR**とも呼ばれます。尿素水は定期的に補充する必要があり、アドブルー（※1）と呼ばれる専用品が推奨されています。

有害なNOxを一時保管する

NSR（NOx吸蔵還元触媒）は、排出ガスに含まれるNOx（窒素酸化物）を一時的に溜めたり（吸蔵）、必要なときに取り出す（還元）という機能を持ち、燃焼室での燃焼状態に合わせてその操作を行うことで、結果的に有害なNOxを無害化します。

燃焼室が**リーン**（空気が多い）の状態では、有害なNO（一酸化窒素）が発生しますが、それをO_2（酸素分子）ととも

©AUDI AG

NSR / NOx吸蔵還元触媒

※1／アドブルー（AdBlue）は、ドイツ自動車工業会（VDA）の登録商標。

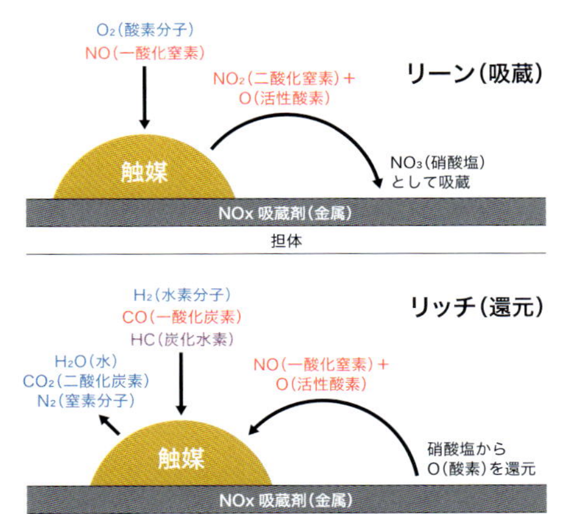

NOx吸蔵還元触媒の基本原理

NSRの触媒には白金（プラチナ）などの貴金属が用いられ、吸蔵体としてはバリウム、それを支える担体にはアルミナなどが使用される。

に取り込み、触媒で化学反応させます。その結果、NO_2（二酸化窒素）や活性酸素（O）が生成され、それをNO_3（硝酸塩）として一時的に吸蔵します。ガソリン車と違い、ディーゼル車の排気ガスには酸素が存在するのでこの操作が可能です。

逆に、**リッチ**（空気が少ない）の状態では、有害なCO（一酸化炭素）やHC（炭化水素）が多く排出されます。それらの有害物質をH_2（水素分子）とともに取り込み、吸蔵していたNO_3（硝酸塩）と化学反応させて還元処理し、無害な水、CO_2（二酸化炭素）、N_2（窒素分子）に変えます。

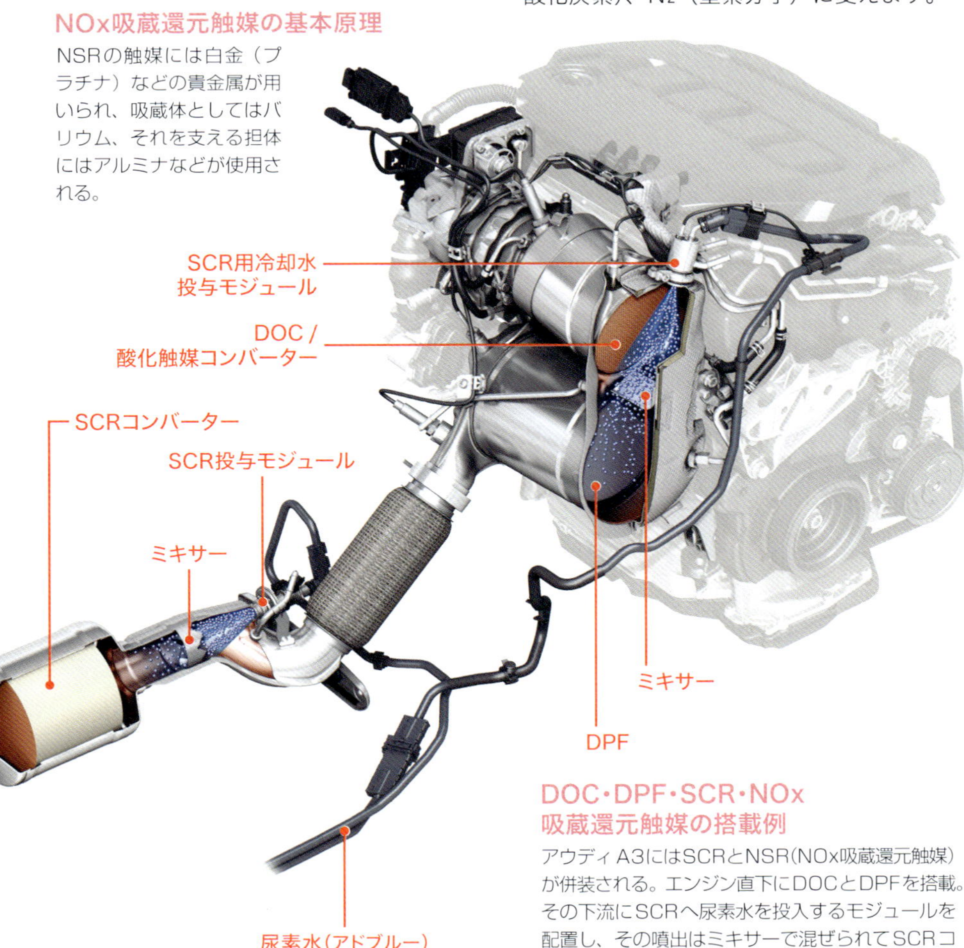

DOC・DPF・SCR・NOx 吸蔵還元触媒の搭載例

アウディ A3にはSCRとNSR（NOx吸蔵還元触媒）が併装される。エンジン直下にDOCとDPFを搭載。その下流にSCRへ尿素水を投入するモジュールを配置し、その噴出はミキサーで混ぜられてSCRコンバーターへ。最後にNOx吸蔵還元触媒を配置。

6-16 排気の圧と温度を下げて騒音を低減しつつ背圧を維持

マフラー

KEY WORD

- 高圧で高温な排気はマフラーによって**圧**と**温度**が下げられ、**騒音**も低減する。
- マフラーは排気を**膨張**、**拡散**、**共鳴**させることによって音などを低減する。
- マフラーは排気の流れを適度に妨げ、**背圧**を維持する役目も担う。

マフラーの役割

マフラーを搭載する目的は多数あります。燃焼室や排気ガス処理装置から排出された排気ガスは、非常に高圧かつ高温な状態にあり、そのまま排出すると危険なため、マフラーを通すことによって排気の圧力と温度を下げます。

また、高温で高圧な排気が大気に排出される際には、ガスが急激に膨張し、大きな音を発しますが、マフラーはそれを消音する役目も果たします。そのためマフラーは**消音機**、**サイレンサー**とも呼ばれます。自動車からの排気は騒音値規制により、2010年4月1日以降に生産された普通車は96db以下、軽自動車は97db以下と規定されており、これを超過すると公道を走行することができません。

排気の圧と温度を下げつつ消音するには、排気を段階的に**膨張**させることで徐々に圧力を下げる、排気を**拡散**する、圧力の波を相互に衝突させ、**共鳴**させることで減衰するなどの方法があり、どの方法を採るかによってマフラーの内部構造は変わります。また、ガソリン車とディーゼル車、過給機の有無によってもその構造は変わります。

右図のストレート式では、左から流入した排出ガスをパンチング・パイプに導き、穴を通すことで排気を膨張・減圧し、熱を拡散し、音を低減します。また、穴から噴出した排気音は、マフラーの内側に配されたグラスウールなどの消音材に吸音されることでも減衰します。

多段膨張式は、ストレート式を発展させたタイプと言えます。マフラー内に複数の隔壁があり、ストレート式と同様な行程を繰り返すことで効果を高めます。

また、**サブチャンバー式**の場合は、本体以外にもう1つの共鳴室を持ち、そこに排気ガスを導くことによって音を反射させ、減衰させます。また、この共鳴室には排気温度を下げる効果もあります。

マフラーの種類

排気の音は、膨張、分岐、拡散、共鳴、吸音などの手段によって低減される。排気はエンジン排気量、ガソリンとディーゼル、過給機の有無によっても変わるため、その構造は多種多様となる。

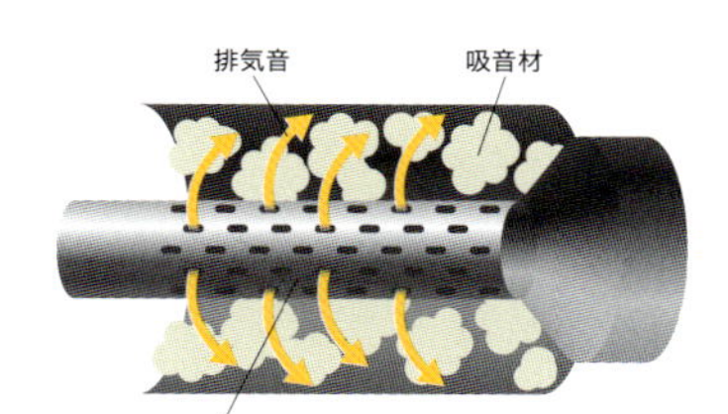

多段膨張式

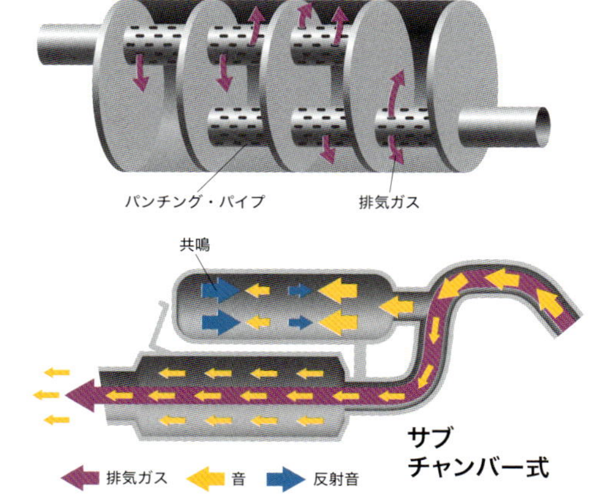

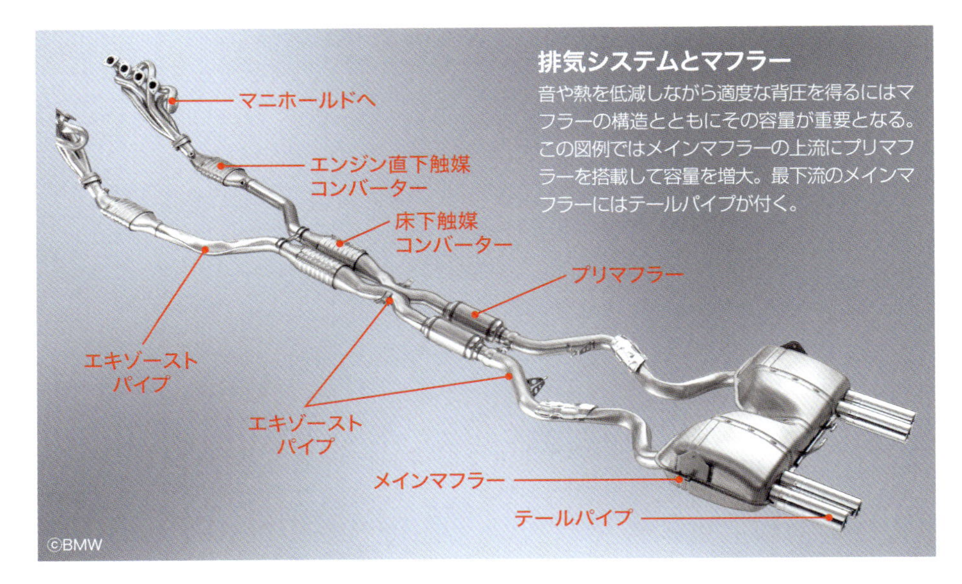

背圧とサブマフラー

排気システム内が適度な気圧に保たれていると燃焼室での燃焼効率が上がり、エンジン出力が上がります。この圧力を**背圧**と言います。マフラーは排気の流れを適度に妨げ、背圧を維持する役目も担います。

背圧は、燃焼状況や排気システム、マフラーの構造によって変化します。適度な背圧は燃焼効率を上げますが、最大正常値である**臨界背圧**を超えるとエンジンや排気システムを傷める可能性があります。また、背圧を適度に下げると過給機のタービンが回転しやすくなりますが、排気が抜けすぎるとエンジン効率が低下します。

メインマフラーだけでは消音や排気冷却、背圧などの効果が十分に得られない場合には、マフラーの上流に**プリマフラー**や**サブマフラー**を搭載し、その容量を増加させる場合もあります。

排気に含まれる水蒸気がマフラーに触れると結露して内部に溜まり、腐食されて**サビ**が発生しますが、一定の距離を走行してマフラーを温めればこれを避けることができます。また、従来はマフラーの素材に**スチール**が使用されていましたが、近年では軽量でサビに強い**ステンレス**、**チタン**、**カーボン**などの素材が多用されています。

マフラーのデザイン例

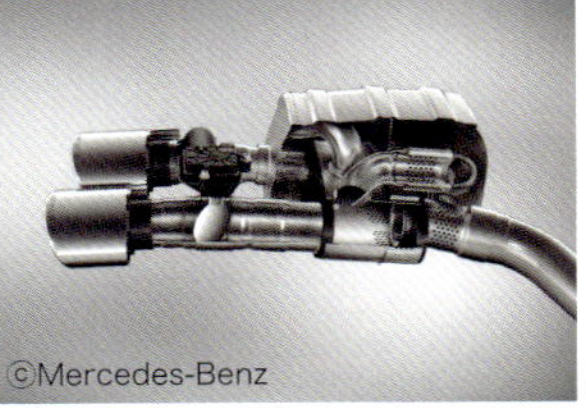

左／左右それぞれのテールパイプに対し、2つのマフラーを装備。BMWの5シリーズ（ディーゼル）が搭載。
中央／メルセデスAMGではマフラーに排気制御バルブを搭載。開閉を操作することでサウンドを変化できる。
右／RRのポルシェでは排気システムの長さが短く、このモデルはGPFがマフラーの直前に搭載される。

6-17 エンジンに潤滑油を供給するシステム

潤滑装置

KEY WORD

- ●ピストンなどの**摺動部**や、カムシャフトやクランクシャフトなどの**回転部**を潤滑する。
- ●エンジン・オイルは**クランクシャフト系統**と、**シリンダーヘッド系統**の2系統に圧送。
- ●オイルが自然落下する**ウェットサンプ**と、リザーバータンクを装備する**ドライサンプ**がある。

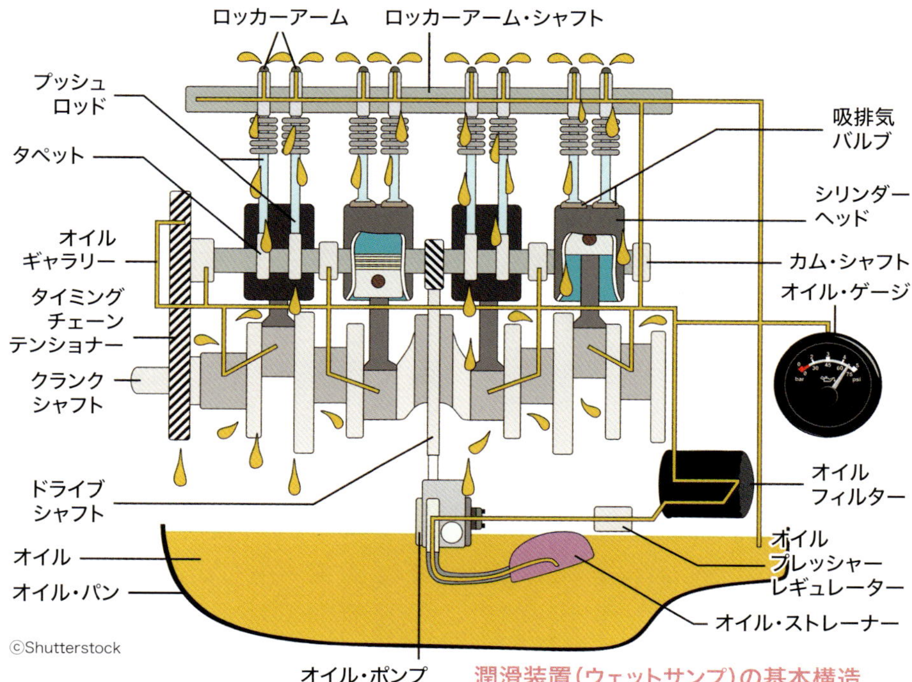

潤滑装置（ウェットサンプ）の基本構造

クランクシャフトで駆動するポンプにより、オイルパンに溜まったオイルをシリンダーヘッド系統とクランクシャフト系統に圧送。クランクシャフトにはオイル穴（p.173）があり、そこからオイルが流入。

潤滑の工程

潤滑装置とはピストンやシリンダーなどの摺動パーツや、カムシャフトやクランクシャフトなどの回転部にエンジン・オイル（潤滑油）を供給し、潤滑する装置です。

エンジン下部の**オイルパン**に溜められた**エンジン・オイル**は、**オイル・ストレーナー**を介して**オイルポンプ**で吸い上げられます。ポンプはクランクシャフトによって駆動しますが、回転が上がると圧力が高くなるため**オイル・プレッシャー・レギュレーター**で圧量が調整されます。その後、**オイル・フィルター**で不純物が除去されます。

オイルはクランクシャフト系統とシリンダーヘッド系統の2系統に圧送されます。シリンダーヘッドやシリンダーブロックの内部には**オイルギャラリー**（p.177参照）が設けられており、そこをオイルが巡ることによって各部にオイルが供給されます。

要所を潤滑・冷却したオイルは落下してオイルパンに戻り、循環を繰り返します。

オイル・クーラー

オイル温度が過度に上昇するとオイルの粘度が下がり、潤滑性や冷却性が低下します。そのためエンジン出力が高い上位モデルには**オイル・クーラー**が装備される場合があります。オイル・クーラーには空冷式と水冷式があり、**空冷式**の場合はラジエターの前面に**クーラーコア**が配置され、冷却ファンを水冷装置(p.236)と共用するのが一般的です。クーラーコアはラジエターと同様の構造をしています。**水冷式**では、ウォーター・ジャケットで覆われたクーラーコアの中にオイルを循環させて冷却します。

ドライサンプとウェットサンプ

潤滑装置には**ウェットサンプ**と**ドライサンプ**があります。一般的にはウェットサンプ（左図）が採用され、一部の上位モデルではドライサンプが採用されています。

ウェットサンプの場合、オイルは自重でオイルパンに戻りますが、ドライサンプではオイルパンのオイルをポンプで回収し、専用のリザーバータンクに貯め、別のポンプで圧送します。ウェットサンプでは車体に働くGによってポンプが空気を噛み、圧送が安定しない場合がありますが、ドライサンプでは常時安定した油圧を維持します。

メルセデスAMG V8エンジンの潤滑装置（ドライサンプ）

メルセデスAMGのドライサンプのシステム。クランクシャフトとポンプはチェーンで連結。2段階のオイルポンプが確実にオイルを圧送。エンジン回転数と負荷に応じてオイル流量が制御される。

上写真のシステムにポンプ兼リザーバータンクが接続された状態。これによってオイルパンからオイルが強制的に回収されるとともに一時蓄積。状況に応じて適量のオイルが確実に供給される。

エンジンなどを冷却しつつ、オーバークールを防ぐ

冷却装置

KEY WORD

- **冷却装置**には**空冷式**と**液冷式**があるが、近年の市販車の多くは液冷式を採用している。
- 液冷式の場合、エンジンのほかに**トランスミッション**、**過給機**なども冷却する。
- エンジンが**オーバークール**になるのを防ぎ、適温以上に保つ役割も果たす。

冷却装置の役割

エンジン温度が過度に上昇して**オーバーヒート**の状態になると、異常燃焼が発生するなどして燃焼効率が落ちます。また、最悪の場合にはピストンなどが熱で膨張し、シリンダーとのクリアランスがなくなり、ピストンリングが溶解するなどして**焼け付き**という現象を起こします。これらの症状を抑えるため、燃焼室などで発生した熱は**冷却装置**によって冷却されます。

同時に、エンジン温度が過度に下がって**オーバークール**の状態になると、冷却損失が増大し、燃焼効率が落ちて燃費が悪化し、大気汚染物質の発生も増加します。これを防止するため、冷却装置はエンジンを常に適温以上に保つ役割も果たします。

冷却装置には、外気をエンジンに当てて冷却する**空冷式**と、エンジン内などに**冷却液**を循環させる**水冷式**がありますが、近年では市販車のほぼすべてが水冷式を採用しています。

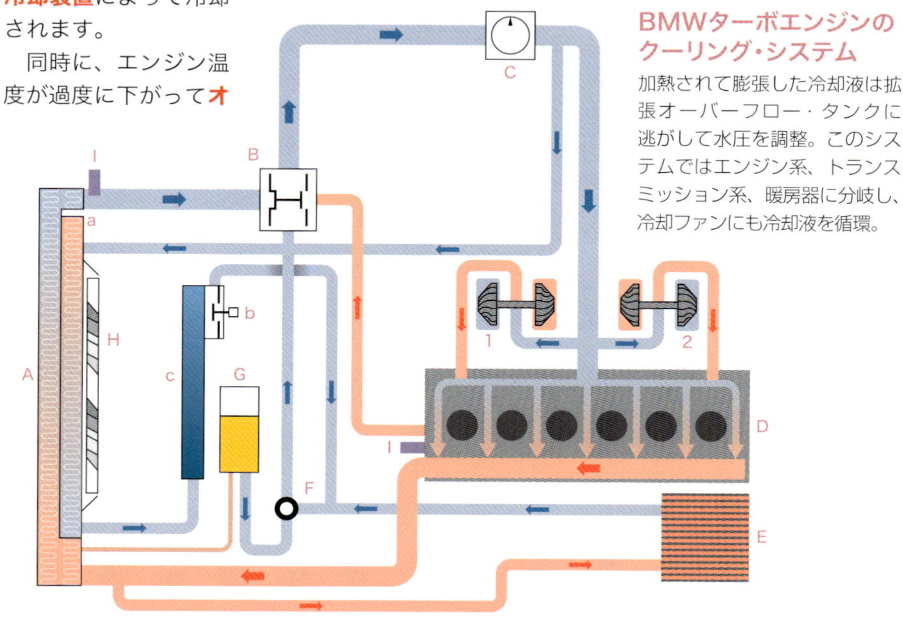

BMWターボエンジンのクーリング・システム

加熱されて膨張した冷却液は拡張オーバーフロー・タンクに逃がして水圧を調整。このシステムではエンジン系、トランスミッション系、暖房器に分岐し、冷却ファンにも冷却液を循環。

・エンジン冷却経路

A ラジエター
B サーモスタット
C ウォーター・ポンプ
D エンジン・シリンダー・ブロック
E ヒーター・コア
（車内暖房放熱機器）
F ホース・ジャンクション
G 拡張オーバーフロー・タンク
H 電動冷却ファン
I 冷却水温度センサー
1・2 ターボチャージャー

・トランスミッション冷却経路

a トランスミッション・クーラー
b サーモスタット
c ヒート・エクスチェンジャー

水冷式のシステム

水冷式の場合、シリンダーヘッドやシリンダーブロックの内部に**ウォーター・ジャケット**（p.177参照）という流路が設けられており、そこを冷却液が流れることで熱を奪い冷却します。また、過給機を搭載する場合はその内部にも冷却液が流れます。

高温になった冷却液は、多数の細いパイプで構成された**ラジエター**で冷却されます。そこには表面積を拡げて放熱効果を高めるためのフィンも設けられます。ラジエターは外気と**冷却ファン**によって冷却され、その水温は**サーモスタット**でチェックされたうえで**ウォーター・ポンプ**に送られます。

冷却ファンやウォーター・ポンプを駆動する動力は、一般的にはクランクシャフトから取り出されますが、補機駆動損失を排除するために**電動冷却ファン**や**電動ウォーター・ポンプ**を採用する場合もあります。

冷却液に水を使用すると凍って膨張し、機器を破壊する可能性があります。また、水アカが生じると機器を腐食します。そのため凍結防止性能や防錆性能のある**クーラント**（不凍液）の使用が推奨されています。

冷却液の温度が高いほうが、外気との温度差が大きくなり、放熱効果が高まりますが、沸騰して気体になると、冷却水としての機能を失います。ただし、冷却装置を密閉すれば膨張した冷却液で圧が高まり沸騰が遅れます。この高圧状態を保つため、加圧弁と負圧弁が付いた**ラジエター・キャップ**を搭載する場合もあります。これは冷却水が一定の圧力を超えると加圧弁が開いて蒸気を大気に放出し、逆に温度が下がると負圧弁が開いて大気を内部に導きます。

©VOLVO

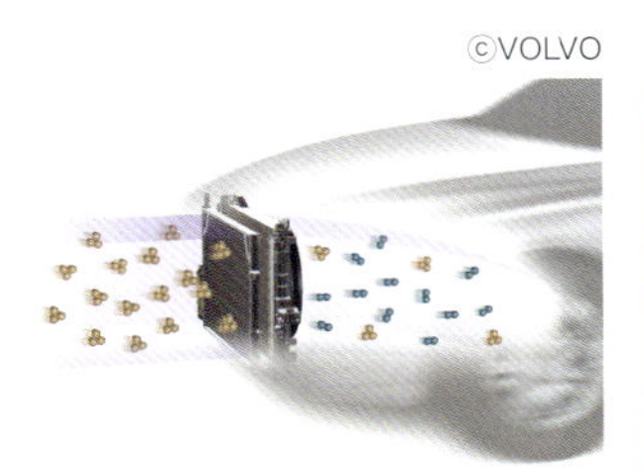

ラジエター

ラジエターは外気と冷却ファンで冷却される。ボルボのラジエターには有害なオゾンを酸素に変換する機能を持つものもある。

©BMW

ウォーター・ポンプ

クランクシャフトの動力で駆動し、冷却液に一定の圧を加えながらシステム内を循環させる。系統ごとにポンプを持つ場合もある。

©BMW

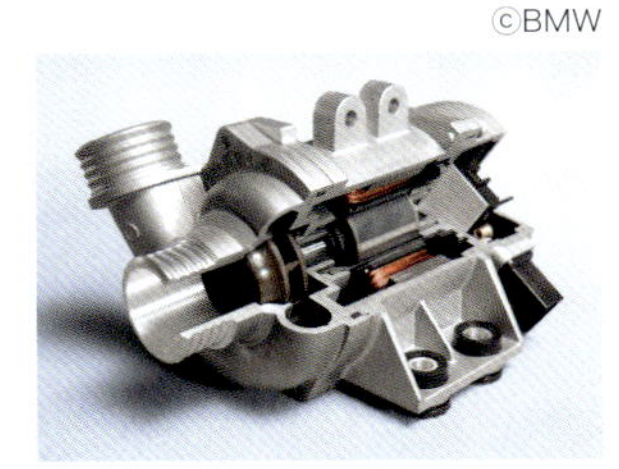

電動ウォーター・ポンプ

モーターが内装された電動ウォーター・ポンプ。駆動動力をクランクシャフトに頼らないため補器駆動損失が完全に排除される。

©BMW

サーモスタット

冷却水の温度を監視し、その情報をECUに送ってシステムを制御。温度状態によって冷却ファンの出力がコントロールされる。

©BMW

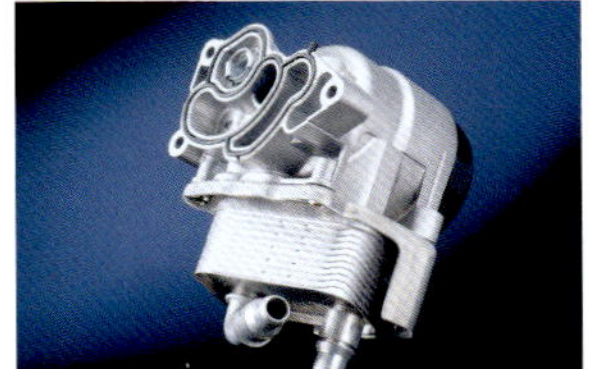

ヒート・エクスチェンジャー

熱交換器。一般的にはトランスミッションの冷却に使用。冷却液によって冷却し、外気を当てる必要がなく、設置場所の自由度が高い。

©BMW

シリンダーブロック

シリンダーブロックのボア周りに設けられたウォーター・ジャケット。ここを冷却液が流れることで冷却室周りの熱を奪い冷却する。

6-19 発電だけでなく、駆動をアシストし、スターターの役割も果たす

オルタネーター

KEY WORD

- オルタネーターは、エンジン車やHEV(ハイブリッド車)などに搭載される発電機。
- ローターに巻き線を用いた巻線型同期モーターを採用するのが一般的。
- マイルド・ハイブリッド用のISG、BSGは、駆動アシストやスターターの機能も果たす。

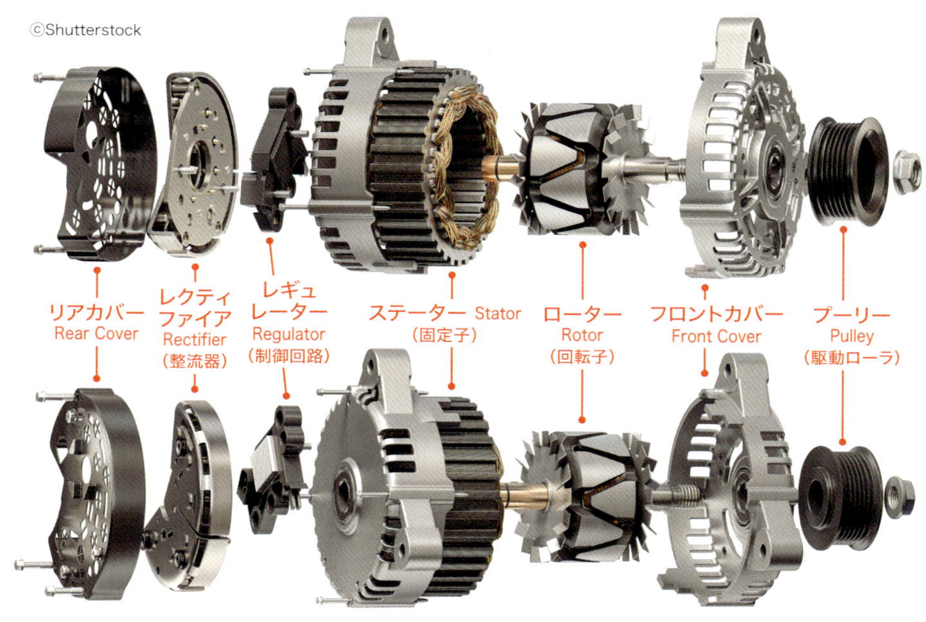

オルタネーターの構造

巻線型同期モーターの構造を2方向から。レクティファイヤーを内装。ジェネレーターが発電機を総称するのに対し、オルタネーターは交流発電機を意味する。直流発電機のダイナモより発電効率が高い。

役割と構造

オルタネーターとは、エンジン車やHEV(ハイブリッド車)などに搭載される発電機です。BEV(バッテリー電気自動車)などの場合は駆動用モーターが発電機を兼ねるためオルタネーターは搭載されません。

オルタネーターが生み出した電力は、点火装置や燃料装置、電子機器、エアコンなどの電装品、パワーステアリングやライトなど、あらゆる部位で使用されます。

オルタネーターの動力源は、主にエンジンの回転をベルトなどで取り出しますが、回生(p.112参照)活用されています。

駆動用モーターに使用される三相交流同期モーター(p.105)では、そのローターに永久磁石が使用されますが、オルタネーターにはローターに巻き線を用いた**巻線型同期モーター**を採用するのが一般的です。ただし、一部の上位モデルでは永久磁石を用いたモーターを搭載する場合もあります。

どちらの場合もステーターの中心部でローターが回転することで三相交流が発生し、その電流を**レクティファイア**(整流器)で直流にします。その電圧はエンジン回転数

48Vシステムのレイアウト例

アウディA3の1.5リッター直4エンジン。BSGはベルトを介してクランクシャフトと連結。48Vリチウムイオンバッテリーとつながる。

ⓒAUDI AG

で変化するため**ICレギュレーター**によって14V程度に安定化されます。その少し高めの電圧によって12V仕様の二次電池(**鉛蓄電池**）に効率良く充電されます。鉛蓄電池はBEVにも搭載されていますが、近年ではこの12Vを**48V仕様**に変更し、鉛蓄電池を廃する動きがトレンドとなっています。

48Vマイルド・ハイブリッド

従来のHEVの駆動用バッテリーやモーターには200V以上の高電圧システムが搭載され、12V仕様の鉛蓄電池が併装されています。こうした仕様を**ストロング・ハイブリッド、フル・ハイブリッド**と言います。

しかし近年では、駆動用と電装系を48Vに統一する**マイルド・ハイブリッド、マイクロ・ハイブリッド**が一般化しつつあります。この場合、唯一搭載されるモーターはオルタネーターのみとなりますが、その場合のオルタネーターは発電だけでなく、駆動をアシストし、スターターの役割も果たします。この多用途化したオルタネーターは**ISG**、**BSG**（※1）などと呼ばれます。

高電圧な駆動用システムを48V仕様に転換することでシステムが簡素になり、コストを削減でき、小型化された車両の燃費が向上すると同時に、小排気量化されたエンジンのパワーは過給機によって補われます。

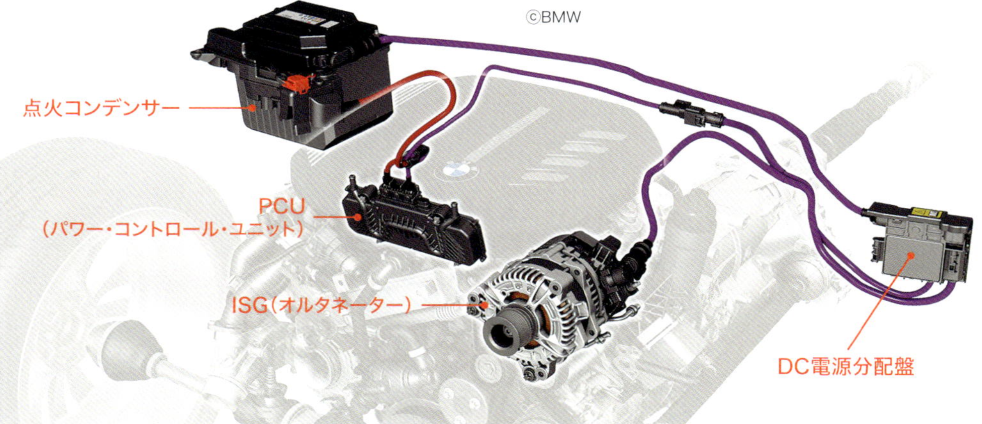

オルタネーターとの連携システム

BMW X3のMモデル（2020年型）のマイルド・ハイブリッド・システム。ISGで発電された48Vの電流は直流に変換され、スパークプラグの点火コンデンサー、PCU、DC電源分配盤などに供給される。

ⓒBMW

※1／ISGは“Integrated Starter Generator”、BSGは“Belt-drive Starter Generator”の略称。

6-20 エンジンを制御するためのECU

ECM エンジン・コントロール・モジュール

KEY WORD

- エンジンを制御するECUはECM、またはエンジンECUと呼ばれる。
- センサーからの情報はECMに入力され、その情報をもとに各システムが制御される。
- ECMは他のセクションのECUからの情報も受けながらシステムを協調制御する。

ECUとECM

ECU（p.116参照）とは**エレクトロニック・コントロール・ユニット**を意味し、車両のあらゆるシステムを制御します。

ECUは半導体を活用した**マイコン**であり、近年の車両には1車両につき、多い場合には100個以上が搭載されています。エンジンやトランスミッションなどのパワートレイン系、ブレーキやアクセルなどのシャシー系、ヘッドライトやパワーウィンドウなどのボディ系、カーナビやETCなどのマルチメディア系、さらに先進運転支援システムのADAS系など、車両に搭載されるそれぞれのシステムを、個々のECUが制御し、それらが連携することで**協調制御**されています。このECUという略称は、自動車技術者協会（SAE)、国際標準化機構(ISO)により定義されています。

ただし、自動車にこれほど多くのマイコンが搭載される以前は、ECUという名のマイコンは主にエンジン・コントロール・ユニットを意味し、エンジンを適切に制御して、燃焼効率と燃費を向上するために用いられていました。しかし、ECUという略称が車載マイコンの総称になったため、エンジンを制御するECUは、近年では**ECM、エンジン・コントロール・モジュール**（Engine Control Module）に改称されています。または**エンジンECU**とも呼ばれます。ECMはECUの一種であり、このECMという名称もSAEとISOによって規定されています。

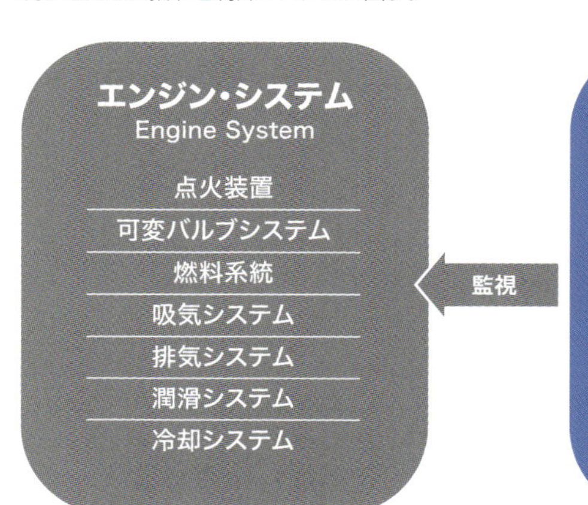

ECUのネットワーク

エンジン各部の動作は様々なセンサーで監視され、その情報はECMに入力される。ECMはその情報をもとに総合的な判断を下し、最適なドライブを実現するための指令を制御システムに出す。

ECMの働き

ECUやECMによって制御されるシステムの流れは、メーカーによって違い、モデルによって異なります。前述した系統の仕分けに則して言えば、エンジンを制御するECMはパワートレイン系に含まれます。パワートレイン系にはエンジンを制御するECM、トランスミッションECUのほか、HEV（ハイブリッド車）の場合はハイブリッドECU（HV-ECU、p.117）なども含まれます。

下図には、ECMが管理するシステムの一例を紹介しています。エンジン自体の各機構や、それに付随する補機類などのエンジン・システムの稼働状況は、様々なセンサーによって**監視**されています。センサーは主に温度、振動、気圧、水圧、油圧、回転部位のポジション（進角）、回転数などを検知します。センサーが取得した情報はECMに**入力**され、その情報をECMが処理します。その結果、ECMから各部に**指令**が出され、制御システムがそれを実行します。

制御システムと協調制御

指令を実行する制御システムは多岐に渡ります。**点火装置**（p.168）においては点火タイミング（p.155）が決定され、**可変バルブシステム**（p.184）ではバルブの開閉タイミングとリフト量が制御されます。また、**可変圧縮比システム**（p156）では、ピストンの位置が決定されます。

燃料噴射装置（p.166）ではインジェクターによる噴射タイミングや噴射量、噴射回数のほか、燃料ポンプによって燃圧が調整され、**吸排気システム**ではスロットル開度（p.194）が調整されるほか、過給圧（p.209）やEGR（p.224）を搭載する場合には各種バルブが操作されます。これらの制御システムが実行した結果はセンサーによって再確認され、監視、入力、指令、制御という一連の制御が連続的に行われます。次頁では、エンジン運転に関わる主なセンサーと制御システムの例を一覧にまとめています。

ECMは、主にエンジン自体とその補機類を監視しつつ制御しますが、実際に車両を走行させる際にはさらに多くの情報がもたらされます。その情報は他のセクションを担うECU（p.116）から提供され、協調制御されます。

パワートレイン系のトランスミッションECUやハイブリッドECU、**シャシー系**のアクセルECUなどは、エンジンに直接的に関連します。また、先進運転支援システムや自動運転を支える**ADAS系ECU**のほか、**ボディ系ECU**、カーナビなど**マルチメディア系ECU**からの指令を受けつつ、エンジンは制御されています。

ⓒShutterstock

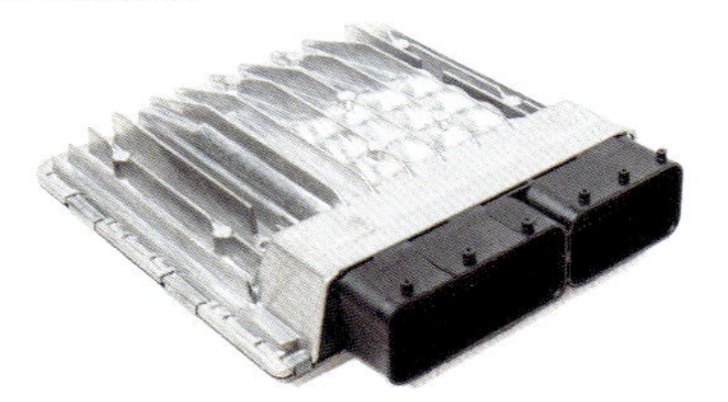

ECM
Engine Control Module

ECMはエンジンを制御。エンジン各部を監視するセンサーからの情報を受け、制御システムに指令を出して実行・制御する。

指令

制御システム
Control System

- イグナイター（点火装置）
- 可変バルブシステム
- 燃料噴射装置・燃料ポンプ
- スロットル・バルブ
- 過給機の各種バルブ
- 潤滑油レギュレーター・バルブ
- 冷却水ポンプ・冷却ファン

センサーと制御システム

センサー
Sensor

エンジン機構・燃料系統

燃料温度センサー	Fuel Temperature Sensor, FTS
フューエル・プレッシャー・センサー / 燃圧センサー	Fuel Pressure Sensor
コモンレール圧力センサー(ディーゼル)	Common Rail Pressure Sensor, CRP
シリンダーヘッド温度センサー	Cylinder Head Temperature Sensor, CHT
ノッキング/ノック・センサー	Knock Sensor
カムシャフト・ポジション・センサー	Camshaft Position Sensor
クランクシャフト・ポジション・センサー	Crankshaft Position Sensor, CKP
タービン・シャフト・スピード・センサー	Turbine Shaft Speed Sensor, TSS

吸気システム

吸気温度センサー / IATセンサー	Intake Air Temperature Sensor, IAT
エアフロ・センサー / エアフロ・メーター(温度・流量)	Mass Air Flow Sensor,MAF Airbox Temperature Sensor
ブースト・センサー(過給圧)	Boost Sensor
コンプレッサー・アウトレット温度センサー	Compressor Outlet Temp Sensor
インタークーラー(インレット)温度センサー	Intercooler Inlet Temp Sensor
インタークーラー(アウトレット)温度センサー	Intercooler Outlet Temp Sensor
スロットル・ポジション・センサー	Throttle Position Sensor, TPS
インテーク・マニホールド・センサー(過給圧)	Intake Manifold Air Pressure Sensor
MAPセンサー(過給圧)	Manifold Absolute Pressure Sensor, MAP
気圧 / 大気圧センサー	Barometric Pressure Sensor

排気システム

エキゾースト・マニホールド・センサー	Exhaust Manifold Air Pressure Sensor, EMAP
空燃比センサー / A/Fセンサー / ラムダ・センサー	Air/Fuel Ratio Sensor / Lambda Sensor
O2センサー(酸素濃度)	O2(Oxygen)Sensor
亜硝酸圧力センサー(水蒸気圧)	Nitrous Pressure Sensor
排気温度センサー	Exhaust Gas Temperature Sensor, EGTS
ウェイストゲート・バルブ・ポジション・センサー	Wastegate Valve Position Sensor
O2センサー、ラムダ・センサー(排気ガス中の酸素濃度)	O2/Oxygen/Lambda Sensor
空燃比センサー(排気ガス中の酸素濃度)	Air/Fuel Ratio Sensor
DOCセンサー(温度)(ディーゼル)	DOC Temperature Sensor
DPFセンサー(温度・差圧)(ディーゼル)	DPF Temperature/ Differential Pressure Sensor, DPS
SCRセンサー(濃度・水位・温度)(ディーゼル)	SCR Sensor

潤滑・冷却システム

オイル・プレッシャー・センサー	Oil Pressure Sensor, OPS
オイル・テンプ・センサー	Oil Temperature Sensor, OTS
クランクケース・プレッシャー・センサー	Engine Crankcase Pressure Sensor, CCP
クーラント・センサー(冷却水の水位・圧・温度)	Coolant Sensor
エンジン冷却水温センサー	Engine Coolant Temperature Sensor
クーラント温度センサー	ECT Sensor

その他

車両速度	Vehicle Speed
各ホイールの回転速度	Wheel Speeds
クラッチ・プレッシャー・センサー(油圧)	Clutch Pressure Sensor
ブレーキ・プレッシャー・センサー(油圧)	Brake Pressure Sensor
バッテリー電圧センサー	Battery Voltage Sensor
加速度センサー(3軸)	3 Axes Acceleration Sensor
GPSスピードメーター	GPS Speedmeter

エンジン各部は多くのセンサーで監視される。その情報をもとにエンジンと補機類のバルブやポンプなどが作動。

制御システム
Control System

インジェクター(燃料噴射タイミング、噴射量)	Injectors
燃料ポンプ(燃料流量)	Fuel Pump
キャニスター・バルブ(燃料流量)	Canister Purge Valve
イグニッション・コイル(点火タイミング)	Ignition Coils
可変バルブシステム(吸気タイミング、開度)	Variable Valve System
スロットル・バルブ(空気流量)	Throttle
アイドル・スピード・コントロール・バルブ(空気流量)	Idle Speed Control, ISC
ブローオフ・バルブ(過給圧)	Blow Off Valve Control
ウェイストゲート・バルブ(過給機)	Wastegate Valve
EGRバルブ(排気再循環流量)	Exhaust Gas Recirculation Valve, EGR
レギュレーター・バルブ(エンジン油圧調整弁)	Regulator Valve
冷却ファン	Cooling Fan Control
電動ウォーター・ポンプ(冷却水流量)	Electric Water Pump Control
スターター・モーター(アイドリング・ストップ機能)	Starter Motor / Idling Stop System

COLUMN 6

2種の燃料を搭載する マツダSKYACTIV-CNG

2013年に開催された東京モーターショーでマツダが参考出品したエンジンがこのSKYACTIV-CNGです。これはガソリンと圧縮天然ガス(CNG)の2種の燃料を使用できるエンジンであり、当時話題となった米国のシェールガス革命を背景に開発されました。世界初のこの機構はデュアルフューエル方式と呼ばれました。

CNGは約200気圧でタンクに充填される気体燃料であり、ガソリン車と比べてCO_2排出量を20%程度低減できると言われています。同社のSKYACTIV-Gをベースに試作されたこのエンジンでは、オクタン価の高いCNGを効率よく燃焼できるよう圧縮比を14に設定。ガソリンは筒内へ直噴、CNGはポート噴射され、燃料はドライバーが任意で選択できました。CNG専用の注入口やCNGタンク、高圧なCNGを噴射するCNGインジェクター、CNGを減圧してエンジンに噴射するためのレギュレーター、CNGの制御を行うECUなど、従来にはないシステムが搭載されています。

このモデルは市販されることはありませんでしたが、レシプロ・エンジンの可能性を感じさせるコンセプト・モデルとして注目されました。

©MAZDA

SKYACTIV-CNG コンセプト

通常はCO_2排出量の少ないCNGで走行し、インフラが限定される地域ではガソリンとして走行。双方の燃料を混合して同時使用することも可能だった。

CNG専用インジェクター

CNGを吸気ポートに噴射するCNGインジェクター。直噴タイプのガソリン・インジェクターも別途搭載。

©MAZDA

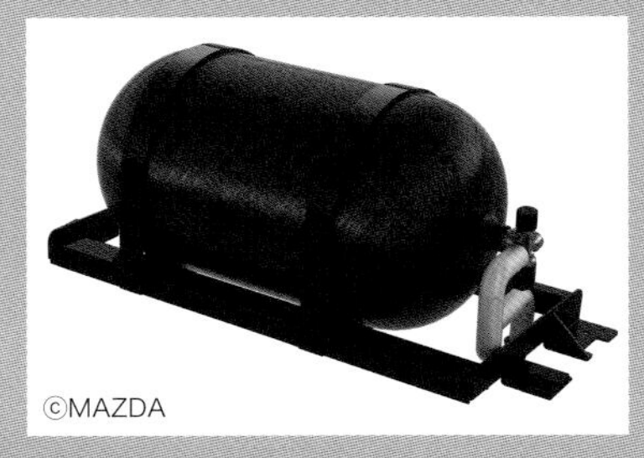

©MAZDA

耐高圧なCNGタンク

気体燃料であるCNGは200気圧前後まで圧縮され充填される。その高圧ガスを貯蔵するCNGタンクには堅牢性が求められる。

第7章

パワートレイン

Powertrain

第7章 パワートレイン
Powertrain

駆動伝達系統

トランスミッション

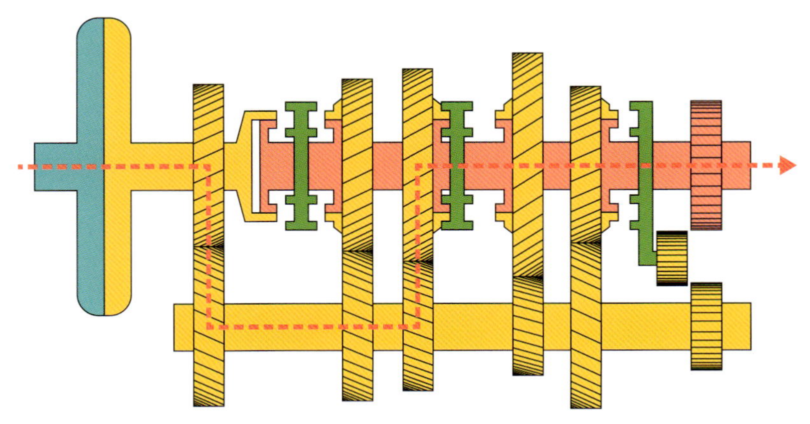

MT / 並行軸歯車式変速機 ››› p.264

パワートレインとは、クラッチ、変速機、プロペラシャフト、デフギヤなど、
モーターやエンジンが生み出したエネルギーを駆動輪に伝える機器を意味し、
広義の意味ではエンジンも含まれます。この章ではその仕組みを解説します。

エンジン搭載車の四輪駆動

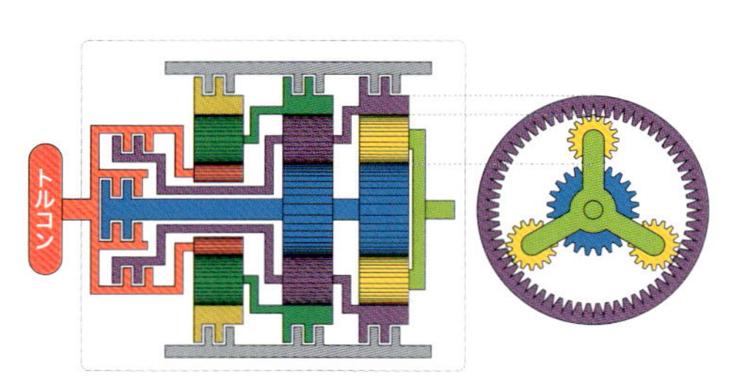

AT / 遊星歯車式変速機 ››› p.266, p.268

CVT / 巻掛伝動式変速機 ››› p.270

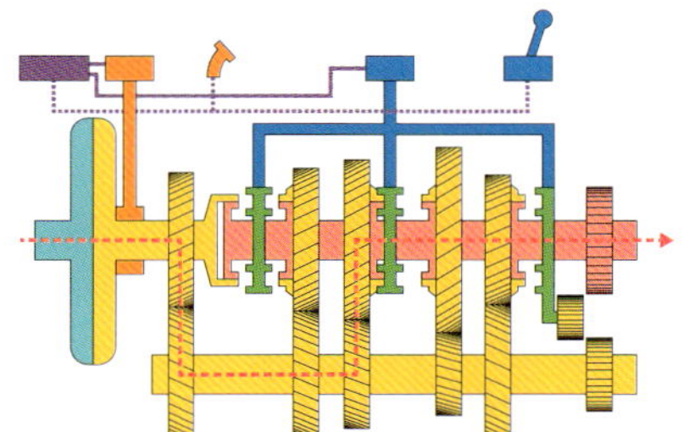

AMT / オートメイテッド・マニュアル・トランスミッション ››› p.272

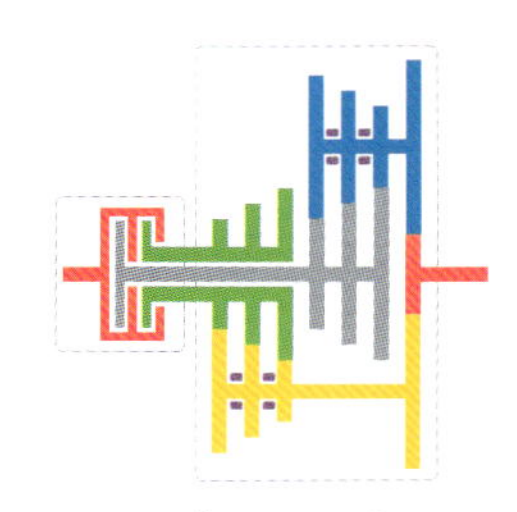

DCT / デュアルクラッチ・トランスミッション ››› p.274

7-01 駆動伝達系統

駆動方式

KEY WORD

- 動力源からの力が伝達される車輪を駆動輪と言う。
- 駆動方式は主に前輪駆動(FWD)、後輪駆動(RWD)、全輪駆動(AWD)に大別される。
- 駆動方式の違いによって走行特性が変わり、各モデルに適した方式が採用される。

役割と構造

乗用車は基本的に車輪を４つ搭載しています。その車輪にエンジンやモーターなどの動力源からの力を伝達して走行しますが、その力が伝達される車輪を**駆動輪**と言います。前輪の２車輪を駆動輪とする仕様を**前輪駆動**（Front Wheel Drive, **FWD**)、後輪の場合は**後輪駆動**（Rear Wheel Drive, **RWD**)、前後輪の４輪すべてが駆動輪となる仕様を**全輪駆動**（All Wheel Drive, **AWD**）と言います。

20ページでも紹介したように、エンジン車の場合には、エンジンの搭載位置と駆動輪の関係においても仕様が分けられ、エンジンを車体前部に配置し、前輪を駆動させる方式を**FF**（フロントエンジン・フロントドライブ)、エンジンを車体前部に搭

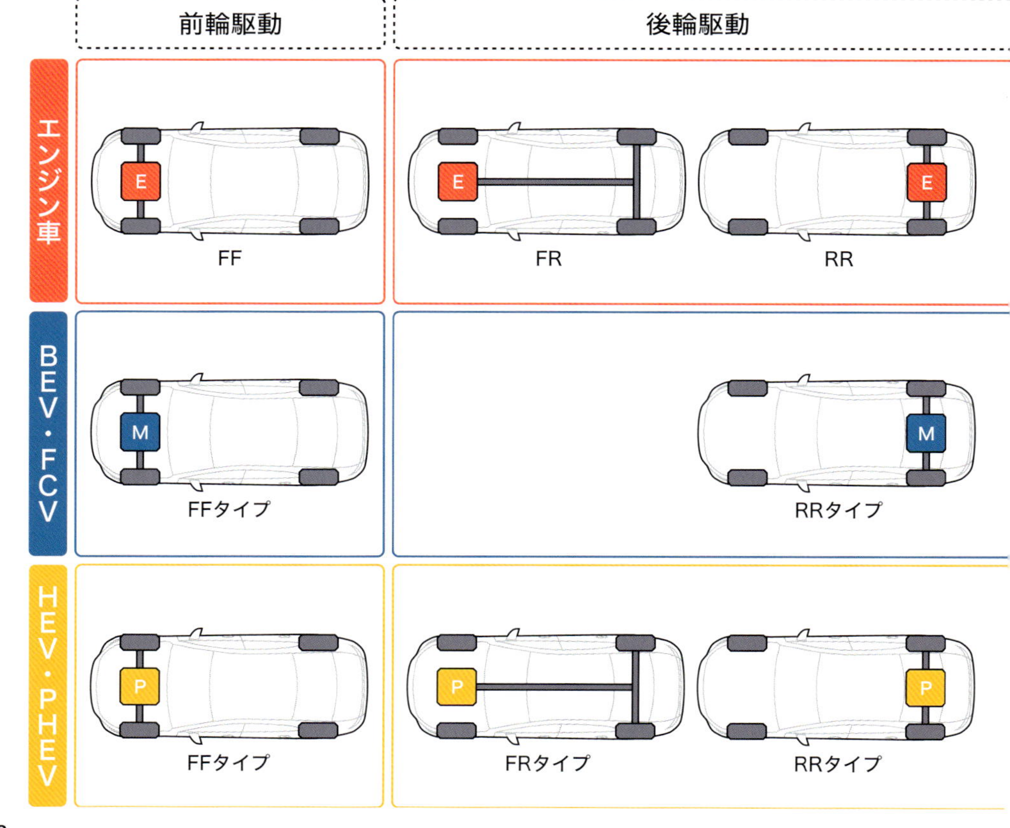

載し、後輪を駆動するものを**FR**（フロントエンジン・リアドライブ）、エンジンを車体後部へ配置し、後輪を駆動させるものを**RR**（リアエンジン・リアドライブ）と言います。その他の仕様としては、前後輪のドライブシャフトの間にエンジンを配置し、後輪を駆動する**MR**（ミッドシップレイアウト・リヤドライブ、p.021参照）などがあります。また、4輪すべてを駆動するエンジン車は**4WD**、または**4×4**（フォー・バイ・フォー）とも呼ばれます。

ただし、本来的にはエンジン搭載車に使用されてきたFFや4WDなどの呼称は、自動車関連記事などにおいてはBEVやHEVなどのEV（電気自動車）などにおいても使用される場合があります。

EVに特有の傾向

駆動方式を動力源別にまとめると下図のようになります。駆動方式の違いによって走行特性も変わるため、コンパクトカー、スポーツカー、上位モデル、オフロード車など、各モデルにはそれぞれの目的に適した方式が採用されています。

エンジン車と比べて動力源がコンパクトに収まるBEV（バッテリー電気自動車）の場合、とくにコンパクトカーなどでは前輪駆動が多く採用され、モーターを前部に配置するFRタイプ仕様車はほぼ存在しません。また、BEVやHEV(ハイブリッド車)の場合には設計上の自由度が高く、その駆動方式には様々な仕様が存在します。

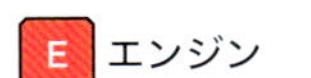

全輪駆動

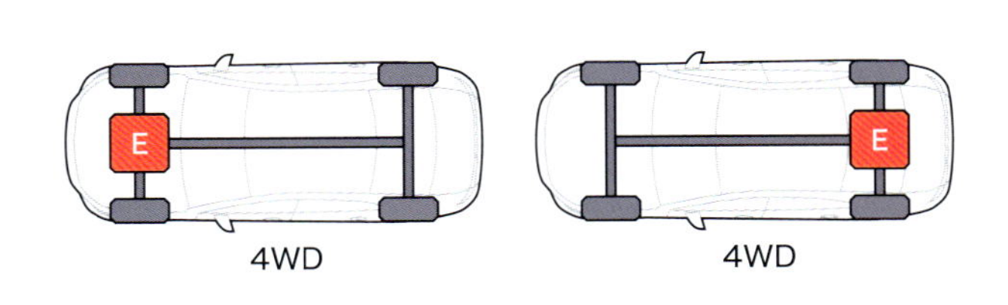

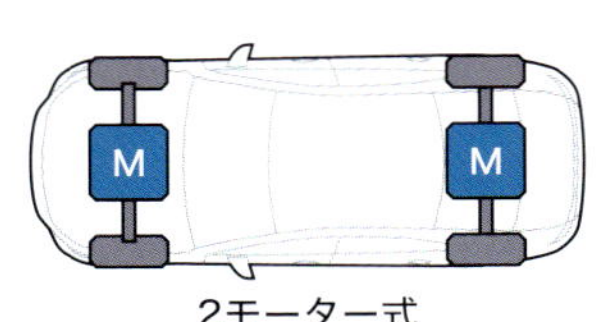

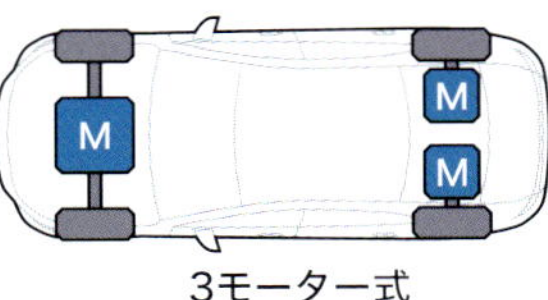

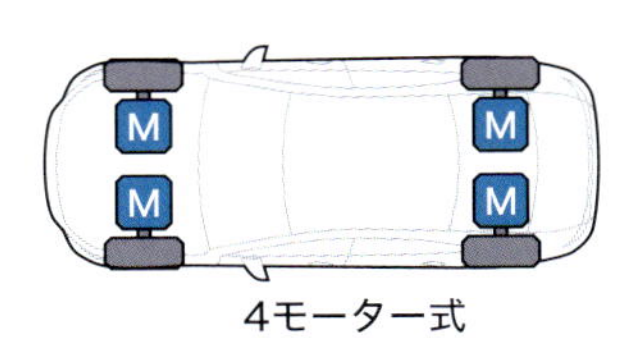

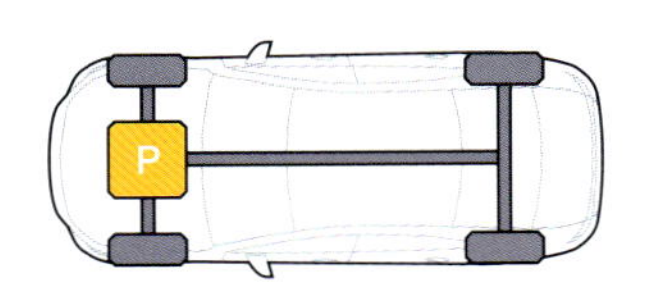

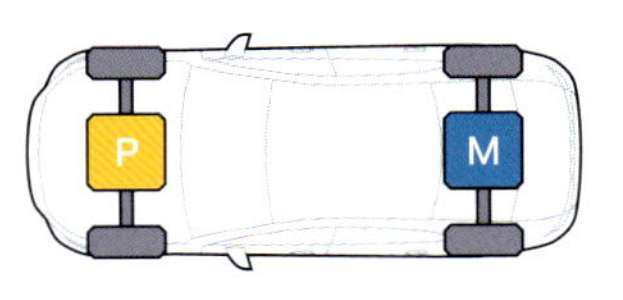

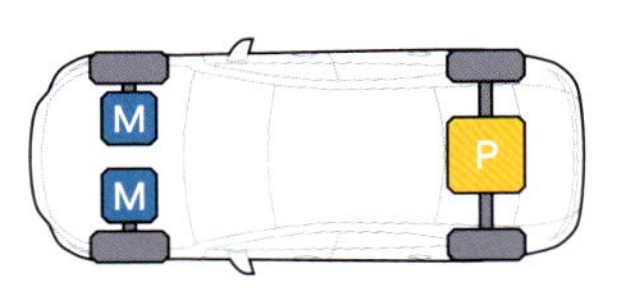

7-02 駆動伝達系統

前輪駆動/後輪駆動

KEY WORD

- 前輪駆動(FWD)は動力伝達のロスが少なく、直進性とコストパフォーマンスに優れる。
- 後輪駆動(RWD)は、FR仕様とRR仕様に大別され、トラクション性能に優れる。
- 近年ではEVにおいてもRR仕様の後輪駆動(RWD)が増えている。

前輪駆動(FWD)の特徴

操舵システムと駆動システムが前輪に集中する**前輪駆動**（**FWD**）は、動力を後輪に伝達する機構が必要ないことから、パーツ点数を低減でき、車重を軽量に設計することが可能になります。その結果、製造コストを抑えられるため、一般的な乗用車やコンパクトカーの多くがFWDを採用しています。

動力源が駆動輪近くに搭載されるFWDの場合、動力伝達のロスが少ないことから燃費が向上します。また、駆動輪が前輪であることから直進性に優れ、濡れた路面でも走行が安定します。こうした特性はFWDを採用するエンジン車とEV（電気自動車）に共通します。

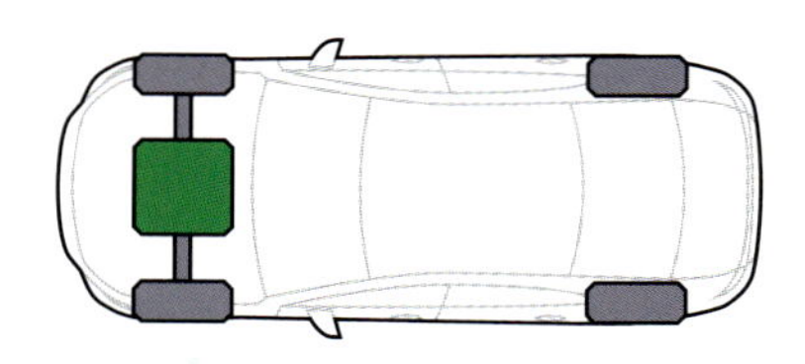

前輪駆動(FWD)/ FF

メリット

- プロペラシャフトが必要ない。
- 駆動部をコンパクトに設計できる。
- キャビンが広く設計できる。
- パーツ点数が少なく製造コストが低い。
- 車重を軽くできる
- 動力伝達のロスが少なく燃費が良い。
- 直進性が良い。
- 悪路での安定性に優れている。

デメリット

- 加速時に前輪に駆動力が伝わりづらい。
- 加速が鈍く感じられる傾向にある。
- アンダーステア(曲がりにくい)の傾向。
- フロントタイヤの負荷が大きく摩耗しやすい。

エンジン車のFFの場合には**プロペラシャフト**（p.280参照）が不要となるため、キャビン（車内空間）が広く設計できます。また、FFのエンジンは横置きとされるのが一般的です。

FWDのデメリットとしては、駆動輪が前輪であることから前輪への負荷が大きく、フロントタイヤが摩耗しやすい点が挙げられます。後輪に車重が掛かる発進時や加速時には前輪に駆動力が伝わりづらく、加速が鈍く感じられる傾向があります。

また、駆動と操舵のシステムが前輪に集中するため操舵角が制限され、**アンダーステア**（曲がりにくい現象、p.291）になる傾向があります。

FR仕様の後輪駆動(RWD)

後輪が駆動輪となる**後輪駆動**（**RWD**）は、動力源を車体前部に搭載する**FR**仕様と、後部に搭載する**RR**仕様に大別されます。ただし、BEV（バッテリー電気自動車）でFR仕様を採用するモデルはほぼなく、主にエンジン車やHEV（ハイブリッド車）に採用されています。

FR仕様の場合、操舵輪と駆動輪が前後で分かれるため、それぞれの機構がシンプルになり、整備性が向上するというメリットがあります。また、車重の前後バランスが良く、前後のタイヤの減りに差が出にくい傾向にあります。

車重の掛かる後輪が駆動するため、アクセルを踏み込んだ際の瞬発的な加速にも優れ、操舵輪が独立しているため旋回性が高く、走行が安定します。そのため乗り心地を重視した上位モデルなどに多く採用される傾向があります。

デメリットとしては、エンジン車においてはプロペラシャフトが必要となるため、キャビンスペースが限定され、動力伝達のロスが多くなると同時に、FFと比べてパーツ点数が増えることから車重が重くなりがちです。また、**オーバーステア**（内側に巻き込む現象、p.291）の症状が表れることが多く、悪路では駆動力が路面に伝わりづらい傾向にあります。

RR仕様の後輪駆動(RWD)

エンジン車における**RR**仕様の**後輪駆動**（**RWD**）場合、機構がシンプルになるため整備性に優れ、プロペラシャフトが必要ないため車内空間を広く設計できます。

エンジンのある車体後部に重心が寄るため、タイヤと路面の間で作用する摩擦力が増すことから駆動力（**トラクション**）が路面に伝わりやすく、加速性能に優れます。制動時には負荷が四輪に均等に掛かることから高いブレーキ性能を発揮し、操舵輪と駆動輪が独立しているため旋回性が高く、ハンドル操作が軽くなるという特長があります。

ただし、重心位置が車体の後部寄りにあることから、ブレーキを踏み込んだ際などの制動時などには**オーバーステア**になりやすく、急加速時や瞬時の操舵時にスリップしやすい症状が表れます。そのため排気量の大きなスポーツモデルで高速走行する場合、ドライバーに一定の技量が求められる場合があります。

RWDにおけるRR仕様車としてはポルシェが広く知られていますが、近年ではEVにおけるRR仕様の採用例も増えており、フォルクスワーゲン、BMWの一部モデルのほか、テスラのモデルS、モデル3などがモーターをリアに搭載しています。

BEVやHEVは重量のあるバッテリーを搭載するため、重心位置に由来するRR仕様の特性はモデルによって様々ですが、RWDがもたらすトラクションの効果はエンジン車と同様に発揮されます。

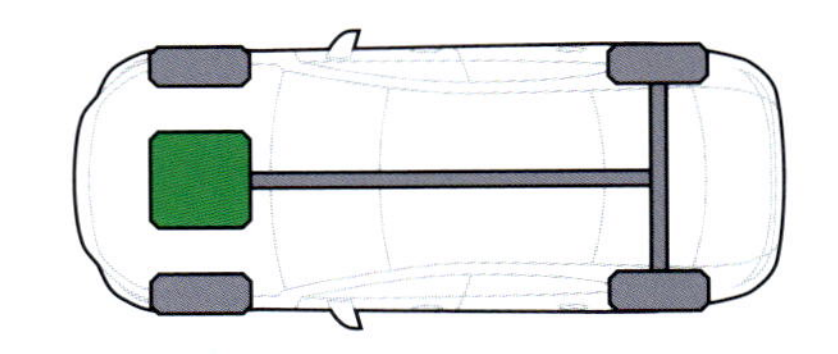

後輪駆動(RWD)/ FR

メリット
- 操舵と駆動の機構がシンプル。
- 整備性がよい。
- 前後のタイヤの減りに差が出にくい。
- 車重の前後バランスが良い。
- 瞬発的な加速にも優れる。
- 旋回性が高い。
- 走行が安定していて乗り心地がよい。

デメリット
- プロペラシャフトが必要。
- キャビンスペースが限定される。
- FFと比べてパーツ点数が増える。
- FFと比べて車重が重くなる。
- FFと比べて動力伝達のロスが多い傾向になる。
- 悪路で駆動力が路面に伝わりづらい。
- オーバーステア(内側に巻き込む現象)の傾向。

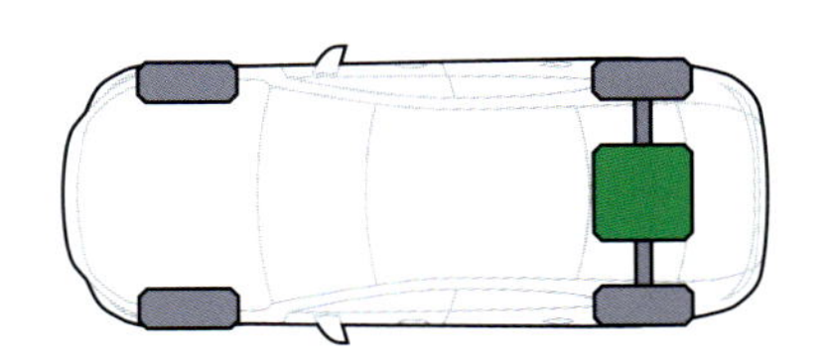

後輪駆動(RWD)/ RR

メリット
- 車内空間を広く設計できる。
- 駆動力が路面に伝わりやすく、加速性能に優れる。
- FRと同様、旋回性が高い。
- 小回りが効き、ハンドル操作が軽い。
- 高いブレーキ性能を発揮する。

デメリット
- 直進安定性が悪い傾向にある。
- オーバーステア(内側に巻き込む現象)の傾向。
- 高速走行時の運転に技量が求められる。

7-03 駆動伝達系統

全輪駆動(エンジン車)

KEY WORD

- 全輪駆動では全車輪が駆動力を発揮するためスリップしにくく、安定走行が維持される。
- 全輪駆動は悪路に強いだけでなく、高速走行時の安定性が高いなどの利点がある。
- 全輪駆動にはパートタイム4WD、フルタイム4WD、オンデマンド4WDなどの機構がある。

駆動力と摩擦

駆動輪と路面との間に**摩擦**が生じることで**駆動力**(**トラクション**)が発揮され、その結果として自動車は走行することが可能になります。そのためアクセルを過度に踏み込むなどした際、駆動力が摩擦力よりも大きくなればタイヤはスリップします。この状態を**ホイールスピン**と言います。

下の左図のように、エンジンの発揮する駆動力を100とした場合、2WDの場合は1つの駆動輪が50の駆動力を発揮します。一方、**AWD**(**全輪駆動**)では100の駆動力が4つの駆動輪に分散されるため、1つの駆動輪は25の駆動力を発揮します。

もし摩擦力が40の路面を走行する場合、2WDの場合は50の駆動力を発揮する左右2つの駆動輪はともにスリップしますが、4WDの場合はすべての駆動輪が路面をグリップし続けます。この駆動力こそがAWDの最大のメリットです。

同様の効果はコーナーでも表れます。コーナーでは外側に車重が掛かるため、左右の駆動輪に駆動力の差が生まれます。その結果、2WDではカーブ外側の駆動輪が60、内側の駆動輪が40の駆動力を発揮すると仮定すれば、AWDの場合には外側の前後輪がそれぞれ30、内側の前後輪がそれぞれ20の駆動力を発揮します。

もし摩擦力が40までしか発揮されないとすると、2WDの場合には外側の駆動輪がスリップして駆動力を失いますが、4WDではすべての駆動輪が駆動力を保ち続け、安定した走行が維持されます。

こうしたAWDの特性は、悪路はもちろん、スポーツカーが高速域で走行する際にも駆動力が逃げないとともに安定性が増すなど、大きなメリットをもたらします。

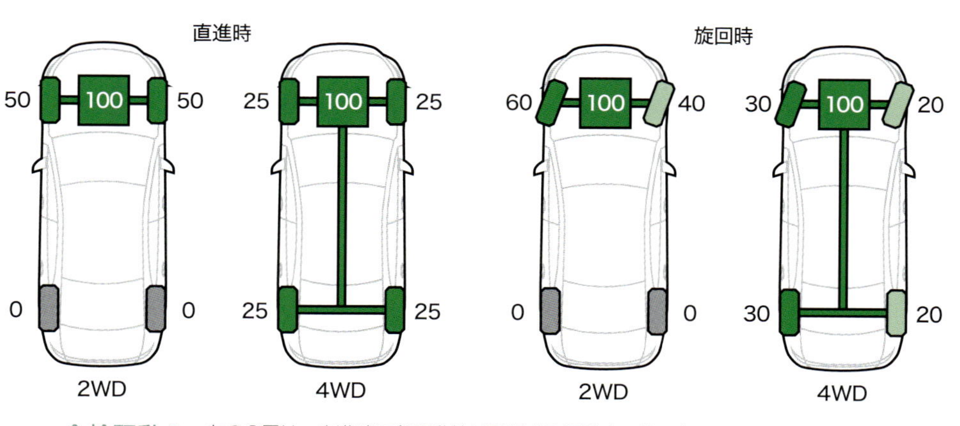

全輪駆動の駆動力 左の2図は、直進時に各駆動輪が発揮する駆動力の違いを2WDと4WDで比較。4WDでは全輪において摩擦力を超えるまでのマージン幅がある。同様に右の2図はカーブでの駆動力を比較。車重が掛かる外側の駆動輪のピークが抑制されている。

コーナリングでの各車輪の回転差

カーブを曲がる際には左右の車輪の走行距離が違うため、デフによってその回転差をキャンセルする。前後輪が機械的につながるエンジン車のAWDの場合は前後輪でも回転差が発生するため、プロペラシャフトにセンターデフなどを設ける必要がある。

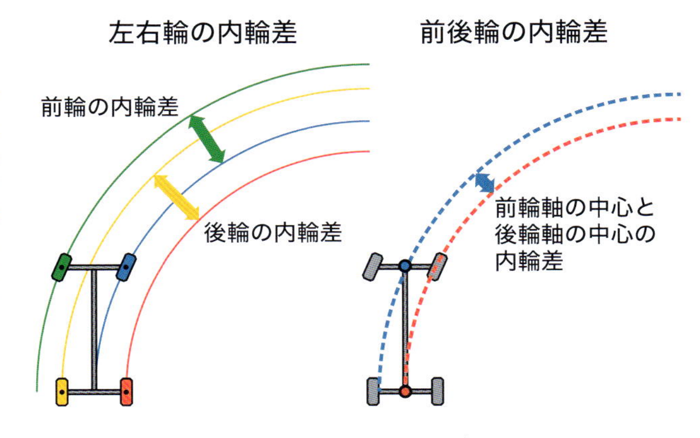

前後輪のデフ

車が直進する際には左右の車輪は同じ回転数を保ちますが、カーブを曲がるときには外輪の走行距離が長く、内輪が短くなるため**内輪差**が生じます。もし左右の駆動輪が1本のシャフトに直結されていると、この内輪差によって内側の車輪にブレーキが掛かったような症状が生まれ、スムーズにコーナーを曲がれません。そのため左右の駆動輪をつなぐシャフトにはディファレンシャルギヤ（デフ、p.276参照）が設けられ、左右輪に**差動**が与えられています。

前輪と後輪が機械的につながるエンジン車のAWDでは、前輪と後輪の間でも回転差が生じます。これに対処する手段としては主に3種類の機構があります。

パートタイム4WDは、通常は2WDで走行し、悪路を走行するときのみ前後輪が直結された4WDモードに手動で切り換えます。この場合、前後輪には回転差が生まれますが、悪路であればタイヤがスリップするためその弊害が回避されます。

フルタイム4WD(p.282)では、プロペラシャフトにセンターデフを搭載することで、自動的に差動が前後輪に与えられるため、常時4WD走行が可能となります。

オンデマンド4WD(p.284)は、通常は2WDで走行しますが、前後輪の差動が大きくなったときのみ**ビスカス・カップリング**という湿式多板クラッチがつながって4WDとなり、全輪が駆動力を発揮します。

パートタイム4WD（直結式）

悪路では回転率の違う車輪がスリップして差動が生まれるが、アスファルトなどスリップしづらい路面では内側の車輪にブレーキが掛かった状態になる。

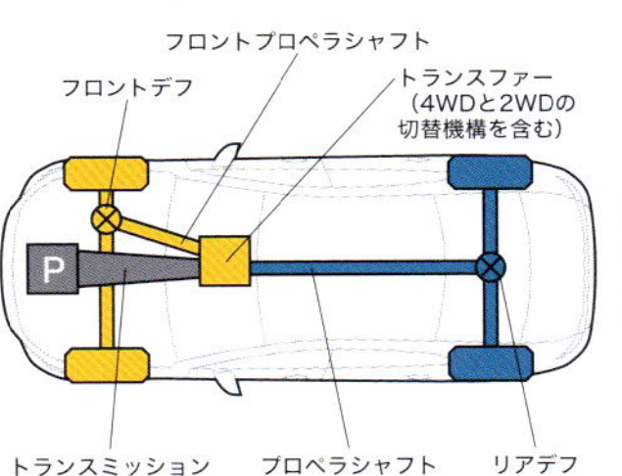

フルタイム4WD（センターデフ式）

前後輪をつなぐデフがセンターデフ。デフには抵抗の少ない車輪へ優先的に駆動力を伝える特性があるため、空転を抑えるLSD（p.278）などを並装。

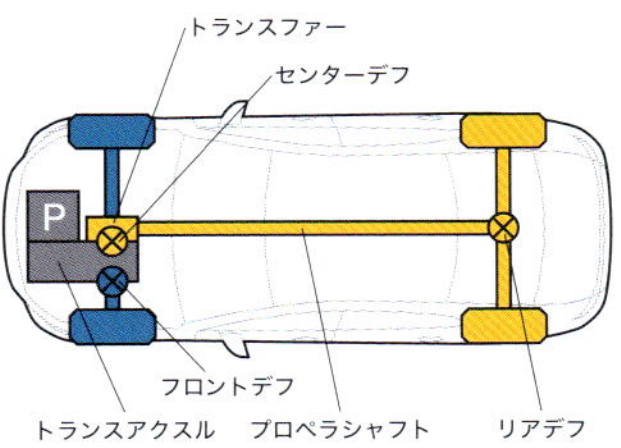

オンデマンド4WD（ビスカス・カップリング式）

前後輪の回転差に受動的に反応するパッシブトルクスプリット式と、前後輪のトルク配分を積極的に可変するアクティブトルクスプリット式が存在する。

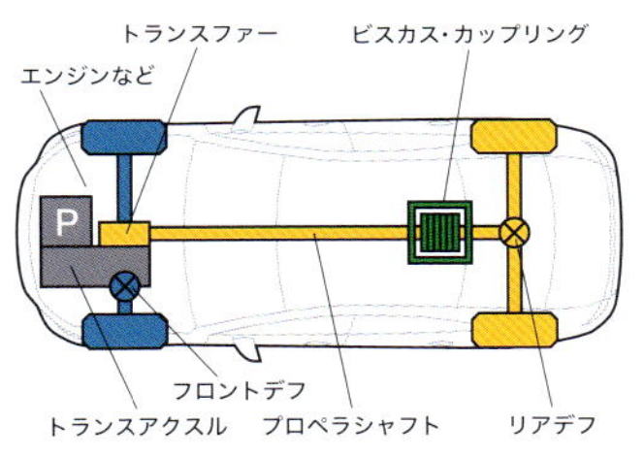

7-04 駆動伝達系統

全輪駆動(EV)

KEY WORD

- BEVのAWDは前後輪の駆動システムが独立しているので設計上の自由度が高い。
- 左右輪を個々のモーターで駆動する場合はトルクベクタリング機能が活かせる。
- モーターを複数搭載する場合、回生ブレーキが強化され、エネルギー回収率が高まる。

BEVのAWD(全輪駆動)

BEV(バッテリー電気自動車)における**AWD**(全輪駆動)は、FWD(前輪駆動)またはRWD(後輪駆動)のもう一方の車輪にモーターを追加することで成立します。エンジン車と違って前後輪の駆動システムが独立しているので設計上の自由度が高く、前後の各モーターは横滑り防止機能である**ESC**(p.305参照)によって制御されるのが一般的です。

モデルによってはフロントにモーターを1基、後輪の左右輪に各1基ずつ、計3基のモーターを搭載するものもあります。この場合は後ろの左右輪の出力を個々に制御することで**トルクベクタリング**機能が活かせます。トルクベクタリングとは各車輪のトルク配分を制御し、コーナリングにおける安定性や走行性を向上するシステムです。

BEV

フロントモーター1基+リアモーター1基

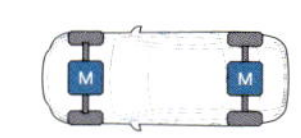

テスラの「モデルS」は当初RWDとして販売されたが、その後前輪モーターが追加されてこの「モデルSデュアル」に発展。前後それぞれの車軸に搭載されたモーターを統合制御する。前部には永久磁石モーター、後部には誘導モーターを採用。

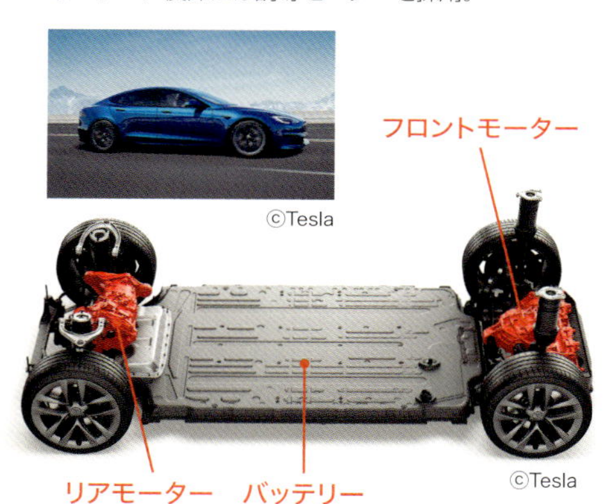

©Tesla

©Tesla

BEV

フロントモーター1基+リアモーター2基

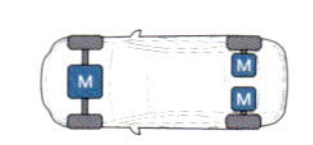

アウディのBEVである「e-tron Sモデル」(2020年型)は、量産型EVとしてはじめて3モーター式を採用したモデルであり、前輪にモーター1基、後輪に左右独立制御の2基のモーターを搭載。このシステムによってコーナリングの走行性が大幅に向上。

©Audi AG

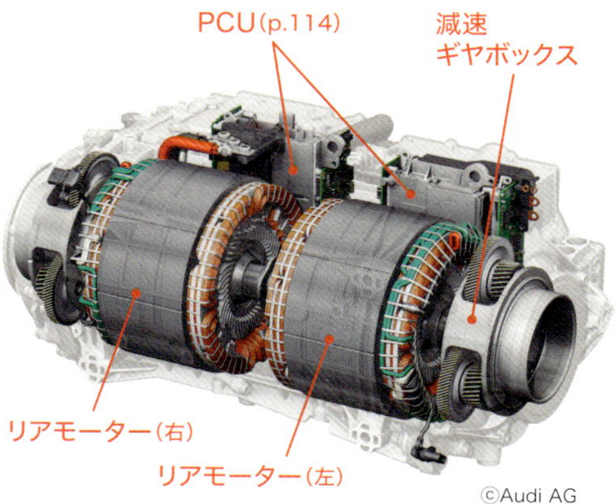

©Audi AG

HEVのAWD（全輪駆動）

HEV（ハイブリッド車）におけるAWDの機構はBEVよりも複雑です。

HEVではFWD（前輪駆動）を採用するモデルが圧倒的に多く、その場合はフロントに搭載されたエンジンとモーターが前輪を駆動するFF仕様となります。このモデルのリアに別のモーターを追加搭載すればAWDになります。つまりこの場合、エンジンを1基、モーターを計2基搭載することになります。この仕様の採用例には**プリウス**があり、トヨタはこの方式をE-Four（電気式4WD）と呼称しています。

また、ホンダの**NSX**に採用された特殊な例としては、RR仕様のエンジンに、後輪駆動をアシストするダイレクトドライブモーターを併装し、さらに前輪の左右輪にそれぞれモーターを1基ずつ追加した形態があります。つまりこのモデルはエンジンを1基、モーターを3基搭載したAWDです。

BEVやHEVでモーターを複数搭載する場合、回生ブレーキ（p.112参照）が強化され、エネルギーの回収率も高まります。

HEV

フロントエンジン1基＋
フロントモーター1基＋
リアモーター1基

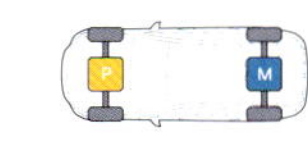

トヨタが「E-Four」と呼称する電気式4WDは、前輪をエンジンとフロントモーター、後輪をリヤモーターで駆動し、前後輪に適切なトルクを与える。トランスファー（p.280参照）やプロペラシャフトが不要となり、ドライブトレインを簡素化できる。

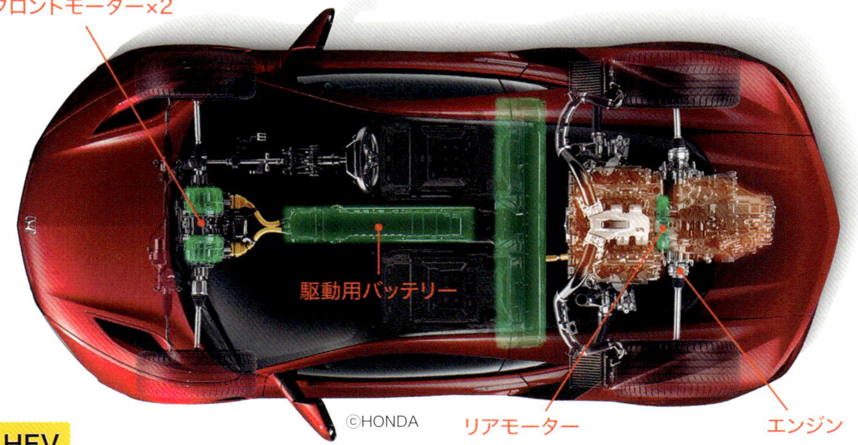

HEV

フロントモーター2基＋
リアエンジン1基＋
リアモーター1基

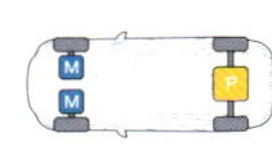

ホンダのNSXに採用された「スポーツハイブリッド SH-AWD」と呼ばれるシステムは、エンジンと3基のモーターを搭載。RRならではのトルクフルでスポーティーな走行に加え、前輪を担う2基のモーターが安定した操舵性をもたらす。

7-05 駆動伝達系統

パワートレイン(EV)

KEY WORD

- BEVやFCEVは基本的にクラッチや変速機を必要としない。
- シリーズ式HEVはBEV、パラレル式HEVは内燃機関自動車の構造をベースにする。
- スプリット式HEVはエンジンとモーターの双方で走行。その構造はモデルによって異なる。

パワートレインとは？

パワートレインはドライブトレイン、または駆動装置とも呼ばれ、モーターやエンジンなどの動力源が生み出したエネルギーを駆動輪に伝える機器を意味します。内燃機関車の場合はクラッチと変速機（トランスミッション）、プロペラシャフト、ディファレンシャルギヤ（デフ）、ドライブシャフトなどで構成され、広義の意味ではエンジンもこれに含まれます。

EVの駆動装置は**電動パワートレイン**と呼ばれ、**モーター**、**デフ**、**ドライブシャフト**を基本とし、それ以外に**インバーター**や**コンバーター**、それらを一体化した**PCU**（p.114参照）のほか、HEVでは内燃機関車と同様、**トランスミッション**（変速機とクラッチ）を搭載するモデルもあります。

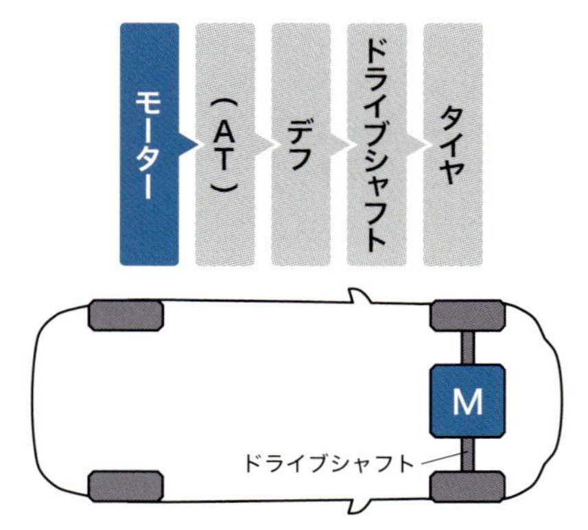

EV(電気自動車)／FCEV(燃料電池車)

モーターの回転は減速ギヤ（リダクションギヤ）によって回転数が落とされるとともにトルクが増幅され、基本的にはその回転がドライブシャフトに直接伝達される。そのため変速機やクラッチは必要ない。

ここではEVの例を紹介しますが、主に機構的な流れに着目するためPCUなどは省略します。FWDを例としていますが、FR（フロントエンジン・リアドライブ）の場合はプロペラシャフトも必要になります。

BEVのパワートレイン

パワートレインがもっともシンプルなのは**BEV**(バッテリー電気自動車)や**FCEV**（燃料電池車）です。モーターは発進時から最大トルクを発揮するためクラッチや変速機が必要なく、その回転は減速ギヤを介してドライブシャフトに直接伝達されます。ただし、一部の上位モデルにはモーターの効率をより高めるためにAT（オートマチック・トランスミッション）による2速変速機を搭載するものもあります。

1基のモーターで左右輪を駆動する場合はデフ（p.276）が必要になりますが、左右輪にそれぞれモーターを搭載する場合はデフも不要になります。

HEVのパワートレイン

エンジンとモーターを搭載する**HEV**(ハイブリッド車)のパワートレインは、BEVより複雑になります。HEVにはシリーズ式、パラレル式、スプリット式（シリーズ・パラレル式）があります（p.103）。

シリーズ式の場合は、エンジンは発電用モーターを回すためだけに使用され、その電力で駆動用モーターを回してタイヤを駆動します。基本構造はBEVと同じであり、クラッチや変速機が不要になります。シリーズとは「直列」を意味します。

図の凡例／ エンジン　モーター／発電機　その他

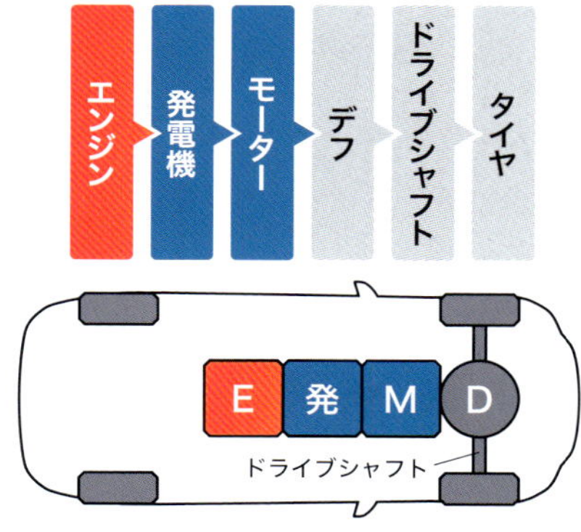

HEV（ハイブリッド車／シリーズ式）

シリーズ式のエンジンは発電動機を回すために使用。駆動にはモーターを使うため、モーター以降の機構はBEVと同様。FFが採用され、プロペラシャフトを必要とするRWDは現行モデルでは皆無と言える。

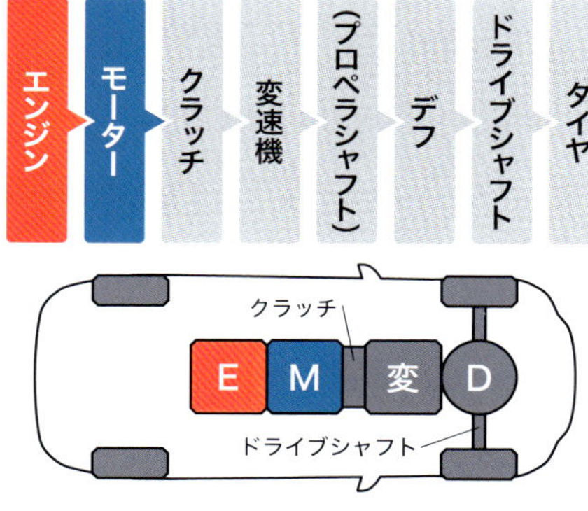

HEV（ハイブリッド車／パラレル式）

内燃機関車を基本とするためクラッチと変速機を搭載。モーターはエンジン駆動を補助すると同時に、回生による発電機の役割も担う。一部モデルではエンジンとの間に自動クラッチを備えるモデルもある。

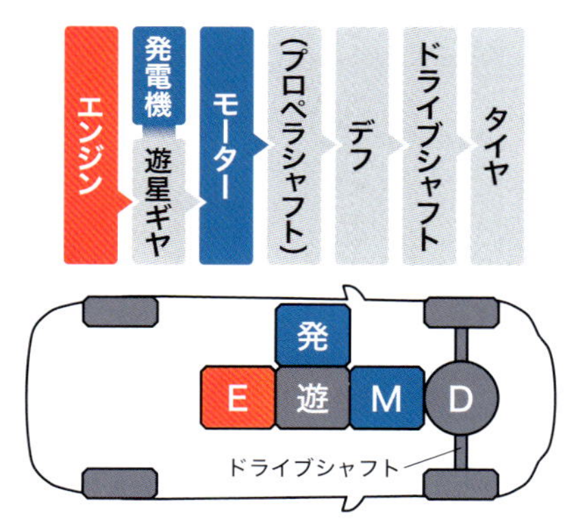

HEV（スプリット式①）

トヨタのプリウスなどが採用する構造。エンジンだけの駆動、モーターだけの駆動、エンジンとモーターによる駆動の３モードでの走行が可能。エンジン、モーター、発電機は遊星ギヤ機構で連結される。

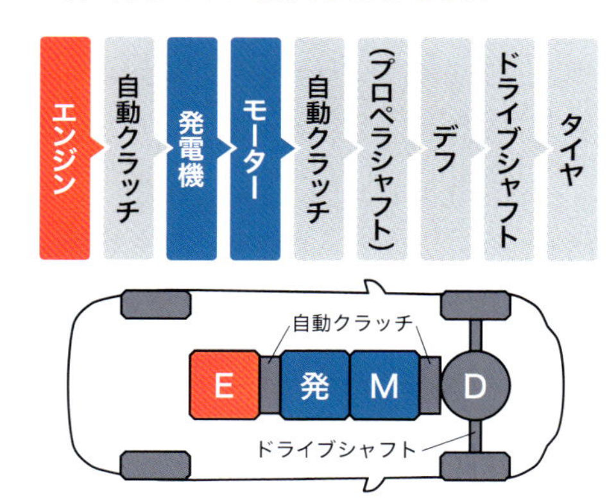

HEV（スプリット式②）

ホンダ車に見られるスプリット方式の構造。エンジンのみ、モーターのみ、エンジンとモーターの３モードでの走行が可能。モーターのみで走行する際はエンジン側のクラッチを切って駆動効率を高める。

パラレル式は、主にエンジンがタイヤを駆動し、モーターは駆動を補助します。内燃機関自動車の構造を基本として、エンジンと変速機の間にモーターが挿入されます。パラレルとは「並列」を意味します。

シリーズ式とパラレル式の特徴を兼ね備えた**スプリット式**の仕組みは、モデルによって異なります。この方式ではエンジンとモーターの双方が駆動用の動力源となりますが、上図の「スプリット式①」の場合は、エンジンとモーターの間に遊星ギヤを配し、そこに発電用モーターも接続します。

一方の「スプリット式②」では、エンジンで走行する際には自動クラッチがつながり、その力を伝達します。また、モーターで走行する際にはエンジンにつながる自動クラッチを切り離して、モーターの効率を高めます。さらに、エンジンで発電用モーターを回して発電し、その電力によって駆動用モーターで走行することも可能です。

7-06 駆動伝達系統

パワートレイン（内燃機関車）

KEY WORD

- トランスミッションは、**クラッチ機構**と**変速機**で構成される。
- クラッチ機構には、**摩擦クラッチ**と**トルクコンバーター**（**トルコン**）がある。
- 変速機には**平行軸歯車式**、**遊星歯車式**、**巻掛伝動式**などの方式がある。

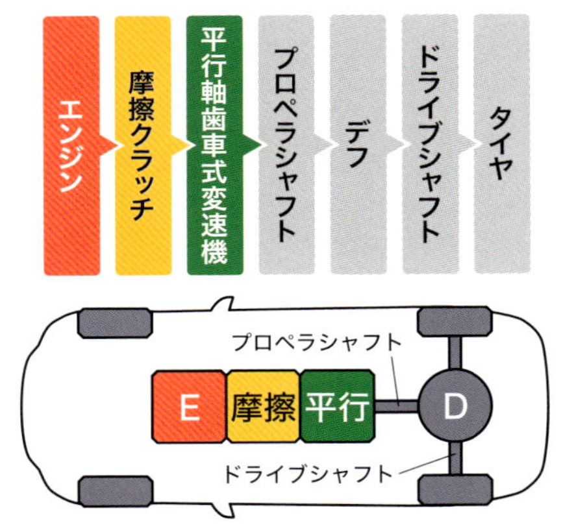

MT（手動変速機）

ドライバー自身が変速機を操作するMT（マニュアル・トランスミッション）には、一般的には摩擦クラッチと平行軸歯車式変速機が採用される。MTからの出力は、FRの場合はプロペラシャフトに伝達。

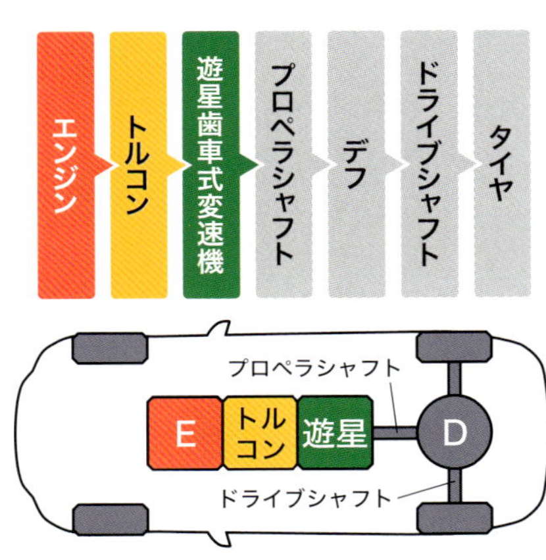

AT（自動変速機）

自動変速機であるAT（オートマチック・トランスミッション）は、本来的には流体クラッチであるトルコンと、遊星歯車式変速機を採用した機構を意味し、他の自動変速機構とは区別される。

内燃機関車のパワートレイン

内燃機関車の場合、エンジンの出力を走行状態に適した回転数やトルクに調整する必要があり、その役割を**クラッチ機構**と**変速機**が担います。

エンジンからの出力を伝達、または遮断する役目を担うクラッチ機構には、**摩擦クラッチ**(p.260参照)、流体クラッチの一種である**トルクコンバーター**（トルコン、p.262)のほか、一部モデルではモーターを使用するものも存在します。図表ではその該当部位を黄色で示しています。

変速機は英語で**トランスミッション**と言いますが、自動車の機構においてトランスミッションとは、一般的にはクラッチ機構と変速機が一体となったユニットを意味します。変速機にも複数の方式があり、図表ではその部位を緑色で示しています。

このページの図表は、FR（フロントエンジン・リアドライブ）を例に描いています。そのためトランスミッションからの出力は、まずは**プロペラシャフト**に伝達され、さらに**ディファレンシャルギヤ**（**デフ**）、**ドライブシャフト**を経て、駆動輪（ホイールとタイヤ）へと伝達されます。

図表では省略していますが、プロペラシャフトの後端には**ファイナルギヤ**(p.276)が直結し、デフと連携します。ファイナルギヤもパワートレインの一部です。

FFの場合、プロペラシャフトは不要になります。また、FF仕様の上位モデルでは、トランスミッションとデフを一体化した**トランスアクスル**（p.129）と呼ばれるユ

図の凡例／ エンジン　クラッチ / トルコン　変速機　その他

ニットを搭載するモデルもあります。トランスアクスルがエンジンと一体となったモデルもあり、その場合、デフと変速機の潤滑システムは共有されます。

内燃機関車のパワートレインには、広義の意味ではエンジンも含まれます。

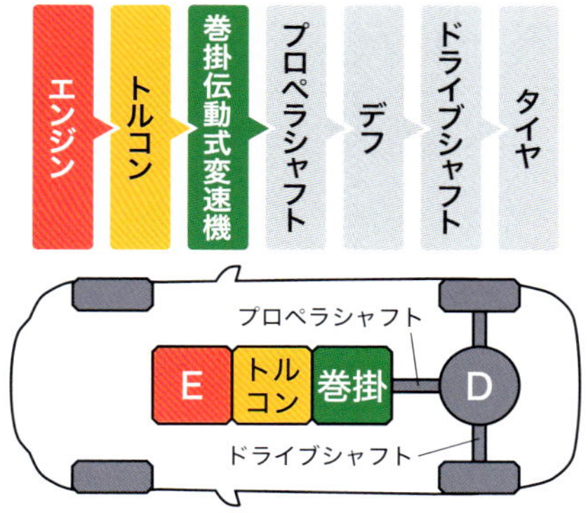

CVT（連続可変式変速機）

CVTとは「コンティニュアス・ヴァリアブル・トランスミッション」の略称。2つのプーリーをベルトやチェーンでつなぎ、無段階で変速を行う。

変速機の種類

変速機には主に3種類あり、その違いによって変速方法や走行性能が変わります。

平行軸歯車式変速機（p.264）は、平行に設置された複数の軸上に歯数の違うギヤが配置され、個々のギヤは軸上で空転するようになっています。そのままではエンジンからの動力は伝達されませんが、特定のギヤを軸に固定して稼働することにより、意図したギヤ比で動力が伝達されます。

遊星歯車式変速機（p.266）では、遊星歯車のセットを複数用い、各歯車を空転、または固定して回転させることにより、意図したギヤ比によって動力を伝達します。

巻掛伝動式変速機（p.270）は、2つのプーリーをベルトやチェーンでつなぐことにより、無段階で変速を行います。

遊星歯車式は自動変速機として使用されますが、平行軸歯車式と巻掛伝動式は、自動式と手動式の双方の変速機として使用することが可能です。

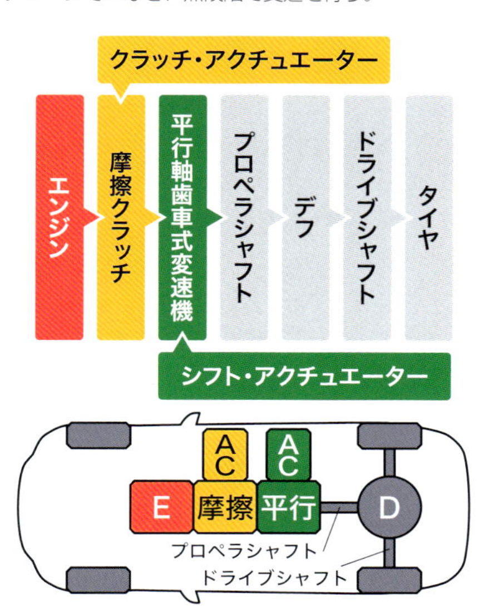

AMT（オートメーテッドMT）

基本的にはMTと同じ機構を持ち、摩擦クラッチと平行軸歯車式変速機をアクチュエーターで制御することで自動変速を可能としている。

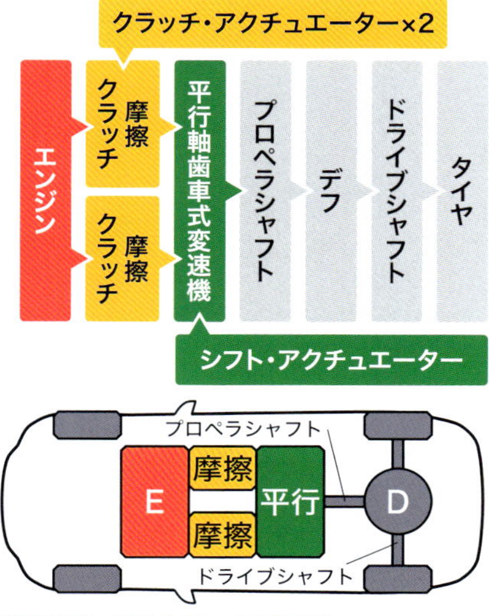

DCT（デュアルクラッチ変速機）

2組の摩擦クラッチで平行軸歯車式変速機を制御。奇数段と偶数段のギヤを2軸に分けた独特の機構を持ち、スポーツ車に採用されるケースが多い。

7-07 トランスミッション

摩擦クラッチ

KEY WORD

- **摩擦クラッチ**は始動時や変速時にエンジンへの負荷を低減、またはゼロにする役割を果たす。
- 摩擦クラッチがつながる状態を**締結**、切れた状態を**開放**、その中間を**半クラッチ**という。
- 摩擦クラッチには**単板クラッチ**と**多板クラッチ**、**乾式**と**湿式**がある。

役割と基本動作

クラッチには様々な種類がありますが、もっともベーシックな仕様が**摩擦クラッチ**です。摩擦クラッチは通常、エンジンにつながる**フライホイール**の円板面と、**クラッチディスク**の円板面がスプリングの力で圧着し、**締結**しています。両板面に摩擦が発生するこの状態ではエンジンの回転がトランスミッションに伝達されます。

始動時や変速時にクラッチペダルを踏み込めば、フライホイールとクラッチディスクの円板面が離れます。この状態を**開放**と言い、エンジンへの負荷はゼロになります。

また、始動時や変速時など、エンジンの出力軸とトランスミッションの入力軸の回転数が違うときには、2つの円板面を徐々に接触させて摩擦抵抗を増やしていくことで、エンジンの回転はスムーズにトランスミッションに伝達されます。完全にはつながらないものの、摩擦が発生するこの状態を**半クラッチ**と言います。

クラッチとクラッチペダルは油圧機構でつながるのが一般的です。摩擦クラッチは**MT**（p.264参照）のほか、その派生タイプの**AMT**（p.272）や**DCT**（p.274）にも採用されます。

MTでは変速操作をドライバーが行いますが、AMTやDCTでは**トランスミッションECU**や**アクチュエーター**によってその動作が自動制御されます。ただし、AMTやDCTには手動モードに切り替えることが可能なモデルもあります。

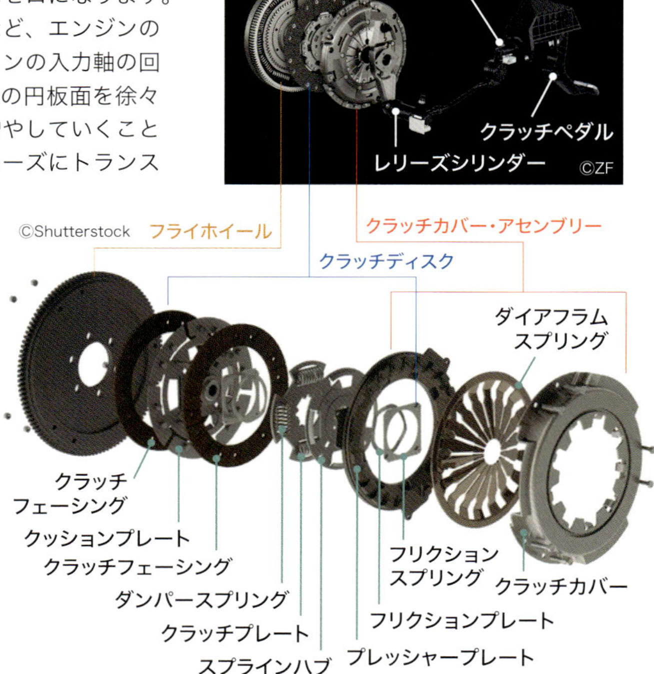

摩擦クラッチは3つの部位で構成される

主要部位であるフライホイール、クラッチディスク、クラッチカバーの全分解図。エンジンの回転ムラを抑えるフライホイールと、クラッチカバーで覆われたクラッチディスクの円板面（直接的にはクラッチフェーシング）が締結することで動力を伝達。

摩擦クラッチ動作

摩擦クラッチにおける開放、半クラッチ、締結の状態を示す。各図の左がエンジン、右が変速機。クラッチプレートの円板面にはゴム系樹脂と摩擦粉の混合物、または上位モデルではメタルやカーボンが貼られる。

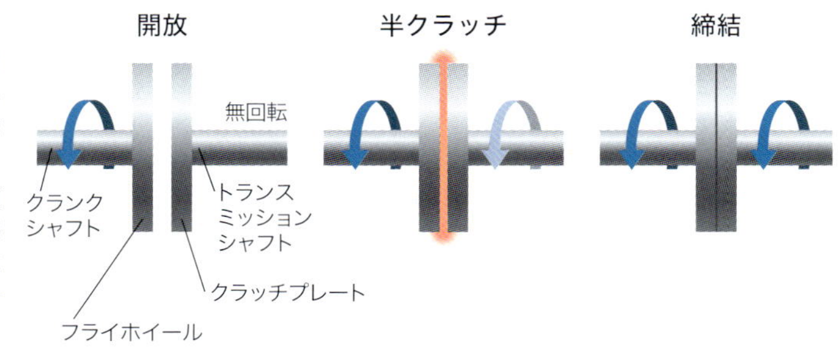

摩擦クラッチの種類

摩擦クラッチには単板クラッチと多板クラッチがあります。

単板クラッチの場合、その円板の面積が広いほど確実に力を伝達できますが、その場合は板の径を大きくする必要があり、クラッチ機構が大型化します。

一方、**多板クラッチ**の場合は複数のクラッチプレートを重ねて配置し、その摩擦によって動力を伝達するため、軸方向のサイズは大きくなりますが、小径でも一定の効果が得られるという利点があります。

また、摩擦クラッチには乾式と湿式があります。

クラッチディスクが大気中にある**乾式**は、構造がシンプルで整備性に優れ、駆動力の伝達効率がよくて低コストという特長を持ちます。一方、**湿式**は締結時のショックが少なく、大トルクに対応することができ、摩耗が少ないため耐久性に優れるという特長を持ちます。ただし、開放時にオイルによる抵抗が若干増え、クラッチ自体が大型化し、重量が増す傾向にあります。

乾式単板は主にMTで採用され、乾式多板はスポーツモデルや大型車に適した機構と言えます。湿式多板はトルコンの代替として多くのATに採用されています。湿式単板クラッチを採用するモデルは現行の市販車にはありません。

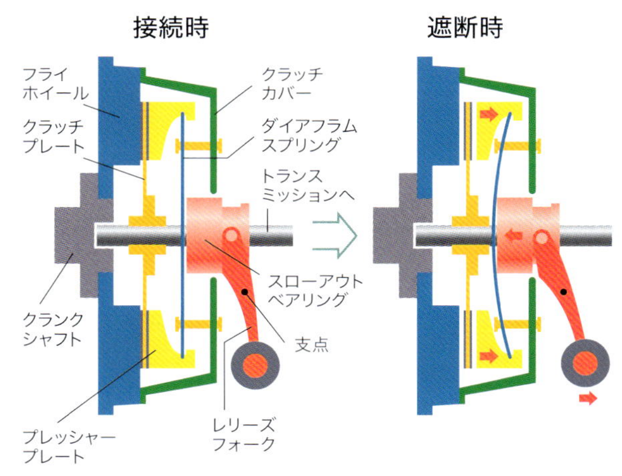

ダイアフラム式摩擦クラッチ
ダイアフラムスプリングの中心部が押されると、端部が跳ね上がってプレッシャープレートが後退。クラッチプレートが開放される。

湿式多板クラッチの構造
DCT（p.274）に使用されるデュアルクラッチ仕様の湿式多板クラッチ。2組の多板クラッチが2軸を担う。カバー内はオイルで満たされる。

7-08 トランスミッション

トルクコンバーター

KEY WORD

- トルコンは主に**ポンプインペラー**、**タービンランナー**、**ステーター**で構成される。
- **オイル**の**流圧**を利用して、**ポンプインペラー**から**タービンランナー**にトルクを伝達する。
- エンジンが低回転のとき、**ステーター**がポンプへの流圧を高めて**トルク**を**増幅**する。

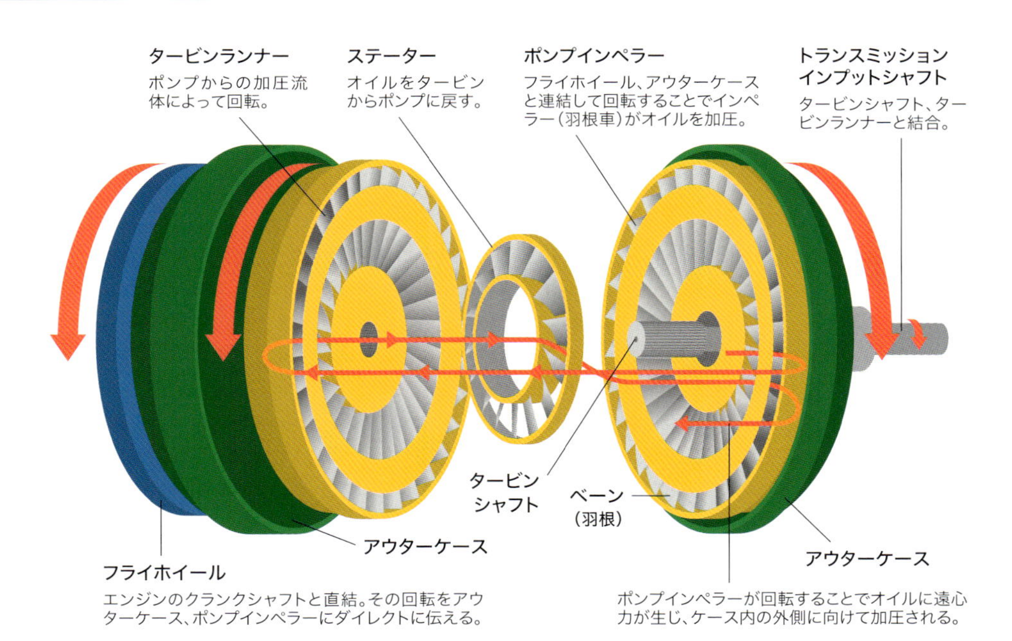

トルクコンバーターの構造とオートマオイルの流れ
タービンランナー側にあるオイルがステーターを経て循環する際、角度の付いたステーターの羽根に当たると流れが偏向し、ポンプインペラーの回転が速まる。その結果、出力トルクが増幅される。

トルコンの構造

トルクコンバーター（**トルコン**）は、AT(オートマチック・トランスミッション)に使用される流体クラッチであり、オイルを介し、2つの羽根車を回転させることでトルクを伝達します。エンジン回転をスムーズに変速機構に伝達するだけでなく、エンジントルクを増幅する機能も持ちます。

トルコンは主に**ポンプインペラー**、**タービンランナー**、**ステーター**で構成されます。フライホイールはエンジンのクランクシャフトと直結し、同時に**アウターケース**とポンプインペラーにも結合しています。つまりこれらはすべてエンジンと同回転します。

一方、タービンランナーはそれらの部位から独立していますが、トランスミッションのインプットシャフトと一体化した**タービンシャフト**と結合しています。

ステーターはこのタービンシャフトで保持されています。ただし、その接地部には**ワンウェイクラッチ**を装備しており、ポンプインペラーと同じ方向には空転しますが、逆方向にはロックされて回りません。

ータービンシャフトとエンジンのクランクシャフトは同軸上に配置されていますが、その2軸は結合されていないため個別に回転できます。そして、アウターケースを外核として一体化されたトルコンの内部には、低粘度の**オートマオイル**（ATオイル、自動変速機油、ATF）で満たされています。

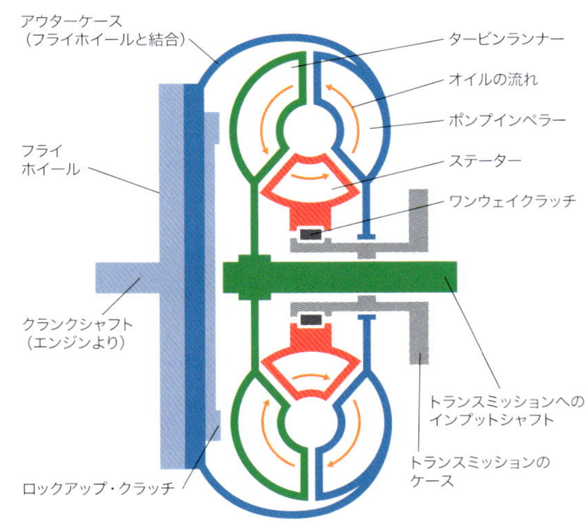

トルクコンバーター断面図とオートマオイルの流れ
インペラーの回転によって外周部に圧されたオイルがステーターを経て循環。高速時にはロックアップ・クラッチがタービンランナーを固定。オイルを介さず回転することでロスを回避。

トルコンの動作原理

エンジンが回転すればポンプも連動して回転します。そのポンプインペラーがオイルを外周部に押しやって高圧にし、その流圧が対面にあるタービンを回す結果、エンジントルクが変速機に伝達されます。ポンプとタービンの回転はオイルだけで伝達されるため、急停止などで変速機側の回転が急激に低下したときにも滑りが許されます。

ただし、発進時はエンジンとポンプの回転が遅く、十分な流圧が発生しません。これを解消するのがステーターです。

オイルはポンプ側からタービン側へ、外周部を経て流れ込みます。その高圧なオイルはタービンランナーの内周部に追い込まれる結果、ステーターを経てポンプに戻ろうとします。そのとき流体がステーターの羽根に当たることによって、ポンプインペラーの回転をさらにうながす角度に偏向されます。その結果、ポンプからタービンへの流れが強まり、その増幅したトルクによって車両が発進します。

タービンからの流れがステーターの羽根に当たる際、ステーターが逆方向に空転すれば力が逃げますが、ワンウェイクラッチのロックがその方向への回転を許しません。

走行速度が上がるとポンプとタービンの回転速度が近づきます。その際、もしステーターが回転しなければ、ステーター自体が流体の妨げになりますが、ワンウェイクラッチによってタービンランナーとともに回転するため、その弊害は回避されます。その際、タービンとともに回転するステーターと、ポンプの回転速度差は低減するため、トルクの増幅効果は低減します。

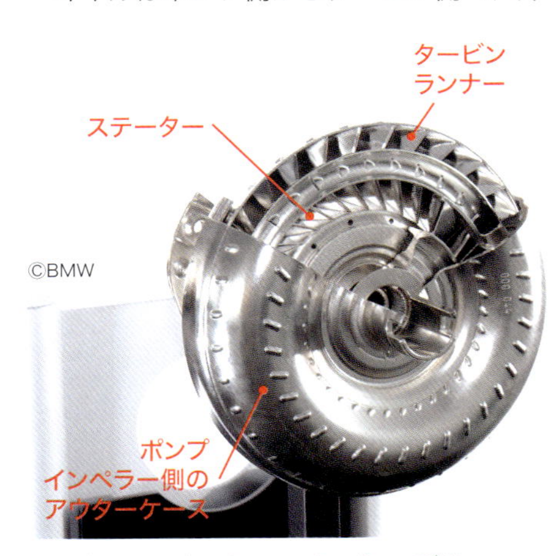

トルクコンバーターのカットモデル
トルクコンバーターのカット図。ポンプインペラー側から見た状態。表面に見える突起はベーン（羽根）をアウターケースに差し込んで固定する際の加工痕。

7-09 トランスミッション

MT/平行軸歯車式変速機

KEY WORD

- MTは摩擦クラッチ(一般的には乾式単板クラッチ)と平行軸歯車式変速機で構成される。
- 軸上で空転するドリブンギヤをスリーブによって締結することで駆動力が伝達される。
- FRは縦置きの平行2軸式変速機、FFは横置きの平行3軸歯車式変速機の採用が一般的。

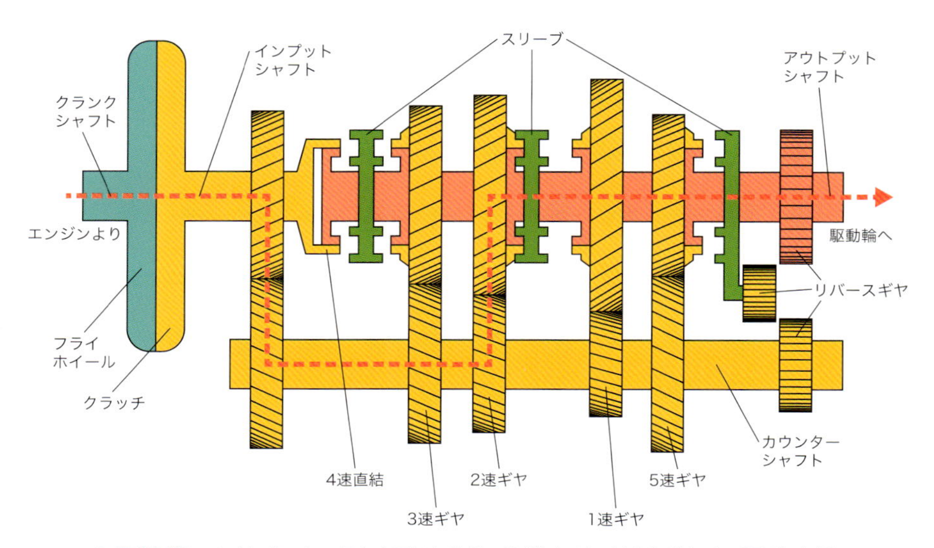

MT機構 カウンターシャフトを用いた仕様。各ギヤにはヘリカルギヤ（p.276）を採用。スリーブとドリブンギヤの間には円錐状のシンクロナイザーが介され（シンクロメッシュ機構）、その摩擦によって双方をスムーズに同期する。

役割と基本動作

手動で変速機を操作する**MT**（マニュアル・トランスミッション）のクラッチ機構には**摩擦クラッチ**、一般的には**乾式単板クラッチ**（p.261参照）が採用されます。また、変速機構には**平行軸歯車式変速機**が採用されます。平行軸歯車式は駆動力の伝達効率が高いため、シフトチェンジが少ない長距離ドライブなどでは省燃費の走行を実現できます。

2つのギヤが噛み合うとき、入力側を**ドライブギヤ**、出力側を**ドリブンギヤ**と言います。ドライブギヤの歯数が一定の場合、ドリブンギヤの歯数がそれより多ければ車両は減速し、トルクが増強されます。逆にドリブンギヤの歯数が少なければ増速・減トルクとなります。両ギヤの歯数の比を**ギヤ比**、**ギヤレシオ**、**歯車比**などと言い、両ギヤの軸の回転数の比は**スピードレシオ**、**変速比**などと言います。

平行軸歯車式の構造と動作

上図は平行軸歯車式変速機の概念図です。**インプットシャフト**と**アウトプットシャフト**は同軸上に配置するものの結合されておらず、個々に回転できます。

クラッチがつながるとエンジン出力がインプットシャフトに伝わります。インプットシャフトと**カウンターシャフト**上のすべ

MT断面図（6速・縦置き仕様）

平行2軸式変速機の透視図。左ページの概念図と同様の構造（変速段数は異なる）。シフトレバーの操作でシフトロッドが軸方向に動き、そこから伸びるシフトフォークが各スリーブをスライドさせる。

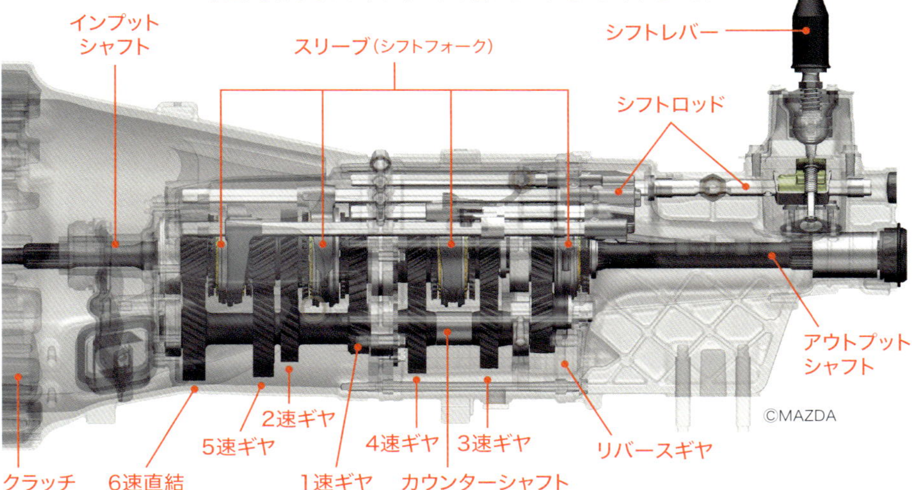

てのギヤは軸に固定されていて同回転します。一方、アウトプットシャフト上の各ドリブンギヤは軸方向に対しては同位置に保持されつつも空転します。また、リバースギヤ以外の全ギヤは常に噛み合っています（**常時噛み合い式変速機**）。つまり、アウトプットシャフト上のドリブンギヤが空転する状態ではエンジン回転は駆動輪に伝わらず、**ニュートラル**の状態にあります。

ドライバーがシフトレバーを操作すると、アウトプットシャフトとともに回転する**スリーブ**が軸方向にスライドし、任意のドリブンギヤが軸に対して締結され、駆動力が伝達されます。左上図は2速のドリブンギヤが固定された状態が描かれ、1速に戻す操作をすると同じスリーブが右にスライドし、1速のドリブンギヤを締結します。

平行3軸歯車式変速機

FRの場合は上図のような縦置き仕様の**平行2軸式変速機**が一般的に採用されますが、FFではエンジンの軸方向のサイズをコンパクトにするため、横置き仕様の**平行3軸歯車式変速機**が多く採用されています。下図の例ではリバースギヤ用の短いアウトプットシャフトが別途設けられています。

MTの構造 6速横置き仕様（3軸）

トヨタの平行3軸歯車式変速機「iMT」。ドライブギヤを1軸目、ドリブンギヤを2軸目に備え、リバースギヤのみを別軸に配置することで、ユニットの縦寸法を短縮化している。

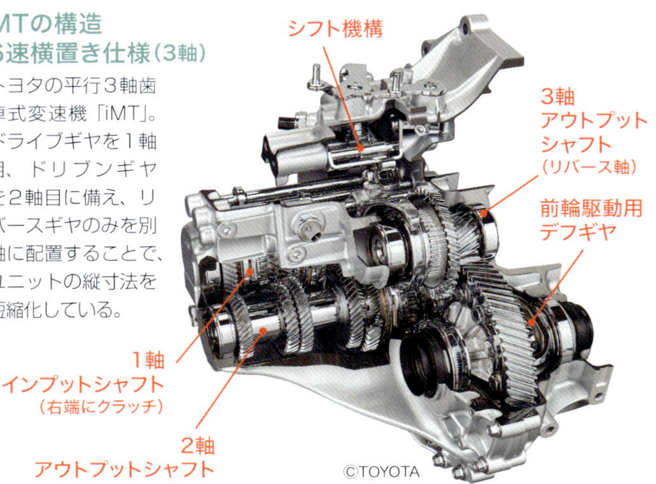

AT/遊星歯車式変速機①

KEY WORD

- ATは、主にクラッチ機構にトルクコンバーター、変速機構に遊星歯車式変速機を使用。
- サンギヤ、リングギヤ、キャリアの1つを固定することで6パターンの動作を再現できる。
- ギヤセットを複数組み合わせることで、複数の変速パターンを生み出すことができる。

遊星歯車機構の基本原理

自動変速機であるAT（オートマチック・トランスミッション）は、主にクラッチ機構に**トルクコンバーター**（**トルコン**、p.262参照）、変速機構に**遊星歯車式変速機**を使用したシステムを意味しますが、一部モデルにはトルコンの代わりに**湿式多板クラッチ**を使用するものもあります。

まずは独特の動作をする遊星歯車機構に関して見ていきます。遊星歯車機構は**プラネタリーギヤ**とも呼ばれ、中心にある**サンギヤ**（太陽歯車）、外側にある内歯車の**リングギヤ**、その間にある**遊星ギヤ**（**プラネタリーギヤ**、**ピニオンギヤ**）で構成されます。

遊星ギヤは通常３～４個が用いられ、それ自体が自転するとともに、サンギヤの周りを公転します。遊星ギヤの回転軸は**遊星ギヤキャリア**（キャリア）によって保持され、キャリア自体も回転します。

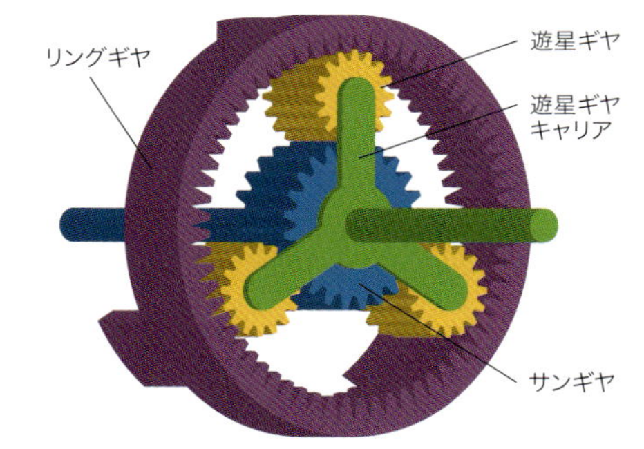

遊星歯車機構の構造と各部名称

サンギヤ、リングギヤ、キャリアの１つを固定すると、他の２つが出入力を担う。遊星ギヤはプラネタリーギヤとも言われ、太陽を公転する惑星を意味する。

サンギヤ、リングギヤ、遊星ギヤの回転軸を保持するキャリアが固定されず自由な状態にある場合、いずれかに入力の回転が加わっても出力の回転は発生せず、ニュートラルの状態にあると言えます。ただし、サンギヤ、リングギヤ、キャリアのいずれ

遊星歯車の動作

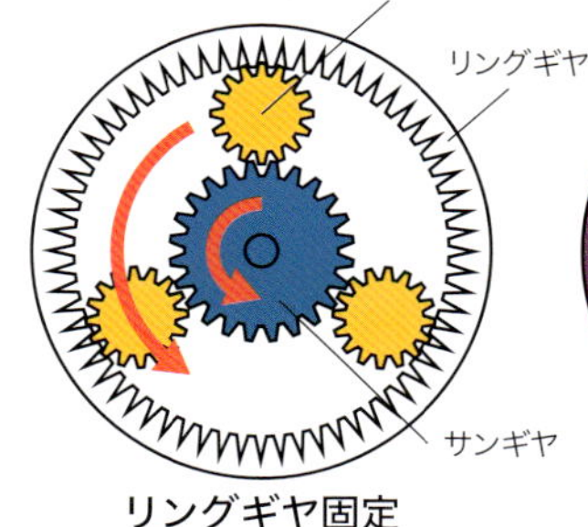

リングギヤ固定

入力がサンギヤ、出力が遊星ギヤの場合は減速増トルクになり、入力が遊星ギヤ、出力がサンギヤの場合は増速減トルクになる。

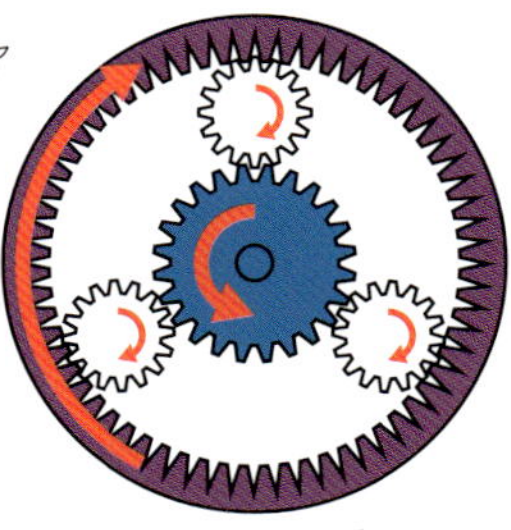

キャリア固定

入力がサンギヤ、出力がリングギヤでは逆転の減速増トルク。入力がリングギヤ、出力がサンギヤでは逆転の増速減トルクに。

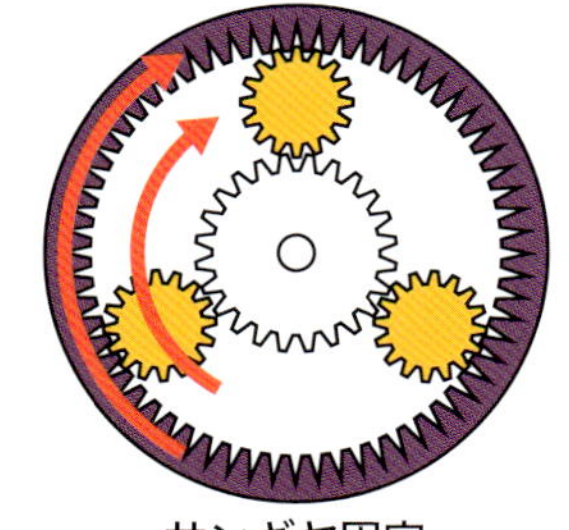

サンギヤ固定

入力がリングギヤ、出力がキャリアの場合は減速増トルク。入力がキャリア、出力がリングギヤの場合は増速減トルクに。

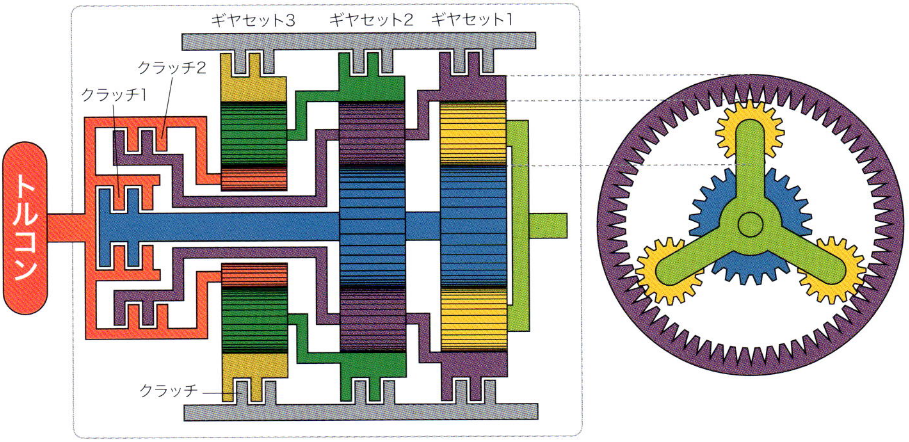

ATの機構（4段変速） 3つのギヤセット（遊星歯車機構）で構成される遊星歯車式変速機の概念図。各ギヤとキャリアにはそれぞれクラッチが配され、複雑に連携することで変速段数を再現する。

か1つを固定すると、他の2つの一方が入力、もう一方が出力を担います。そのパターンは6種類。この動作を活用すれば入力と出力の関係において**増速・減トルク、減速・増トルク**、**逆転**が可能になります。

遊星歯車機構の動作

例えば、左ページの下図における「**リングギヤ固定**」の場合、中心のサンギヤ（入力）が回転すると、遊星ギヤ（出力）が自転し、その回転軸を保持するキャリアとともに、サンギヤと同方向へ回転します。その結果、サンギヤの回転は減速・増トルクされてキャリアに伝わります。

また、「**キャリア固定**」の場合には、リングギヤ（入力）が回転すると、その回転は遊星ギヤを自転させますが、キャリアが固定されているため公転はしません。その結果、リングギヤの回転は増速・減トルクされてサンギヤに伝達され、同時にサンギヤはリングギヤに対して逆回転します。

つまり、遊星歯車機構によって動力を伝達するにはサンギヤ、リングギヤ、キャリアのいずれか1つを固定する必要があり、また、その3つのすべてが入力または出力を担う媒体となり得えます。

上図は遊星歯車式変速機の概念図です。ATの変速機は、遊星歯車機構（プラネタリーギヤ）を複数組み合わせることにより、複数の変速パターンを生み出します。この図では各遊星歯車機構を**ギヤセット**と表記しています。ギヤセット3の赤いサンギヤは透視図として描かれていますが、1つにつながる単体のパーツです。同色の部位は連動して動作することを意味します。

エンジンからの駆動力は、クラッチ機構であるトルコンによって制御されますが、変速機構である遊星歯車式変速機の内部にも、個々のギヤまたはキャリアを制御するためのクラッチ機構やブレーキ機構が個別に装備されています。

クラッチ機構には**湿式多板クラッチ**が多く採用されていますが、**ブレーキバンド**を用いるモデルもあります。ブレーキバンドは、回転軸や遊星歯車機構を周囲から締め付けることでその回転を固定します。

湿式多板クラッチやブレーキバンドは**油圧**によって作動し、油圧はバルブの開閉によってコントロールされます。その制御は**AT-ECU**（オートマチック・トランスミッションECU）によって電子制御され、**ECM**（p.240）と協調制御されます。

AT/遊星歯車式変速機②

KEY WORD

- 自動変速機には複数の仕様があるが、ATは遊星歯車式変速機を使用したものを意味する。
- 連続に変速するCVTに対し、段階的に変速するATはステップATとも呼ばれる。
- 遊星歯車式変速機は、各ギヤセットが他のギヤセットと連動して変速パターンを生み出す。

一般的に「オートマ」や「AT」という呼称は、広義の意味においては自動変速機構を搭載したモデル全般を意味します。ただし、システムの違いを考慮した場合、自動変速機構はAT、CVT（p.270参照）、AMT(p.272)、DCT(p.274)、に大別されます。その場合、AT(自動変速機）とは、クラッチ機構に**トルクコンバーター**、または**湿式多板クラッチ**を採用し、変速機構に**遊星歯車式変速機**を使用したシステムを意味します。

また、CVT（連続可変式変速機）が普及したことにより、段階的に変速段数を変化させる既存のATは、**ステップAT**と呼ばれる場合があります。

1速の場合

前ページで紹介したように、遊星歯車式変速機は非常に複雑な構造をしており、各ギヤセットにおける各ギヤが、他のギヤセットのギヤと連動することによって変速パターンを生み出しています。

右上図では1速と2速の状態を描いています。色が付いたギヤはクラッチによって締結されて稼働しているギヤ、無色はクラッチが開放されているギヤを表しています。

1速の状態では、左手のクラッチ1が締結することで、トルコンからの駆動力がギヤセット1と2のサンギヤに伝達されています。クラッチ2が開放されているためギヤセット3には駆動力は伝達されず、ギヤセット2のクラッチも開放されているので、そのサンギヤの駆動力は伝わりません。ただし、ギヤセット1のクラッチが締結されることにより、そのアウターギヤが固定され、サンギヤが入力、遊星ギヤのキャリアが出力となり、駆動力が伝達されます。

2速の場合

2速になると、ギヤセット1のクラッチが開放され、ギヤセット2のクラッチが締結されます。これによってギヤセット2のアウターギヤが固定され、そのサンギヤが入力、遊星ギヤのキャリアが出力となり、駆動力が伝達されます。同セットの遊星ギヤの回転軸はギヤセット1のアウターギヤと連動しているためそれを回転させます。

単体のギヤセットでは、サンギヤ、リングギヤ、キャリアのいずれか1つを固定すると、他の2つの一方が入力、もう一方が出力を担いますが、2速におけるギヤセット1は、ギヤセット2に対して従属的な状態にあります。この場合、サンギヤとアウターギヤが入力となり、遊星ギヤの回転軸を保持するキャリアが出力となり、動力を伝達します。

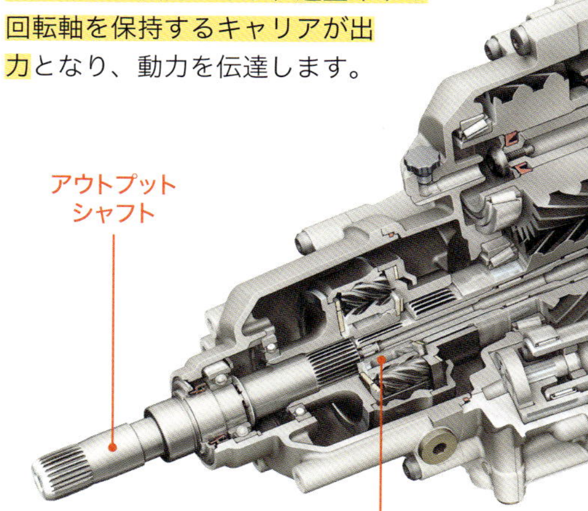

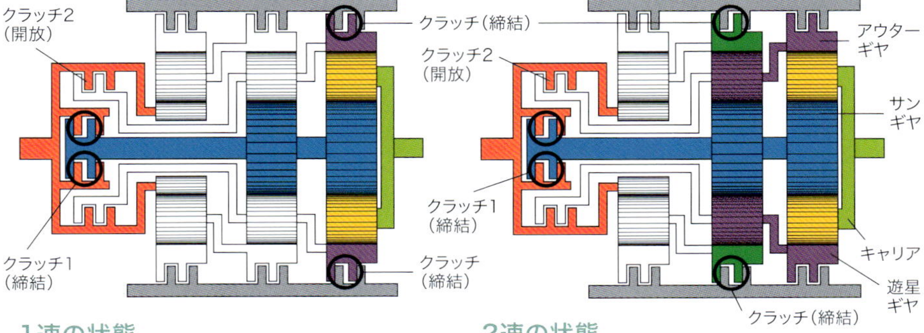

1速の状態

左手のクラッチ1と、ギヤセット1のクラッチが締結。その結果、ギヤセット1のアウターギヤが固定され、サンギヤが入力、キャリアが出力になる。

2速の状態

ギヤセット2のクラッチが締結すると、そのサンギヤが入力、キャリアが出力に。ギヤセット1はサンギヤとアウターギヤが入力、キャリアが出力になる。

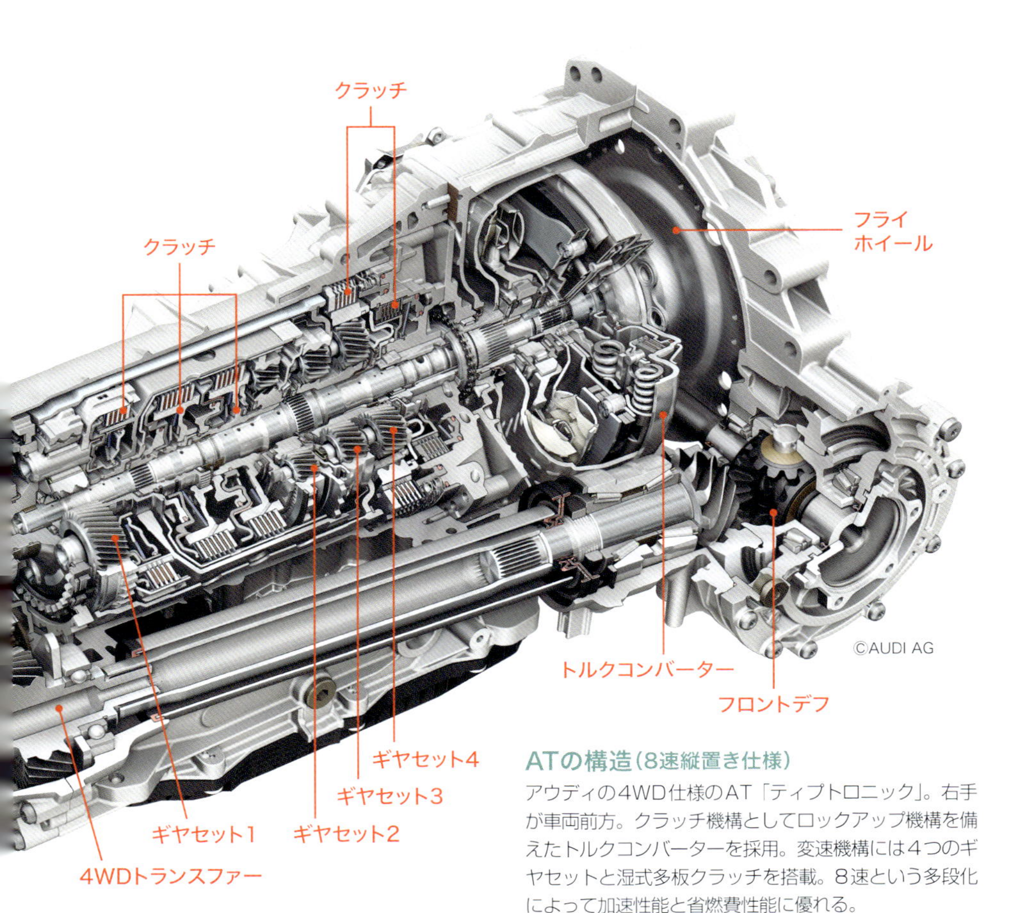

ATの構造(8速縦置き仕様)

アウディの4WD仕様のAT「ティプトロニック」。右手が車両前方。クラッチ機構としてロックアップ機構を備えたトルクコンバーターを採用。変速機構には4つのギヤセットと湿式多板クラッチを搭載。8速という多段化によって加速性能と省燃費性能に優れる。

CVT/巻掛伝動式変速機

KEY WORD

- CVTにはトルコンまたは湿式多板クラッチと巻掛(まきがけ)伝動式変速機が使用される。
- ベルトやチェーンが掛かるプーリーの溝の深さを可変することで無段変速を行う。
- 無断変速機によってエンジン出力と車両速度が最適な状態に制御される。

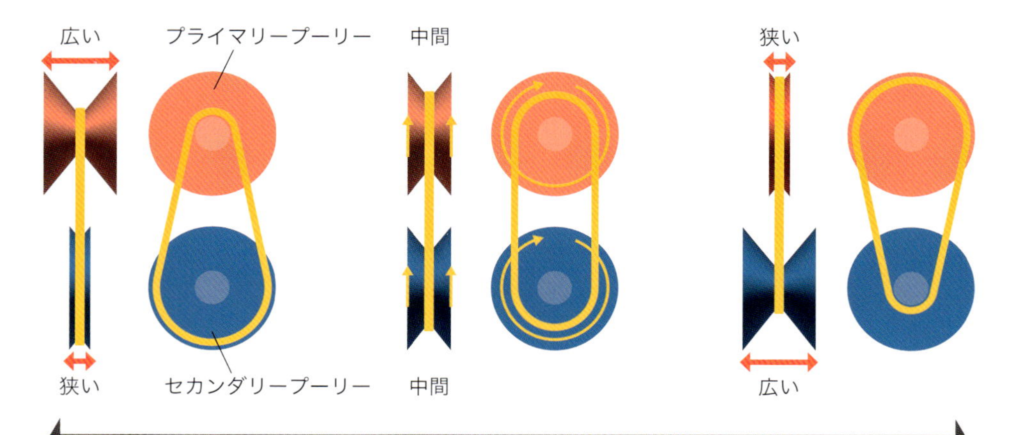

CVT機構　プーリーの溝の深さを変更することで、ギヤの歯数を変更するのと同等の効果をもたらす。プライマリープーリーとセカンダリープーリーの直径が同じ場合、変速効果は生まれない。

溝の深さを可変する

CVTとは「コンティニュアス・ヴァリアブル・トランスミッション」の略称であり、**連続可変式変速機**を意味します。近年の国産のコンパクトカーの多くがこの機構を採用しています。

CVTのクラッチ機構には、主に**トルクコンバーター**(p.262参照)、または**湿式多板クラッチ**が使用され、変速機構には**巻掛伝動式変速機**が使用されます。この変速機構では、2つの**プーリー**を**ベルト**や**チェーン**でつなぎ、**無段階**で変速比を変更します。プーリーとは円盤状の滑車を意味します。

エンジンからの駆動力はトルコンなどを経て**プライマリープーリー**に伝達されます。その回転はベルトやチェーンを介して**セカンダリープーリー**に伝わります。このときプーリーの直径が変わらなければ変速比も変わりません。しかし、巻掛伝動式変速機における双方のプーリーは、V字型の溝を油圧によって左右に拡げる、または狭くし、溝の深さを変更できる仕組みになっています。その結果、ベルトやチェーンがプーリーに巻き付く部位の直径（巻径）が変化することにより、変速比が変化します。

入力側のプライマリープーリーの直径を小さくし、出力側のセカンダリープーリーの直径を大きくすれば、減速・増トルクになります。逆に、プライマリープーリーを大径化し、セカンダリープーリーを小径化すれば、増速・低トルクとなります。

ベルト式CVT

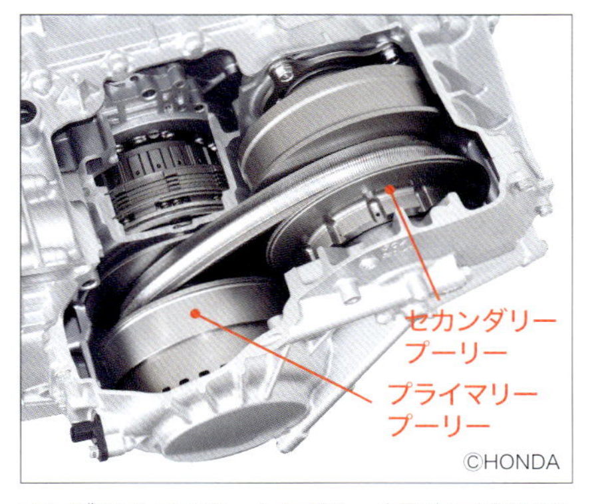

ホンダのCVTのカットモデル。小型車に採用されるケースが多いなか、ホンダでは早くから中型車向けのベルト式CVTを開発。一般的にCVTのベルトには、剛性の高い金属製ベルトが使用される。

CVTの概念図

2つのプーリーの前部に遊星ギヤ機構を搭載した際の概念図。この場合、リングギヤはエンジンからの回転を減速・増トルクするリダクションギヤとして機能。同時にエンジンからの回転を逆転する役割を担う。

巻掛伝動式の特性

巻掛伝動式変速機では、2つのプーリーの前または後に**遊星ギヤ機構**を併装する場合があり、これによって変速比の幅（**レシオレンジ**）を広くします。ベルトで駆動するCVTの場合にも変速比は使用されます。

変速段によってエンジン出力と車両速度の比率がほぼ決定されるATに対し、**ECM**と**CVT-ECU**によって協調制御され、最適な駆動が無段階で設定されるCVTでは、燃費効率が良く、変速の際の振動が少なく、また、ATなどよりも部品点数が少なくて低コストになるというメリットがあります。

一方、高速での長距離走行の際には他の変速機構よりも燃費が落ち、負荷の高い運転を継続すると故障しやすく、また、排気量の大きい高出力エンジンには適さない傾向にあります。

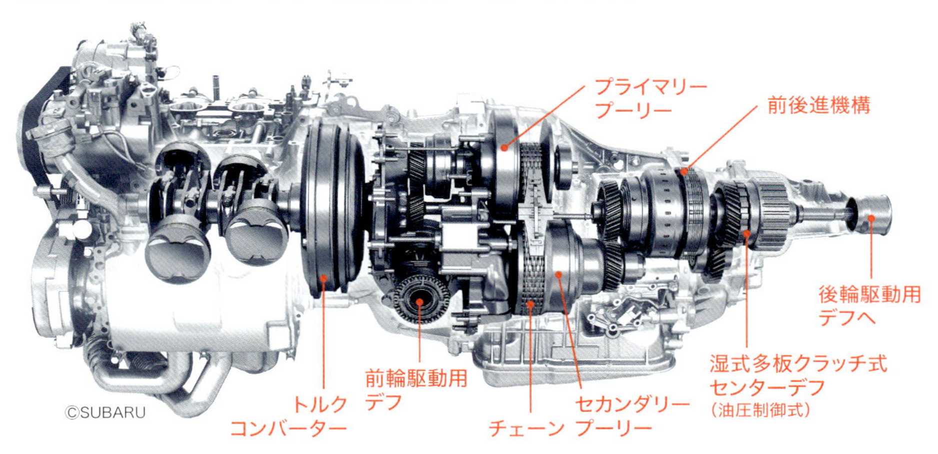

ベルト式CVTの構造（AWD仕様）　スバルのレガシィ（2009年型、5代目）に搭載された縦置きタイプのCVT「リニアトロニック」。左手は水平対向4気筒エンジン。トルクコンバーターを採用。巻掛径を小さくできるチェーンタイプの金属ベルトを採用している。

AMT
オートメイテッド・マニュアル・トランスミッション

KEY WORD

- AMTとは摩擦クラッチと平行軸歯車式変速機をアクチュエーターで制御する自動変速機構。
- 油圧または電動のアクチュエーターは、ECMと協調制御されるAMT-ECUで制御される。
- 構造がシンプルで低コストのAMTは、近年では小型車に多く採用されている。

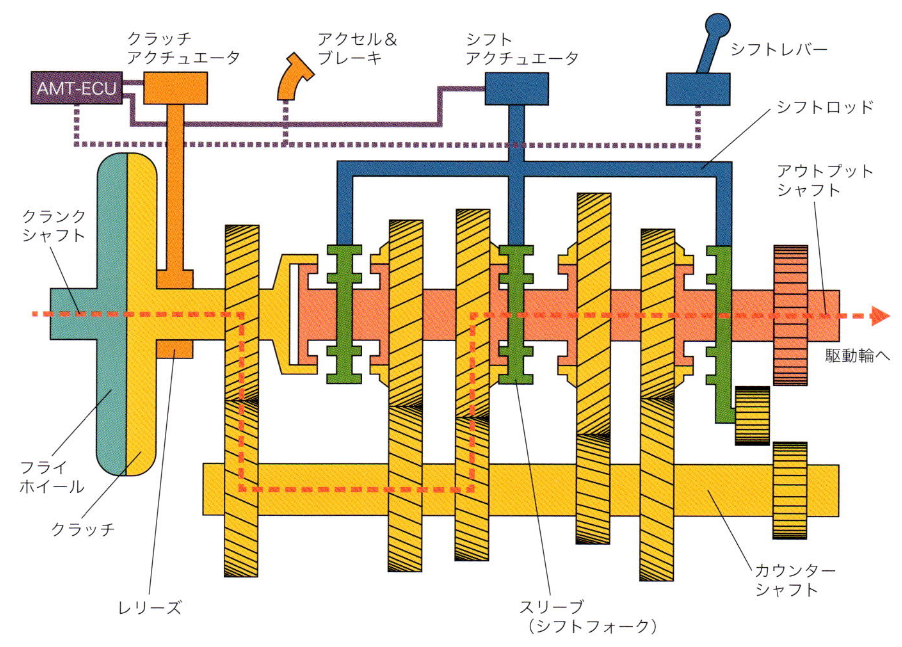

AMT機構 AMTの基本構造はMTと同様だが、クラッチと変速機をアクチュエーターで自動制御する。ドライバーの意思はAMT-ECUを経てアクチュエーターに伝わるが、セミオート仕様や、自動と手動を選択できるモデルもある。

自動化されたMT

AMTとは「オートメイテッド・マニュアル・トランスミッション」「自動MT」などと呼ばれ、MT（p.264参照）を自動変速機化したものを意味します。また、2つのクラッチを搭載するDCT（p.274）との対比で「シングルクラッチAT」とも呼ばれます。

AMTには**摩擦クラッチ**と**平行軸歯車式変速機**を採用するのが一般的であり、上の概念図で示したクラッチ機構から変速機構に至る構造はMTと同じです。ただし、摩擦クラッチは**クラッチ・アクチュエーター**がレリーズをスライドさせることで作動します。また、変速機は**シフト・アクチュエーター**がスリーブをスライドして制御します。

それぞれのアクチュエーターには、油圧ポンプで作動する**油圧アクチュエーター**と、

BMWのAMT機構「SMG」

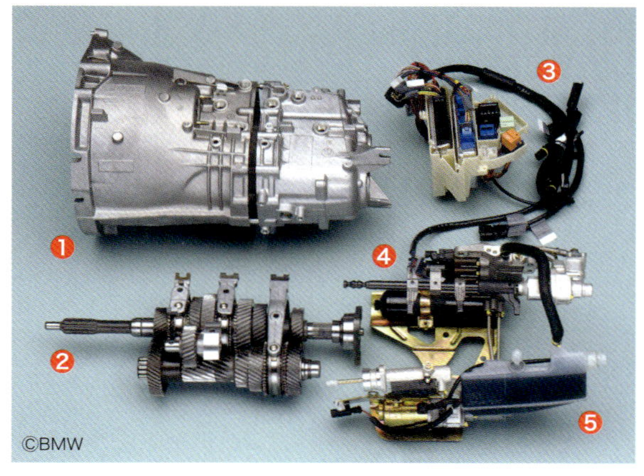

1990年代から2000年代にかけて使用されたBMWのAMTシステム「SMG」。初期モデルはセミオート仕様だったが、後期モデルにはフルオート、セミオート、完全手動の3モードの選択が可能な仕様に進化。3シリーズ、5シリーズ、6シリーズなどに搭載。

❶ トランスミッションケース
❷ 平行軸歯車
❸ AMT-ECU
❹ シフト・アクチュエーター
❺ クラッチ・アクチュエーター

ドライバーの意思はシフトレバー、アクセル、ブレーキを介してAMT-ECUへ伝達。そのECUがアクチュエーターを制御する。

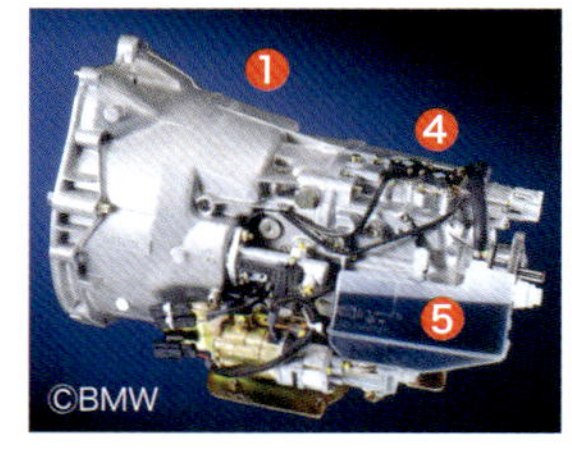

縦置きタイプのトランスミッションにシフト・アクチュエーターとクラッチ・アクチュエーターが搭載された状態を示す。

電動ポンプで作動する**電動アクチュエーター**があり、どちらもその作動は**ECM**（p.240）と協調制御される**AMT-ECU**によって制御されます。

AMTには、クラッチ操作とギヤシフトをすべて自動で行うフルオートマチックと、クラッチ操作は自動でありながら、変速段数はドライバーが選択できるセミオートマチックがあり、両モードの切り替えが可能なモデルもあります。

小型車への採用

部品点数が多くて構造が複雑なAT（トルコン式AT）と比べ、従来のMTのパーツを流用できるAMTはコストが安く、小型車に多く採用される傾向にあります。とくに欧州や新興国での採用例が多く、2010年以降ではフォルクスワーゲンの「フォックス」、フィアットの「アルゴ」、シトロエンの「C6」、ヒョンデの「i20」、タタの「ティゴール」などのほか、日本ではスズキの「スイフト」、ホンダの「ジャズ」がAMTを搭載しています。スズキではそのシステムをAGS（オートギヤシフト）、ホンダではi-SHIFTと呼称しています。

左ページの図では縦置きタイプのAMTを描いていますが、小型車に搭載される場合は横置きタイプの採用が一般的です。

発進と停止を繰り返す街乗りでの燃費性能はそれほど高くありませんが、MTと同様に、一定速度での長距離走行では駆動力の伝達ロスが少なく、燃費が向上する傾向にあります。

AMTは、過去にはBMWの「E60」、ランボルギーニの「カウンタック LPI 800-4」、フェラーリの「F355」などの上位モデルにも採用されてきましたが、シフトチェンジの際に一瞬間が空くという独特の走行感があるため、近年ではその採用例は減っています。

7-14 トランスミッション

DCT デュアルクラッチ・トランスミッション

KEY WORD

- ●MTを応用した構造を持つDCTは、基本的に摩擦クラッチと平行軸歯車式変速機を搭載。
- ●DCTはダブルクラッチを搭載し、2つのインプットシャフトを制御する。
- ●クラッチや変速機は油圧または電動のアクチュエーターとDCT-ECUで制御される。

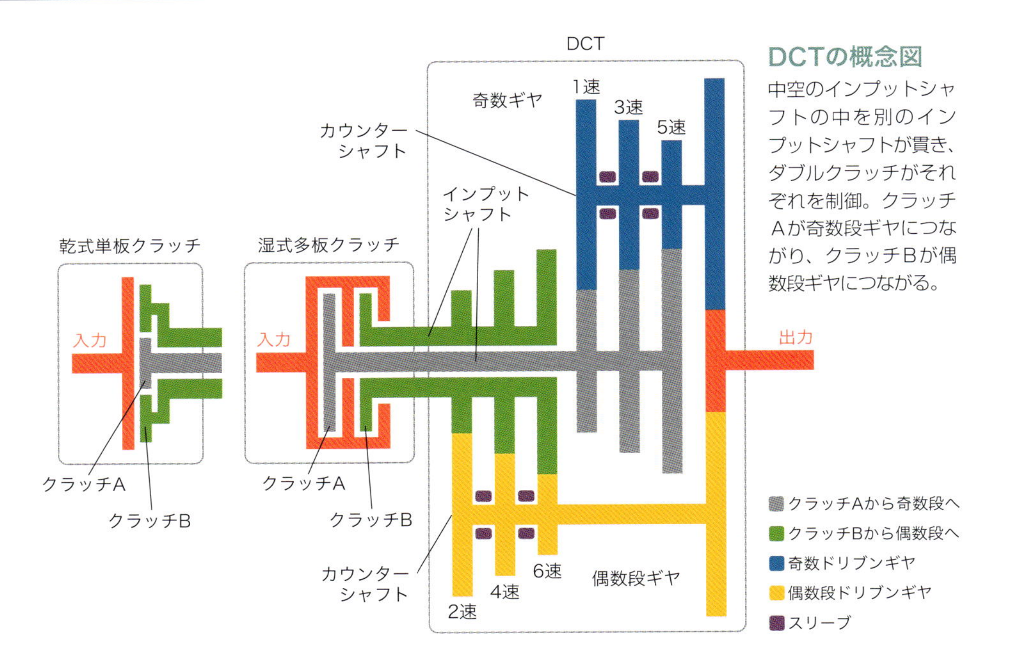

DCTの概念図
中空のインプットシャフトの中を別のインプットシャフトが貫き、ダブルクラッチがそれぞれを制御。クラッチAが奇数段ギヤにつながり、クラッチBが偶数段ギヤにつながる。

DCTの基本構造

DCT（デュアルクラッチ・トランスミッション）は、MT（p.264参照）を応用したトランスミッションと言えます。クラッチ機構には**乾式単板クラッチ**、または**湿式多板クラッチ**などの**摩擦クラッチ**が使用されますが、2つのクラッチを内装するダブルクラッチ仕様とされ、それぞれが2つの回転軸（変速機におけるインプットシャフト）を制御します。

同時にその**平行軸歯車式変速機**も特殊な機構を持ち、一方のインプットシャフトに奇数段、もう一方のインプットシャフトに偶数段のギヤが配されます。DCTには様々な機構がありますが、上図では中空のインプットシャフト内にもう１本のインプットシャフトが通る仕様を描いています。

DCTの動作

一般的なMTと同様に、インプットシャフトに配されたギヤは軸に固定され、平行する2本のカウンターシャフトに配されたドリブンギヤは空転するよう設置され、対向するギヤと常時噛み合っています。

クラッチAが締結すると奇数段ギヤの

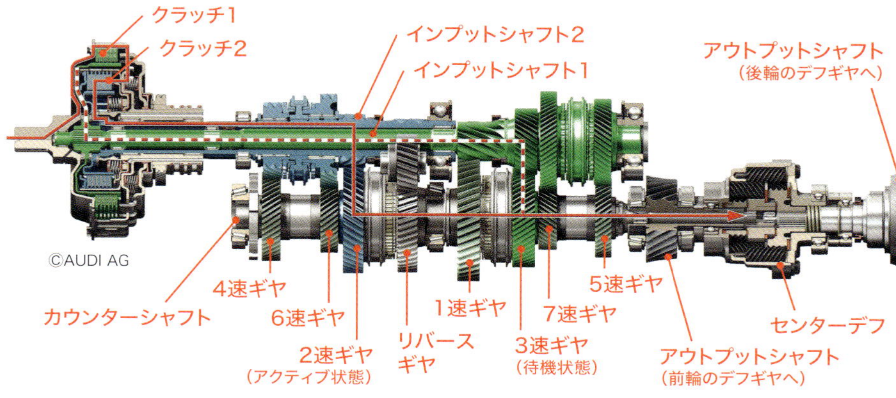

DCTのトランスミッション(7速)

この縦置きタイプのDCTでは、奇数段ギヤと偶数段ギヤがリバースギヤを境に、同軸上の前後に分かれて配置されている。青く着色された系統が2速ギヤへの伝達経路を表し、緑の系統が待機状態の3速ギヤへの経路を表す。

インプットシャフトに駆動力が伝わります。同時に、カウンターシャフト上の任意の**スリーブ**がスライドしてドリブンギヤを締結。これで駆動力が出力されます。

偶数段ギヤにシフトチェンジする直前には**クラッチB**が半クラッチ状態になります。この動作によって奇数段から偶数段へスムーズにシフトチェンジが行われ、駆動力が途切れることを防止します。

クラッチや変速機の操作は**油圧または電動のアクチュエーター**で行われ、**ECM**と協調制御される**DCT-ECU**によって制御されます。

上図は平行2軸式の縦置きタイプのDCT（4WD仕様）を表しています。つまりこの仕様では、出力側の奇数段ギヤと偶数段ギヤが同軸上に配置されています。

左手のクラッチ2が締結することで外側のインプットシャフト2が回転し、その駆動力が2速ギヤに伝達されています。同時にクラッチ1が半クラッチ状態にあり、3速ギヤが待機状態にあります。

DCTはMTのようなダイレクト感のある走行が体感できると同時に、一定速での長距離走行では高い燃費性能を発揮します。

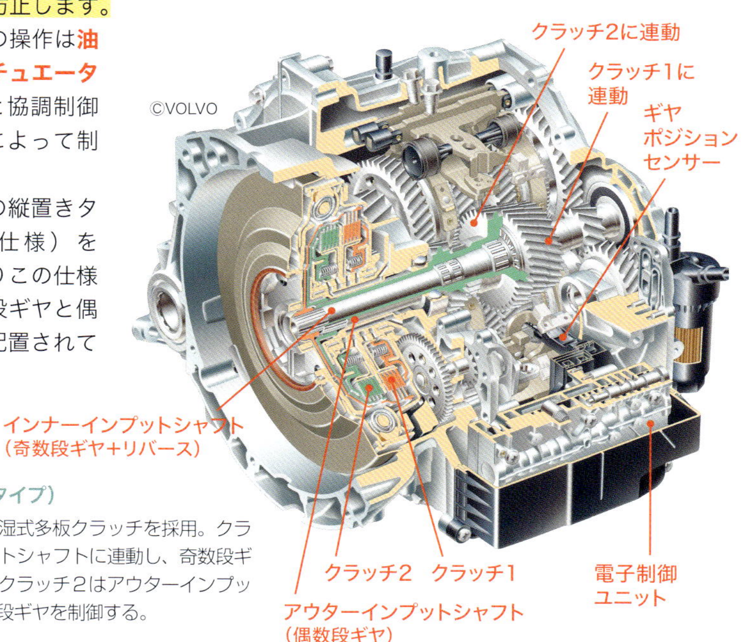

ダブルクラッチ・ギヤボックス(横置きタイプ)

横置き仕様のFF用DCT。湿式多板クラッチを採用。クラッチ1はインナーインプットシャフトに連動し、奇数段ギヤとリバースギヤを駆動。クラッチ2はアウターインプットシャフトに連動し、偶数段ギヤを制御する。

ディファレンシャルギヤ

KEY WORD

- ディファレンシャルギヤは**差動装置**を意味し、**デフ**と略称されることが多い。
- **ディファレンシャルギヤ**は駆動輪の車軸に搭載され、左右輪に**差動**を生む役割を担う。
- **FR**のファイナルギヤには**ベベルギヤ**、**FF**には**ヘリカルギヤ**が使用される。

デフの構造と動作

車が直進する際、左右の車輪が進む距離は同じであり、同じ回転数を保ちます。しかし、カーブする際には外輪の走行距離が長く、内輪が短くなるため**内輪差**が生じます。もし左右の駆動輪が1本のシャフトで直結されていると、内輪差によって内側の車輪にブレーキが掛かったような状態となり、スムーズにコーナーを曲がれません。この症状を解消するために装備されるのが**ディファレンシャルギヤ**（**差動装置**）です。略して**デフ**とも呼ばれます。

右図がその基本構造です。図はFRを俯瞰した状態で、ホイールにつながる赤いドライブシャフトが左右に伸びています。

プロペラシャフトの回転は、**ドライブピニオンギヤ**を介して**リングギヤ**に伝わります。ドライブピニオンギヤとリングギヤは**ファイナルギヤセット**（**最終減速装置**）と呼ばれ、トランスミッションの回転を最終的に減速する役割を果たします。

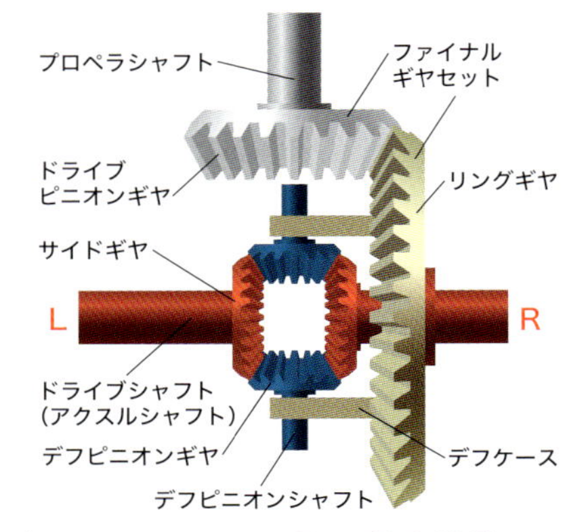

ディファレンシャルギヤの基本構造
直進走行の場合は左右輪に掛かる抵抗が同じなためデフピニオンギヤは自転しないが、一方の抵抗が強まるとデフピニオンギヤが自転して差動を生む。

直進走行の際、リングギヤとそこに固定されたデフケースが回転する結果、**デフケース**に保持された**デフピニオンギヤ**は自転せず、**サイドギヤ**につながるドライブシャフトを回転させます。このときLとRのドライブシャフトは同じ回転数となります。

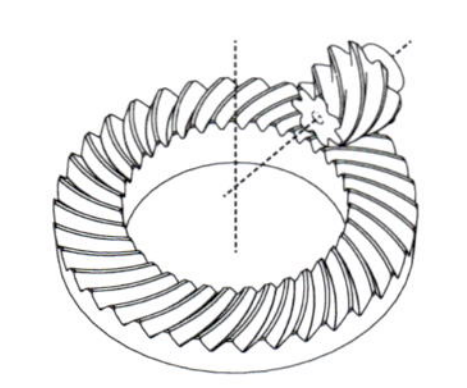

スパイラルベベルギヤ
曲がり歯傘歯車とも呼ばれる。大きいほうのギヤは傘状（円錐状）になっていて、歯筋がねじれている。

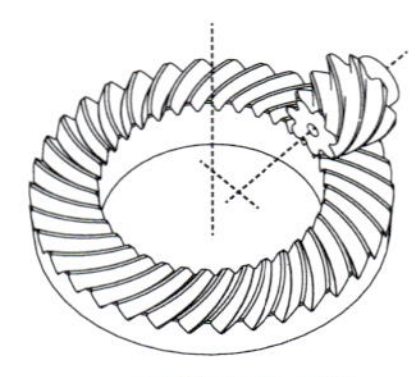

ハイポイドギヤ
基本的にスパイラルベベルギヤと同じ仕様だが、2つのギヤの軸線が交わらず、オフセットされた状態にある。

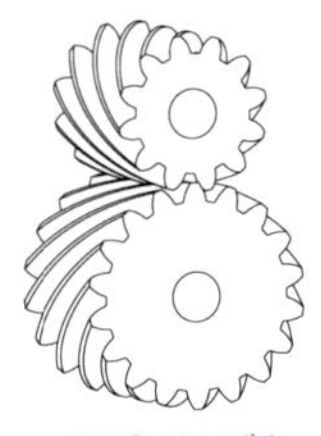

ヘリカルギヤ
平行する軸の間で力を伝達する平行軸歯車。歯筋がらせん状になっている。斜歯（はすば）歯車とも呼ばれる。

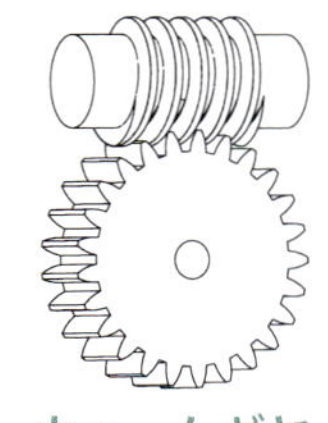

ウォームギヤ
丸棒状のねじ歯車（ウォーム）と、斜歯歯車を組み合わせた機構。ウォームとはワーム（虫）に由来する。

コーナーを左に曲がるときには、R側よりL側の車輪の回転が少なくなるとともに、L側の車輪の抵抗が増します。その抵抗はL側のサイドギヤの回転を抑える力となり、その回転の遅れをデフピニオンギヤが自転することで吸収します。その結果、LとRの回転に**差動**が生まれます。

FFとFRにおける違い

FR仕様の場合は、プロペラシャフトとドライブシャフトが直角に交わるため、ファイナルギヤセットの2つのギヤには**ベベルギヤ**が使用されます。ベベルギヤには歯筋がらせん状になった**スパイラルギヤ**や、その2軸の中心が交わらない**ハイポイドギヤ**などがあります。

FF仕様の場合は、トランスミッションのアウトプットシャフトと、車輪につながるドライブシャフトが平行な状態にあるため、ファイナルギヤセットの2つのギヤには**ヘリカルギヤ**が一般的に使用されます。

デフは駆動輪のドライブシャフトに対して装備されるため、FWD（前輪駆動）の場合は前輪のドライブシャフトに搭載され、

©Audi AG

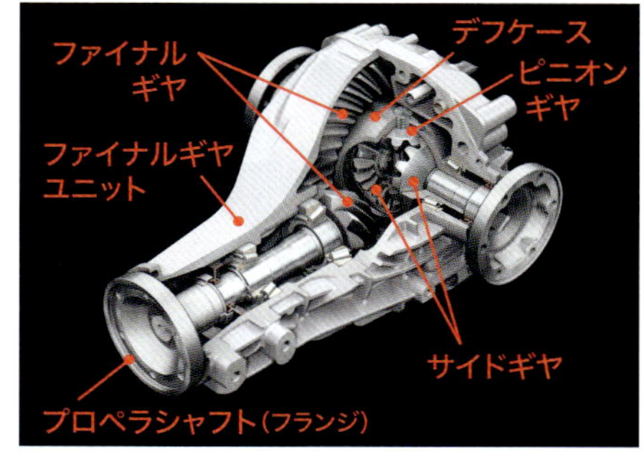

リアデフ(FR仕様車)
ファイナルギヤセットとディファレンシャルギヤはファイナルギヤユニットとして一体化される。FR仕様のリアに搭載されるデフはリアデフとも呼ばれる。

AWD（全輪駆動）では前輪と後輪の双方のドライブシャフトに装備されます。また、AWDの場合は左右輪だけでなく、前後の車輪の差動を生むためのセンターデフ（p.282参照）などが必要になります。

プロペラシャフトとドライブシャフト
エンジン動力を車輪に伝える車軸がドライブシャフト。AWDでは前後輪の車軸がともにドライブシャフトとなり、FRではプロペラシャフトも搭載される。

フロントデフ(FFベースの4WD)
FFベースのAWD（全輪駆動）におけるフロントデフの構造例。トランスミッションからの出力はドライブギヤからフロントデフへ伝わるとともに、プロペラシャフトを介して後輪に伝達される。

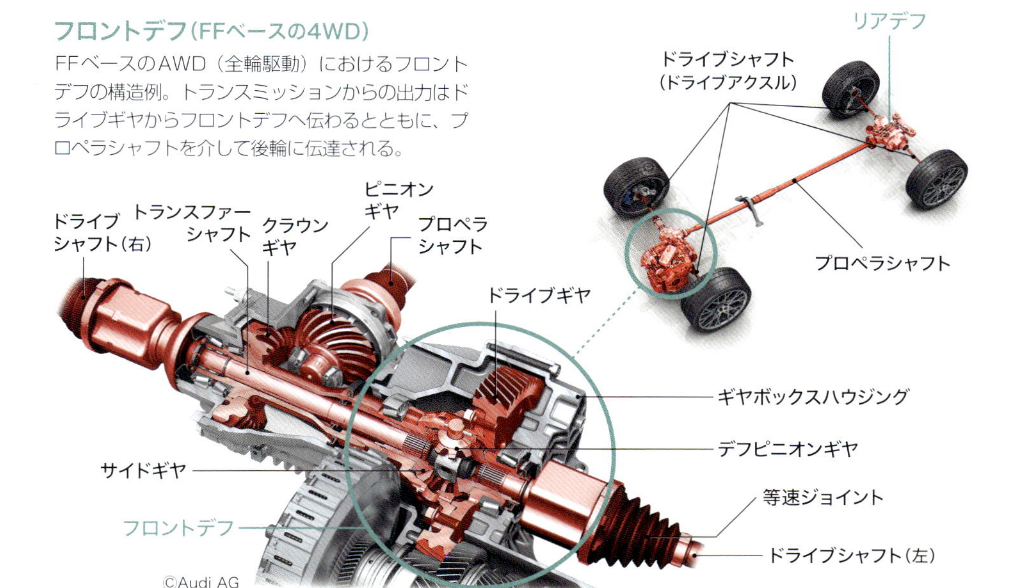

©Audi AG

7-16 トランスミッション

デフロック/LSD/電子制御ディファレンシャル

KEY WORD

- 抵抗の少ない車輪に駆動力を強く伝達するデフの機能を停止または制限する必要がある。
- 差動停止装置であるデフロックは、手動でデフを締結することで差動機能を停止する。
- 差動制限装置であるLSDは、デフの機能を走行中に随時制限することで旋回性能を上げる。

差動停止装置と差動制限装置

デフには抵抗の少ない車輪に駆動力を強く伝達するという特性があります。そのため片輪が悪路に差し掛かると、路面との抵抗の少ない車輪に駆動力が集中し、最悪の場合はその車輪が空転し、もう一方の車輪には駆動力が十分に伝わらず停止します。

また、コーナーを曲がる際には内輪の抵抗が低下し、空転気味になって回転が速くなる一方、外輪の回転が遅くなるためコーナリング性能が低下します。

この症状を防ぐのが**差動停止装置**である**デフロック**です。オフロード車に搭載されるこの機構は、車両をいったん停止し、手動でデフを締結することで差動機能を解除します。その場合は路面抵抗が低くて差動が必要ない悪路限定モードになります。

これに対して**差動制限装置**である**LSD**は、走行中にデフの差動機能を随時制限します。LSDは**トルク感応型**、**回転差感応型**のほか、**電子制御式**などに大別でき、様々な機構があります。

©Mercedes-Benz

機械式LSD(リアデフ)

クラッチ機構を搭載したメルセデスのリアデフ用の機械式LSD。左右輪の差動差が過度に大きくなるとクラッチが締結。トルクの弱い車輪へ駆動力を補う。

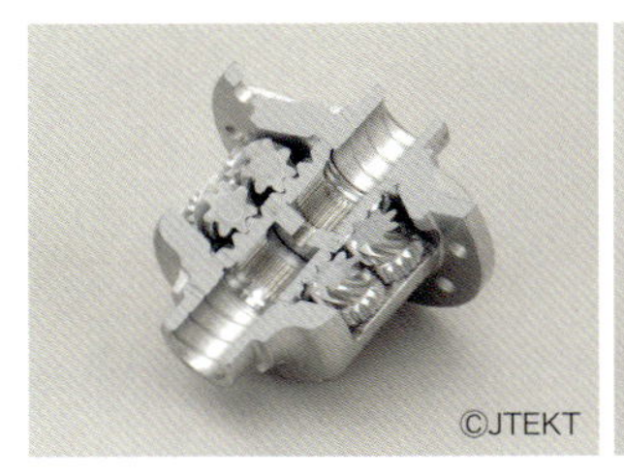
©JTEKT

トルセン TypeA(ウォームギヤ)

丸棒状のウォームギヤ(ねじ歯車)と斜歯(はすば)によるトルク感応型LSD。トルク配分率が高く、高速コーナーに対応。

©JTEKT

トルセン TypeB(ヘリカルギヤ)

平行軸歯車のヘリカルギヤを使用したトルク感応型LSD。らせん状の斜歯を持つ。差動制限設定が広くオールマイティな仕様。

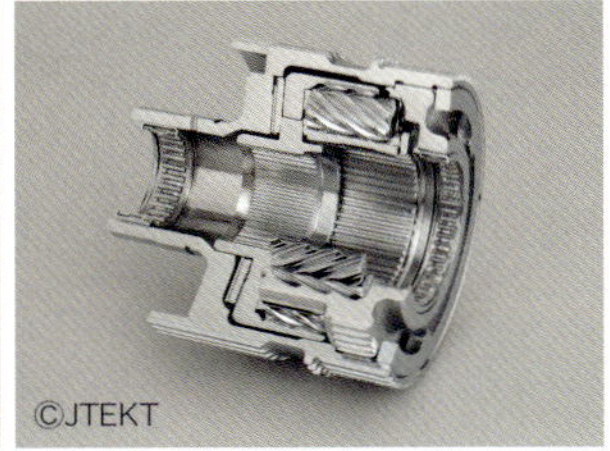
©JTEKT

トルセン TypeC(遊星ギヤ)

遊星ギヤを使用したトルク感応型LSD。SUVやHEVのセンターデフ(p.282)に使用される四輪駆動専用モデル。

©Mercedes-Benz

電子制御式LSD

トルク感応型や回転差感応型のLSDが受動的に機能するのに対し、ECU制御によって差動制限幅を状況に応じて可変。湿式多板クラッチを電気的に圧着する。

©AUDI AG

ドライブシャフト
クラッチ（右）
リングギヤ
クラッチ（左）
アクチュエーター
ドライブシャフト
ピニオンギヤ
アクチュエーター
プロペラシャフト（フランジ）

電子制御ディファレンシャル

電子制御LSDの一種であり、電子制御デフとも呼ばれる。機械式デフを持たず、2つの湿式多板クラッチを搭載。左右輪へのトルク配分はトランスミッションECUによって制御される。

■LSDの主な種類

タイプ	名称		内容
トルク感応型	機械式LSD メカニカルLSD 多板クラッチ式LSD		デフケースとサイドギヤの間に湿式多板クラッチなどを装備。差動差によってサイドギヤに圧が発生し、クラッチ板が圧着されて左右輪を同調。加速時のみに作動する1Way、加速時・減速時ともに作動する2Wayなどがある。
	メカニカルLSD	トルセン Type A	ウォームギヤ（p.276）を採用。トルク配分率が高く、差動制限力が強い。フロントデフ（p.283）、センターデフ、リアデフに使用。とくに後輪駆動スポーツ車のリアデフに適する。
		トルセン Type B	ヘリカルギヤ（p.276）を採用。トルセンAより差動制限の設定幅が広く、低トルクの分配にも対応。SUV（ライトクロカン）のフロントデフ、4WDのセンターデフにも多用される。
		トルセン Type C	遊星歯車（p.266）を採用した小型かつ軽量なモデル。本格的な四輪駆動SUVのセンターデフのために開発。前後を不等トルク配分にすることで高い安定性を再現する。
		トルセン ツインデフ	Type Cのセンターデフの内側に、ベベルギヤ式（p.276）のフロントデフを収めた構造。従来にないほどコンパクトで軽量。FFベースの高性能4WDのセンターデフ（p.282）として使用される。
	スーパーLSD		コーン（円錐）クラッチとベベルギヤ（p.276）を組み合わせた構造。シンプル構造の低コストタイプ。
回転差感応型	ビスカスLSD		高粘度なシリコンオイルを満たしたビスカスカップリング内で2軸を連結。空転が続くとオイルが熱膨張を起こして差動制限を強める。4WDのセンターデフにも用いられる。
電子制御式	電子制御LSD 電子制御デフ		機械式デフに電磁式クラッチを搭載した電子制御LSDや、機械式デフを持たず、2つのクラッチだけでトルク配分を行う電子制御デフなどがある。
	ブレーキLSD		デフではなく、左右ブレーキを独立制御することでLSDに似た効果を得る機構。疑似的な電子制御式LSDと言える。

LSDはトルク感応型、回転差感応型、電子制御式に大別される。「トルセン」は日本のジェイテクトの登録商標であり、歯車の種類でタイプを分類。センターデフは4WDトランスファー用（p.280）のデフを意味する。

7-17 エンジン搭載車の四輪駆動

4WDトランスファー

KEY WORD

- 4WDに搭載される4WDトランスファーは、前後輪に動力を伝達する役割を果たす。
- FRベースとFFベースの違いによって4WDの機構は異なる。
- 差動装置の違いでパートタイム4WD、フルタイム4WD、オンデマンド4WDに大別される。

FRベースの4WD

内燃機関車やHEV（ハイブリッド車）などの4WDでは、前後のドライブシャフトに動力を伝達する必要があります。その役割を果たす機構が**4WDトランスファー**です。単に**トランスファー**とも呼ばれます。近年の4WDモデルは、エンジンを縦置きにしたFRベースと、横置きにしたFFベースの仕様に大別できます。

FRベースの4WDの場合、エンジン動力はトランスミッション、プロペラシャフト、リアデフなどを介して後輪に伝達されます。同時に前輪への動力はトランスミッションから**トランスファー**によって取り出され、**フロント・プロペラシャフト、フロントデフ**などで伝達されます。トランスファーの機構やフロント・プロペラシャフトなどは、トランスミッションから独立する場合と内装される場合があります。

また、FRベースの4WDにおいて、エンジンからリアデフまでが直線状に並ぶものを**センタースルー式**と言い、エンジンの出力軸とプロペラシャフトが同一線上にないものは**オフセットスルー式**と呼ばれます。

FFベースの4WD

FFベースの4WDの場合は、エンジンの動力はトランスミッション、フロントデフなどを介して前輪に伝達されますが、近年の多くのモデルはトランスミッションとフロントデフを一体化した**トランスアクスル**を搭載しています。

FFベースのAWDの場合、トランスファーの機構が収まる部位は**PTU**（**パワートランスファーユニット**）とも呼ばれますが、トランクアクスルとPTUは一体化される場合もあります。PTUから取り出された動力は、プロペラシャフトやリアデフなどを介して後輪に伝達されます。

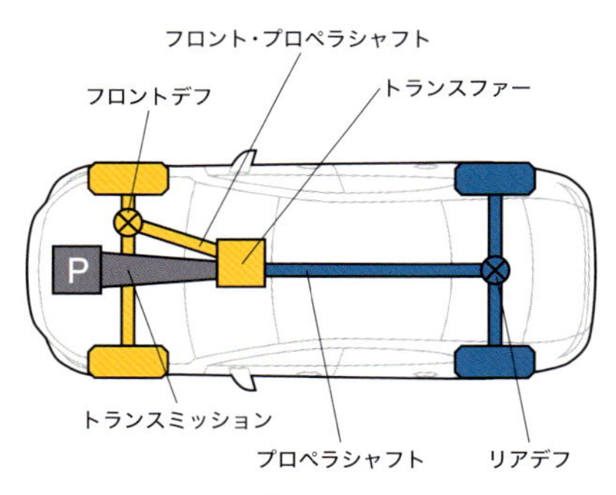

FRベースの4WD機構

縦置きのトランスミッションからトランスファーによって出力が取り出され、フロント・プロペラシャフトなどを介して前輪に駆動力が伝達される。

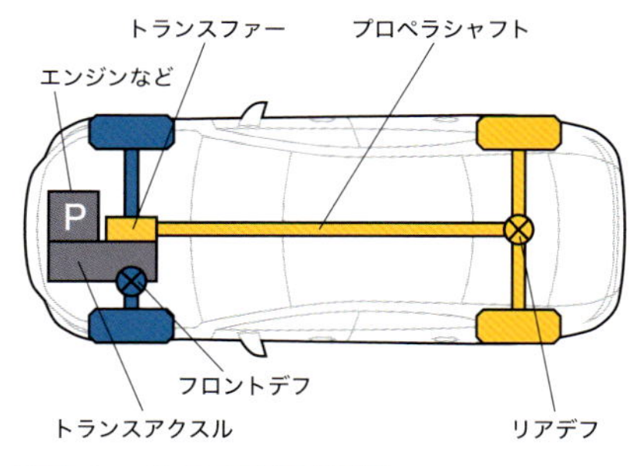

FFベースの4WD機構

横置きのトランスアクスルなどからトランスファーによって出力が配分され、プロペラシャフトやリアデフなどを介して後輪に駆動力が伝達される。

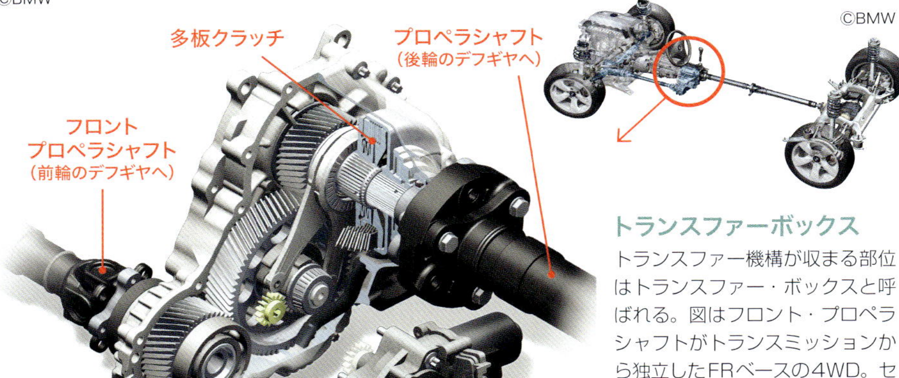

トランスファーボックス

トランスファー機構が収まる部位はトランスファー・ボックスと呼ばれる。図はフロント・プロペラシャフトがトランスミッションから独立したFRベースの4WD。センターデフに多板クラッチLSDを搭載したフルタイム4WD。

4WDの種類

4WDでは前後輪においても内輪差が発生します。そのままでは**タイトコーナーブレーキング現象**により、内輪にブレーキが掛かったような状態になります。これを回避するには前後輪に差動を与える必要がありますが、その**差動機構**の違いによって4WDモデルは以下に大別されます。

パートタイム4WDは、通常は2WDで走行し、必要に応じて手動で4WDに切り替えます。4WDでは前後輪が直結されて差動は与えられません。そのため4WD走行は車輪が滑りやすい路面でのみ可能です。

フルタイム4WD（p.282参照）は前後輪の**駆動力分配**を行う**センターデフ**を搭載するため、常時4WDでの走行が可能です。

オンデマンド4WD（p.284）は、通常は2WDで走行し、必要時には自動的に4WDに替わります。回転差感応型のビスカス・カップリングなどを搭載し、受動的にトルク配分を行う**パッシブ式**と、状況に応じてECUがトルク配分を調整する**アクティブ式**のオンデマンド4WDがあります。

トランスミッション内装式

FRベースの4WD用縦置きトランスミッション。4WDトランスファーだけでなく、フロントデフもユニット内に内装されたDCT仕様。

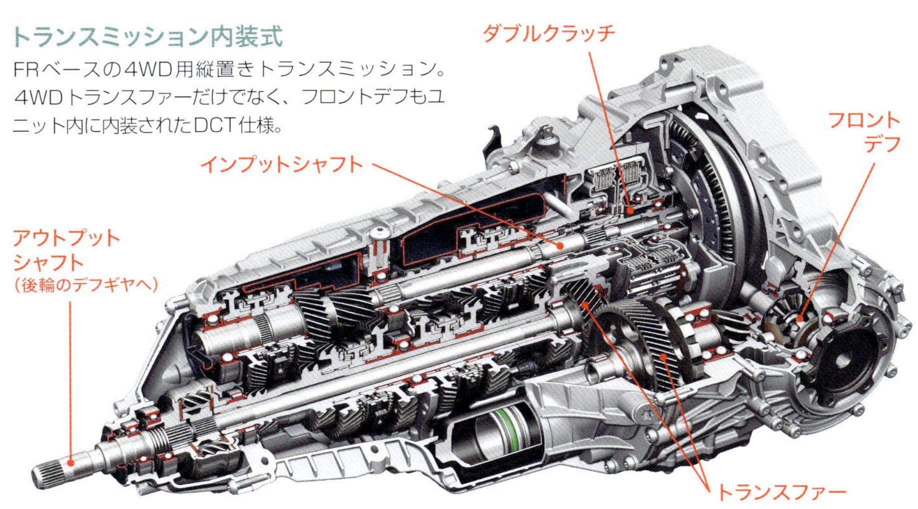

フルタイム4WD/センターデフ

KEY WORD

- センターデフを搭載するフルタイム4WDは、常時4WDで走行することが可能。
- 適切な前後駆動力分配をもたらすため、センターデフには差動制限装置(LSD)を搭載。
- LSDは車輪を空転または停止させないだけでなく、コーナリング性能にも大きく関わる。

センターデフの機構と役割

フルタイム4WDは、常に4WDモードで走行することが可能な機構です。これを可能とするのが**センター・ディファレンシャルギヤ**（**センターデフ**）です。

左右の車輪で内輪差が発生するように、4WDでは前後輪にも内輪差が発生します(p.253参照)。そのままでは**タイトコーナーブレーキング現象**によって内輪にブレーキが掛かったような症状が発生します。これを回避するため、前後輪の**駆動力分配**を担うセンターデフが搭載され、前後輪に差動を与えます。センターデフではなく**多板クラッチ**を使用する場合もあります。

センターデフの機構と動作は、左右輪のトルク配分を担うディファレンシャルギヤ(デフギヤ、p.276）と同様です。また、センターデフはデフギヤと同様、抵抗の少ない車輪に駆動力を強く伝達するという特性を持ちます。そのため、そのままの機構では路面との抵抗が少ない車輪に駆動力が集中することで空転し、同時に他の車輪が停止してしまいます。それを防ぐために、センターデフにおいても**差動制限装置**である**LSD**が搭載されます。

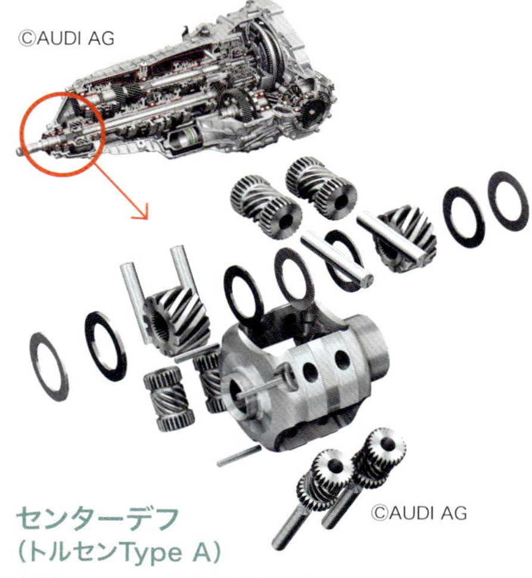

センターデフ（トルセンType A)
トランスファーとともにセンターデフをトランスミッションに内装した仕様。手前がセンターデフの分解図。ウォームギヤを使用したLSDを搭載している。

センターデフ式フルタイム4WD

(FRベース、縦置きタイプ)

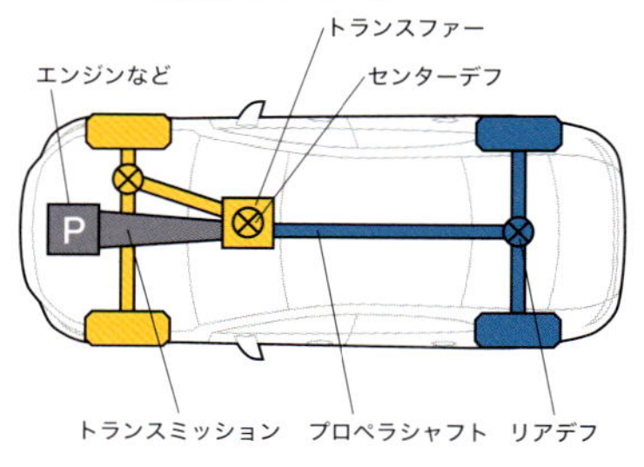

(FFベース、横置きタイプ)

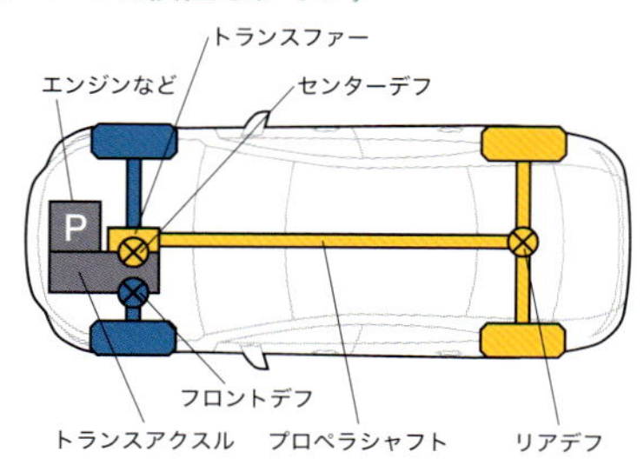

FRベースの場合、センターデフは縦置きトランスミッション後端に、トランスファーの一部として搭載されるのが一般的。FFベースの場合はトランスファー、またはトランスアクスルの一部として搭載される。

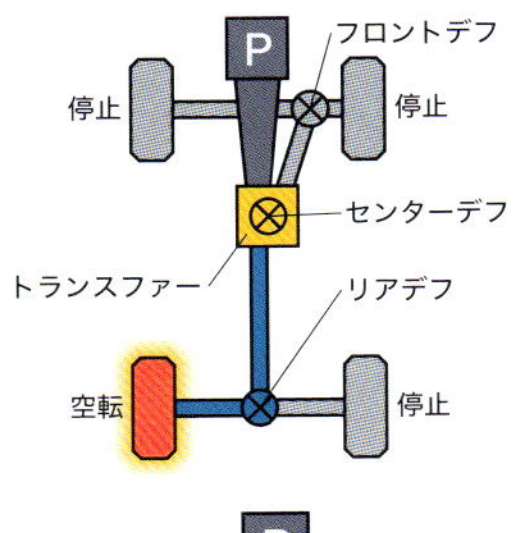

LSDなし

1つの車輪が空転すると駆動力がそこに集中し、路面との抵抗が強い他の車輪には駆動力が伝達されず停止する。

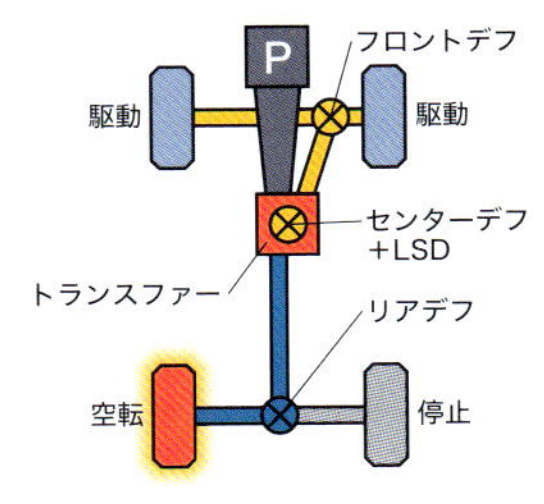

センターデフのLSDを作動

左後輪が空転すると右後輪は停止するが、センターデフのLSDが機能することにより、前輪にはトルクが分配され駆動する。

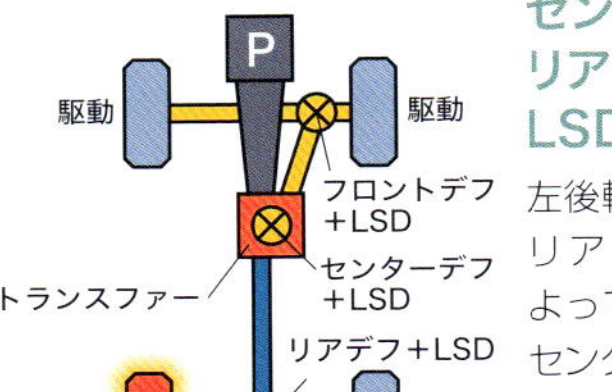

センターデフ+リアデフのLSDを作動

左後輪が空転してもリアデフのLSDによって右後輪は駆動。センターデフのLSDによって前輪にもトルクが分配される。

P
空転
駆動
フロントデフ
+LSD
センターデフ
+LSD
トランスファー
リアデフ+LSD
空転
駆動

センターデフ+前後のデフのLSDを作動

フロントデフ、リアデフ、センターデフにLSDを搭載する場合、左の前後輪が空転しても右の前後輪にトルクが伝わる。

3つのLSD

センターデフ式フルタイム4WDの場合、フロントデフ、リアデフ、そしてセンターデフのすべてに差動制限装置であるLSDが搭載されるのが一般的です。

フロントデフとリアデフが左右輪に最適なトルク配分をもたらし、センターデフが前後輪に対する駆動力分配を制御する結果、どの車輪にも最適なトルクが伝達されます。

これは1つの車輪が空転した場合に他の車輪が停止しないだけでなく、コーナリング性能にも大きく関わります。コーナーを曲がる際には外側の車輪に車重が掛かるため、その回転が内側よりも遅くなって旋回性能が低下しますが、各デフギヤにLSDが搭載されていれば、全車輪に適切なトルクが配分され、その症状が回避されます。

■フルタイム4WDにおける前後駆動力配分装置（差動制限装置）

名称	内容
機械式センターデフ Mechanical Differential	プロペラシャフトの中間に搭載される場合、両軸につながる2つのピニオンギヤがサイドギヤを介してつながる。センターデフとしてもっともベーシックな仕様。この機構自体には差動制限機能はないためLSDなどと併用するのが一般的。
トルセン式センターデフ Torque Sensitive Differential	トルセンAタイプのウォームギヤ、Bタイプのヘリカルギヤ、Cタイプの遊星ギヤなどが使用される（p.276・278）。差動制限機能を持たないオープンデフからセルフロック機能を持つものに進化。近年では電子制御されたモデルもある。
多板クラッチ Multi-Plate Clutch System	一般的には湿式多板クラッチが使用される。差動が大きくなるとクラッチ板が圧着されて両軸が同調する。近年では同クラッチを電子制御したモデルもある。
ビスカス・カップリング Viscous Coupling Unit	センターデフには含まれないが、センターデフとLSDの機能を合わせ持つ。ビスカス・カップリング内を高粘度のシリコンオイルで満たした流体クラッチの一種。駆動輪が空転などして回転差が続くと、熱膨張を起こしたオイルがクラッチを圧着し、補助駆動輪にトルクが伝わる。構造がシンプルで軽量化と低コストに貢献する。オンデマンド4WD（p.284）に搭載される。

センターデフはLSDの仕様によって大別され、機械式、トルセン式、多板クラッチ式などに分かれる。その内容はデフギヤとほぼ同様（p.279）。フロントデフ、リアデフ、センターデフは同じ製品が共用される場合も多い。

7-19 エンジン搭載車の四輪駆動

オンデマンド4WD/ビスカス・カップリング

KEY WORD

- オンデマンド4WDの場合、通常は2WDで走行し、状況に応じて4WDになる。
- 前後駆動力配分装置としてビスカス・カップリングなどが搭載される。
- パッシブ・オンデマンド式4WDとアクティブ・オンデマンド式4WDに大別される。

状況に応じて4WDへ

通常は2WDで走行しつつ、状況に応じて4WDになる仕様を**オンデマンド4WD**と言います。オンデマンドは「要求に応じて」という意味を持ちます。

オンデマンド4WDにはFFベースの機構を採用するのが一般的です。直進走行する場合は、基本的には前後輪の回転数が同じであるため、駆動力は前輪にだけに伝達され、**2WD**で走行します。ただしカーブに差し掛かり、前後輪の回転数に差が生じると、**ビスカス・カップリング**などの**前後駆動力配分装置**がそれを検知し、後輪にもトルクを伝達して**4WD**となり、旋回性能を向上させます。この場合、回転数の差が大きくなるほどトルクの伝達度合いが増し、過度に回転数の差が大きくなると前後輪が直結された状態になります。

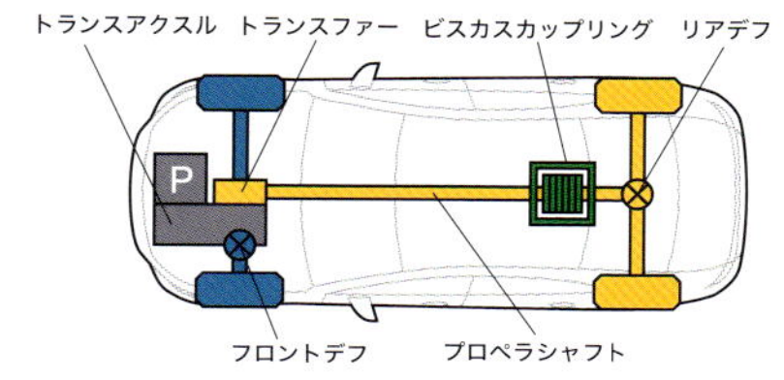

パッシブ・オンデマン4WD(FFタイプ)

ビスカス・カップリングによって両軸の回転差を受動的（パッシブ）に検知。ビスカス・カップリングはリアデフと一体化される場合が多い。

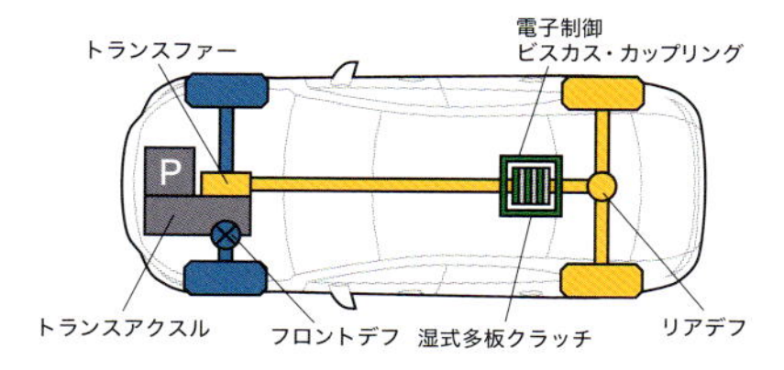

アクティブ・オンデマンド4WD(FFタイプ)

電子制御ビスカス・カップリングの内部には湿式多板クラッチが搭載される。ECUによって前後輪へのトルク配分が能動的（アクティブ）に決定される。

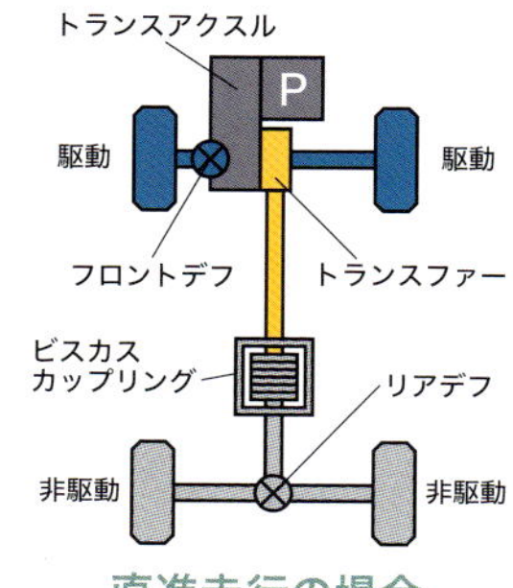

直進走行の場合

直進走行では前後輪の回転数が同じなのでエンジンの駆動力は後輪には伝達されず2WD走行。

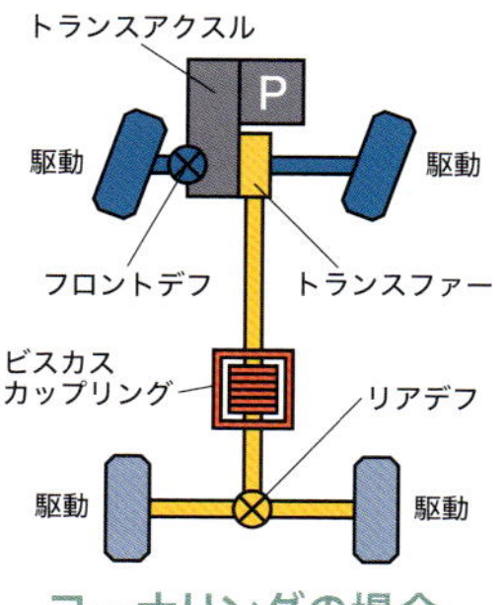

コーナリングの場合

カーブでは前後輪の回転数が変化し、ビスカス・カップリングが駆動力を伝達して4WDへ。

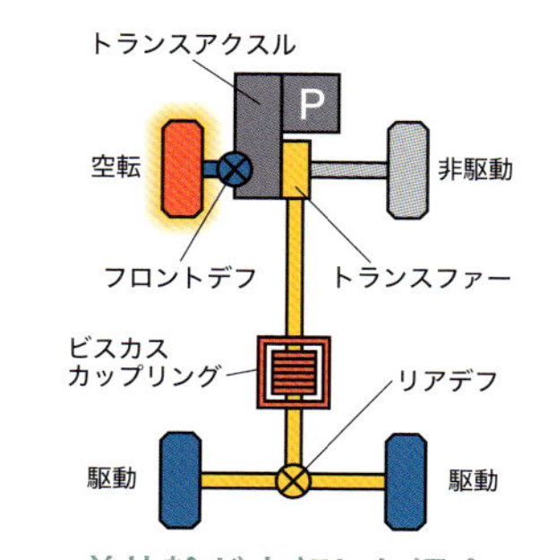

前片輪が空転した場合

フロントデフにLSD未装備であれば右前輪は停止。ただし後輪には駆動力が伝達される。

©HONDA

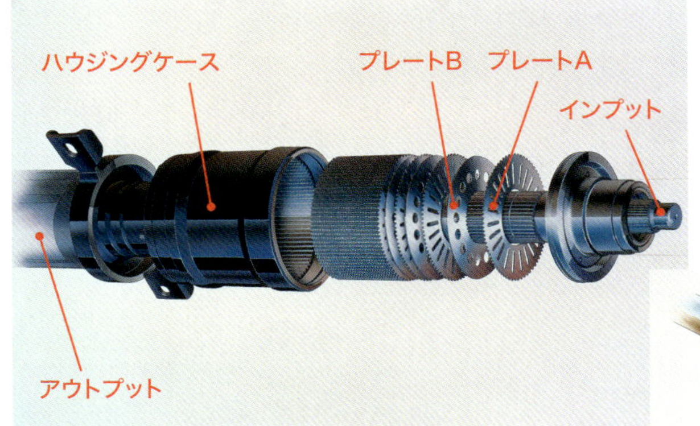

ビスカス・カップリング
シリコンオイルで満たされたハウジングケース内に2種のプレートが交互に並ぶ。インプット軸とアウトプット軸の回転差が大きい状態が続くと、その熱によってシリコンオイルが膨張してプレートが圧着され、駆動力が伝達される。

©HONDA

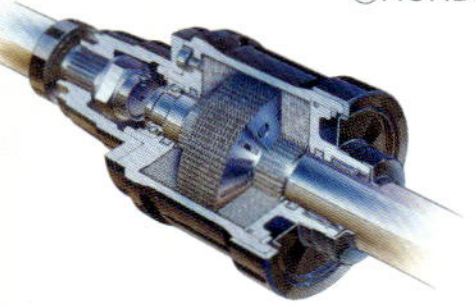

パッシブとアクティブ

ビスカス・カップリングとは、**湿式多板クラッチに似た流体クラッチの一種**です。複数の**プレート**が並ぶカップリング内には高粘度の**シリコンオイル**が充填されています。両軸の回転差が大きい状態が継続すると、その**熱によってオイルが膨張し、プレート同士が圧着されることで両軸が締結し、4WDとなって駆動力が後輪に伝達されます。**

直進走行では前後のデフギヤにつながる軸が同じ回転数であり、プレートが軸とともに回転するため熱が発生せず、両軸が締結しないので2WD走行が維持されます。

ビスカス・カップリングは両軸の回転差を受動的に検知する**回転差感応型**の駆動力配分装置であることから、**パッシブ・オンデマンド式4WD**とも呼ばれます。

一方、湿式多板クラッチを内装する**電子制御ビスカス・カップリング**の場合は、**アクティブ・オンデマンド式4WD**とも呼ばれます。この場合、内装されるプレートは電磁石、油圧、アクチュエーターなどで圧着します。

これらの電子制御システムでは、速度センサー、舵角センサー、ヨーセンサーなどからの情報がECUに集積され、その制御のもとトルク配分が決定されます。

トヨタの電子制御カップリング「ITCC」の多板クラッチ
アクティブ・オンデマンド4WDの電子制御カップリング。ECUからの指令により電磁コイルがクラッチを制御。駆動力を連続的に可変し、最適なトルク配分を決定する。

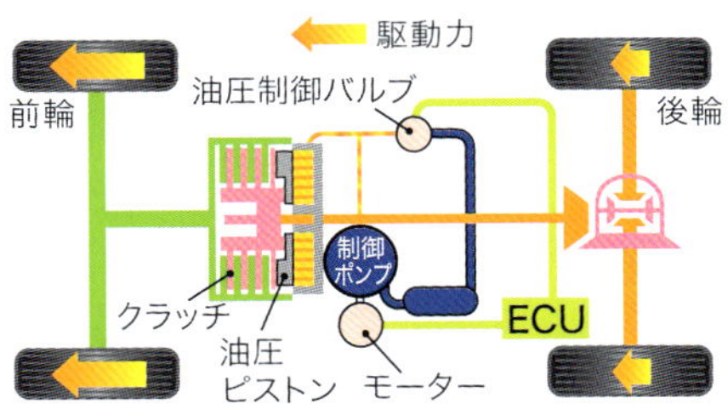

ホンダの「リアルタイムAWD」機構
油圧ポンプと電動モーターを使用。通常時はFF（2WD）で走行。ドライバーが任意で機構を作動させるとモーターが油圧ポンプを稼働。走行状況に応じて油圧制御バルブがクラッチを制御。©HONDA

COLUMN 7

ランエボに搭載された トルクベクタリング

LSD（p.278参照）を備えたデフは内輪差が生む不都合を解消しますが、トルクベクタリング・ディファレンシャルとも呼ばれる電子制御デフ（p.279）は、よりアクティブに旋回性能を高める機構として開発されてきました。トルクベクタリングとは「トルク」が働く「ベクトル」の大きさと方向を制御することを意味します。

この差動装置は片輪が空転した際、もう一方に駆動を分配するだけではなく、走行状態を様々なセンサーで検知しながら左右輪のトルクバランスを調整し、その応答性さえ読み取ります。AWDに搭載される場合が多く、その場合は全輪の駆動力が総合的に制御されます。

近年では各社が採用していますが、国内でその先駆的役割を果たしたのは、三菱が1996年に発売したランサーエボリューションのシステム「AYC」です。

AYC

AYCとはアクティブ・ヨー・コントロールの略称。舵角、速度、ブレーキ、旋回Gなどのセンサー情報をECUが集積し、走行状況に応じて後輪の駆動を電子制御する。

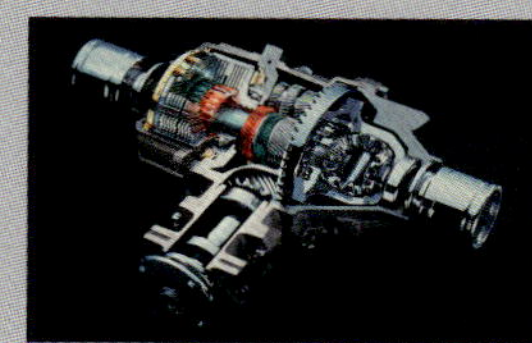

©MITSUBISHI

ランサーエボリューションIV

GSRとRSの2仕様があり、AYCはGSRに搭載。旋回時の回頭性と制動安定性を向上させた。レース仕様のRSはフロントにヘリカルLSD、リアに機械式LSD（p.279）を装備。

©MITSUBISHI

■各社のトルクベクタリング・システム

メーカー	リリース	システム名	初期搭載車
三菱自動車	1996年	AYC（アクティブ・ヨー・コントロール）	ランサーエボリューションIV
	2003年	スーパーAYC	ランサーエボリューションVIII
	2007年	S-AWC	ランサーエボリューションX
ホンダ	1996年	ATTS	プレリュード
	2004年	SH-AWD	レジェンド（4代目）
	2014年	SPORT HYBRID SH-AWD	レジェンド（5代目）
トヨタ	2018年	ダイナミックトルクベクタリングAWD	RAV4（5代目）
日産	2018年	オールモード4x4-i	ジューク16GT FOUR
メルセデス・ベンツ	1987年	AMG Performance 4MATIC+	E クラス（W124）
BMW	1985年	xDrive	E30 325iX
アウディ	1980年	quattro	クワトロ

デフに電磁クラッチを搭載した電子制御LSDや、2つの電磁クラッチを装備するものなど機構は様々。

第8章

シャシー周辺機器

Equipment on Chassis

第8章 シャシー周辺機器
Equipment on Chassis

VISUAL INDEX

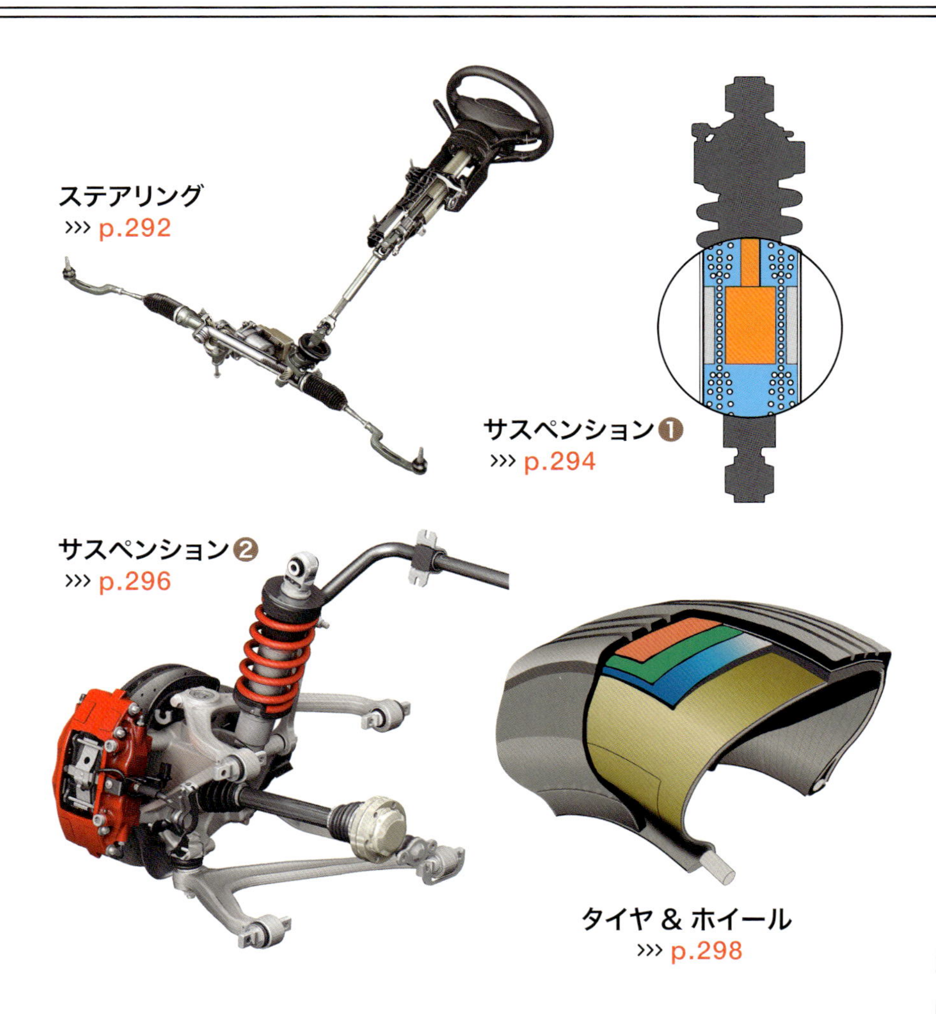

自動車のベースとなるシャシーには、ステアリング、サスペンション、タイヤ、ホール、ブレーキなど、自動車が走行するために必要となる様々なシステムが搭載されています。この章ではそれらのシャシー周辺機器を解説します。

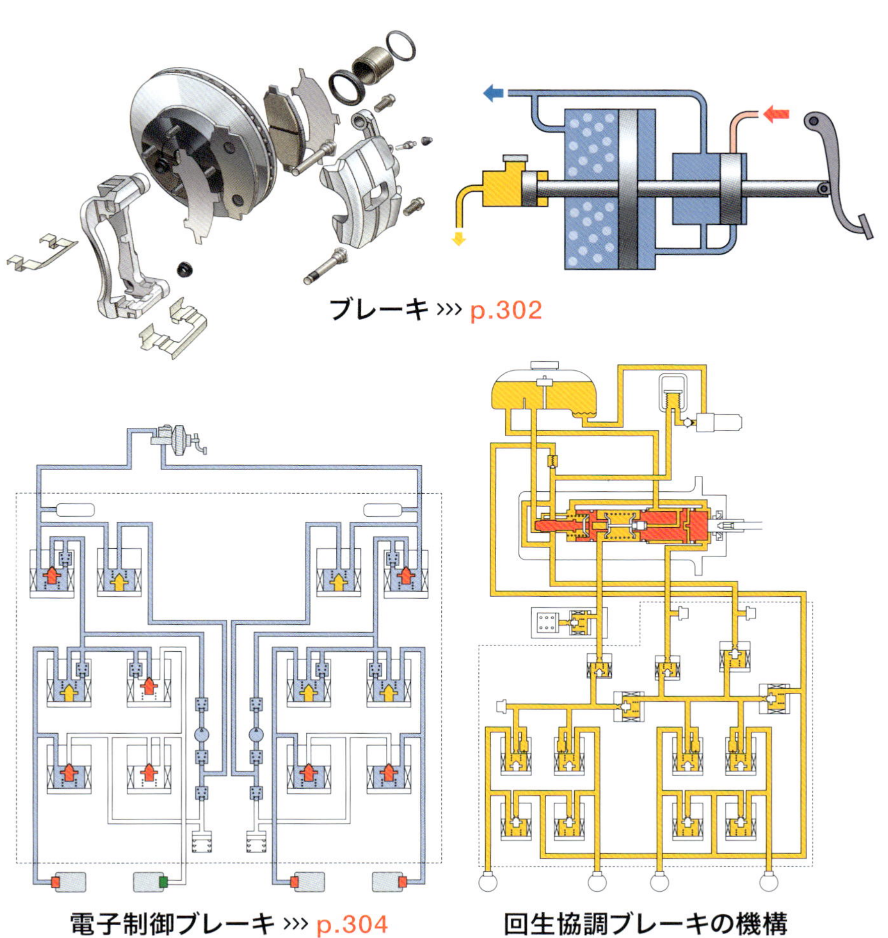

ブレーキ ››› p.302

電子制御ブレーキ ››› p.304

回生協調ブレーキの機構 ››› p.306

8-01 車はタイヤと路面の摩擦力で曲がる

操舵の原理

KEY WORD

- **コーナリング・フォース**は、タイヤの進行方向に対して内側の方向へ直角に働く。
- 前後輪のコーナリング・フォースは、車両を**旋回させる力**と**安定させる力**として働く。
- **アンダーステア**は曲がりづらい特性、**オーバーステア**は巻き込みがちな特性を意味する。

摩擦力で曲がる

車が曲がるときの運動の原理を考えてみます。カーブを曲がろうとしたとき、**ステアリング**（操舵装置）を切れば、タイヤ（操舵輪）の向きが変わります。車庫入れをするときのような低速な状態では、カーブを描く弧の半径はタイヤの舵角（p.292参照）と、前輪と後輪の間の距離（**ホイールベース**）によってほぼ決まります。

一方、車両がある程度の速度で走行するときにステアリングを操作しはじめると、車両はタイヤが向く方向に導かれますが、同時に、それまで走行していた方向（この場合は直進方向）に進む慣性が働き、車両がその方向に押し出されるような状態になります。その結果、タイヤがたどるラインは、タイヤが向く方向よりも外側へ膨らみます。このときに発生するタイヤの舵角と進行方向の差を**スリップアングル**と言います。スリップアングルは車速が速いほど大きくなります。

スリップアングルが生まれるような旋回状態にあるとき、タイヤと路面との間に摩擦力が発生しますが、この摩擦力はタイヤの進行方向に対して、内側の方向へ直角に働きます。この摩擦力を**コーナリング・フォース**と言い、略して**CF**と表記される場合もあります。

スポーツ車に搭載されるような適度に柔らかくてグリップ力の高いタイヤや、トレッド幅（p.298）が広いタイヤの場合には摩擦力が高く、コーナリング・フォースが強く発生する結果、高速時においても操舵に対してリニアに反応し、ドライバーが意図したとおりの旋回が行えます。

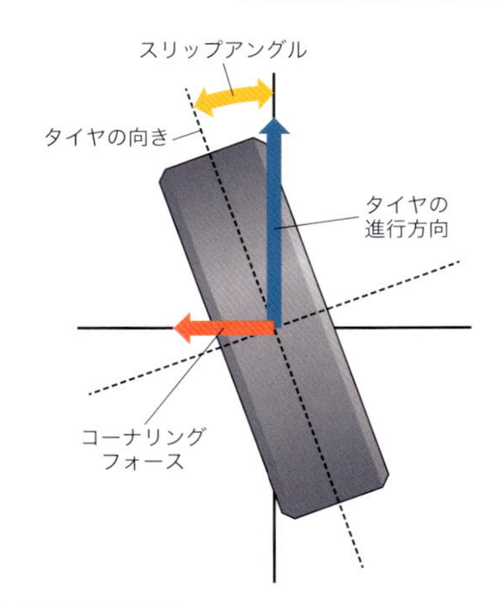

タイヤに働く力

タイヤが向く方向と、実際にタイヤが進む方向のギャップがスリップアングル。コーナリング・フォースはタイヤの進行方向に対し、内側に直角に発生する。

後輪のコーナリング・フォース

一般的な自動車では前輪が操舵輪の役目を果たします。そうした車両でステアリングを切った場合、前輪にコーナリング・フォースが生まれて車両は旋回しはじめます。その結果、後輪も旋回しますが、その後輪にも直進しようとする慣性が働いているため、後輪にもスリップアングルが生まれ、コーナリング・フォースが生まれます。

前輪に発生するコーナリング・フォースは、主に車両を旋回させようとする力として働き、後輪のコーナリング・フォースは、主に車両を直進方向に安定させる力として働きます。

安定性を生む後輪のコーナリング・フォース

コーナリング・フォースは後輪にも発生する。前輪のコーナリング・フォースが車両を旋回させる摩擦力となるのに対し、後輪のコーナリング・フォースは旋回時の安定性を車両にもたらす。

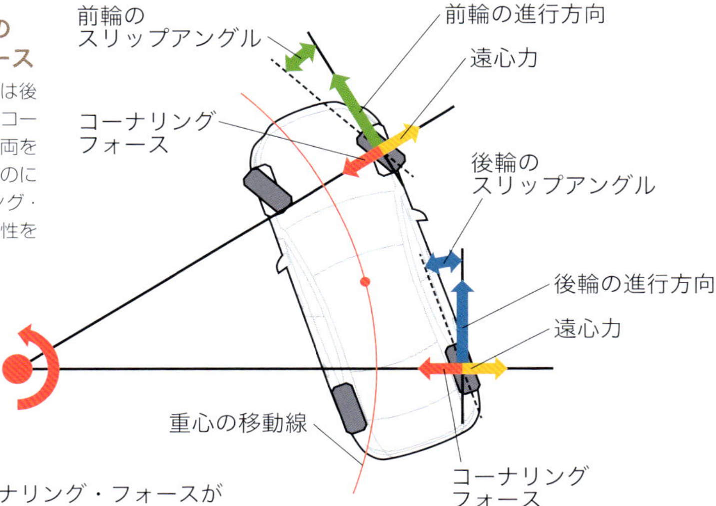

前輪と後輪のコーナリング・フォースが適度にバランスすることにより、車はスムーズにコーナーを曲がります。このとき車両を鉛直方向（※1）に貫くZ軸には**ヨーイング**と呼ばれる回転運動が起こります。

ステアリングの特性

一定の大きさの円上を旋回することを**定常円旋回**と言います。前輪と後輪のコーナリング・フォースなどのバランスが取れていれば、その車両はスムーズに定常円旋回を行うことができます。

また、ステアリングの特性を指す言葉としてアンダーステアとオーバーステアがあります。**アンダーステア**とは、旋回中に速度を上げていった場合に、旋回の半径が大きくなる現象を指します。逆に**オーバーステア**では旋回半径が小さくなります。

もしコーナーを曲がる際に前輪のコーナリング・フォースが小さければ、車両がスムーズに曲がらないアンダーステアの症状が表れます。一方、後輪のコーナリング・フォースが小さくて遠心力に負けてしまう場合には、車両が内側に巻き込むオーバーステアの症状が表れ、スピンを起こしやすくなります。

車両に働く3軸の挙動

Z軸を中心とした回転をヨーイング、前後方向のX軸に対する回転をローリング、Y軸の回転をピッチングと言う。旋回はヨーイングの制御とも言える。

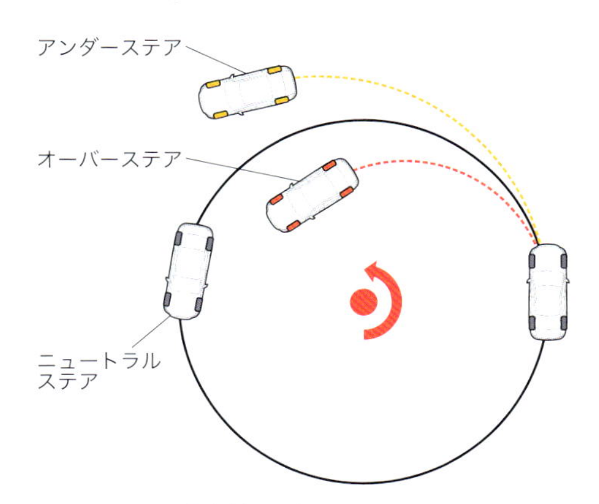

ステアリング特性の違い

定常円旋回から速度を上げていった際、外側に膨らむ特性をアンダーステア、内側に巻き込む特性をオーバーステア、その中間をニュートラルステアと言う。

※1／地球の重力が作用する方向。

8-02 主流は電動パワーステアリング

ステアリング

KEY WORD

- ハンドルの回転運動は、ステアリング・ギヤボックスで直線運動に転換される。
- 操舵をアシストするパワーステアリングは油圧式と電動式に大別される。
- EPSにはコラムアシストEPS、ピニオンアシストEPS、ラックアシストEPSがある。

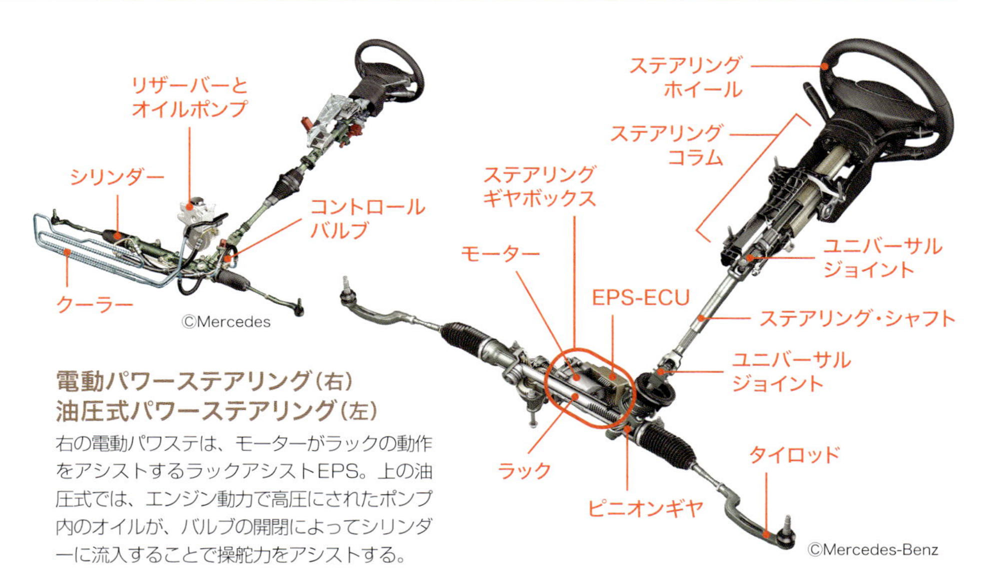

電動パワーステアリング(右)
油圧式パワーステアリング(左)
右の電動パワステは、モーターがラックの動作をアシストするラックアシストEPS。上の油圧式では、エンジン動力で高圧にされたポンプ内のオイルが、バルブの開閉によってシリンダーに流入することで操舵力をアシストする。

基本構造と部位名

一般的な自動車は前輪の向きを変化させることで進行方向を変えますが、その操作を**操舵**と言い、その役割を担う車輪を**操舵輪**と言います。また、その際にタイヤに与えられる角度を**操舵角**、または**舵角**と言い、その操作を行うための装置全般を**ステアリング・システム**（操舵装置）と言います。一般的にハンドルと呼ばれる部位は**ステアリング・ホイール**とも呼ばれます。

ステアリング・システムには油圧式パワーステアリングと電動パワーステアリングがありますが、まずはそれらの基本動作を見ていきます。

ステアリング・ホイールを回すと、その回転が**ステアリング・シャフト**を介して**ピニオンギヤ**（小歯車）に伝わり、その回転が**ラック**と呼ばれる棒状または板状の歯車によって直線運動に変換される結果、**タイロッド**が左右に動作します。ピニオンギヤやラックが収まる部位は**ステアリング・ギヤボックス**と呼ばれます。

操舵輪の車軸（※1）は**ハブ**と**ハブキャリア**で保持され、そのハブキャリアは**ナックル**とユニット化されています。ナックルから伸びる**ナックルアーム**とタイロッドが連結し、それが左右に動作することで操舵輪に舵角が与えられます。

ラックとピニオンギヤによるこの機構は**ラック&ピニオン式**と呼ばれ、現行モデルの多くがこの機構を採用しています。他に**ボール・ナット式**がありますが、近年その採用例は多くありません。

※1／操舵輪が非駆動輪の場合の車軸はスピンドルシャフト、駆動輪の場合はドライブシャフト。

油圧式と電動式

現行モデルは一般的に**パワーステアリング**（パワステ）を装備しています。ドライバーがハンドルを回す力はラック＆ピニオン式の機構によっても増幅されますが、車重の掛かった操舵輪を操作する際には負荷が高いため、それをパワーステアリングによって軽減します。従来のパワーステアリングには油圧式が採用されていましたが、昨今では電動式が主流となっています。

油圧式パワーステアリングは操舵感がナチュラルで路面状況を把握しやすい一方、構造が複雑になります。また、油圧を高めるポンプ駆動をエンジン動力に頼るため、**機械損失**（補機駆動損失）が増加し、燃費の悪化につながる傾向にあります。

電動パワーステアリング（EPS）は構造がシンプルで、エネルギーロスが少ないと言えます。モーターの搭載位置によってタイプが大別され、**コラムアシストEPS**の場合はステアリング・シャフト（ステアリング・コラム）に対して作用。**ピニオンアシストEPS**や**ラックアシストEPS**の場合は、ステアリング・ギヤボックス内の各ギヤに対してモーターがアシストします。

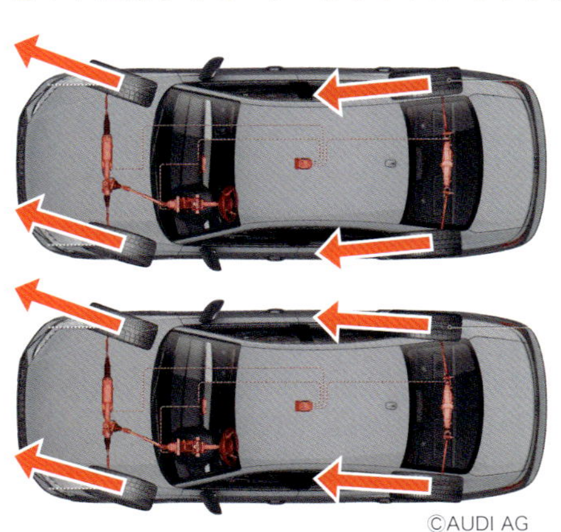

全輪ステアリング機構

後輪に舵角が与えられるこの機構では、後輪の舵角を前輪と逆位相にすれば回転半径を小さくでき、同位相にすれば高速走行時の車線変更などがスムーズになる。

タイロッドとナックルアーム

ナックルアームは、ハブキャリアなどと一体化したナックルから伸びる。そこにタイロッドが連結し、左右に直線運動することでタイヤに舵角が与えられる。

また近年では、ハンドルからホイールに至る機構が機械的につながらず、すべてを電気信号で伝える**ステアリング・バイ・ワイヤ**と呼ばれる方式も実用化されており、自動運転につながる技術とされています。

また、前輪だけでなく、後輪に舵角を与える**全輪ステアリング機構**を採用するモデルもあります。この場合、後輪の向きを前輪と同方向にする同位相と、逆にする逆位相によってステアリング特性が変わります。

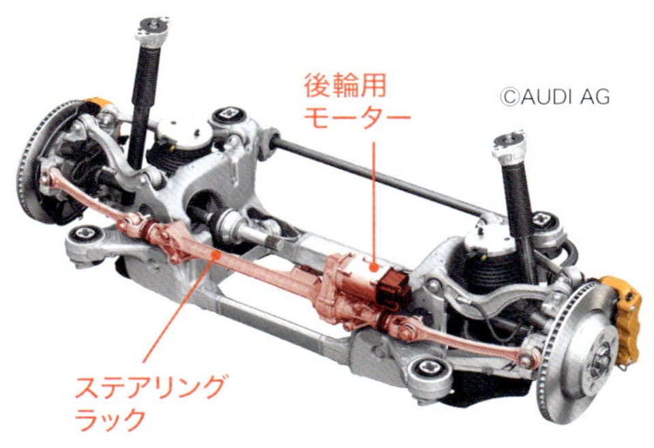

全輪ステアリング機構の後輪の構造

赤い部位が後輪ステアリングに関連することを示す。後輪用モーターがステアリング・ラックを左右に動作させることによって後輪に舵角が与えられる。

8-03 タイヤを路面に接地させ、車両の挙動を安定させる

サスペンション①

KEY WORD

- **サスペンション**は車体の揺れを低減するとともに、駆動力、制動力、操作性を向上させる。
- 左右輪のアクスルを連結した**車軸懸架式**と、独立させた**独立懸架式**に大別される。
- **コアスプリング**と**ショックアブソーバー**を併装することで、車両の挙動はより安定する。

車軸懸架式
(リジッド・アクスル)
トレーリングアームの先端が支点となりサス全体が上下に可動。その動きをコイルスプリングとショックアブソーバーが受ける。左右輪はトーションビームで連結。その内部にねじり棒バネであるトーションバーを内蔵。

トーションビーム式

車軸懸架式と独立懸架式

サスペンション（サス、懸架装置）とは、車体とタイヤをつなぐ機構です。その役割は主に2つあり、1つは路面からの衝撃を吸収することで車体の揺れを低減し、快適な乗り心地を確保すること。もう1つは、タイヤを路面に接地させることです。路面の凹凸などによってタイヤが路面から浮くと、駆動力や制動力が低減し、操作性が低下します。上下方向に動くサスペンションがタイヤを常に路面に押し付けようとすることで、これらの症状が軽減されます。

サスペンションは、左右輪をまとめて保持する**車軸懸架式**と、独立させた**独立懸架式**に大別されます。車軸懸架式では左右輪をトーションビームで連結した**トーションビーム式**が一般的で、主にFFの後輪に採用されます。独立懸架式には様々な方式がありますが（p.296参照）、機構がシンプルな**ストラット式**が代表的であり、小型車の前輪などに多く採用されています。

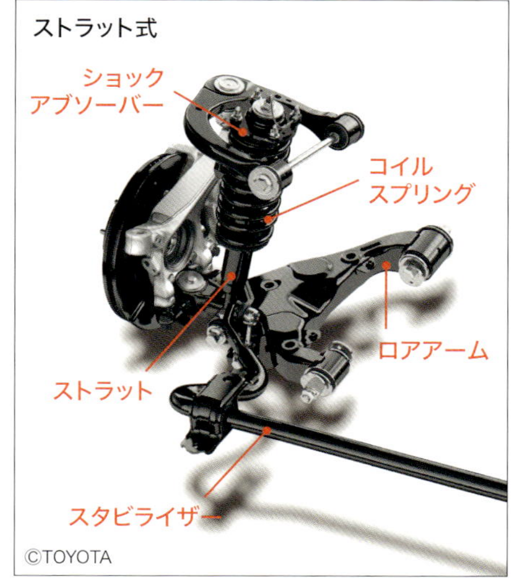

独立懸架式
(インディペンデント・アクスル)
操舵輪の例。ロアアームの先端が支点となりサス全体が上下に可動。ストラットを支柱とし、コイルスプリングとショックアブソーバーがその動きを受ける。

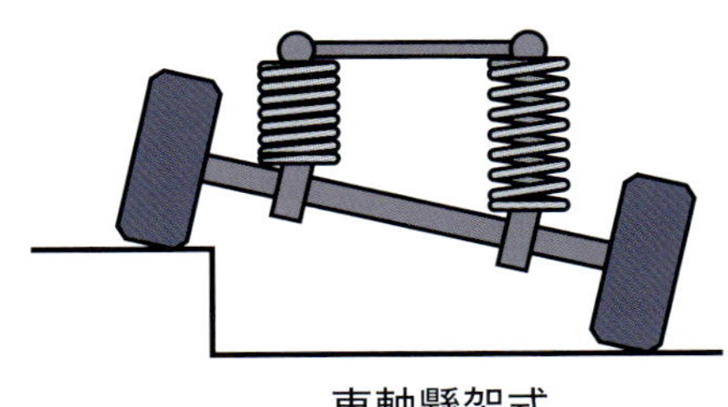

車軸懸架式

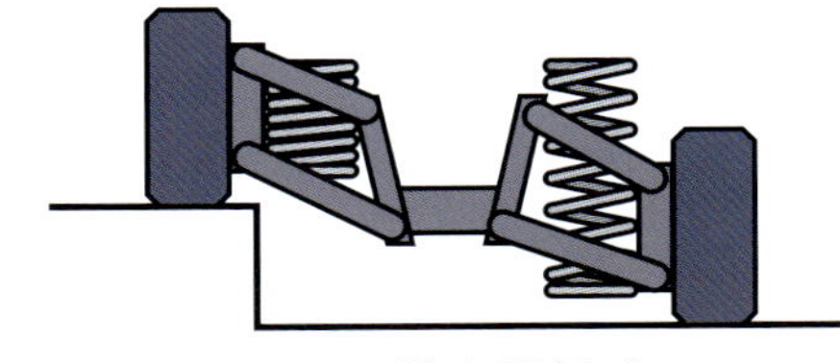

独立懸架式

懸架式の違いが挙動に及ぼす影響
車軸懸架式の場合、一方の車輪の動きがもう一方の車輪の動きに連動すると同時にその動きを制限するため、サスペンションの効果が限定的になる。これに対して独立懸架式の場合は、左右輪の動きの自由度が高く、サス効果が高まる。

ローリング特性

車軸懸架式の場合、左右輪の一方が上下運動すると、もう一方にもその動きが伝わるため、**ローリング**（p.291）しやすい傾向にあります。これに対して独立懸架式の場合、左右輪が独立しているためその挙動が抑制され、左右輪それぞれのサスペンションの効果が発揮されやすくなります。

ただし、左右のサスがそれぞれ可動する独立懸架式では、カーブを曲がる際に内側のサスが伸び、外側が縮むなどして、ローリングの挙動が大きくなる可能性があります。これを抑えるため、左右輪は**スタビライザー**でリンクされる場合があります。

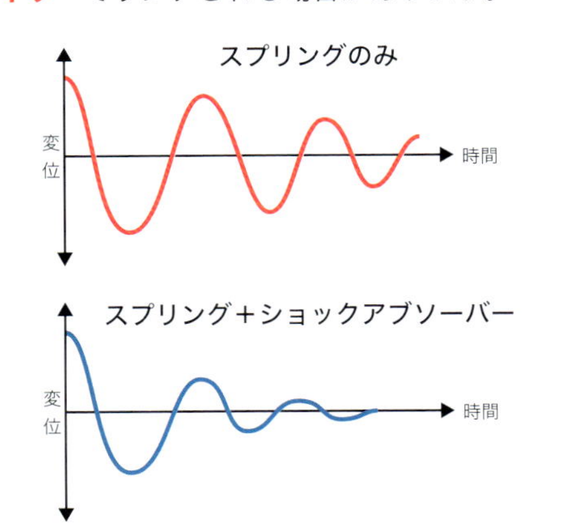

ショックアブソーバーの効果
コイルスプリングのみの場合はその伸縮が持続するが、速くて大きな上下運動を抑制するショックアブソーバーを併装することで車体の揺れが早期に減衰する。

ショックアブソーバーの働き

地面からの衝撃は主に**コイルスプリング**が吸収しますが、その伸縮は持続し、乗り心地と操作性に悪影響を及ぼします。その症状を抑えるのが**ショックアブソーバー**です。同機構は細かくて緩慢な動きにはあまり反応せず、大きくて速い動きに対して強い抑制力を発揮します。そのため高速で曲がる際のローリングや、強くブレーキを踏んだ際のピッチングなどを素早く**減衰**させます。

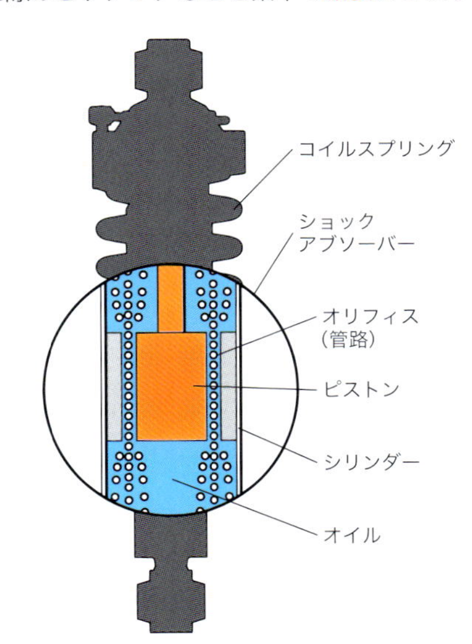

ショックアブソーバーの構造
外部からの動きがピストンを上下運動させる。その結果、オイルが細いオリフィスを通って移動しようとするが、そのとき発生する抵抗が上下運動を減衰させる。

8-04 上位モデルに搭載されるハイグレードなサスペンション

サスペンション②

KEY WORD

- **独立懸架式**には**ストラット式**、**ダブルウィッシュボーン式**、**マルチリンク式**などがある。
- **ダブルウィッシュボーン式**は、高いレベルでタイヤと路面の**摩擦力**を安定化させる。
- **マルチリンク式**は、ストラット式やダブルウィッシュボーン式をさらに発展させた方式。

ダブルウィッシュボーン式
リアに採用した例。アッパーアームとロアアームがハブキャリアを上下から挟み込む。ハブキャリアに接続するスタビライザーが左右輪の動きを制限し、車体のローリングを抑える。

ダブルウィッシュボーン式

前ページで紹介した**ストラット式**の**独立懸架式サスペンション**は、構造がシンプルでコンパクトに設計でき、製造コストを抑えることができるため、とくに低価格帯のモデルや小型車の前輪（操舵輪）に多く採用されています。また、独立懸架式にはストラット式のほか、ダブルウィッシュボーン式、マルチリンク式などがあります。

ダブルウィッシュボーン式には、鳥の叉骨（さこつ、wishbone）に似たA字型のアームが2組使用されます。ホイールを保持する**ハブキャリア**を2組のアームが上下から挟み込んで保持します。各アームは車体側に接続する部分を支点としてハブキャリアを上下に動作させます。その動きは**コイルスプリング**と**ショックアブソーバー**が受け止めますが、その軸の頂部は車体側のタイヤハウジングに固定されます。

この方式は設計の自由度が高いため、設計者はアームの長さや取り付け位置を工夫することによって、理想的なホイールの挙動、スムーズなサスペンションのストローク、高剛性な構造のほか、タイヤと路面の摩擦力を安定化させることが可能です。

一方、構造が複雑になる、生産コストが高くなる、アッパーアームを収めるスペースが必要になるなどのデメリットがあるほか、サスペンションより下部の重量（**バネ下重量**、※1）が増加する傾向にあります。

アッパーアームは上図のような位置でナックルを保持するのが一般的ですが、右ページの上図（**ハイマウント・アッパーアーム方式**）のように、ナックルを上部へ延ばし、高い位置で保持する機構もあります。

※1／サスペンションのダンパー効果が働かないこの部位の重量が大きいと、タイヤの路面追従性が悪化する。

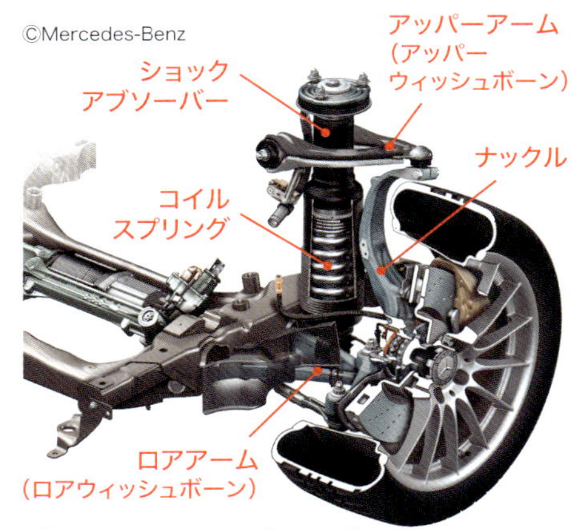

ダブルウィッシュボーン式（ハイマウント・アッパーアーム方式）

フロントサスを車体左前から見た図。上に延長されたナックルをアッパーアームが高い位置で保持。ロアアームはA字型を採用。L字型を採用するモデルもある。

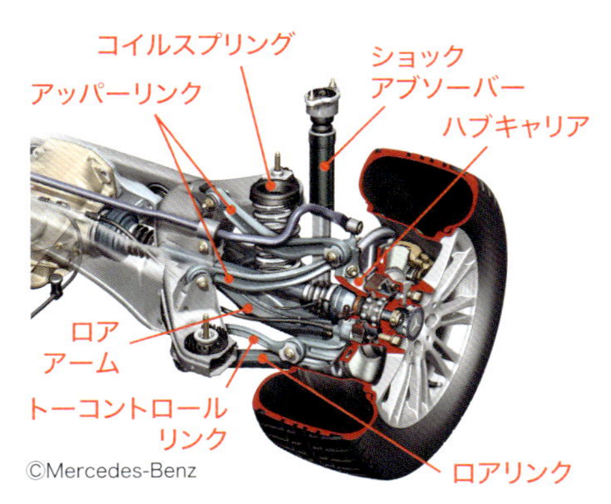

マルチリンク式

リアサスを車体左前から見た図。4リンクとロアアームがハブキャリアにつながる5リンク構成。このモデルではスプリングとショックアブソーバーが独立。

マルチリンク式

マルチリンク式は特定の形態を持たないサスペンション方式であり、ハブキャリアを5ヵ所で保持する**5リンク**、または**6リンク**が多く採用されています。ストラット式やダブルウィッシュボーン式をさらに発展させた方式と言え、アームを分割してより厳密な動作を再現する、または補助リンクを設けてタイヤの可動域を制限します。

左図のマルチリンク式では、主にロアアームによってハブキャリアが保持され、さらに4つのリンクでその可動域を制限し、ホイールに最適な挙動をもたらしています。

ブレーキを掛けたときやコーナリングの際、左右輪を上から見ると平行な状態からハの字型に開く、つまり左右輪の前方が離れる方向に角度が付く傾向が表れます。その角度を**トー角**、その開く状態を**トーアウト**（※2）と言いますが、**トーコントロールリンク**はその動きをキャンセルします。

電子制御サスペンション

サスペンションの減衰力を電子制御によって可変するシステムが**電子制御サスペンション**です。車両に働くG、各軸（p.291参照）の傾き、車高などを各センサーで検知し、その情報を**ECU**に集積し、ショックアブソーバーなどに指令を出します。

電子制御サスペンションが搭載する**可変ショックアブソーバー**は、内部オイルの量と圧力をバルブで調整する、または**オリフィス**（p.295）の広さを可変することで減衰力を変化させます。また、一部モデルでは**エアスプリング**を使用し、その気圧で減衰力を調整します。

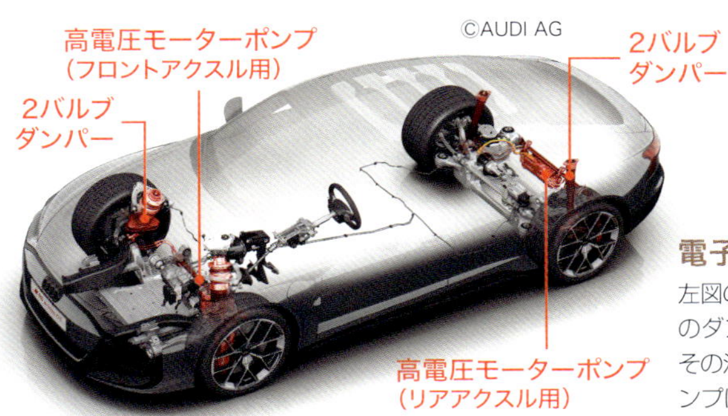

電子制御サスペンション

左図のアウディ RSの場合、各輪に2バルブ式のダンパー（ショックアブソーバー）を搭載。その油圧は前後に計2基搭載されるモーターポンプによって維持される。

※2／タイヤの前方が閉じる状態はトーイン。あらかじめトーインにセットする場合もある。

8-05 チューブレスのラジアルタイヤが主流、アルミホイールが人気

タイヤ＆ホイール

KEY WORD

- **タイヤ**はカーカスコードの違いにより、**ラジアルタイヤ**と**バイアスタイヤ**に大別される。
- 近年の乗用車には、**チューブレス**の**ラジアルタイヤ**が一般的に使用される
- **ホイール**は**ディスク**、**アウターリム**、**インナーリム**の3つの部位で構成される。

❶トレッド
❷オーバーレイヤー
❸ベルト（ナイロンコード）
❹ベルト（高モジュラスコード）
❺アンダートレッド
❻ビードヒール
❼ビード
❽インナーライナー
❾カーカスコード
❿ビードワイヤー
⓫サイドウォール
⓬ショルダー

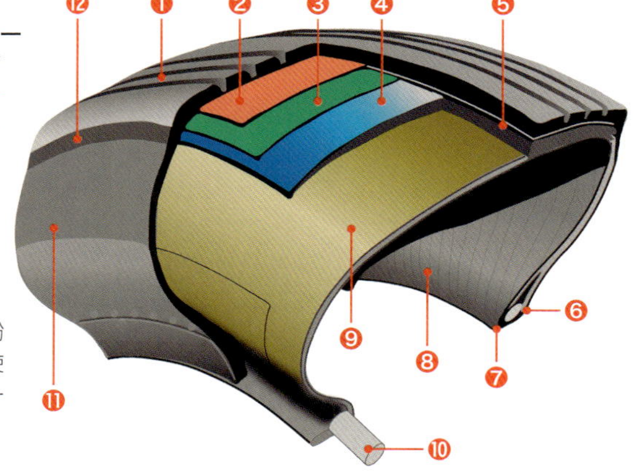

ラジアルタイヤの構造

トレッド面にはカーボンブラック（炭素の微粉末）を添加したコンパウンド（複合ゴム）が使用される。ベルトが遠心力で浮かないようオーバーレイヤーで補強する製品もある。

ラジアルとバイアス

タイヤは主に、路面に接する**トレッド**、車重を保持しながらダンパーの役割を果たす**サイドウォール**、それらをつなぐ**ショルダー**、タイヤの骨格となる**カーカスコード**、ホイールに固定するための**ビード**と**ビードワイヤー**などで構成されます。

タイヤはラジアルタイヤとバイアスタイヤに大別でき、その違いは主にカーカスコードの繊維の方向にあります。**カーカスコード**とは、ポリエステルやナイロン、スチールで編んだ繊維をゴムで補強した素材で、衝撃、荷重、空気圧への耐性を持ちます。

ラジアルタイヤでは、カーカスコードの繊維がタイヤの中心線から放射状（ラジアル）に伸びるよう配置され、**バイアスタイヤ**では斜め（バイアス）の繊維が交互に重

ラジアルとバイアスの構造

横浜ゴムの例。ラジアルタイヤにはスチール製のカーカスとベルトを採用。バイアスタイヤにはナイロンカーカス、ナイロンブレーカーを使用。

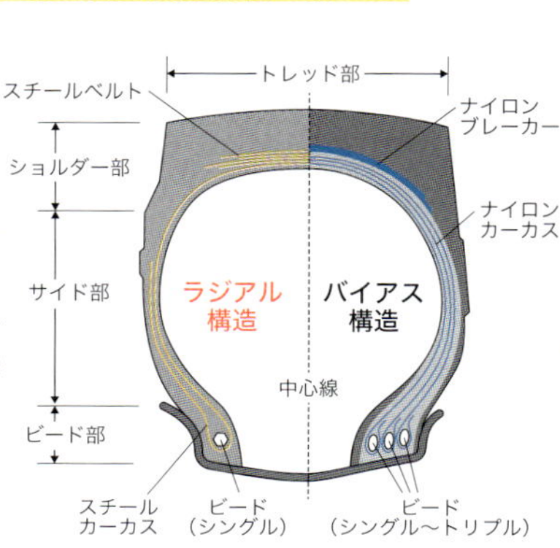

従来品
ランフラットタイヤ
内圧正常時の状態
空気圧0%の状態
空気圧0%の状態
サイド補強ゴム

サイド増強型ランフラットタイヤ

空気が抜けた形状を青く示す。従来品では空気圧が0%になると外径を保てないが、サイドウォールに補強ゴムが入るランフラットタイヤでは形状が保持される。

ホイールとハブ

ホイールはハブにボルトで固定され、ホイール、ハブ、ドライブシャフトがともに回転する。そのハブをハブキャリア（非回転）がベアリングを介して保持する。

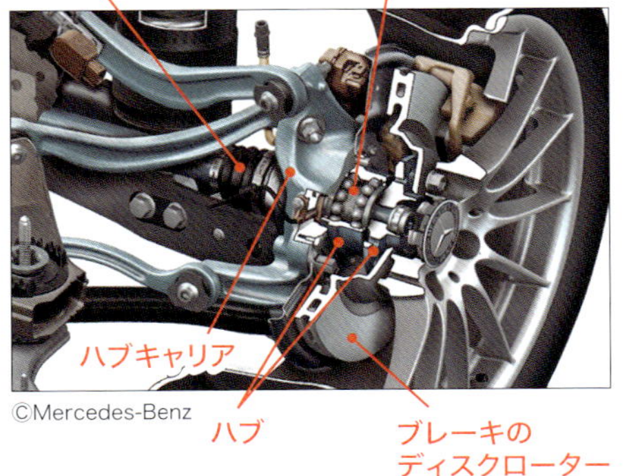

©Mercedes-Benz

なります。バイアスタイヤは乗り心地がソフトですがトレッドが変形しやすく、対してラジアルタイヤは剛性、操縦性、安定性、摩耗性、燃費に優れるため、近年の乗用車にはラジアルタイヤが使用されます。カーカスコードの上層はナイロン製やスチール製の**ベルト**で覆われ、タイヤ全体の剛性と耐久性がさらに高められます。近年ではチューブがなく、タイヤ全体で空気を保持する**チューブレスタイヤ**が一般的です。

また、**ランフラットタイヤ**も普及しつつあります。通常のタイヤはパンクすると空気が抜けて走行できなくなりますが、サイドウォールが補強されたランフラットタイヤであれば、空気が抜けてもある程度の速度で一定距離走行できます。

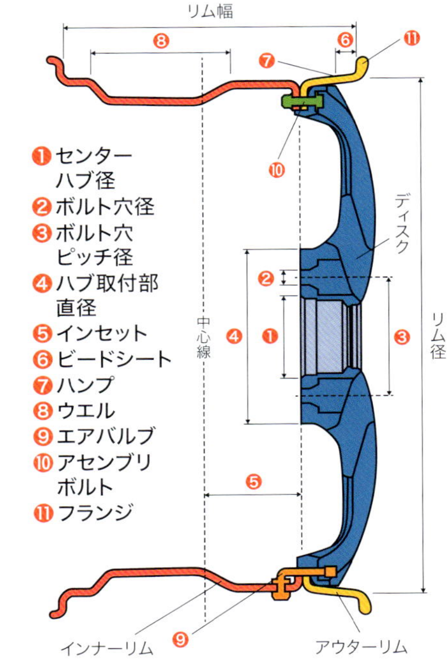

ホイールの各部名称と寸法

ホイールはディスク（青）、アウターリム（オレンジ）、インナーリム（赤）で構成される。①にハブの先端が挿入され、②にボルトが挿入されてハブに固定される。

ホイールのピース

ホイールは主に**ディスク**、**アウターリム**、**インナーリム**で構成され、**1ピースホイール**ではそれらを一体成型します。リムを別途成型すれば**2ピースホイール**、リムを2つに分割成型すれば**3ピースホイール**になります。アルミホイールには1ピースが多く、軽量性に優れます。スチールホイールは複数ピースを溶接やボルトで結合するのが一般的です。複数ピースの場合、各部位を異なる素材・製法で製造することも可能です。

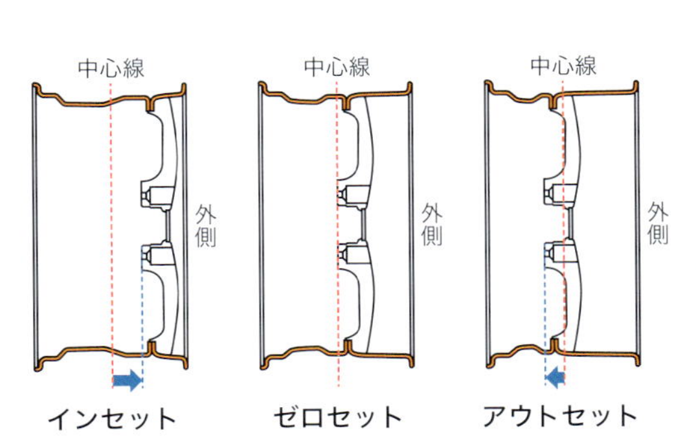

インセットとアウトセット

ホイールの中心線にディスクが位置するものはゼロセット。ディスクが外側に寄ったものはインセット、内側はアウトセットと呼ばれる。

8-06 タイヤのスペックと種類をタイヤ表記から読み取る

タイヤの規格

KEY WORD

- タイヤ表記はタイヤ幅、偏平率、種類、リム径、ロードインデックス、速度記号を示す。
- ロードインデックス(荷重指数)と速度記号は一覧表に照らし合わせて確認する。
- トレッドパターンには、リブ型、ラグ型、リブラグ型、ブロック型などがある。

タイヤ表記

右はタイヤの規格を示す**タイヤ表記**であり、タイヤ本体のサイドウォールにも刻印されています。現行商品のタイヤ表記はISO規格に則し、普通乗用車と大型車ではその内容が異なります。ここでは乗用車のタイヤ表記の内容を見ていきます。

❶の**タイヤ幅**はタイヤの**断面幅**を示しています。ISO規格ではミリメートルで表記されますが、インチで表記する商品もあります。

❷は**扁平率**を示します。タイヤ幅に対する、トレッドからビードに至る高さの割合がパーセントで示されます。

❸は**ラジアル表記**です。ラジアルタイヤは「R」、ランフラットタイヤ(p.298参照)は「RF」と表記されます。ランフラットタイヤと同様の機能を持つものでも、ISO規格の基準を満たさない場合は「R」が表記されます。

❹の**リム径**はタイヤの内径を意味し、インチで表記されます。搭載ホイールに対応したサイズを選択する必要があります。

一覧表で確認

❺の**ロードインデックス**は荷重指数とも呼ばれます。これは規定の空気圧で測定した際の、そのタイヤ1本当たりの**最大負荷能力**を示し、数値が高いほど重い荷重に耐えられることを意味します。この数値の内容を知るにはロードインデックス表に照らし合わせて確認する必要があります。ロードは負荷(Load)を意味し、ロードインデックスは「**LI**」とも表記されます。

タイヤの規格を表す「タイヤ表記」

215/55RF18 88Y

❶ ❷ ❸ ❹ ❺ ❻

❶タイヤ幅 / 断面幅(mm/インチ)
❷偏平率(%)
❸ラジアル表記
❹リム径(インチ)
❺ロードインデックス(負荷能力)
❻速度記号

ロードインデックスの数値は純正タイヤが基準となり、メーカーによって決定されています。タイヤの種類やサイズによって数値は異なり、その基準よりも低い数値のタイヤに交換した場合は車検に通らないので注意が必要です。車重に対して負荷能力の低いタイヤを使用すればタイヤの劣化が早まり、損傷する場合もあります。

また、ロードインデックスには日本のJATMA規格と欧州のETRTO規格(XL規格)があり、同じタイヤサイズでもその両者では参照すべきロードインデックスが異なります。両者では適正空気圧や最大負荷能力も異なるため、個々のタイヤに適した規格にもとづいて適正な空気圧で充てんする必要があります。

❻の**速度記号**はスピードレンジとも呼ばれ、そのタイヤが規定条件下で走行できる最高速度を示します。ロードインデックスと同様に、タイヤ表記にあるアルファベットを一覧に照らし合わせて確認します。右ページの表を見ると「Y」の最高速度は時速300kmであることが分かります。

❶❹ タイヤの各部寸法

サイドウォールにデザインされた文字や模様、リムガードなどの凸部分は断面幅に含まれない。リム径はタイヤ幅と違ってインチで表記される。

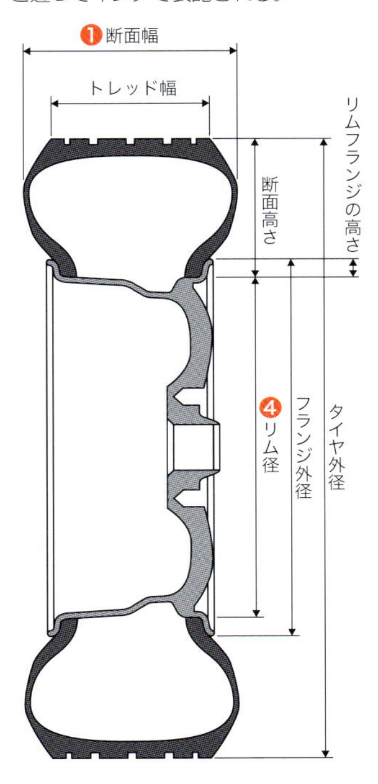

❷ 偏平率

扁平率は下記公式で算出。一般的に60％以上では偏平率が高くて厚いタイヤ、55％以下では低くて薄いタイヤとされ、50％以下は「扁平タイヤ」と呼ばれる。

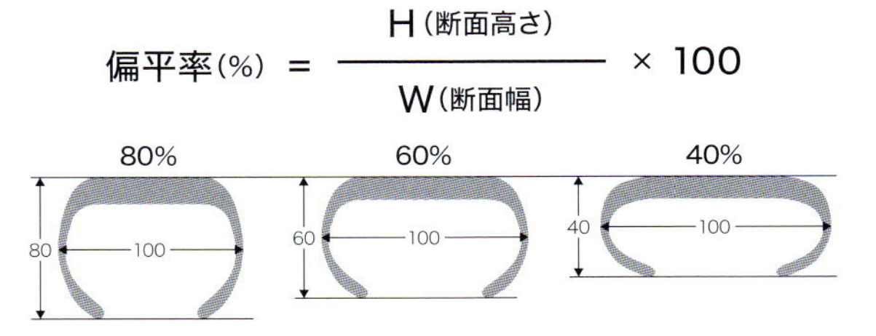

❸ ラジアル表記

近年の乗用車には主にラジアルタイヤ「R」とランフラットタイヤ「RF」が使用される。バイクなどで使用されるバイアスタイヤは「B」と表記される。

❺ ロードインデックス（負荷能力）

数値が「88」の場合、下表を見るとタイヤ１本当たりの負荷能力は560kgだと分かる。つまり、車両としては560kg×4本＝2240kgが最大負荷能力になる。

■ロードインデックス–負荷能力対応表

LI	負荷能力(kg)	LI	負荷能力(kg)	LI	負荷能力(kg)	LI	負荷能力(kg)	LI	負荷能力(kg)
62	265	74	375	86	530	98	750	110	1060
63	272	75	387	87	545	99	775	111	1090
64	280	76	400	88	560	100	800	112	1120
65	290	77	412	89	580	101	825	113	1150
66	300	78	425	90	600	102	850	114	1180
67	307	79	437	91	615	103	875	115	1215
68	315	80	450	92	630	104	900	116	1250
69	325	81	462	93	650	105	925	117	1285
70	335	82	475	94	670	106	950	118	1320
71	345	83	487	95	690	107	975	119	1360
72	355	84	500	96	710	108	1000	120	1400
73	365	85	515	97	730	109	1030	121	1450

❻ 速度記号

速度記号はロードインデックスと組み合わせて表示される。そのタイヤが対応する最高速度が時速300kmを超える場合、ZRに（Y）が追加表記される。

■速度記号表

速度記号	最高速度(km/h)	速度記号	最高速度(km/h)
L	120	H	210
N	140	V	240
Q	160	W	270
R	170	Y	300
S	180	ZR	240超
T	190	(Y)	300超

■タイヤの溝「トレッドパターン」

種類	リブ型	ラグ型	リブラグ型	ブロック型
パターン				
形状	縦溝	横溝	縦溝と横溝を併せた形状	独立ブロック
特徴	●操作性、安定性が良い。 ●転がり抵抗が少ない。 ●タイヤ音が小さい。 ●横すべりが少ない。 ●排水性に優れる。	●操駆動力、制動力に優れる。 ●非舗装でのけん引に優れる。 ●耐久性が高い。	●リブ型とラグ型の併用タイプ。 ●縦溝で操作性と安定性を確保。 ●横溝で駆動力などを確保する。	●雪路、泥ねい路に適応する。 ●悪路における操縦性に優れる。 ●操駆動力、制動力に優れる。

タイヤ表記には記載されないが、トレッドパターンはタイヤ特性を決定づける。タイヤのトレッドに刻まれるタテ溝やヨコ溝、らせん状の溝が、濡れた路面とタイヤの間の水を排水する。

8-07 自動車の速度を落とし、停止させるための制動装置

ブレーキ

KEY WORD

- 内燃機関自動車では、機械式ブレーキとエンジンブレーキが併用される。
- 電気自動車の場合は、機械式ブレーキと回生ブレーキが併用される。
- 機械式ブレーキは、ディスクブレーキとドラムブレーキに大別される。

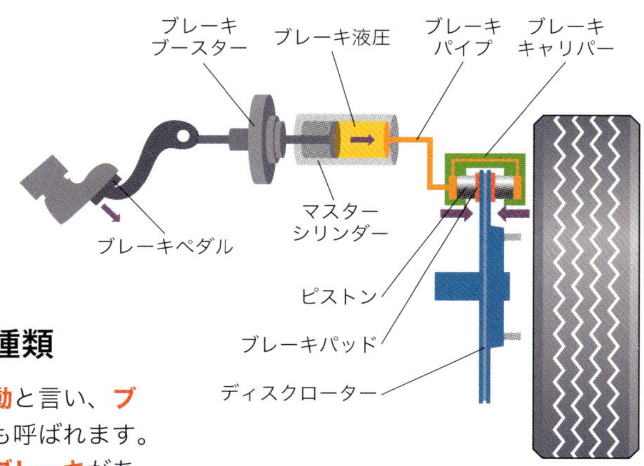

機械式ブレーキのシステム概念図

ディスクブレーキの例。ペダルを踏むとブースターで増幅された力がマスターシリンダーに伝わり、オイル圧が上昇。高圧なオイルがキャリパー内のピストンを押し、それによってパッドがディスクを挟み込む。

ブレーキシステムの種類

車両を減速させることを**制動**と言い、**ブレーキシステム**は**制動装置**とも呼ばれます。代表的な制動装置には**機械式ブレーキ**があり、その作動に油圧を使用する**油圧式ブレーキ**が一般的です。

内燃機関自動車の機械式ブレーキの場合、エンジンの回転を利用して油圧を高めます。一方、エンジンを搭載しないBEV（バッテリー電気自動車）や、エンジンが稼働しない時間のあるHEV（ハイブリッド車）の場合は、モーターを内装した**電動ブレーキブースター**などで油圧を高めます。

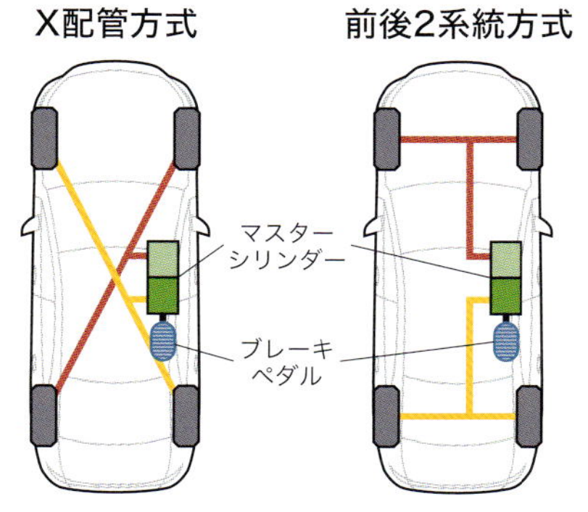

油圧式ブレーキは2系統を持つ

油圧経路が１系統の場合、どこかに亀裂が入れば全油圧が失われます。これを避けるため、油圧経路はX配管方式または前後２系統方式により２系統とされます。

内燃機関自動車では機械式ブレーキのほかに**エンジンブレーキ**も使用します。アクセルを戻してエンジン出力を絞ると、ホイールがエンジンを回す状態となり、エンジンの回転抵抗によって車両を減速させます。

BEV、HEV、PHEVなどの電気自動車の場合は、機械式ブレーキのほかに**回生ブレーキ**も併用されます。この機構ではブレーキを掛けた際、モーター自体が制動力を発揮すると同時に、駆動用モーターが発電機の役割を果たし、その電力を駆動力に活かす、または蓄電します。

エンジンとモーターを併装するHEVやPHEVなどの場合は、機械式ブレーキと回生ブレーキを併用した**回生協調ブレーキ**（p.306参照）も使用されます。

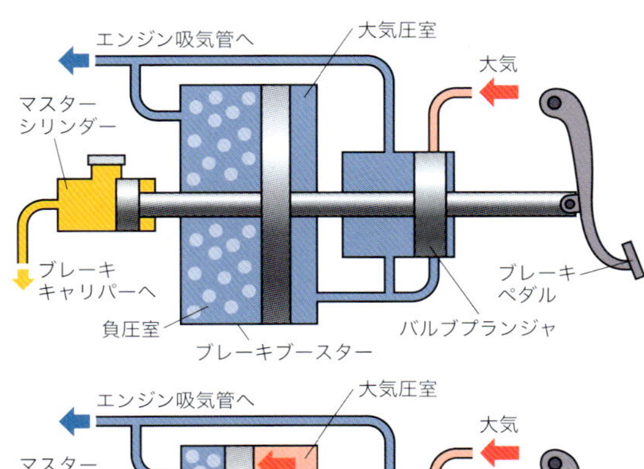

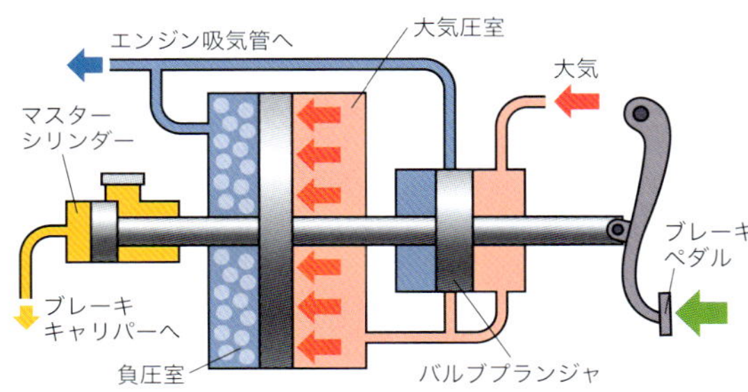

©Mercedes-Benz

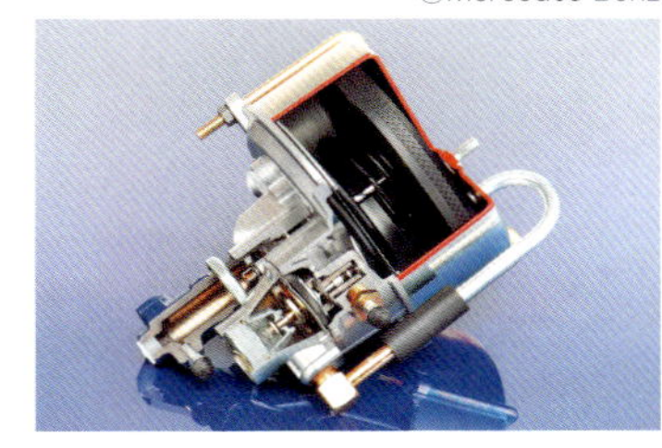

真空ブレーキブースターとマスターシリンダーが一体化された例。ブレーキペダルを押し戻すスプリングも内装。

真空ブレーキブースターの構造

ブレーキペダルを踏まない状態では、エンジンの吸気管とつながるブースター内は負圧に保たれる。ブレーキペダルを踏むと、その負圧よりも高圧な大気がブースター内に流れ込むことにより、ピストンを押す力が増幅される。

その他の方式

内燃機関自動車の機械式ブレーキでは、ドライバーの操作力をアシストするため、ブレーキペダルとマスターシリンダーの間に**真空ブレーキブースター**（真空倍力装置）が挿入されます。この装置はエンジンの吸気管につながり、その負圧を利用することで油圧を増幅します。

機械式ブレーキは、ホイールの内側に搭載されるブレーキ本体の機構により、**ディスクブレーキ**と**ドラムブレーキ**に大別されます。どちらもホイールとともに回転するディスクやドラムに摩擦材を押し当てて車両を減速させますが、近年の乗用車にはディスクブレーキが多く採用されています。

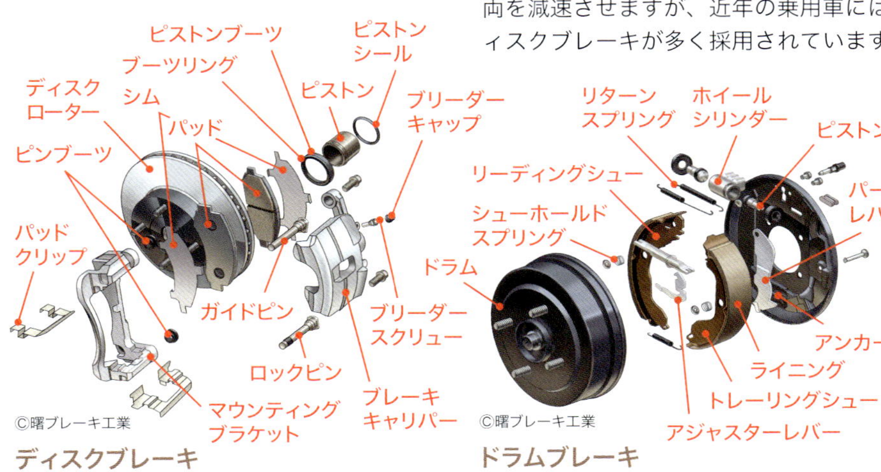

©曙ブレーキ工業

ディスクブレーキ

マスターシリンダーからの油圧がキャリパーに内装されるピストンを押し出すことにより、車輪とともに回転するディスクをパッドが両側から挟み込み制動する。

©曙ブレーキ工業

ドラムブレーキ

ブレーキペダルを踏むとオイルがシリンダー内に流れ、そこに内装されるピストンがライニングを外側に押し、車輪とともに回転するドラムの内側に押し当てられる。

8-08 各車輪のブレーキを個別に制御するシステム

電子制御ブレーキ

KEY WORD

- ABSはロックしそうな車輪の制動力を弱めてそれを回避し、車輪のグリップ力を確保する。
- ブレーキアクチュエーターはソレノイドバルブ、ポンプ、リザーバーなどで構成。
- 電子制御ブレーキのシステムは、ABS、TC、ESCなどの機能にも活用されている。

ABSと電子制御ブレーキ

濡れた路面で強くブレーキを掛けると、タイヤの摩擦力より制動力が勝る結果、車輪が**ロック**して路面上を滑ります。車輪が滑ると制動距離が長くなり、ハンドル操作も効きません。特定の車輪だけが滑ると車体がスピンする可能性もあります。これらの事態を回避するには、ロックしそうな車輪のブレーキだけを解放する必要がありますが、それを可能にする機能が**ABS**（アンチロック・ブレーキ・システム）であり、**電子制御ブレーキ**のシステムです。

電子制御ブレーキのシステムでは、**マスターシリンダー**から各車輪のブレーキ本体（ディスクブレーキなど）に至る油圧回路がそれぞれ独立しています。また、車両に掛かるGを監視する**加速度センサー**や、車輪の回転速度やトルクを検出する**ホイールセンサー**も必要となります。

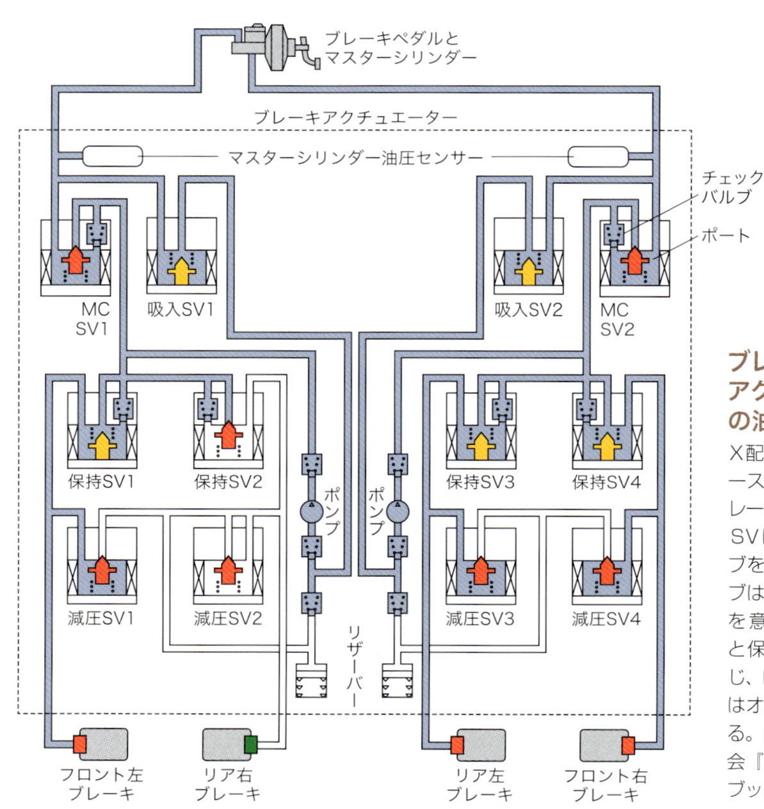

ブレーキアクチュエーターの油圧経路
X配管（p.302）をベースにした電子制御ブレーキ・システムの例。SVはソレノイドバルブを意味し、赤いバルブは閉鎖、黄色は開放を意味する。MC SVと保持SVはオンで閉じ、吸入SVと減圧SVはオンで開放状態となる。参考／自動車技術会『自動車技術ハンドブック』。

※1／ブレーキオイル、ブレーキフルード（Brake Fluid）、ブレーキ液などと呼ばれる。

作動時

非作動時

ABS
（アンチロック・ブレーキ・システム）

車輪がロックするとタイヤが路面を滑って制動距離が延び、操舵も効かない。ABSはロックしそうな各輪のブレーキを即座に解放。そのグリップが復活すると再び制動力を強め、最適な制動をもたらす。

ブレーキによる制御

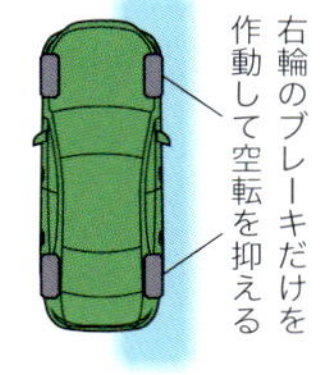

動力による制御

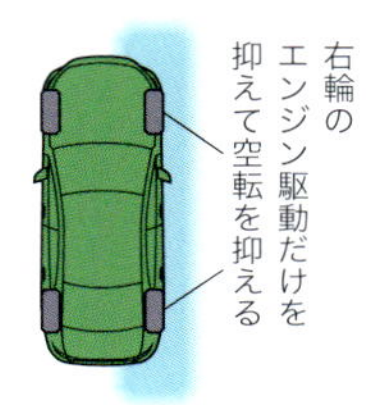

TCS
（トラクション・コントロール）

TCSにも電子制御ブレーキシステムが活用される。図は4WDの例。滑りやすい路面で特定の駆動輪の空転が検知されると、その駆動輪だけにブレーキを掛ける、またはエンジン出力が抑えられる。

電子制御ブレーキの動作

この機構の主要部位となる**ブレーキアクチュエーター**は、各種**ソレノイドバルブ**（SV）、油圧を高める**ポンプ**、オイル（※1）を溜める**リザーバー**などで構成されます。

ABS作動時にドライバーがブレーキを掛けた際、ロックしそうな車輪を検知すると、**ブレーキECU**がブレーキアクチュエーターに指令を送信。ブレーキ本体の油圧が減圧されてグリップ力が確保され、グリップ力が回復すると再度油圧を高めて制動力を強化します。瞬間的かつ連続的に行われるこの制御を**ポンピング**と言います。

左ページの図は、電子制御ブレーキを活用した**ESC**（横滑り防止機能）が働いた状態です。この場合、左旋回時のアンダーステアを抑制するため、ECUがフロント左右とリア左にブレーキを掛けていますが、リア右のブレーキはトラクションを高める必要があるため解放されています。

この局面ではMCSV1・2（※2）がオン（閉）、吸入SV1･2がオン（開）となり、マスターシリンダーからの油圧がポンプに流れて増幅され、保持SVと減圧SVに流入。ただしリア右だけは保持SV2がオン（閉）となり、ブレーキが解放されています。また、この状態でドライバーがブレーキペダルを踏めば各チェックバルブを経て油圧が増圧され、制動力が増します。

一方、**ABS**作動時は、保持SVがオン（閉）となってブレーキ本体との間の油圧を保持。その状態で減圧SVが開閉（ポンピング）することで制動が制御されます。

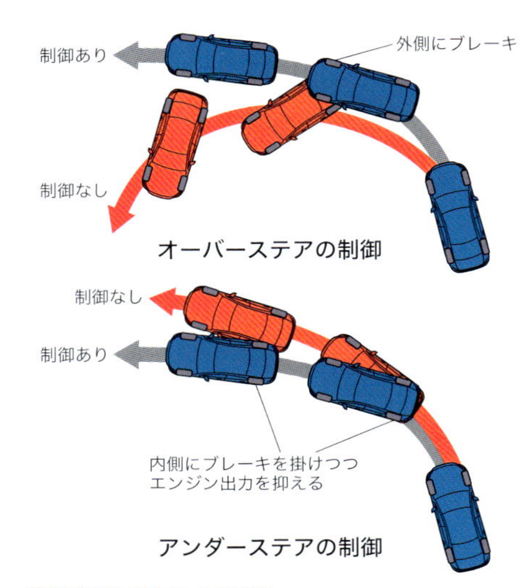

ESC（横滑り防止機能）

オーバーステアやアンダーステアの傾向が表れると、ECUがエンジン出力を絞ると同時に特定の車輪にブレーキを掛けて安定性を維持する。どの車輪に制動が掛かるかは状況によって異なるが、図はその一例。

※2／マスターシリンダーカット･ソレノイドバルブの略称。

8-09 回生エネルギーを最大限に活かすためのシステム

回生協調ブレーキの機構

KEY WORD

- EVでは機械式ブレーキと回生ブレーキを併用した回生協調ブレーキが使用される。
- 回生協調ブレーキの基本的機構にはブレーキ・バイ・ワイヤが採用される。
- ドライバーの意思はECUがバルブを制御して代行、油圧はポンプとモーターが生成する。

2種の制動システムを併用

BEV（バッテリー電気自動車）、HEV（ハイブリッド車）、PHEV（プラグイン・ハイブリッド車）など、動力源にモーターを搭載するEV（電気自動車）では、機械式ブレーキ（p.302参照）とともに**回生ブレーキ**（p.112）が使用されます。

回生ブレーキが稼働する際には、ドライバーがブレーキペダルを踏むと、車輪がモーターを回す形となり、そのモーターが抵抗となって制動力を発揮（**回生制動**）し、車両の速度が低下します。その際、モーターは発電機の役割を果たして電力を発生。その電力はバッテリーに蓄電されるなどして動力源として再利用（回生）されるため、省燃費に貢献します。

ただし、モーターが発電した電力は、バッテリーの蓄電能力やモーターの消費電力量によって再利用できる最大値が制限されると同時に、バッテリーがフル充電の状態ではそれ以上の回生制動ができません。また、とくに駆動用モーターを1基だけ搭載する2WDでは、モーターの回生制動だけでは制動力が足りなくなる場合もあります。

こうした不都合を回避するため、EVでは回生ブレーキと油圧式（機械式）ブレーキを併用します。両制動装置の稼働割合が**ECU**（p.116）によって決定されることにより、回生エネルギーが最大限活用されると同時に、ドライバーの要求する制動力が確保されます。2種の制動装置を統合して使用するこのシステムは**回生協調ブレーキ**と呼ばれます。

回生協調ブレーキの動作

回生協調ブレーキでは、通常走行時にブレーキペダルを踏んでもその力は各輪に直接伝わりません。ドライバーが要求する制動力はマスターシリンダーの**圧力センサー**で検知され、**ECU**が各バルブを開閉して制御します。また、各キャリパーへの油圧は踏力ではなく、**ポンプ**と**モーター**が生成します。こうした機構を**ブレーキ・バイ・ワイヤ**と言います。ただしシステムの故障に備え、ブレーキペダルの踏力が直接キャリパーに伝わる経路も確保されています。

通常走行時、**アキュムレーター**のオイルはリリーフバルブ（逆止弁の一種）を通過できず、SLAバルブに到達します。頭に「S」が付く部位は**切替バルブ**を意味し、これらが開閉することで油圧経路にバリエーションが生まれますが、通常走行時はSMC、SRC、SLRが閉じ、SDCは開きます。

システムが正常な場合、シリンダー内のオイルはSMCが閉じることで他経路と遮断されますが、この状態でブレーキペダルを踏んでもオイルの逃げ場がありません。そのためSSCを開くことでオイルを**ストロークシミュレーター**に逃がすと同時に、ブレーキを踏んだ感覚を模擬的に再現します。

電源消失などの障害が発生した場合はSSCとSDCが閉じると同時にSMCが開くことでシリンダー内のオイルが開放され、前輪にブレーキを掛けます。さらにブレーキペダルを踏み込むと、レギュレターピストンがバイパスの入口を閉じ、同時にSRCが開くことで後輪への油圧も高まります。

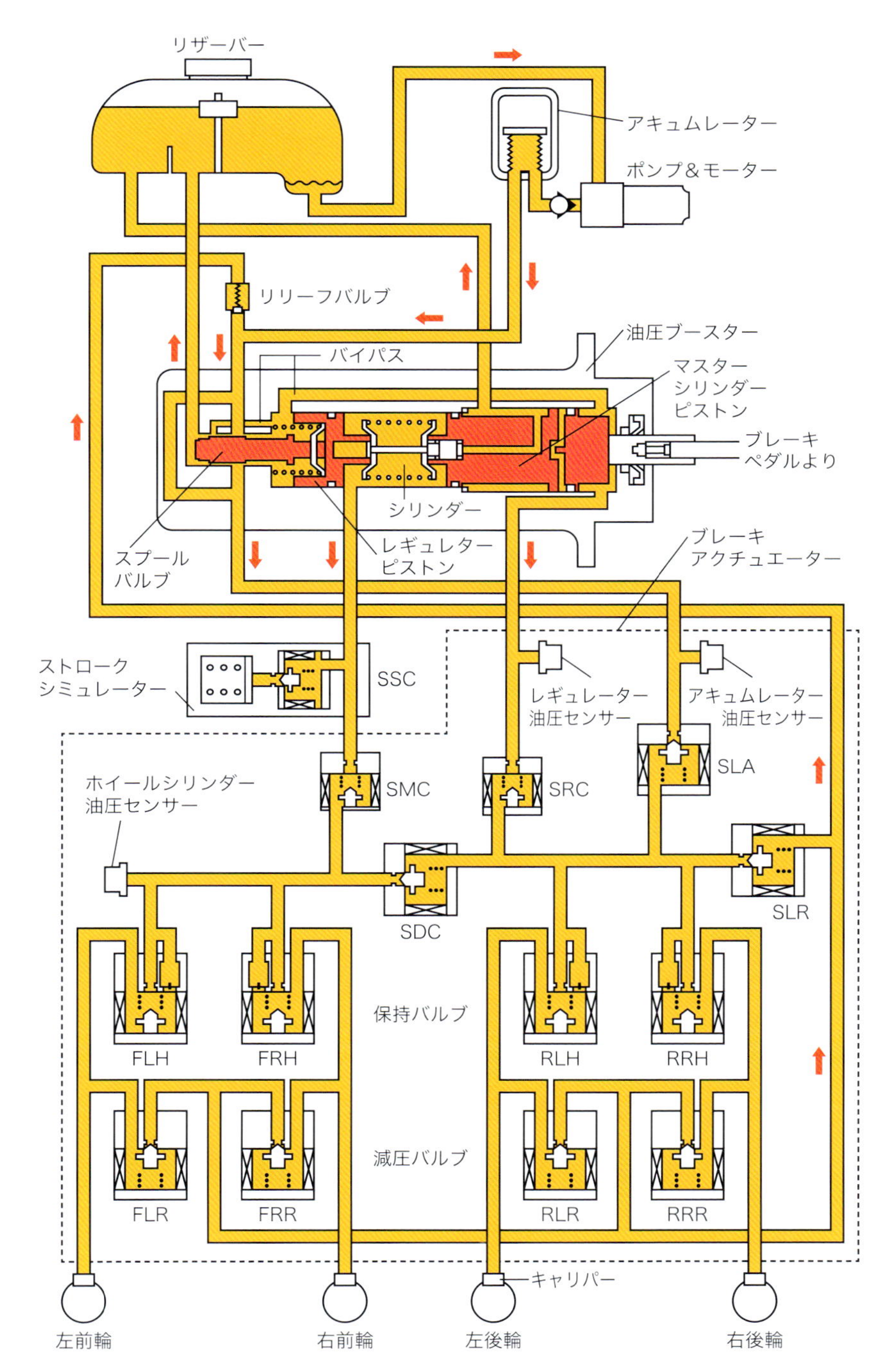

回生協調ブレーキシステム例

プリウス（3代目）が搭載するECB（電子制御ブレーキシステム）の例。略称の頭がS（Switching）は切替バルブ、末尾がH（Hold）は保持バルブ、同じく末尾がR（Release）は減圧バルブ、頭がFとRはフロントとリアを意味する。

索引

index

※重要な用語のみを選出しています。
※頻出する用語は重要なページのみを記載しています。
※とくに関連性の高いページは赤く表記しています。
※ページ数は本文を優先しています。

ひ

ふ

取材協力（順不同、敬称略）

○トヨタ自動車 ○本田技研工業 ○日産自動車 ○SUBARU ○マツダ ○三菱自動車 ○ダイハツ工業 ○いすゞ自動車
○スズキ ○メルセデス・ベンツ ○BMW ○アウディ ○ポルシェ ○テスラ ○フォルクスワーゲン ○ボルボ ○ブリヂストン
○横浜ゴム ○曙ブレーキ工業 ○ジェイテクト ○日本特殊陶業（NGK） ○Bosch ○ZF
○ダイナミックマッププラットフォーム ○アイサンテクノロジー ○TIER IV ○NECソリューションイノベータ
○工学院大学 ○内閣府 ○宇宙航空研究開発機構（JAXA） ○カーグラフィック ○ベストカー ○Shutterstock

参考媒体（順不同、敬称略）

書籍

「徹底カラー図解 新世代の自動車のしくみ」（監修・野崎博路、マイナビ出版）
「徹底カラー図解 新版 自動車のしくみ」（監修・野崎博路、マイナビ出版）
「自動車の限界コーナリングと制御」（著・野崎博路、東京電機大学出版局）
「電気自動車のしくみ」（監修・森本雅之、ナツメ社）
「カラー徹底図解 クルマのメカニズム大全」（著・青山元男、ナツメ社）
「図解 自動車エンジンの技術」（著・畑村耕一、世良耕太、ナツメ社）
「ダイナミック図解 自動車のしくみパーフェクト事典 第2版」（監修・古川修、ナツメ社）
「自動車 解剖マニュアル」（著・繁浩太郎、技術評論社）
「自動車業界のしくみとビジネスがこれ1冊でしっかりわかる教科書」（著・GB自動車業界研究会、技術評論社）
「自動車部品業界のしくみとビジネスがこれ1冊でしっかりわかる教科書」（著・モビイマ、矢野経済研究所、技術評論社）
「基礎から学ぶ高効率エンジンの理論と実際」（著・飯島晃良、グランプリ出版）
「自動車の走行性能と構造: 開発者が語るチューニングの基礎」（著・堀重之、グランプリ出版）
「車両運動性能とシャシーメカニズム」（著・宇野高明、グランプリ出版）
「自動車整備士最新試験問題解説2級ガソリン自動車」
「自動車整備士最新試験問題解説2級ジーゼル自動車」
「自動車整備士最新試験問題解説3級自動車ガソリン・エンジン」
「自動車整備士最新試験問題解説3級自動車ジーゼル・エンジン」
「自動車整備士最新試験問題解説3級自動車シャシ」
（著・自動車整備士試験問題解説編集委員会、精文館）

定期刊行物

「CAR GRAPHIC」「CG NEO CLASSIC」（カーグラフィック）

参考ウェブサイト（順不同、敬称略）

○各自動車関連メーカーHP ○国土交通省HP ○内閣府HP ○その他官公庁HP ○日本自動車連盟 (JAF)
○NEXCO中日本 ○道路交通情報通信システムセンター（VICS） ○日本自動車輸送技術協会（JATA）
○日本貿易振興機構（JETRO） ○エネルギー・金属鉱物資源機構（JOGMEC） ○環境優良車普及機構（LEVO）
○環境展望台（国立環境研究所） ○宇宙航空研究開発機構（JAXA） ○みちびきウェブサイト ○東京科学大学
○米国運輸省道路交通安全局（NHTSA） ○カリフォルニア州大気資源局（CARB） ○欧州連合理事会
○欧州自動車工業会（ACEA） ○欧州自動車部品工業会（CLEPA） ○NECソリューションイノベータ ○東芝 ○三菱電機
○あいおいニッセイ同和損保 ○EV DAYS by 東京電力エナジーパートナー ○安川電機 ○日経クロステック
○日経ビジネス ○サステナブルスイッチ ○ピークスメディア ○『部品辞典』1000部品網羅！ ○産総研マガジン
○グーネットマガジン ○コーディングマガジン ○CAR GRAPHIC ○Clicccar.com ○EV-tech.jp
○ITmedia MONOist ○Learn Engineering ○Motor-Fan TECH ○Neuralink ○SpaceX ○Speck
○SUPER STAR Co.,Ltd. ○Tech Eyes Online ○Wikipedia（English Version）

STAFF

編集　ボイジャーワークス
イラスト　中村壮平
デザイン　牧野友里子（ROOST Inc.）
DTP　角田篤則（ROOST Inc.）
制作　山本道生（地人館）
企画・編集　原田洋介、芳賀篤史（成美堂出版編集部）

監修

野崎 博路
（のざき・ひろみち）

1955年宮城県生まれ。工学院大学名誉教授。自動車技術会フェロー。日本自動車殿堂の副会長（カーオブザイヤー賞等の選考委員）。専門は自動車工学、自動車運動制御など。1980年、芝浦工業大学大学院工学研究科修士。日産自動車の車両研究所を経て、2001年、同大学、博士（工学）。近畿大学理工学部准教授を経て、工学院大学工学部教授。著作として『徹底カラー図解　新世代の自動車のしくみ』（マイナビ出版）など多数。

著・編集

鈴木 喜生
（すずき・よしお）

1968年愛知県生まれ。明治大学商学部卒。出版社編集長を経て著者兼フリー編集者へ。自動車、宇宙、航空機などのウェブサイトに寄稿しつつ、同関連書籍を編集執筆。監修作品として『図解でバッチリわかる宇宙旅行おもしろ図鑑』（昭文社）。著作として『宇宙望遠鏡と驚異の大宇宙』（朝日新聞出版）、『宇宙プロジェクト開発史アーカイブ』（二見書房）など。編集作品に『紫電改取扱説明書 復刻版』（太田出版）など多数。

クルマの最新メカニズム

監　修　野崎博路（のざきひろみち）
編　著　鈴木喜生（すずきよしお）
発行者　深見公子
発行所　成美堂出版
〒162-8445　東京都新宿区新小川町1-7
電話(03)5206-8151　FAX(03)5206-8159
印　刷　広研印刷株式会社

©SEIBIDO SHUPPAN 2025　PRINTED IN JAPAN

ISBN978-4-415-33403-5
落丁･乱丁などの不良本はお取り替えします
定価はカバーに表示してあります

• 本書および本書の付属物を無断で複写、複製（コピー）、引用することは著作権法上での例外を除き禁じられています。また代行業者等の第三者に依頼してスキャンやデジタル化することは、たとえ個人や家庭内の利用であっても一切認められておりません。